中国高等院校计算机基础教育课程体系规划教材

丛书主编 谭浩强

基于Web标准的网页设计与制作

唐四薪 编著

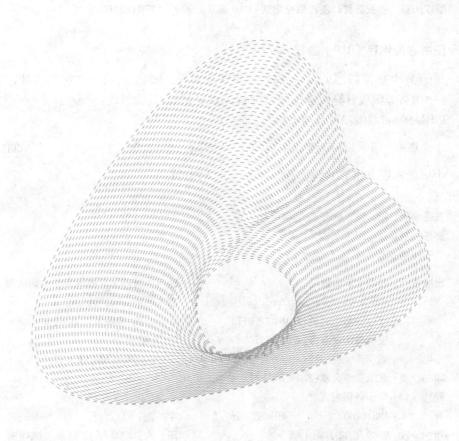

清华大学出版社

北京

内 容 简 介

　　本书全面介绍了基于 Web 标准的网页设计与制作技术,采用"原理 + 实例 + 综合案例"的编排方式,所有实例都根据所涉及的原理编排在相关的原理之后,使读者能迅速理解有关原理的用途。本书分为 7 章,内容包括网页与网站的相关知识、HTML 语言和 XHTML 标准、CSS 网页样式和布局设计、Fireworks 美工设计、网站开发和网页设计的过程与案例,以及 JavaScript 和 jQuery 前台脚本编程技术。

　　全书遵循 Web 标准,强调原理性与实用性,技术与美工并重,注重介绍网页设计与制作中的基本理论和前沿技术,摒弃了一些过时的网页制作技术。

　　本书可作为高等院校各专业"网页设计与制作"课程的教材,也可作为网页设计、网站制作的培训类教材,还可供网页设计和开发人员参考使用。

图书在版编目(CIP)数据

　基于 Web 标准的网页设计与制作/唐四薪编著. —北京:清华大学出版社,2009.12
(中国高等院校计算机基础教育课程体系规划教材)
　ISBN 978-7-302-21181-5

　Ⅰ. 基…　Ⅱ. 唐…　Ⅲ. 主页制作 – 程序设计 – 高等学校 – 教材　Ⅳ. TP393.092

　中国版本图书馆 CIP 数据核字(2009)第 178111 号

责任编辑:张　民　林都嘉
责任校对:白　蕾
责任印制:杨　艳

出版发行:清华大学出版社　　　　　　　　　地　　址:北京清华大学学研大厦 A 座
　　　　　http://www.tup.com.cn　　　　　邮　　编:100084
　　　　　社　总　机:010-62770175　　　　邮　　购:010-62786544
　　　　　投稿与读者服务:010-62776969,c-service@tup.tsinghua.edu.cn
　　　　　质　量　反　馈:010-62772015,zhiliang@tup.tsinghua.edu.cn
印　装　者:北京鑫海金澳胶印有限公司
经　　销:全国新华书店
开　　本:185×260　　　印　张:26.75　　　字　数:623 千字
版　　次:2009 年 12 月第 1 版　　　　　印　次:2009 年 12 月第 1 次印刷
印　　数:1～5000
定　　价:35.00 元

从 20 世纪 70 年代末 80 年代初开始，我国的高等院校开始面向各个专业的全体大学生开展计算机教育。特别是面向非计算机专业学生的计算机基础教育，牵涉的专业面广、人数众多，影响深远。高校开展计算机基础教育的状况将直接影响我国各行各业、各个领域中计算机应用的发展水平。这是一项意义重大而且大有可为的工作，应该引起各方面的充分重视。

20 多年来，全国高等院校计算机基础教育研究会和全国高校从事计算机基础教育的老师始终不渝地在这片未被开垦的土地上辛勤工作，深入探索，努力开拓，积累了丰富的经验，初步形成了一套行之有效的课程体系和教学理念。20 年来高等院校计算机基础教育的发展经历了 3 个阶段：20 世纪 80 年代是初创阶段，带有扫盲的性质，多数学校只开设一门入门课程；20 世纪 90 年代是规范阶段，在全国范围内形成了按 3 个层次进行教学的课程体系，教学的广度和深度都有所发展；进入 21 世纪，开始了深化提高的第 3 阶段，需要在原有基础上再上一个新台阶。

在计算机基础教育的新阶段，要充分认识到计算机基础教育面临的挑战。

(1) 在世界范围内信息技术以空前的速度迅猛发展，新的技术和新的方法层出不穷，要求高等院校计算机基础教育必须跟上信息技术发展的潮流，大力更新教学内容，用信息技术的新成就武装当今的大学生。

(2) 我国国民经济现在处于持续快速稳定发展阶段，需要大力发展信息产业，加快经济与社会信息化的进程，这就迫切需要大批既熟悉本领域业务，又能熟练使用计算机，并能将信息技术应用于本领域的新型专门人才。因此需要大力提高高校计算机基础教育的水平，培养出数以百万计的计算机应用人才。

(3) 从 21 世纪初开始，信息技术教育在我国中小学中全面开展，计算机教育的起点从大学下移到中小学。水涨船高，这也为提高大学的计算机教育水平创造了十分有利的条件。

迎接 21 世纪的挑战，大力提高我国高等学校计算机基础教育的水平，培养出符合信息时代要求的人才，已成为广大计算机教育工作者的神圣使命和光荣职责。全国高等院校计算机基础教育研究会和清华大学出版社于 2002 年联合成立了"中国高等院校计算机基础教育改革课题研究组"，集中了一批长期在高校计算机基础教育领域从事教学和研究的专家、教授，经过深入调查研究，广泛征求意见，反复讨论修改，提出了高校计算机基础教育改革思路和课程方案，并于 2004 年 7 月公布了《中国高等院校计算机基础教育课程体系 2004》（简称 CFC 2004）。 CFC 2004 公布后，在全国高校中引起强烈的反响，国内知名专家和从事计算机基础教育工作的广大教师一致认为 CFC 2004 提出了一个既体现先进性又切合实际的思路和解决方案，该研究成果具有开创性、针对性、前瞻性和可操作性，对发展我国高等院校的计算机基础教育具有重要的指导作用。根据近年来计算机基础教育的发展，课题研究组对 CFC 2004 进行了修订和补充，使之更加完善，于 2006 年和 2008 年公布了《中国高等院校计算机基础教育课程体系 2006》（简称 CFC 2006）和《中国高等院校计算机基础教育课程体系 2008》（简称 CFC 2008），由清华大学出版社出版。

为了实现课题研究组提出的要求，必须有一批与之配套的教材。 教材是实现教育思想和教学要求的重要保证，是教学改革中的一项重要的基本建设。 如果没有好的教材，提高教学质量只是一句空话。 要写好一本教材是不容易的，不仅需要掌握有关的科学技术知识，而且要熟悉自己工作的对象、研究读者的认识规律、善于组织教材内容、具有较好的文字功底，还需要学习一点教育学和心理学的知识等。 一本好的计算机基础教材应当具备以下 5 个要素：

（1）定位准确。 要十分明确本教材是为哪一部分读者写的，要有的放矢，不要不问对象，提笔就写。

（2）内容先进。 要能反映计算机科学技术的新成果、新趋势。

（3）取舍合理。 要做到"该有的有，不该有的没有"，不要包罗万象、贪多求全，不应把教材写成手册。

（4）体系得当。 要针对非计算机专业学生的特点，精心设计教材体系，不仅使教材体现科学性和先进性，还要注意循序渐进、降低台阶、分散难点，使学生易于理解。

（5）风格鲜明。 要用通俗易懂的方法和语言叙述复杂的概念。 善于运用形象思维，深入浅出，引人入胜。

为了推动各高校的教学，我们愿意与全国各地区、各学校的专家和老师共同奋斗，编写和出版一批具有中国特色的、符合非计算机专业学生特点的、受广大读者欢迎的优秀教材。 为此，我们成立了"中国高等院校计算机基础教育课程体系规划教材"编审委员会，全面指导本套教材的编写工作。

这套教材具有以下几个特点：

（1）全面体现 CFC 2004、CFC 2006 和 CFC 2008 的思路和课程要求。 本套教材的作者多数是课题研究组的成员或参加过课题研讨的专家，对计算机基础教育改革的方向和思路有深切的体会和清醒的认识。 因而可以说，本套教材是 CFC 2004、CFC 2006 和 CFC 2008 的具体化。

（2）教材内容体现了信息技术发展的趋势。 由于信息技术发展迅速，教材需要不断更新内容，推陈出新。 本套教材力求反映信息技术领域中新的发展、新的应用。

（3）按照非计算机专业学生的特点构建课程内容和教材体系，强调面向应用，注重培养应用能力，针对多数学生的认知规律，尽量采用通俗易懂的方法说明复杂的概念，使学生易于学习。

(4) 考虑到教学对象不同，本套教材包括了各方面所需要的教材(重点课程和一般课程；必修课和选修课；理论课和实践课)，供不同学校、不同专业的学生选用。

(5) 本套教材的作者都有较高的学术造诣，有丰富的计算机基础教育的经验，在教材中体现了研究会所倡导的思路和风格，因而符合教学实践，便于采用。

本套教材统一规划、分批组织、陆续出版。 希望能得到各位专家、老师和读者的指正，我们将根据计算机技术的发展和广大师生的宝贵意见随时修订，使之不断完善。

全国高等院校计算机基础教育研究会荣誉会长
"中国高等院校计算机基础教育课程体系规划教材"编审委员会主任

谭浩强

随着互联网技术 10 年来的飞速发展，各行各业都需要在互联网上推广宣传自己，网页设计技术对许多人来说已经成为一项基本的计算机应用技能。 网页设计技术在发展过程中也经历了巨大的变革，从最初 Microsoft 的网页制作软件 FrontPage 到 Macromedia 公司的网页制作"三剑客"（Dreamweaver、Fireworks 和 Flash）软件被普遍接受，到 2005 年 Macromedia 公司被 Adobe 公司收购，原有的网页制作"三剑客"的称号逐渐淡出。 近年来，网页制作"三剑客"这一名词有了新的内涵，那就是指 XHTML、CSS 和 JavaScript，它们代表了网页的结构、表现和行为三个层面。

本书系统地介绍了遵循 Web 标准的网页设计方法，Web 标准给网页设计带来的变化不仅反映在大量使用 CSS 编码进行布局，更重要的是使整个网页设计的过程也发生重大的改变。 正如在本书第 6 章的设计案例中将看到的，在还没有考虑网页外观之前就已经将网页的 HTML 代码写出来了，这对于表格布局的网页是不可想象的。 通过这种方式实现了"结构"和"表现"相分离，就是 Web 标准最大的原则和优势。 使得设计师在最初考虑网页内容时不需要考虑网页的外观。

网页设计这门课程的特点是入门比较简单，但它的知识结构庞杂，想要成为一名有用的网页设计师是需要较长时间的理论学习和大量的实践操作及项目实训的，学习网页设计有两点最重要，一是要务必重视对原理的掌握；二是在理解原理的基础上一定要多练习、多实践，通过练习和实践总能发现很多实际的问题。 本书在编写过程中注重"原理"和"实用"，这表现在所有的实例都是按照其涉及的原理分类，而不是按照应用的领域分类，将这些实例编排在原理讲解之后，就能使读者迅速理解原理的用途，同时由于加深了对原理的理解，可以对实例举一反三。

在测试网页时，一定要使用不同的浏览器进行测试，建议读者至少应安装 IE 6 和 Firefox 两种浏览器，这不仅因为制作出各种浏览器兼容的网页是网页设计的一项基本要求，更重要的是通过分析不同浏览器的显示效果可以对网页设计的各种原理有更深入的理解。

本书的内容包含了 Web 前端开发技术的各个方面，如果要将整本书的内容讲授完毕，大约需要 90 学时的课时。 如果只有 50 学时左右的理论课课时，可主要讲授本书前四章的内容，后面的内容供学生自学，考虑到"因材施教"的目的，本书的部分内容（在节名后注有"*"号）主要供学有余力的学生自学。

本书为教师提供了教学用多媒体课件、实例源文件和习题参考答案，可登录本书配套网络教学平台（http://ec.hynu.cn）免费下载，也可和作者联系（tangsix@163.com）。 另外，该网络教学平台还提供了大量网页制作的操作视频和相关软件供免费下载。

本书由唐四薪承担主要编写任务，参加编写的还有魏书堤、徐雨明、刘艳波、陈溪辉、戴小新、黄大足、邹赛和谭晓兰等。 唐四薪编写了第 1、2、4、5、6、7 章和第 3 章的部分内容。 魏书堤、徐雨明、刘艳波、陈溪辉、戴小新、黄大足、邹赛和谭晓兰编写了第 3 章的部分内容。

本书是作者多年从事网页设计工作及近年来从事网页设计教学的经验总结，在编写过程中，我的学生眭艳凤、郭文静、田梦洁、石灵智、何娴、叶艳、练小祥、容莉莉等提出了很多有创意的想法和建议，为本书的编写提供了帮助，在此向他们及所有关心本书编写工作的人士表示感谢。

由于本人水平和教学经验有限，书中错误和不妥之处在所难免，欢迎广大读者和同行批评指正。

编　者
2009 年 7 月

CONTENTS

第1章

网页设计概述

Internet 是由遍布全世界的大大小小的各种各样的网络组成的一个松散结合的全球网,它使网络上的各台计算机(Internet 上称为主机,即 host)可以互相交换信息。Internet 为用户提供了很多种服务,如 WWW,E-mail,FTP,即时通信等。Internet 实现信息资源共享的主要途径,便是 WWW 服务。

WWW 的含义是全球信息网(World Wide Web),简称为 Web 或"万维网"。它是一个基于超文本(Hypertext)方式的信息查询工具,通过 HTTP 协议传输超文本信息,是由欧洲核子物理研究中心(CERN)研制的。WWW 将位于全世界 Internet 上不同网址的相关数据信息有机地编织在一起,通过浏览器(Browser)提供一种友好的信息查询界面(即网页)供用户浏览查询。因此即使是一个对计算机知之甚少的人也可以通过移动或单击鼠标,在 Internet 上获取各种多媒体信息,甚至可以在 Internet 上看电影和电视、玩游戏、聊天、购物、学习和求职等。

目前网页设计技术与 10 年前相比已发生了翻天覆地的变化,表现在带给用户更好的体验和更丰富的交互。有人提出了 Web 2.0 的概念,对什么是 Web 2.0 并没有很严格的定义,一般来说 Web 2.0 是相对于 Web 1.0 的新一类互联网应用的统称。Web 1.0 的主要特点在于用户通过浏览器获取信息,Web 2.0 则更注重用户的交互作用,用户既是网站内容的消费者(浏览者),也是网站内容的制造者。

对于 Web 2.0 概念的说明,通常采用典型应用案例介绍,加上对部分相关技术的解释。目前 Web 2.0 的典型应用有博客(Blog)、站点摘要(RSS)百科全书(Wiki,也叫维客)、网摘、社会网络(SNS)、P2P、即时信息(IM)等,采用的相关技术有 XML、Ajax 和 RIA 技术等。Web 2.0 的概念还表现在网页风格上,如 Web 2.0 提倡采用淡雅的颜色风格,大量运用高光效果和倒影效果装饰网页。

在这里介绍 Web 2.0,是为了让读者明白学习网页设计就应该追踪网页设计的各种新技术,制作出更好更炫的网页作品才能满足不断发展的应用的需要。

1.1 网页设计的两个基本问题

网页设计是艺术与技术的结合。从艺术的角度看,网页设计的本质是一种平面设计,像出黑板报、设计书的封面等都属于平面设计一样,对于平面设计要考虑两个基本问题,那就是布局和配色。

1. 布局

对于黑板报等一般的平面设计来说,布局就是将各种元素在平面中的位置和形状绘制出来。网页设计和其他形式的平面设计相比,有相似之处,它也要考虑网页的版式设计问题,如采用何种形式的版式布局。与一般平面设计不同的是,在将网页效果图绘制出来以后,还要用技术手段(代码)实现效果图中的布局,将效果图转化为真实的网页。而用代码实现网页布局的途径有以下三种。

(1) 表格布局:将网页元素装填入表格内实现布局;表格相当于网页的骨架,因此表格布局的步骤是先画表格,再往表格的各个单元格中填内容,这些内容可以是文字或图片等。

(2) DIV + CSS 布局:这种布局形式不需要额外的表格做网页的骨架,它是利用网页中每个元素自身具有的"盒子"来布局,通过对元素的盒子进行不同的排列和嵌套,使这些盒子在网页上以合适的方式排列就实现了网页的布局。

(3) 框架布局:将浏览器窗口分隔成几部分,每部分放一个不同的网页,这是很古老的一种布局方式,现在用得较少。

网页设计从技术角度看,就是要运用各种语言和工具解决网页布局和美观的问题,所以网页设计中很多技术都仅仅是为了使网页看起来更美观。常常会为了网页中一些细节效果的改善,而花费大量的工作量,这体现了网页设计师追求完美的精神。

2. 配色

网页的色彩是树立网页形象的关键要素之一。对于一个网页设计作品,浏览者首先看到的不是图像和文字,而是色彩搭配,在看到色彩的一瞬间,浏览者对网页的整体印象就确定下来了,因此说色彩决定印象。一个成功的网页作品,其色彩搭配可能给人的感觉是自然、洒脱的,看起来只是很随意的几种颜色搭配在一起,其实是经过了设计师的深思熟虑和巧妙构思的。

对于初学者来说,在用色上切忌将所有的颜色都用到,尽量控制在三种色彩以内,并且这些色彩的搭配应协调。而且一般不要用纯色,灰色适合与任何颜色搭配。

1.2 网页与网站

1.2.1 什么是网页

从表面上看,网页是通过浏览器看到的一幅幅画面,图 1-1 所示的就是一幅网页。一个功能多样的网站就是由一幅幅多彩的网页组成的,要想观看网页,计算机中必须安装有浏览器软件(如 Windows XP 集成的 Internet Explorer,简称 IE),图 1-1 所示的就是 IE 浏览器打开的网页,在 IE 浏览器中,可以执行"查看"菜单中的"源文件"命令,此时会弹出一个记事本打开的文本文件,如图 1-2 所示。这些文本文件中的字符就是网页的真正面目了,它们是 HTML 格式的代码,浏览器就是把这些代码转变成五颜六色画面的工具,也就是我们看到的网页。

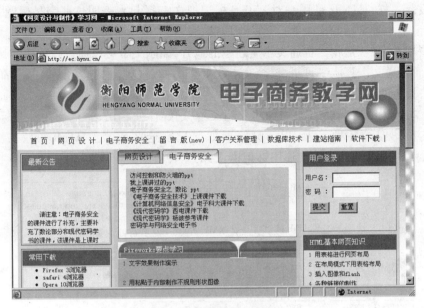

图 1-1　IE 浏览器中的网页

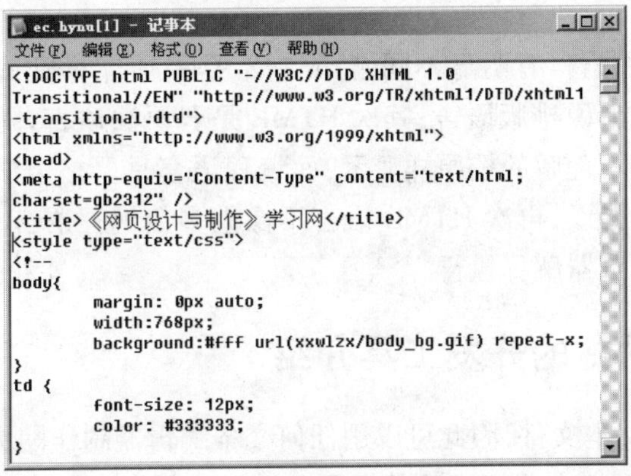

```
ec.hynu[1] - 记事本
文件(F) 编辑(E) 格式(O) 查看(V) 帮助(H)
<!DOCTYPE html PUBLIC "-//W3C//DTD XHTML 1.0
Transitional//EN" "http://www.w3.org/TR/xhtml1/DTD/xhtml1
-transitional.dtd">
<html xmlns="http://www.w3.org/1999/xhtml">
<head>
<meta http-equiv="Content-Type" content="text/html;
charset=gb2312" />
<title>《网页设计与制作》学习网</title>
<style type="text/css">
<!--
body{
	margin: 0px auto;
	width:768px;
	background:#fff url(xxwlzx/body_bg.gif) repeat-x;
}
td {
	font-size: 12px;
	color: #333333;
}
```

图 1-2　网页的源文件

因此网页是通过超文本置标语言 HTML(HypeText Markup Language)书写的一种纯文本文件，用户通过浏览器所看到的包含了如文字、图像、声音和动画等多媒体信息的每一个网页，其实质是浏览器对该纯文本文件进行了解释，才生成了多姿多彩的网页，里面的图像、动画等信息是通过 URL(Uniform Resource Locator，统一资源定位地址)引用相应的图像动画文件的。可以看出，网页的本质是纯文本文件，WWW 是通过一个个网页提供给用户各种信息的。

1.2.2　网页设计语言——HTML 简介

超文本置标语言 HTML 作为一种语言，它具有语言的一般特征，所谓语言是一种符号系统，具有自己的词汇(符号)和语法(规则)。

所谓置标,就是作记号。和写文章时通常用大体字标记文章的标题,用换行空两格标记一个段落一样,HTML 是用一对 < h1 > 标记把文字括起来表明这些字是标题,用一对 < p > 标记把一段字括起来表明这是一个段落。

所谓超文本,就是相比普通文本有超越的地方,如超文本可以通过超链接转到指定的某一页,而普通文本只能一页页翻,超文本还具有图像、视频、声音等元素,这些都是普通文本无法具有的。

超文本置标语言 HTML 是一种建立超文本/超媒体文档的语言,它用标签标记文档中的文本及图像等各种元素,指示浏览器如何显示这些元素。HTML 的发展历程如图 1-3 所示,它是 SGML(标准通用标记语言)的一种应用。

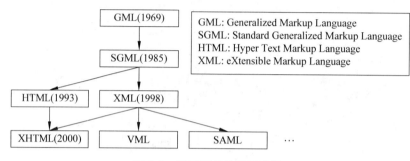

图 1-3　标记语言的发展过程

HTML 语言与编程语言有明显不同,首先它不是一种计算机编程语言,而是一种描述文档结构的语言,或者说排版语言;其次 HTML 是弱语法语言,随便怎么写都可以,计算机尽力去理解执行,不理解的按原样显示,而编程语言是严格语法的语言,写错一点点计算机就不执行,报告错误;再次 HTML 语言不像大多数编程语言一样需要编译成指令后执行,而是每次由浏览器解释执行。

1.2.3　网页和网站的开发工具介绍

网页的本质是纯文本文件,因此可以用任何文本编辑器制作网页,但这样必须完全手工书写 HTML 代码。通常借助于专业的网页开发工具制作网页,它们具有“所见即所得”(What you see is what you get)的特点,可以不用手工书写代码,通过单击相应的按钮就能插入各种网页元素,如图像、链接等,而且能在设计视图中实时看到网页的大致浏览器效果。目前流行的专业网页开发工具主要有:

Adobe 公司的 Dreamweaver CS3,Dreamweaver(本书简称 DW)的中文含义是“织梦者”,它具有操作简洁、容易上手的优点,目前仍然是最流行的网页制作软件。

Microsoft 的 Expression Web 2,它是微软公司开发的新一代网页制作软件,对 Web 标准的内建支持,使其能帮助开发者建立跨浏览器兼容性的网站。

虽然这些软件具有所见即所得的网页制作能力,可以让一个不懂 HTML 语言的人也能制作出简单的网页,但是如果想制作稍微精致一点的网页,有时不得不在代码视图中手工修改代码,因此学习代码对网页制作水平的提高仍然是很重要的。

DW 等软件同时具有很好的代码提示和代码标注功能,使得手工修改代码也很容易,并且还能报告代码错误,所以就算从手工编写代码的角度看,使用这些软件编写也比用记事本编写要方便得多。

DW 和 Expression Web 都具有强大的站点管理功能,所以它们同时也是网站开发工具,网页制作和网站管理的功能被集成于一体。

1.2.4 网站的含义和特点

1. 网站的含义

如果把网站看成一本书,那么网页是这本书中的一页,即网站是由网页组成的,网页是构成网站的基本元素。

因为网页对应一个文件,所以网站就对应一个文件夹,网站的所有网页和其他资源文件都会存放在该文件夹里,设计良好的网站通常是将网页文件及其他资源分门别类地保存在相应的文件夹中以方便管理和维护。这些网页通过链接组织在一起,其中有个网页称为首页,常命名为 index.htm,必须放在网站的根目录下,即网站的根目录是首页的直接上级目录。网页中所需要的图片文件一般单独保存在该目录下一个叫 images 的文件夹下。图 1-4 是一个网站目录示意图。

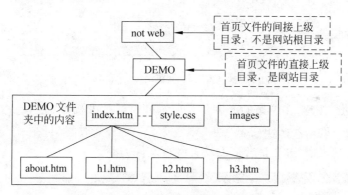

图 1-4   网站目录示意图

因此,制作网站的第一步是在硬盘上新建一个文件夹,作为网站根目录,网站制作完成后把这个目录上传到服务器上就可以了。

2. 在 Dreamweaver 中定义站点

在 Dreamweaver 中,"站点"一词既表示 Web 站点,又表示属于 Web 站点的文档的本地存储位置。在开始构建 Web 站点之前,需要建立站点文档的本地存储位置。Dreamweaver 站点可组织与 Web 站点相关的所有文档,跟踪和维护链接、管理文件、共享文件以及将站点文件传输到 Web 服务器上。

要制作一个能够被大家浏览的网站,首先需要在本地磁盘上制作,放置在本地磁盘上的网站被称为本地站点,传输到位于互联网 Web 服务器里的网站被称为远程站点。Dreamweaver 提供了对本地站点和远程站点强大的管理功能。

因而应用 DW 不仅可以创建单独的文档,还可以创建完整的 Web 站点。使用 DW

建设网站时,必须告诉 DW 要新建的网站保存在哪个硬盘目录下,即把刚才建立的网站目录定义为站点。即在 DW 下新建站点,这是使用 DW 开发网站的第一步,下面介绍新建站点如何操作。

在 DW 中选择"站点"菜单中的"新建站点",就会弹出新建站点对话框,这个对话框分为"基本"和"高级"两个选项卡,"基本"选项卡可分步骤完成一个站点的建立,"高级"选项卡则是用来直接设置站点的各个属性。在"基本"选项卡中输入站点的名称,可任意取一个站点名(如 hynu),如图 1-5 所示。

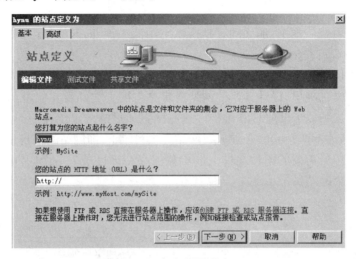

图 1-5　新建站点对话框(一)

单击"下一步"按钮,在弹出的如图 1-6 所示的对话框中选择"否",此对话框用于设置站点文件类型。如果要制作动态网页,则应选择"是",此时将出现一个选择具体动态网页技术的下拉列表框,可选择合适的动态网页文件类型。

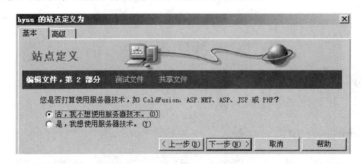

图 1-6　新建站点对话框(二)

单击"下一步"按钮,弹出如图 1-7 所示的对话框,因为通常是在本地机器上做好网站,再传到网上的服务器去。所以选择"编辑我的计算机上的本地副本,完成后再上传到服务器(推荐)"这一默认选项,然后在"您将把文件存储在计算机上的什么位置?"下,选择网站目录对应的文件夹。

把刚才新建的那个文件夹作为站点文件夹就可以了,这样 DW 就会把新建的文件默认都保存在站点目录中,并且站点目录内文件之间的链接会使用相对链接的形式。

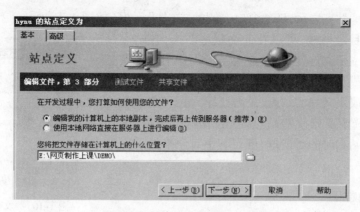

图 1-7　新建站点对话框(三)

注意：网站目录和网页文件命名要避免使用中文，例如，此处选择的站点文件夹 DEMO 就不是中文。

单击"下一步"按钮，在"您如何连接到远程服务器？"下拉列表框中选择"无"，如图 1-8 所示。

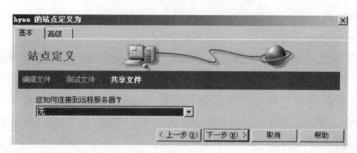

图 1-8　新建站点对话框(四)

单击"下一步"按钮，弹出站点信息总结的对话框，如图 1-9 所示，单击"完成"按钮就完成了一个本地站点的定义。

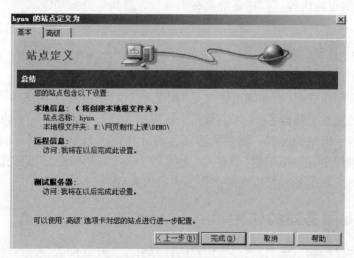

图 1-9　新建站点对话框(五)

定义好本地站点之后,DW 窗口右侧的"文件"面板(如图 1-10 所示)就会显示刚才定义的站点的目录结构,可以在此面板中右击,在站点目录内新建文件或子文件夹,这与在资源管理器中为站点文件夹新建文件或子文件夹的效果一样。

如果要修改定义好的站点,只需选择"站点"菜单中的"管理站点",选中要修改的站点,单击"编辑"按钮,这时又会弹出新建站点时的对话框,可在其中对原来的设置进行修改。

图 1-10　"文件"面板

3. 网站的特征

从用户的角度看,网站的主要特征有:

① 拥有众多的网页。从某种意义上说,建设网站就是制作网页,网站主页是最重要的网页。

② 拥有一个主题与统一的风格。网站虽然有许多网页,但作为一个整体,它必须有一个主题和统一的风格。所有的内容都要围绕这个主题展开,和主题无关的内容不应出现在网站上。网站内所有网页要有统一的风格,主页是网站的首页,也是网站最为重要的网页,所以主页的风格往往就决定了整个网站的风格。

③ 有便捷的导航系统。导航是网站非常重要的组成部分,也是衡量网站是否优秀的一个重要标准。设计良好的网站都具有便捷的导航,可以帮助用户以最快的速度找到自己需要的网页。导航系统常用的实现方法有导航条、路径导航、链接导航等。

④ 分层的栏目组织。将网站的内容分成若干个大栏目,每个大栏目的内容都放置在网站内的一个子目录下,还可将大栏目再分成若干小栏目,也可将小栏目分成若干个更小的栏目,都分门别类放在相应的子目录下,这就是网站采用的最简单的层次型组织结构,结构清晰的网站可大大方便对网站的维护和修改。

⑤ 有用户指南和网站动态信息。网站应有关于网站的说明信息,指导用户如何快捷地搜索、查看网站里的内容。网站还应具有动态发布最新信息的功能。

1.3　Web 服务器和浏览器

在学习网页制作之前,必须知道什么是"浏览器"和"服务器",网站的浏览者坐在计算机前浏览各种网站上的内容,实际上就是从远程的计算机中读取了一些内容,然后在本地的计算机中显示出来的过程。提供内容信息的计算机称为"服务器",访问者使用"浏览器"程序,就可以通过网络取得"服务器"上的文件以及其他信息,因此我们浏览的网页是保存在服务器上。服务器可以同时供许多不同的人(浏览器)访问。

1.3.1　Web 服务器的作用

访问的具体过程简单地说,就是当用户的计算机连入互联网后,通过在浏览器中输入网址发出访问某个站点的请求,然后这个站点的服务器就把用户请求的网页文件传送到用户的浏览器上,即将文件下载到本地计算机,浏览器再显示出文件内容,这个过程如图 1-11 所示。

Web 服务器的作用:对于静态网页,Web 服务器仅仅是定位到网站对应的目录,找到每次请求的网页传送给客户端。对于动态网页,Web 服务器找到该网页后要先对动态网页中的服务器端代码进行执行,生成静态网页代码再传送给客户端浏览器。

图 1-11　服务器与浏览器之间的关系

由于 Web 服务器对静态网页起的只是一个查找和传输的作用,因此测试静态网页时可不安装 Web 服务器,直接手工找到该网站对应的硬盘目录双击网页文件预览,而测试动态网页则一定要安装 Web 服务器,因为动态网页要经过 Web 服务器解释执行后生成的 HTML 文档才能被浏览器解释。

1.3.2　浏览器的种类和作用

1. 浏览器的种类

浏览器是供用户浏览网页的软件,目前常见的浏览器(按使用广泛程度排列)是:IE 6、IE 7、IE 8、Firefox 3、Safari 4、Google Chrome 2、Opera 10 及 Netscape Navigator 9。图 1-12 展示了各种浏览器的徽标。

IE 7&IE 8　　　　Firefox 3　　　　Netscape Navigator 9

Opera 10　　　　Safari 4　　　　Google Chrome 2

图 1-12　常见的各种浏览器的徽标

其中 Firefox 是公认的标准浏览器,对 Web 标准和 CSS 2.0 支持很好,同时它对开发者调试网页代码的支持很好,在查看页面源代码中能自动对代码进行缩进换行显示,在"工具"菜单下的"错误控制台"中能提示网页中出错的 JavaScript 脚本的位置和错误类型。

IE 6 虽然对 Web 标准的支持不太好,但仍然是国内使用最广泛的浏览器。因此为了保证网页在大多数用户的 IE 6 浏览器中有正确的效果,同时测试网页是否被其他浏览器兼容,最好同时安装 IE 6 和 Firefox 3 两种浏览器。

新版本的 Netscape Navigator 9 也是以 Firefox 内核为基础开发的,目前该浏览器在 Linux 系统占有一定份额,而 Opera 10 在手持设备(PDA、手机)的操作系统上用得较多。Safari 4 最初是用在苹果计算机上的浏览器,现在也有了 Windows 版本,该浏览器解释 JavaScript 脚本的速度很快,号称世界上最快的网络浏览器,但和 IE 浏览器的兼容性不太好。

目前 IE 浏览器所占的用户份额正在逐渐减小,而使用 Firefox、Opera 和 Google Chrome 等浏览器的用户正在增多。随着 Web 标准的推广,网页在各种浏览器中的显示效果将趋于一致。这必然促使各种浏览器的竞争日趋激烈,浏览器市场将进入群雄争霸的战国时代。

2. 浏览器的作用

浏览器负责解释 HTML 等网页代码生成我们看到的网页。浏览器最重要或者说核心的部分是 Rendering Engine,习惯称之为浏览器内核,负责对网页语法的解释(包括 HTML、CSS、JavaScript)并渲染(显示)网页。

这个过程和程序语言的编译器编译程序相似,像 C 程序的编译器也是通过对代码进行编译生成我们看到的应用程序界面,不同的是浏览器是对代码进行解释执行。不同的浏览器内核对网页代码的解释是不完全相同的,因此同一网页在不同的内核的浏览器里的显示效果就出现了不同。国内很多的浏览器(如傲游 Maxthon 和腾讯 TT)是借用了 IE 的内核,不能算是一种独立的浏览器。

1.4　静态网页和动态网页

静态网页就是纯粹的 HTML 页面,网页的内容是固定的、不变的。网页一经编写完成,其显示效果就确定了。

动态网页是页面中的内容会根据具体情况发生变化的网页,同一个网页根据每次请求的不同,可显示不同的内容,如图 1-13 中显示的两个网页实际上是同一个动态网页文件(product. asp)。

像图 1-13 这种商品展示的网页,假设每个页面展示 1 种商品,而网站有 1000 种商品需要展示。用静态网页来做的话,那么就需要制作 1000 个静态网页,在以后如果需要修改这些网页的外观风格时,就需要一个一个网页地修改,工作量很大。而如果使用动态网页来做,只需要制作 1 个页面,然后把 1000 种商品的信息存储在数据库中,页面根据浏览者的需求调用数据库中的数据,动态地显示相应的商品信息。需要修改网页外观时只要修改这 1 个动态页面的外观,需要修改商品信息时修改数据库中的数据即可。

从这里可以看出,动态网页要显示不同的内容,往往需要数据库做支持,这也是动态网页的一个特点。从网页的源代码看,动态网页中含有服务器端代码,需要先由 Web 服务器对这些服务器端代码进行解释执行生成客户端代码后再发送给客户端浏览器。常见的动态网页技术有 JSP、ASP、PHP、CGI 等。

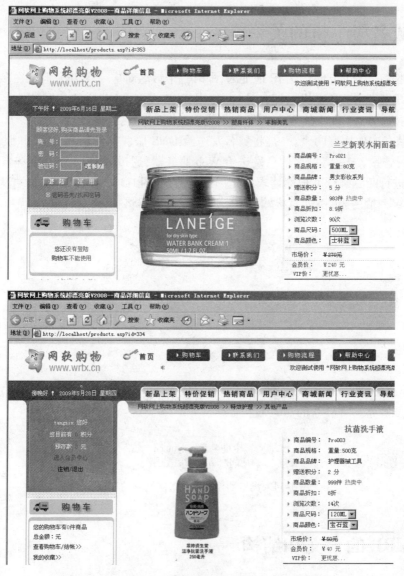

图 1-13　动态网页可根据请求的不同每次显示不同的内容

可以从文件的扩展名判断一个网页文件是动态网页还是静态网页。静态网页的 URL 后缀是 htm、html、shtml、xml 等；动态网页的 URL 后缀是 asp、aspx、jsp、php、perl、cgi 等。如 http://product. dangdang. com/product. aspx？ product_id = 20086446 是一个动态网页，而 http://bbs. v. moka. cn/subject/cage/index. htm 是一个静态网页。

注意：很多网页上含有 GIF 格式的动画、Flash 动画或滚动文字等，那些只是视觉上有"动态效果"的网页，与动态网页是两个完全不同的概念。"动态网页"的含义并不是"含有动画"的网页，静态网页也可以含有动画。

静态网页技术是动态网页技术的基础，本书主要介绍静态网页。本书注重代码，因为动态网页技术需要编写者能够从代码角度理解网页。

1.5　域名与主机的关系

域名本来是为了方便记忆 IP 地址的,那时一个域名对应一个 IP。但现在多个域名可对应一个 IP 地址(一台主机),即在一台主机上可架设多个网站,这些网站的存放方式称为"虚拟主机"方式,通过在 Web 服务器上设置"主机头"区别这些网站。

因此域名的作用有两个,一是将域名发送给 DNS 服务器解析得到 Web 服务器的 IP 地址以进行连接,二是将域名信息发送给 Web 服务器,通过域名与 Web 服务器上设置的"主机头"进行匹配确认客户端请求的是哪个网站,如图 1-14 所示。若客户端没有发送域名信息给 Web 服务器,例如直接输入 IP,则 Web 服务器将打开默认网站。

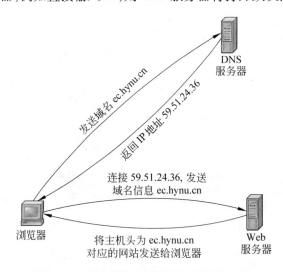

图 1-14　浏览器输入网址访问网站的过程

1.6　URL 的含义和结构

在平时生活中,我们给他人寄信必须将收信人的地址和姓名写在信封上以便让邮递员能找到这个人。同样,为了让浏览器能找到我们需要访问的网页,必须告诉浏览器这个网页的地址和文件名,而 URL 就是所有网页在 Internet 上统一的地址形式。URL 是统一资源定位地址的英文缩写,每个网站上的每个文件(网页及所有资源文件)在 Internet 上都有一个唯一的 URL 地址,通过这个唯一的 URL,浏览器就能定位目标网页和资源。

URL 的一般格式为"协议名://主机名[:端口号][/文件夹名/文件名][#锚点名]"。常见的协议名有以下几种。

(1) HTTP:超文本传送协议,用于传送网页。例如:

① http://www. hynu. cn/web/1/200807/10172331484. html

② http://bbs. runsky. com/bbs/forumdisplay. php? fid=38

（2）FTP：文件传送协议，用于传送文件。例如：

① ftp：//219.216.128.15/

② ftp：//001.seaweb.cn/web

（3）FILE：访问本机或其他主机上共享文件的协议。如果是本机，则主机名可以省略，但斜杠不能省略。例如：

① file：//ftp.linkwan.com/pub/files/foobar.txt

② file：/// pub/files/foobar.txt

例如（1）中的①表示信息被放在一台被称为 www 的服务器上，hynu.cn 是一个已被注册的域名，cn 表示中国，主机名，域名合称为主机头。/web/是服务器网站目录下的一个文件夹，这个统一资源定位地址将信息传送到这个文件，10172331484.html 是网页的文件名。

习题

1. 作业题

（1）Internet 上的域名和 IP 地址是（　　　）的关系。

　　　A. 一对多　　　　　B. 一对一　　　　C. 多对一　　　　D. 多对多

（2）网页的本质是（　　）文件。

　　　A. 图像　　　　　　B. 纯文本　　　　C. 可执行程序　　　D. 图像和文本的压缩

（3）不是动态网页的特点的一项是（　　）。

　　　A. 动态网页可每次显示不同的内容

　　　B. 动态网页中含有动画

　　　C. 动态网页中含有服务器端代码

　　　D. 动态网页一般需要数据库做支持

（4）简述 WWW 和 Internet 的区别。

（5）简述 URL 的含义和作用。

（6）简述网站的本质和特点。

2. 上机实践题

（1）使用 DW 新建一个名称为"wgzx"的网站目录，该网站目录对应硬盘上的"D：\wgzx"文件夹。

（2）在计算机上安装 Firefox 浏览器，并分别使用 IE 浏览器和 Firefox 浏览器查看网页的源代码。

（3）在 Internet 上找出一个完全使用静态网页技术制作的网站和一个使用动态网页技术制作的网站。

第 2 章

HTML、XHTML 和 Web 标准

2.1 HTML 文档的基本结构

HTML 文件本质是一个纯文本文件,图 2-1 是 HTML 文档的基本结构。

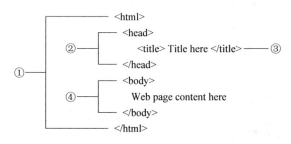

图 2-1　HTML 文档的基本结构

从图 2-1 可以看出,HTML 代码分为 3 部分,其中各部分含义如下:

① <html>…</html>:告诉浏览器 HTML 文档开始和结束的位置,其中包括 head 部分和 body 部分。HTML 文档中所有的内容都应该在这两个标记之间,一个 HTML 文档总是以 <html> 开始,以 </html> 结束。

② <head>…</head>:HTML 文件的头部标记,头部主要提供文档的描述信息,head 部分的所有内容都不会显示在浏览器窗口中,在其中可以放置页面的标题以及页面的类型、使用的字符集、链接的其他脚本或样式文件等内容。

③ <title>…</title>:定义页面的标题,将显示在浏览器标题栏中。

④ <body>…</body>:用来指明文档的主体区域,网页所要显示的内容都放在这个标记内,其结束标记 </body> 指明主体区域的结束。

2.1.1 使用记事本编辑一个 HTML 文件

HTML 文件本质是一个纯文本文件,任何纯文本文件编辑器都能用来编辑 HTML 文件。例如打开记事本,在记事本中输入如下代码(2-1.html):

```
<html>
  <head>
```

```
    <title>Title of page</title>
  </head>
  <body>
    This is my first homepage. <b>This text is bold</b>
    </body>
  </html>
```

输入完成后，单击"保存"菜单项，注意先在"保存类型"中选择"所有文件"，再输入文件名为 test.html，单击"保存"按钮，这样就新建了一个后缀名为 html 的网页文件，可以看到其文件图标为浏览器图标，表示是默认用浏览器打开的网页文件。

2.1.2　认识 Dreamweaver CS3

DW 为网页制作提供了简洁友好的开发环境，Dreamweaver CS3 的操作界面和 Dreamweamver 8 差不多，主要是增加了 spry 组件功能，下面通过图 2-2 来认识 DW 的界面。

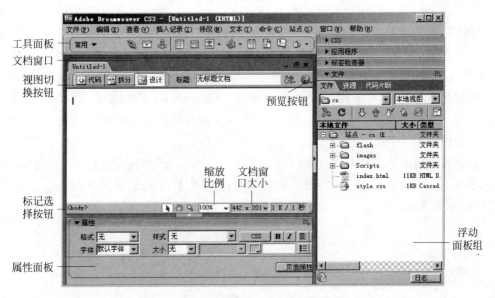

图 2-2　Dreamweaver CS3 的工作界面

DW 的编辑环境非常灵活，大部分的操作可以通过面板来完成，DW 的作用就是帮助设计师编写 HTML 代码，即通过一些可视化的方式编写，减少设计师直接书写代码的工作量。DW 的设计视图蕴含了面向对象操作的思想，它把所有的网页元素都看成是对象，编写网页的 HTML 代码就是插入对象（元素），再修改对象（元素）属性的过程。

同时也可以单击视图切换按钮切换到代码视图手工编写代码，代码视图拥有的代码提示功能很大程度上方便了设计师编写代码的过程。

需要注意的是，由于网页本质是 HTML 源代码文件，在 DW 设计视图中的可视化操作本质上仍然是在编写代码，因此可以通过可视化操作完成的工作一定也可以在代码视图中通过编写代码完成，但有些操作必须通过编写代码实现，不一定能在设计视图中完成，因此说编写代码方式是万能的。

2.1.3   使用 DW 新建一个 HTML 文件

在 DW 中新建网页文件的过程：在"文件"菜单中选择"新建"（快捷键为 Ctrl + N），在对话框中选择"基本页"→html，单击"创建"，在设计视图中输入一些文字，在"文件"菜单中选择"保存"（快捷键为 Ctrl + S），输入网页的文件名，这样就新建了一个网页文件，可以按 F12 预览键在浏览器中预览。

注意：网页在 DW 设计视图中的效果和浏览器中显示的效果并不完全相同，所以测试网页时应使用浏览器预览最终效果。

2.2   标记和元素

2.2.1   标记的概念

标记（Tags）是 HTML 文档中一些有特定意义的符号，这些符号指明内容的含义或结构。HTML 标记是由一对尖括号 < > 和标记名组成。标记分为"起始标记"和"结束标记"两种，二者的标记名称是相同的，只是结束标记多了一个斜杠"/"。如图 2-3 所示，< b > 为起始标记，</ b > 为结束标记，其中"b"是标记名称，它是英文"bold"（粗体）的缩写。标记名称原来是大小写不敏感的。例如，< html > … </html > 和 < HTML > … </HTML > 的效果都是一样的，但是新的 XHTML 标准规定，标记名必须是小写字母，因此应注意使用小写字母书写。

大多数标记都是成对出现的，称为配对标记。有少数标记只有起始标记，这样的标记称为单标记，如 < br/ >，其中 br 是标记名，它是英文" break row"（换行）的缩写。XHTML 规定单标记也必须封闭，因此在单标记名后应以斜杠结束。

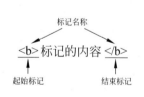

图 2-3   HTML 的标记结构

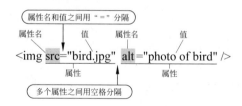

图 2-4   带有属性的标记结构

2.2.2   标记带有属性时的结构

实际上，标记一般还可以带有若干属性（Attribute），属性是标记的重要组成部分，属性只能放在起始标记中，属性和属性之间用空格隔开，属性包括属性名和属性值（Value），它们之间用"＝"分开，如图 2-4 所示。

例 2-1   讨论下列 HTML 标记的写法错在什么地方？（答案略）

① < img " birthday. jpg " / >

② < i > Congratulations ! < i >

③ < a href = " file. html" > linked text </a href = " file. html" >

④ < p > This is a new paragraph </p >

⑤ < li > The list item < /li >

2.2.3　HTML 标记的分类

为方便记忆 HTML 标记,可将标记按出现的情况分为:

(1) 单标记: 单标记也称为自封闭标记,常见的单标记有 < br/ > , < hr/ > , < img/ > , < input/ > , < meta/ > , < link/ > 等。

(2) 配对标记: 除了单标记之外的其他标记都是配对标记,配对标记由“始标记”和“尾标记”两部分构成,必须成对使用,HTML 中配对标记的数目比单标记多得多。

(3) 成组标记: 有许多标记必须成组出现,否则就没有意义。例如 table,form,ul, ol, dl, frameset,fieldset 等必须与其包含标记成组出现。

2.2.4　常见的 HTML 标记

HTML 4.01 定义的标记总共有 96 个,但是常用的 HTML 标记只有下面列出的 40 多个,这些标记及其含义必须熟记下来,为了便于记忆,下面将这些标记按用途进行了分类。

(1) 结构标记: html, head, body

(2) 头部标记: title, meta, link, style, base

(3) 文本标记: font, b, i, u , strong

(4) 段落标记: p, hn, pre, marquee, br, hr, address, center, blockquote

(5) 列表标记: ul, ol, li, dl, dt, dd

(6) 超链接标记: a, map, area

(7) 图像及媒体元素标记: img, embed, object

(8) 表格标记: table, tr, td, th, tbody

(9) 表单标记: form, input, textarea, select, option, fieldset, legend, label

(10) 框架标记: frameset, frame, iframe

(11) 容器标记: div, span

2.2.5　常见的 HTML 标记的属性

HTML 标记可以带有许多属性,这些属性是用来描述元素内容的参数,标记和属性都位于尖括号中。只有熟记了这些属性及其含义才能更好地运用 HTML 语言,HTML 各种标记具有的属性很多,如果是所有标记都具有的属性则称为公共属性,而某些标记独有的属性称为特有属性,常见的公共属性和特有属性如下:

① 公共属性: 对于 body 内的标记,都具有的公共属性有: style、id、class、name、title, 在很多标记中具有的属性有 align、border、src 等。

② 特有属性: 例如 href 是 a 等标记特有的属性,target 是 a 和 form 等标记特有的属

性，type、size 和 value 是表单类标记特有的属性。

2.2.6 元素的概念

　　HTML 文档是由各种 HTML 元素组成的，网页中文字、图像、链接等所有的内容都是以元素(Elements)的形式定义在 HTML 代码中的，因此元素是构成 HTML 文档的基本部件。元素是用标记来表现的，一般起始标记表示元素的开始，结束标记表示元素的结束。把 HTML 标记(如 < p > … < /p >)和标记之间的内容组合称为元素。

　　HTML 元素可分为"有内容的元素"和"空元素"两种。"有内容的元素"由起始标记、结束标记和两者之间的内容组成，其中元素内容既可以是文字内容，也可以是其他元素。如图 2-3 所示，起始标记 < b > 和结束标记 < /b > 定义元素的开始和结束，它的元素内容是文字"标记中的内容"；而起始标记 < html > 与结束标记 < /html > 组成的元素，它的元素内容是另外两个元素 head 元素和 body 元素。"空元素"则只有起始标记而没有结束标记和元素内容。例如 < br/ > 元素就是空元素，可见"空元素"对应单标记。

　　标记相同而标记中的内容不同应视为不同的元素，同一网页中标记和标记的内容都相同的元素如果出现两次也应视为两个不同的元素，因为浏览器在解释 HTML 中每个元素时都会为它自动分配一个内部 id，不存在两个元素的 id 也相同的情况。

　　例 2-2　在如下代码中，body 标记内共有多少个元素？

```
< body >
< a href = "box.html" >< img src = "cup.gif" border = "0" align = "left"/ >< /a >
< p >图片的说明内容 < /p >< hr/ >
< p >图片的说明内容 < /p >
< /body >
```

　　答案：5 个。即 1 个 a 元素、1 个 img 元素、2 个 p 元素和 1 个 hr 元素。

2.2.7 行内元素和块级元素

　　HTML 元素还可以按另一种方式分为"行内元素"和"块级元素"。先来看一个例子：有下面一段代码，读者暂时不需要知道每个标记的具体含义，只要看标记中的内容在浏览器中是怎样排列的。

```
< body >
< a href = "#" > web 主页 < /a >< h2 > web 标准 < /h2 >< a href = "#" > web 主页 < /a >
< img src = "images/arrow.gif" width = "16" height = "16"/ >< b >结构 < /b >
   < font >表现 < /font >< span >行为 < /span >
< p >结构标准语言 XHTML < /p >< ul >< li >表现标准语言 CSS < /li >< /ul >
< div >行为标准语言 JavaScript < /div >
< /body >
```

　　代码的显示效果如图 2-5 所示。可以看到 h2、p、div 这些元素中的内容会占满一整行,而 a、img、span 这些元素在一行内从左到右排列,它们占据的宽度是刚好能容纳元素中内容的最小宽度。根据是否会占满一整行,可以把 HTML 元素分为行内元素和块级元素。

行内(inline)元素是指元素与元素之间从左到右并排排列,只有当浏览器窗口容纳不下才会转到下一行,块级(block)元素是指每个元素占据浏览器一整位置,块级元素与块级元素之间自动换行,从上到下排列。块级元素内部可包含行内元素或块级元素,行内元素内部可包含行内元素,但不得包含块级元素。另外,块级元素 < p > 元素内部也不能包含其他块级元素。

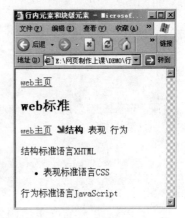

图 2-5　行内元素和块级元素

2.3　从 HTML 到 XHTML 的转变

2.3.1　HTML 存在的问题

HTML 语言最开始是用来描述文档的结构的,如标题、段落等标记,后来因为人们还想用它控制文档的外观,HTML 又增加了一些控制字体、对齐等方面的标记和属性,这样做的结果是 HTML 既用来描述文档的结构,又能表示文档的外观,但是描述文档表现的能力很弱,还造成了结构和表现混杂在一起,如果页面要改变显示,就必须重新制作 HTML,代码重用性低。

于是人们想出了 Web 标准,即结构和表现分离,网页由结构、表现和行为组成。用 HTML 的新版本 XHTML 描述文档的结构,XHTML 是一种为了适应 XML 而重新改造的 HTML。用 CSS 控制文档的表现,因此 XHTML 和 CSS 就是内容和形式的关系,由 XHTML 确定网页的内容,而通过 CSS 来决定页面的表现形式。

2.3.2　Web 标准的含义

Web 标准是指网页由结构(Structure)、表现(Presentation)和行为(Behavior)组成,为了理解 Web 标准,就需要明确下面几个概念。

(1) 内容:内容就是页面实际要传达的真正信息,包含数据、文档或者图片等。注意这里强调的"真正",是指纯粹的数据信息本身。如:

天仙子(1)宋·张先 沙上并禽池上暝,云破月来花弄影。重重帘幕密遮灯,风不定,人初静,明日落红应满径。作者介绍张先(990—1078)字子野,乌程(今浙江湖州)人。天圣八年(1030)进士。官至尚书都官郎中。与柳永齐名,号称"张三影"。

(2) 结构:可以看到上面的文本信息本身已经完整。但是混乱一团,难以阅读和理解,必须给它格式化一下。把它分成标题、作者、章、节、段落和列表等。

如：

> 标题 天仙子(1)
> 作者 宋·张先
> 正文
> 沙上并禽池上暝,云破月来花弄影。
> 重重帘幕密遮灯,风不定,人初静,
> 明日落红应满径。
> 节 1 作者介绍
> 张先(990—1078)字子野,乌程(今浙江湖州)人。天圣八年(1030)进士。官至尚书都官郎中。
> 与柳永齐名,号称"张三影"。

(3)表现:虽然定义了结构,但是内容还是原来的样式没有改变,例如标题字体没有变大,正文的颜色也没有变化,没有背景,没有修饰。所有这些用来改变内容外观的东西,称为"表现"。下面对它增加这些修饰内容外观的东西,效果如图 2-6 所示。

图 2-6　文档添加了"表现"后的效果

很明显,可以看到对文档加了 2 种背景,将标题字体变大并居中,将小标题加粗并变成红色,等等。所有这些,都是"表现"的作用。它使你的内容看上去漂亮、可爱多了! 形象一点的比喻:内容是模特,结构标明头和四肢等各个部位,表现则是服装,将模特打扮得漂漂亮亮。

(4)行为:就是对内容的交互及操作效果。例如,使用 JavaScript 可以响应鼠标的单击和移动,可以判断一些表单提交,使操作能和网页进行交互。

所以说,网页就是由这四层信息构成的一个共同体,这四层的作用如图 2-7 所示。

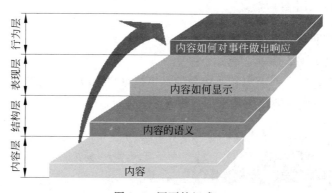

图 2-7　网页的组成

在 Web 标准中,结构标准语言是指 XML 和 XHTML,表现标准语言是指 CSS (Cascading Style Sheets,层叠样式表),行为标准语言主要指 JavaScript。但是实际上 XHTML 语言也有很弱的描述表现的能力,而 CSS 也有一定的响应行为的能力(如 hover 伪类),而 JavaScript 是专门为网页添加行为的。所以这三种语言对应的功能总体来说如图 2-8 所示。

图 2-8　网页的组成项及实现它们的语言

2.3.3　文档类型的含义和选择

由于网页源文件存在不同的规范和版本,为了使浏览器能够兼容多种规范,在 XHTML 中,必须使用文档类型(DOCTYPE)指令来声明使用哪种规范解释该文档。

目前,常用 HTML 或 XHTML 作为文档类型。而规范又规定,在 HTML 和 XHTML 中各自有不同的子类型,如包括严格类型(Strict)和过渡类型(Transitional)的区别。过滤类型兼容以前版本定义的,而在新版本中已经废弃的标记和属性;严格类型则不兼容已经废弃的标记和属性。

建议读者使用 DW 默认的 XHTML 1.0 Transitional(XHTML 1.0 过渡类型),这样既可以按照 XHTML 的标准书写符合 Web 标准的网页代码,同时在一些特殊情况下还可以使用传统的做法。

例如使用 DW 8 默认方式新建的网页文档在代码中的第一行都会有如下代码:

```
<!DOCTYPE html PUBLIC "-//W3C//DTD XHTML 1.0 Transitional//EN" "http://www.w3.
org/TR/xhtml1/DTD/xhtml1-transitional.dtd">
```

这就是关于"文档类型"的声明,它告诉浏览器使用 XHTML 1.0 过渡规范来解释这个文档中的代码。其中 DTD 是文档类型定义(Document Type Definition)的缩写。

对于 XHTML 文档的声明,有 Transitional,Strict 和 Frameset 三种子类型,Transitional 是过渡类型的 XHTML,表明兼容原来的 HTML 标记和属性;Strict 是严格型的应用方式,在这种形式下,不能使用 HTML 中任何样式表现的标记(如 < font >)和属性(如 bgcolor);Frameset 则是针对框架网页的应用方式,使用了框架的网页应使用这种类型。

注意:DOCTYPE 是用于定义文档类型的指令,但并不是一个标记,因此不需要封闭。

在 DW 中新建文档时还可以选择使用其他文档类型,DW 的新建文档对话框如图 2-9 所示,它的右下方有一个"文档类型"下拉选择框。

2.3.4　XHTML 与 HTML 的重要区别

尽管目前浏览器都兼容 HTML,但是为了使网页能够符合标准,读者应该尽量使用 XHTML 规范来编写代码,XHTML 的代码和 HTML 的代码有如下几个重要区别。

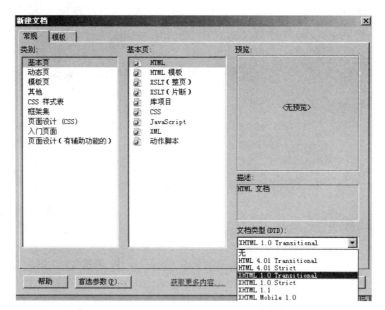

图 2-9　在 DW 中选择文档类型

1. XHTML 文档必须在文档的第一行有一个文档类型的声明(DOCTYPE)

HTML 文档可以不写文档类型的声明,但 XHTML 一定要有文档类型声明。

2. XHTML 文档可以定义命名空间

在 XHTML 文档中,HTML 标记通常带有 xmlns 属性,例如:
< html xmlns = " http://www.w3.org/1999/xhtml" >

xmlns 属性称为 XML 命名空间(XML NameSpace),由于 XML 可以自定义标记,它需要命名空间来唯一标识 XML 文档中的元素和实体的含义,通过特定 URL 关联命名空间文档,解决命名冲突,而 XHTML 可看成一种特殊的 XML,通过将 xmlns 修改为自定义命名空间文档的 URL,就可以自定义 XHTML 文档中的标记。例如自定义一个 < author > 标记。但在一般情况下没必要修改命名空间,而且 xmlns 属性还可省略,浏览器会关联到默认的命名空间。

3. XHTML 文档里必须具有 html,head,body,title 这些基本元素

对于 HTML 文档,即使代码里没有 html,head,body,title 这些基本元素仍然是正确的,但 XHTML 要求一定要有这些基本元素,否则就不正确。

4. 在 XHTML 语言规范的基础上,对标记的书写还有一些额外的要求

(1) 在 XHTML 中标记名必须小写

HTML 中标记名既可大写又可小写,如: < BODY >< P > 这是一个段落 </P ></BODY >。但在 XHTML 中则必须写成: < body >< p > 这是一个段落 </p ></body >。

（2）在 XHTML 中属性名必须小写

例如：＜img src＝"banner.jpg" width＝"760" height＝"140"/＞。

（3）具有枚举类型的属性值必须小写

XHTML 并没有要求所有的属性值都必须小写，自定义的属性值可以大写，例如类名或 id 名的属性值可以使用大写字母，但枚举类型的属性值则必须要小写，枚举类型的值是指来自允许值列表中的值；例如，align 属性具有以下允许值：center、left 和 right。因此，下面的写法是符合 XHTML 标准的：

```
＜div align＝"center" id＝"PageFooter"＞…＜/div＞
```

（4）在 XHTML 中属性值必须用双引号括起来

HTML 中，属性可以不必使用引号，例如：

```
＜img src＝banner.jpg width＝760 height＝140＞
```

而在 XHTML 中，必须严格写成：

```
＜img src＝"banner.jpg" width＝"760" height＝"140"/＞
```

（5）在 XHTML 中所有标记包括单标记都必须封闭

① 这是指双标记必须要有结束标记，例如：＜p＞这是一个段落＜/p＞。

② 单标记也一定要用斜杠"/"封闭，例如：＜br/＞、＜hr/＞、＜img src＝banner.jpg/＞等。

（6）在 XHTML 中属性值必须使用完整形式

在 HTML 中，有些表单中元素的属性由于只有一个可选的属性值，通常就把这个属性值省略掉了，例如：＜input checked＞。

而在 XHTML 中，属性值在任何情况下都不能省略，例如：

```
＜input checked＝"checked"/＞
```

提示：在不影响表述的前提下，本书在接下来的章节中将 XHTML 简称为 HTML，也就是说本书中的 HTML 都是符合 XHTML 规范的 HTML。

习题

1. 作业题

（1）HTML 的注释标记是（　　）。

    A. /＊…＊/   B. //   C. '   D. ＜!--…--＞

（2）下列 HTML 语句的写法符合 XHTML 规范的是（　　）。

    A. ＜br＞   B. ＜img src＝"photo.jpg"/＞

    C. ＜IMG src＝"photo.jpg"＞＜/IMG＞D. ＜img src＝photo.jpg＞＜/img＞

（3）下列不是 XHTML 规范的要求的是（　　）。

    A. 标记名必须小写   B. 属性名必须小写

C. 属性值必须小写　　　　　　　　D. 属性值不能省略

（4）下列不是 XHTML 的 DTD 的是（　　　）。

A. Loose　　　　　　B. Transitional　　　C. Strict　　　　D. Frameset

（5）Web 标准是由（　　　）制定的。

A. Microsoft

B. Netscape

C. The World Wide Web Consortium（W3C）

D. OSI

（6）html 中的元素可分为块级（block）元素和行内（inline）元素，下列元素是块级元素的是（　　　）。

A. ＜p＞　　　　　　B. ＜b＞　　　　　　C. ＜a＞　　　　D. ＜span＞

（7）XHTML 是_____的英文缩写，CSS 是_____的英文缩写。

（8）网页源代码中的 DOCTYPE 是_____意思，xmlns 是_____意思。

（9）写出元素和标记的区别。

（10）说出行内元素与块级元素的含义和区别。

（11）简述 Web 标准的含义。

2. 上机实践题

（1）用"记事本"编写一个显示"欢迎您"的 HTML 源文件，并将其保存后用浏览器打开预览。

（2）上网浏览一些网页，并查看它们的源代码，看这些网页的编码规范是否符合 XHTML 标准。

第 3 章

HTML 标记

网页中的各种元素都是通过 HTML 标记引入的,只有熟练掌握了各种标记及其属性的用法才能灵活地制作网页,根据标记的用途将它们分类记忆是学习 HTML 标记行之有效的方法。本章将按照标记的功能对它们分类进行详细讲解。

3.1 文本格式标记

在网页中,文字和图像是最基本的两种网页元素,文字和图像在网页中可以起到传递信息、导航和交互等作用。在网页中添加文字和图像并不难,更重要的问题是如何编排这些内容以及控制它们的显示方式,让文字和图像看上去编排有序,整齐美观,从本节到 3.5 节将介绍文本和图像标记及其属性,读者可以掌握如何在网页中合理地使用文字和图像,如何根据需要选择不同的显示效果。

3.1.1 文本排版

网页中控制文本的显示需要用到文本格式标记,网页中添加文本的方法有以下几种:

1. 直接写文本

这是最简单也是用得最多的方法,很多时候文本并不需要放在文本标记中,完全可直接放在其他标记中,例如: < div > 文本 </div > 、< td > 文本 </td > 、< body > 文本 </body > 、<li > 文本 </li > 。

2. 用段落标记 < p > … </p > 格式化文本

各段落文本将换行显示,段落与段落之间有一行的间距。
例如: < p > 第一段 </p >< p > 第二段 </p >< p > 第三段 </p > 。

3. 用标题标记 < hn > … </hn > 格式化文本

标题标记是具有语义的标记,它指明标记内的内容是一个标题。标题标记可以用来定义第 n 号标题,其中 $n = 1 \sim 6$, n 的值越大,字越小,所以 < h1 > 是最大的标题标记,而

<h6>是最小的标题标记。标题标记中的文本将以粗体显示,实际上可看成是特殊的段落标记。

标题标记和段落标记有一个常用属性:align,可以设置该标记元素的内容在元素占据的一行空间内的对齐方式(左对齐 left、右对齐 right 或居中对齐 center),例如下面代码的显示效果如图 3-1 所示。

```
<body>
<h1 align="center">1 号标题</h1>
<p>第一段</p>
<h3>3 号标题</h3>
<p>第二段</p>
<h5 align="right">5 号标题</h5>
<p align="right">第三段</p>
</body>
```

4. 用预格式化标记 <pre>…</pre> 格式化文本

pre 是 preformated 的缩写, <pre> 标记与 <p> 标记基本相同,唯一区别是该标记中的文本内容将按原来代码中的格式显示,保留所有空格、换行和定位符。

在 DW 的设计视图中如果直接输入文本,就是"直接写文本"方式,文本不会被任何标记环绕,此时可以在如图 3-2 所示的文本属性面板中的"格式"下拉列表框中选择将文本转变为其他格式。

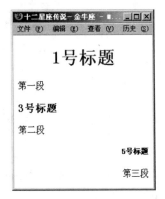

图 3-1　标题标记和段落标记

图 3-2　"格式"下拉列表框

5. 跑马灯标记 <marquee>…</marquee>

<marquee>是一个有趣的标记,它能使其中的文本(也可以是图像)在浏览器屏幕上不断滚动。其中 behavior="alternate" 设置滚动方式为来回滚动,设置为 scroll 表示循环滚动,设置为 slide 表示滚动到目的地就停止。direction 属性用于控制滚动的方向,可以上下滚动或左右滚动。loop 设置滚动的次数,loop 为 0 表示不断滚动。scrollamount 属性设置滚动的速度, scrolldelay 属性设置滚动的延时。

例如下面的代码能使标记中的内容从下到上循环滚动,并且当鼠标停留

（onmouseover 事件）在文本上时,文本会停止滚动,当鼠标移开（onmouseout 事件）时,marquee 中的文本又会继续滚动。

```
< marquee direction = "up" behavior = "scroll" scrollamount = "10" scrolldelay = "4"
loop = "0" align = "middle" onmouseover = this.stop() onmouseout = this.start()
height = "120" >
  测试:网页设计与制作学习:可以将 swf 文件下载下来用 flash 播放器全屏播
放以达到最好效果,也可以在 IE 浏览器中按 F11 键达到全屏效果.
< /marquee >
```

3.1.2　文本的换行和空格

1. 文本换行标记 < br/ >

在 HTML 代码中,如果需要代码中的文本在浏览器中换行,就必须用 < br/ > 标记告诉浏览器这里要进行换行操作。例如:

```
春天 < br/ > 来临,又到了播种耕种的季节
```

2. 强制不换行标记 < nobr > … < /nobr >

这个标记只在一些特殊情况下使用,如希望一个姓名无论在任何情况下都不换行。例如:

```
< nobr > Bill Gates < /nobr >
```

提示:在 HTML 代码中,如果文本是一长串英文或数字字符,而且这些字符中间没有任何空格（当然这种情况很罕见）,那么这些文本即使超出网页或其包含元素定义的宽度也不会自动换行,只有使用 < br/ > 标记才能使它换行。而如果文本是一长串汉字或英文单词（字符之间有空格）,那么当文本宽度即将超出外围容器宽度时,会自动换行。

3. 文本中的空格

下面先来看一段包含各种文本标记的 HTML 代码(3-1. html),及其在浏览器中的显示效果,如图 3-3 所示。注意观察代码中的空格和换行符是否在浏览器中显示。

例 3-1　文本中的换行和空格。

```
< body >  金牛  的  诱惑  < !--直接写文本 -->
< h3 >  国王有一个  美丽  的女儿叫欧罗巴 < /h3 >   < !--标题标记内文本 -->
< p >     一天清晨,欧罗巴像往常一样和同伴们来到海边的草地上嬉戏。

正当  她们  快乐地采摘鲜花、< br/ >编织花环的时候, < /p >   < !--段落标记 -->
< p >  一群  膘肥体壮  的牛来到了这片草地上, < /p >
```

```
< pre >　欧罗巴一眼就看见牛群中那一只高贵华丽的金牛。

　　　这时候金牛变成了一个俊逸如天神的男子< /pre >　< !-- 预格式化标记内的文本 -->
< /body >
```

从图 3-3 中可以看出,换行标记 < br/ > 不会产生空行,只会另起一行,而两个段落标记之间会有一行(大约 18px)的空隙。文本中的很多空格和回车符都被浏览器忽略,但 < pre > 标记内的文本将完全按文本原来的格式显示,空格和回车符都不会忽略。

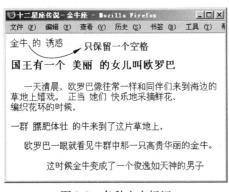

图 3-3　各种文本标记

另外,< !-- … --> 为 HTML 代码的注释,注释不会显示在页面上。

总结: HTML 代码中,在一个标记(< pre > 标记除外)内,内容前的空格浏览器将全部忽略,字符与字符间的空格浏览器将只保留一个空格显示,回车符也视为一个空格。块级元素与其他元素之间忽略所有空格。如果要输入多个空格或需要在内容之前输入空格需在源代码中插入 (表示一个半角空格)。一个行内元素可视为一个字符。

4. 水平线标记 < hr/ >

这是一个很简单的标记,用来在网页中插入一条水平线。例如:

```
< hr size = "3" width = "85% " noshade = "noshade"/ >
```

其中 size 属性用来设置水平线的高度(粗细),noshade 设置水平线是否有阴影效果,默认是有阴影效果的。

3.1.3　文本中的特殊字符

在 HTML 代码中,文本中的有些符号如空格、大于号是不会显示在浏览器中的,如果希望浏览器显示这些字符就必须在源代码中输入它们对应的特殊字符。这些特殊字符可分为 3 类。

1. 转义字符

由于大于号和小于号被用于声明标记,因此如果在 HTML 代码中出现" < "或" > "就不会被认为是普通的小于号或大于号。如果要显示"x > y"这样一个数学公式,需要用"<"代表符号" < ",用">"代表符号" > "。在 DW 的设计视图中输入" < ",会自动在代码视图中插入"<"。

2. 特殊字符

一些符号是无法直接用键盘输入的,也需要使用这种方法来输入,例如版权符号

"©"需要使用"©"来输入。还有几个特殊字符也比较常用,如"±"代表符号"±","÷"代表"÷","‰"代表"‰"。

例如:

```
<p>x &gt; y &divide; 2</p>          <!--浏览器中显示"x>y÷2"-->
<p>y &lt; |&plusmn; x|</p>          <!--浏览器中显示"y< |± x|"-->
<p align="center">版权所有 &copy;数学系</p>       <!--版权所有©数学系-->|
```

这些特殊符号并不需要记忆,执行 DW 菜单命令"插入"→HTML→"特殊字符"就可以方便地在网页中插入这些符号。

3. 空格符

文字与文字之间的空格,如果超过一个空格,那么从第 2 个空格开始,都会被忽略掉。如果需要在某处使用多个空格,就需要使用代表空格的特殊符号来代替,空格符是" ",一个" "代表一个半角的空格,如果要输入多个空格,可交替输入" "和" "。

4. 在 DW 设计视图中插入 HTML 文本元素的一些常用快捷键

① 按 Enter 键将插入 <p> </p>（硬回车）;
② 按 Shift + Enter 键将插入
（软回车）;
③ 按 Ctrl + Shift + Space 键插入空格符" "。

3.2　文本修饰标记(字体标记)

通过文本格式标记可以让浏览器按某种格式显示文本,若要对文本中某些字符的显示进行特殊的设置,如改变颜色、显示为粗体、斜体、添加下划线等,可以使用字体标记将需要设置的几个字符环绕起来。这几个被修饰的字符和它左右两边的字符不会换行。因此,文本修改标记都属于行内元素,而上节介绍的文本格式标记属于块级元素。

1. font 标记

改变文字的字体、字号或颜色,这些改变是通过它的三个属性 face、size 和 color 的设置实现的。它的格式为:

```
<font face="fontname" size="n" color="#rrggbb">…</font>
```
<!-- face 属性定义文字的字体,fontname 为能获得的字体名称;size 属性定义文字的大小,n 为正整数,n 值越大则字越大;color 属性定义文字的颜色。 -->

2. 加粗、倾斜和下划线标记

加粗、倾斜和下划线标记用来给文本增添这些特殊效果。主要有以下几个:
- <b>…</b>　　　　　<!--加粗文字-->

- `<i>…</i>`   `<!--倾斜文字-->`
- `<u>…</u>`   `<!--给文字加下划线-->`
- `<em>…</em>`   `<!--倾斜文字-->`
- `<strong>…</strong>`   `<!--加粗文字-->`

需要指出的是，`<em>`和`<strong>`的作用虽然也是使文本倾斜或加粗，但它们是具有语义的标记，对搜索引擎更友好，所以现在更推荐使用它们替代`<i>`和`<b>`。使用加粗、倾斜与下划线标记(`<b>`、`<i>`、`<u>`)的组合，可对文本文字进一步修饰。例如：

```
<b><font color = "red" size = "5">此处以红色五号字粗体显示</font></b>
```

3. 上标(sup)和下标(sub)标记

这两个标记主要用来书写数学公式或分子式。例如：

```
H<sub>2</sub>O          <!--浏览器中显示"H₂O"-->
X<sup>2</sup>           <!--浏览器中显示"X²"-->
```

由于字体标记属于对文本外观进行修饰的标记，是由于当时 CSS 语言尚未完善时 HTML 定义的表现范畴，随着 CSS 的完善，这些表现功能应该由 CSS 完成，例如`<b>`、`<i>`、`<u>`这些标记的作用都可以由 CSS 属性来实现，而且 CSS 能够控制的字体外观比 HTML 要细致、精确得多，所以描述文字表现的字体标记逐步过时了。

3.3 列表标记

为了合理地组织文本或其他对象，网页中常常要用到列表。在 HTML 中可以使用的列表标记有无序列表`<ul>`、有序列表`<ol>`和定义列表`<dl>`三种。每个列表都包含若干个列表项，用`<li>`标记表示。

1. 无序列表(Unordered List)

以标记`<ul>`开始，以标记`</ul>`结束。在每一个`<li>`标记处另起一行，并在列表文本前显示加重符号，全部列表会缩排。与 Word 中的"项目符号"很相似。例如下面的代码显示效果如图 3-4 所示。

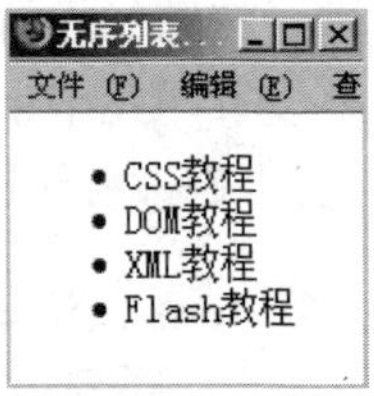

图 3-4　无序列表

```
<ul>
    <li>CSS 教程</li>
    <li>DOM 教程</li>
    <li>XML 教程</li>
    <li>Flash 教程</li>
</ul>
```

2. 有序列表(Ordered List)

以标记 < ol > 开始,以标记 </ol > 结束。在每一个 < li > 标记处另起一行,并在列表文本前显示数字序号。与 Word 中的"编号"很相似。

例如下面的代码显示效果如图 3-5 所示。

```
<ol>
    <li>CSS 教程</li>
    <li>DOM 教程</li>
    <li>XML 教程</li>
    <li>Flash 教程</li>
</ol>
```

图 3-5　有序列表

图 3-6　定义列表

3. 定义列表(Defined List)

定义列表以定义列表项标记 < dl > 定义。定义列表项 < dl > 中包含一个列表标题和一系列列表内容,其中 < dt > 标记中为列表标题, < dd > 标记中则为列表内容。列表自动换行和缩排。例如下面的代码显示效果如图 3-6 所示。

```
<dl>
    <dt>湖南城市</dt>
    <dd>长沙</dd>
    <dd>衡阳</dd>
    <dd>常德</dd>
</dl>
  <dl>
    <dt>湖北城市</dt>
    <dd>武汉</dd>
    <dd>襄樊</dd>
    <dd>宜昌</dd>
  </dl>
```

列表标记之间还可以进行嵌套,即在一个列表的列表项里又插入另一个列表,这样就形成了二级列表结构。

3.4　利用 DW 代码视图提高效率

DW 提供了方便的代码编写功能。前面曾谈到,页面在浏览器中的最终显示效果完全是由 HTML 代码决定的,Dreamweaver 只是帮助用户方便地插入或者生成必要的代码。在实际工作中,还是会经常遇到通过可视化的方式生成的代码并不能满足需要的情况,这时就需要设计师对代码进行手工调整,这个工作可以在 DW 的代码视图中完成。

在代码视图中,DW 提供了很多方便的功能,可以帮助用户更高效地完成代码的输入和编辑操作。

3.4.1　代码提示

在 HTML 语言和后面要介绍的 CSS 语言中,都有很多标记、属性和属性值,都是英文单词,因此设计师要把繁多的标记、属性和属性值记清楚是很不容易的,而且一旦拼写错误,就无法得到正确的效果了。为此,DW 提供了方便的代码提示功能,可减少设计者的记忆量,并大大加速代码的输入速度。

在 DW 的“代码”视图中,如果希望在代码中的某个位置增加一个 HTML 标记,只需把光标移动到目标位置,然后输入左尖括号,就会自动弹出标记提示下拉框,如图 3-7 所示。这时就可以选取所需的标记,然后按回车键即可完成对该标记的输入,有效避免了拼写错误。

如果要为标记增加一个属性,这时只需在标记名或其属性后按下“空格”键,就会出现下拉框,列出了该标记具有的所有属性和方法,如图 3-8 所示,这时就可以选取所需的属性了。实际上,通过查看下拉框列出的全部属性,还可以帮助我们学习这个标记具有哪些属性。

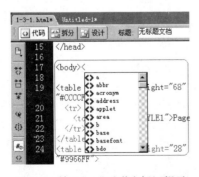

图 3-7　输入“<”后弹出标记提示

图 3-8　输入空格后弹出属性提示

如果列出的属性特别多,那么可以继续输入所需属性的第一个字母,这时属性提示框中的内容会发生变化,仅列出以这个字母开头的属性,就大大缩小了选择范围。

在选中了某个属性后,代码提示框又会自动提示备选的属性值。例如对于 align 属性,会出现 4 个可用的属性值,如图 3-9 所示。这时就可以选取属性值了。如果要修改属性值,只需把属性值连同引号都删掉,然后再输入一个引号,就会再次弹出属性值提示框了。

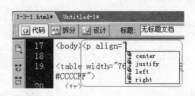

图 3-9　选中属性后弹出属性值提示

读者如果习惯了使用代码提示功能后,会发现即使完全手工输入代码,速度也是非常快的。

3.4.2　代码折叠

当页面代码非常复杂时,这时要分析代码就会感到很混乱,此时可通过代码折叠功能把某些部分的代码收缩隐藏起来,便于分析和编辑代码。

首先,单击文档窗口左下角的"标记按钮"选中某个元素,此时可看到该元素代码的起始标记和结束标记左侧会出现两个减号的小图标,单击这两个小图标中的任意一个,就可将该元素的代码部分折叠起来,减号小图标也变成了加号小图标。另外,也可以按住鼠标左键拖动选中需要折叠的代码。如果不想进行代码折叠,单击加号小图标又会恢复到正常显示状态。

3.4.3　拆分视图和代码快速定位

在文档窗口中有 3 种视图,其中"拆分"视图就是把整个窗口分为上下两半,上面显示代码,下面显示设计视图。

当页面很复杂,代码很长时,如果想快速找到某个网页元素对应的代码,也是很容易

图 3-10　使用标记按钮定位元素在代码视图和设计视图中的位置

的。只需用光标单击设计视图中的某个网页元素,那么代码视图中的光标也会自动转到这个元素对应的代码处。

如果要选中这个元素的整个代码,可以使用文档窗口左下角的"标记按钮",单击标记按钮后,就会把设计视图中的该元素和代码视图中该元素对应的代码都选中。而且,从标记按钮中,还能看出元素之间的嵌套关系。例如在图 3-10 中,当把光标停留在 i 元素中的内容时,左下角的标记按钮依次为"＜body＞＜h2＞＜i＞",表示 i 元素是嵌套在 h2

元素中的,而 h2 元素又是嵌套在 body 元素中的。设计师可方便地单击相应的标记按钮选中各个元素对应的代码范围和在设计视图中的位置。

3.4.4　DW 中的常用快捷键

表 3-1 列出了 Dreamweaver 的一些常用快捷键,实际上这些快捷键是很多软件通用的快捷键,在其他很多应用软件(如 Word、Fireworks)中也经常使用。

表 3-1　**Dreamweaver 的常用快捷键**

快捷键	功　　能	快捷键	功　　能
Ctrl + Z	撤销操作	Ctrl + C	复制
Ctrl + S	保存文档	Ctrl + V	粘贴
F12	预览网页	Ctrl + X	剪切
Ctrl + A	全选	Ctrl + N	新建文档

1. Ctrl + Z

在制作网页过程中,为了调试网页,经常会把网页修改得很乱,此时如果想回退到原来的状态,只需按 Ctrl + Z 键进行撤销操作,连续按则能撤销多步操作。因此 Ctrl + Z 可能是网页制作中使用最多的快捷键。需要注意的是即使将文档保存过,但没有将文档的窗口关闭就仍然能按 Ctrl + Z 进行撤销。

2. Ctrl + S

由于调试网页时经常需要预览网页,而预览之前必须先保存网页,因此 Ctrl + S 也是用得很频繁的快捷键,它的作用是保存网页,调试过程中通常是按了 Ctrl + S 后马上按 F12 预览。

3. Ctrl + A、Ctrl + C、Ctrl + V、Ctrl + X

这几个快捷键是文本编辑中最常用的快捷键,在制作网页过程中经常需要使用。例如在网上找到一个完整的 HTML 源代码,想在 DW 中调试。那么最快捷的方式就是先在网上复制这段代码,然后在 DW 中按 Ctrl + N 新建网页,切换到代码视图,按 Ctrl + A 全选代码视图中的代码,按 Ctrl + V 粘贴就能用网上的代码替换掉 DW 中原来的代码。

3.5　图像标记 < img >

网页中图像对浏览者的吸引力远远大于文本,选择最恰当的图像,能够牢牢吸引浏览者的视线。图像直接表现主题,并且凭借图像的意境,使浏览者产生共鸣。缺少图像,只有色彩和文字的设计,给人的印象是没有主题空虚的画面。浏览者将很难了解该网页的主要内容。

3.5.1　网页中插入图像的两种方法

网页中插入图像有两种方法,一是插入一个 < img > 元素,二是将图像作为背景嵌入到网页中,由于 CSS 的背景属性的功能很强大,现在推荐将所有的图像都作为背景嵌入。如果图像是通过 < img > 元素插入,则可以在浏览器上通过按住鼠标左键拖动选中图片,选中后图片呈现反选状态。还可以将它拖动到地址栏里,那么浏览器将单独打开这幅图片。而如果是作为背景嵌入,则无法选中图片。这是分辨图片是用何种方式插入的一种办法。

<img>是一个行内元素,插入<img>元素不会导致任何换行。表3-2 是<img>标记的常见属性。

表 3-2 <img>标记的常见属性

<img>的属性	含　义
src	图片文件的 URL 地址
alt	当图片无法显示时显示的替换文字
title	鼠标停留在图片上时显示的说明文字
align	图片的对齐方式,默认为基线对齐,即图片的下边缘和文字的下边缘对齐
width、height	图片在网页中的宽和高

其中,alt 属性是当图片无法显示时显示的替换文字,应该尽量设置此属性使搜索引擎能知道这幅图片的含义,这样对搜索引擎或不能显示图像的阅读器更友好。有助于网站在搜索引擎上的排名。而且当未设置 title 属性时,IE 浏览器会把 alt 属性当作 title 属性用,即鼠标停留在图片上时显示 alt 属性中的文字,但其他浏览器不会这样。

3.5.2　网页中支持的图像格式

网页中可以插入的图像文件的类型有 JPG 格式、GIF 格式和 PNG 格式。它们都是压缩形式的图像格式,体积较位图格式的图像小,适合于网络传输。下面分别介绍这三种格式图像文件的优缺点。

1. GIF 格式(Graphics Interchange Format,图形交换格式)

GIF 是一种索引颜色格式,在颜色数很少的情况下,产生的文件极小,它的优缺点主要有:

① GIF 格式支持背景透明。GIF 图片如果背景色设置为透明,它将与浏览器背景相结合,生成非矩形的图片。

② GIF 格式支持动画。在 Flash 动画出现之前,GIF 动画可以说是网页中唯一的动画形式。GIF 格式可以将单帧的图像组合起来,然后轮流播放每一帧而成为动画。

③ GIF 格式支持图形渐进。渐进是指图片渐渐显示在屏幕上,在浏览器下载完整张图片以前,浏览者就可以看到该图像,所以网页中首选的图像格式为 GIF。

④ GIF 格式是一种无损压缩格式。无损压缩是不损失图片细节而压缩图片的有效方法,由于 GIF 格式采用无损压缩,在存储非连续色调的图像或具有大面积单一色彩的图像方面比较出色,所以它更适合于线条、图标和图纸。

⑤ GIF 格式的缺点同样相当明显。GIF 格式只支持 256 种颜色,这对于摄影图片显然是不够的,会使照片的颜色失真很大。

2. JPG 格式(Joint Photograhic Experts Group,联合图像专家组)

JPG 格式最主要的优点是能支持上百万种颜色,从而可以用来表现真彩色的照片。此外,由于 JPG 图片使用更有效的有损压缩算法,从而使文件长度更小,下载时间更短。有损压缩会放弃图像中的某些细节,以减少文件长度。它的压缩比相当高,使用专门的

JPG 压缩工具其压缩比可达 180∶1,而且图像质量从浏览角度来讲损失不大,这样就大大方便了网络传输和磁盘交换文件。JPG 较 GIF 更适合于照片,因为在照片中损失一些细节不像对艺术线条那么明显。另外,JPG 对照片的压缩比例更大,而最后的质量也更好。

　　JPG 的缺点是它不如 GIF 图像那么灵活,JPG 格式的图像不支持背景透明、图形渐进,更不支持动画。

3. PNG 格式(**Portable Network Graphics**,可携式网络图像)

　　PNG 格式是一种比较新的图像格式,设计目的是用来取代 GIF 和 JPG 格式的图像。它还是 Fireworks 默认的文件格式,并且被大部分图像处理软件支持。它的优点是:

　　① 兼有 GIF 和 JPG 的色彩模式。我们知道 GIF 格式图像采用了 256 色的色彩模式,JPG 采用的是 24 位真彩模式。PNG 不仅能储存 256 色的图像,还能储存 24 位真彩图像,甚至最高可储存至 48 位超强色彩图像。具体存储多少位颜色可以在 Fireworks 导出图像时设置。

　　② 支持 Alpha 透明。JPG 格式无法实现图像透明。GIF 格式透明图像过于刻板,因为 GIF 透明图像只有 1 与 0 的透明信息,只有透明或不透明两种选择,没有层次;而 PNG 提供了 Alpha 透明,即半透明效果,透明度有 0～255 级可供调节,IE 7 和 Firefox 都支持 PNG 格式的半透明效果,而 IE 6 只支持 PNG 格式,但不支持它的半透明效果。

4. 网页图像格式的选择

　　由于 GIF 格式只有 256 种色彩,所以图片中颜色不多的话就适合于保存为 GIF 格式,一般为纯色的图形,比如一些小图标、由线条构成的图案、背景中色彩比较少的图像就是这种;反之,如果是颜色比较多的图片,就适合保存为 JPG 格式,例如照片;而如果希望实现图像在网页中以半透明的效果显示,可以考虑 PNG 格式。

　　注意:网页中不能插入 BMP(位图)格式的图片文件。

3.5.3　在单元格中插入图片的方法

　　对于表格布局的网页,所有的元素都是放置在单元格中的,图像也不例外,要在单元格中插入图像,且单元格的边框和图像之间没有间隙。那么必须将该单元格的宽和高设置为图片的宽和高,且表格中其他单元格的大小也必须固定,然后确保 < td > 与 < /td >之间只有 < img > 标记,没有空格和换行符,否则单元格会被空格撑开。如:

```
< td width = "768" height = "132" >< img src = "images/info.gif"/></td> <!--
</td>不能换行 -->
```

3.5.4　< img > 插入图像的对齐方式

　　< img > 标记的对齐方式仍然通过 align 属性实现,但其取值多达 9 种,其中要实现图

片和文本混排可使用"左对齐"或"右对齐"，<img src = "images/info. gif" width = "158" height = "41" align = "left"/>，要实现文本和图片顶部对齐可使用"文本上方"。但通常是将图片放在表格里，通过表格定位来实现文本和图像的混排。

3.6　超链接标记 <a>

超链接是组成网站的基本元素，通过超链接将多个网页组成一个网站，并将 Internet 上的各个网站联系在一起。浏览者通过超链接选择阅读路径。

超链接是通过 URL（统一资源定位地址）来定位目标信息的。URL 包括 4 部分：网络协议、域名或 IP 地址、路径和文件名。

3.6.1　绝对 URL 和相对 URL

URL 可分为绝对 URL 和相对 URL。URL 地址主要用来表示链接文件和调用图片的地址，例如：

```
<a href = "http://www.hynu.cn/index.htm">学院首页 </a>          <!--链接文件 -->
<img src = " http://www.hynu.cn/images/bg.jpg"/>          <!--调用图片 -->
```

1. 绝对 URL（绝对路径）

绝对 URL 是采用完整的 URL 来规定文件在 Internet 上的精确地点，包括完整的协议类型、计算机域名或 IP 地址、包含路径信息的文档名。书写格式为：协议://计算机域名或 IP 地址[/文档路径][/文档名]。

例如：http://www. hyshopgo. com/download/download. gif。

2. 相对 URL（相对路径）

相对路径是相对于包含超链接页的地点来规定文件的地点。应尽量使用相对路径创建链接，使用相对路径创建的链接可根据目标文件与当前文件的目录关系，分为四种情况：

（1）链接到同一目录内的其他网页文件

目标文件名是链接所指向的文件。链接到同一目录内的网页文件的格式为：

```
<a href = "目标文件名.htm">链接文本 </a>
```

（2）链接到下一级目录中的网页文件

链接到下一级目录中的文件，则先输入子目录名和斜杠（/），再输入目标文件名：

```
<a href = "子目录名/目标文件名.htm">链接文本 </a>
```

（3）链接到上一级目录中的网页文件

链接到上一级目录中的文件，要在目标文件名前添加"../"，因为".."表示上级目录，"."表示本级目录：

```
<a href = "../目标文件名.htm">链接文本 </a>
```

（4）链接到上一级目录中其他子目录中的网页文件

这个时候可先退回到上一级目录，再进入目标文件所在的目录，格式为：

<a href＝"../子目录名/目标文件名.htm">链接文本</a>

3. 相对 URL 使用举例

下面举例说明相对路径的使用方法。网站的文件目录结构如图 3-11 所示。

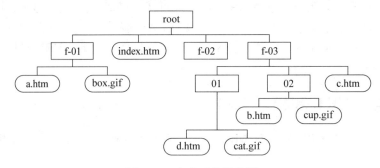

图 3-11　文件系统结构图

图中的矩形表示文件夹，圆角矩形表示文件。

（1）如果 f-01 文件夹下的 a.htm 需要显示同目录下的 box.gif 图片，直接写文件名即可。

（2）如果根文件夹下的 index.htm 需要显示 f-01 目录下的 box.gif 图片，应该写成"f-01/box.gif"。

（3）如果 f-03 文件夹中的 02 文件夹下的 b.htm 需要显示 01 文件夹下的 cat.gif 图片，应该写成"../01/cat.gif"。

（4）如果 f-03 文件夹中的 02 文件夹下的 b.htm 需要显示 f-01 目录下的 box.gif 图片，应该写成"../../f-01/box.gif"。

如果 f-01 文件夹下的 a.htm 需要显示 f-03 文件夹中的 02 文件夹下的 cup.gif 图片，应该写成"../f-03/02/cup.gif"。

可以看出相对路径方式比较简便，不需输入一长串完整的 URL；另外相对路径还有一个非常重要的特点是：可以毫无顾忌地修改 Web 网站在服务器硬盘中的存放位置或它的域名。

提示：如果在 DW 中制作网页时看到代码中 URL 为 FILE 协议的格式，例如：file:///E|/网页制作上课/DEMO/bg.png，说明网页中引用的资源是本机上的，出现这种情况的原因是引用的文件没在网站目录内，或根本没创建网站目录，或网页文件尚未保存到网站目录内。当网页上传到服务器后，由于该资源在服务器上的存放路径和本机上的路径一般不会相同，就会出现找不到文件的情况，因此应避免这种情况出现。

3.6.2　超链接的源对象：文本、图像、热区

超链接的源对象是指可以设置链接的网页对象，主要有文本、图像或文本图像的混合体，它们对应 a 标记的内容，另外还有热区链接。在 DW 中，这些网页对象的属性面板中

都有"链接"设置项,可以很方便地为它们建立链接。

1. 用文本做超链接

在 DW 中,可以先输入文本,然后用鼠标选中文本,在属性面板的"链接"框中设置链接的地址;也可以单击"常用"工具栏中的"超级链接"选项,在对话框中输入"文本"和链接地址;还可以在代码视图中直接写代码;无论用何种方式做,生成的源代码总是下面这种形式:

```
< a href = "index.htm" target = "_blank" >首页 </a>
```

2. 用图像做超链接

首先需要插入一幅图片,然后选中图片,在"链接"文本框中设置图像链接的地址。生成的代码如下:

```
< a href = "index.htm" >< img src = "images/info.gif" title = "返回首页"/ >< /a>
```

3. 文本图像混合做链接

由于 a 元素是一个行内元素,所以它的内容可以是任何行内元素和文本的混合体。因此可将图片和文本都作为 a 元素的内容,这样无论是单击图片还是文本都会触发同一个链接。该方法在商品展示的网站上较常用,制作文本图像链接需要在代码视图中手工修改代码,代码如下:

```
< a href = "brand1.htm" >< img src = "green.gif"/ >< br/ >格新空调 1 型 </a>
```

4. 热区链接

热区链接是指在一张图片上实现不同的区域指向不同的网页链接,比如一张湖南省地图,单击不同的地区就会跳转到不同的网页,那么可单击的区域就是热区。鼠标移动到地区的热点,会有提示显示。

制作热区链接首先需要插入一张图片,选中图片,在展开的"属性"面板上有"地图"选项,如图 3-12 所示。地图右边的文本框可设置地图的 name,地图下方有三个小按钮分别是绘制矩形、椭圆形、多边形热区的工具。可以使用它们在图像上拖动绘制热区,也可以使用箭头按钮调整热区的位置。

图 3-12　图像属性面板中的地图工具

绘制了热区后,HTML 就自动使用 < map > 标记在图像上定义了一幅地图,地图上可包含多个热区,每个热区用 < area > 单标记定义,因此 < map > 和 < area > 是成组出现的

标记对。定义热区后生成的代码如下:

```
< img src = "images/163227.png" alt = "说明文字" border = "0" usemap = "#Map"/>
< map name = "Map" id = "Map" >
< area shape = "rect" coords = "51,131,188,183" href = "default.asp" alt = "说明文字"/>
< area shape = "rect" coords = "313,129,450,180" href = "#h3"/></map>
```

其中,定义了热区的图像 < img > 标记中会增加 usemap 属性指明在它上面定义了哪幅地图。

< area > 标记的 shape 属性定义了热区的形状,coords 属性定义了热区的坐标点,href 属性定义了热区链接的文件;alt 属性可设置鼠标移动到热区上时显示的提示文字。

3.6.3 超链接的种类(href 属性的取值)

在网页中的超链接有很多种类,如文件链接、电子邮件链接、锚链接等,这些不同种类链接的区别在于其 href 属性的取值不同。因此可以根据 href 属性的取值来分辨超链接的类型。

1. 链接到其他网页或文件

因为超链接本身就是为了把 Internet 上各种网页或文件链接在一起,所以链接到文件的链接是最重要的一类超链接,它可分为以下几种:

- 内部链接 <a href = "../index. htm" >返回首页 </a >
- 外部链接 <a href = "http://www. 163. com" > 网易网站 </a >
- 下载链接 <a href = "software/wybook. rar" >单击下载 </a > <! -- 如果浏览器不能打开该后缀名的文件,则会弹出文件下载的对话框 -->

2. 电子邮件链接

如果在链接的 URL 地址的前面有"mailto:"就表示是电子邮件链接,单击电子邮件链接后,浏览器会自动打开默认的电子邮件客户端程序(如 outlook)。

```
< a href = "mailto:xiaoli@ 163.com" > xiaoli@ 163.com </a >
```

由于在我国很多用户都不喜欢使用客户端程序发送邮件,所以也可以不建立电子邮件链接,直接把电子邮件地址作为文本写在网页上。

3. 锚链接(链接到页面中某一指定的位置)

当网页内容很长,需要进行页内跳转链接时,就需要定义锚点和锚点链接,锚点可使用 name 属性或 id 属性定义。锚链接需要和锚点配合使用,单击锚链接会跳转到指定的锚点处。

```
< a id = "yyyy" ></a >           <! --定义锚点 yyyy -->
< a href = "#yyyy" >…</a >        <! --网页内跳转链接,链接到锚点 yyyy 处 -->
```

也可用锚链接链接到其他网页某个锚点处,例如:

```
<a href="intro.htm#yyyy">…</a>    <!--链接到 intro.htm 网页的锚点 yyyy 处-->
```

4. 空链接和脚本链接

这是一类有特殊用途的链接,例如:

```
<a href="#">…</a>       <!--相当于没有定义锚点的锚链接,网页会返回页面顶端-->
<a href="JavaScript:self.close();">关闭窗口</a>
```

3.6.4　超链接目标的打开方式

超链接标记 a 具有"target"属性,用于设置链接目标的打开方式,在 DW 中在"目标"下拉列表框中可设置"target"属性的取值,如图 3-13 所示,其取值共有四种。

① _self:在原来的窗口或框架打开链接的网页,这是 target 属性的默认值,因此可以不指定;

图 3-13　"目标"下拉列表框

② _blank:在一个新窗口打开所链接的网页,这个很有用,可防止打开新网页后把原来的网页覆盖掉,例如:

```
<a href="http://www.rongshu.com" target="_blank">榕树下</a>
```

③ _parent:将链接的文件载入到父框架打开,如果包含的链接不是嵌套框架,则所链接的文档将载入到整个浏览器窗口;

④ _top:在整个浏览器窗口载入所链接的文档,因而会删除所有框架。

在这四种取值中,"_parent"、"_top"仅仅在网页被嵌入到其他网页中有效,如框架中的网页,所以它们用得很少。用得最多的还是通过 target 属性使网页在新窗口中打开,如 target="_blank",要注意不要漏写取值名称前的下划线"_"。

3.6.5　超链接制作的原则

1. 可以使用相对链接尽量不要使用绝对链接

相对链接的好处在前面已经详细介绍过,原则上,同一网站内文件之间的链接都应使用相对链接方式,只有在链接 Internet 上其他网站的资源时才使用绝对链接。例如,和首页在同一级目录下的其他网页要链接到首页,有如下三种方法:

① <a href=".">首　页</a> <!--链接到本级目录,则自动打开本级目录的主页-->

② <a href="index.html">首　页</a>　<!--链接到首页文件名-->

③ <a href="http://www.hynu.cn">首　页</a>　<!--链接到网站名-->

通常应该尽量采用前两种方法,而不要采用第三种方法。但第一种方法需要在 Web 服务器上设置网站的首页为 index.html 后才能正确链接,这给在文件夹中预览网页带来不便。

2. 链接目标尽可能简单

假如我们要链接到其他网站的主页,那么有如下两种写法:

① < a href = " http://www. hynu. cn" >首 页</a>

② < a href = " http://www. hynu. cn/index. html" >首 页</a>

则第一种写法比第二种写法要好,因为第一种写法不仅简单,还可以防止以后该网站将首页改名(如将 index. html 改成 index. jsp)造成链接不上的问题。

3. 超链接标记综合运用举例

下面这段代码包含了各种类型的超链接,请认真总结它们的用法。

```html
<html>
    <head>
    <title>超链接标记示例</title>
    </head>
    <body>
    <p><a href = "dance.html">红舞鞋</a></p>
    <p><a href="#xrh">雪绒花</a></p>
    <p><a href=mailto:xiaoli@ 263.net title = "欢迎给我来信"><img src = "mail.
    gif"/></a></p>
    <p>好站推荐: <a href = "http://www.rongshu.com" target = "_blank">榕树下
    </a></p>
    <p><a id="xrh"></a>雪绒花的介绍…</p>
    <p align = "right"><a href = "JavaScript:self.close();">关闭窗口</a></p>
    </body>
</html>
```

3.6.6　DW 中超链接属性面板的使用

DW 的链接选项框如图 3-14 所示,文字、链接、图像和热区的属性面板中都有"链接"这一项。其中,"链接"对应标记的 href 属性,"目标"对应 target 属性。利用超链接属性面板可快速地建立超链接,首先选中要建立超链接的文字或图片,然后在"链接"选项框中输入要链接的 URL 地址。

URL 地址的输入有三种方式:一是直接在文本框输入 URL;二是单击"文件夹"图标浏览找到要链接的文件,三是按住拖放定位图标(⊕)不放将其拖动到锚点或文件面板中要链接的文件上,如图 3-15 所示。使用以上任何一种方式使"链接"框中出现了内容后,"目标"下拉列表框就变为可用,可选择超链接的打开方式。

图 3-14　DW 的链接选项框

图 3-15　使用拖动链接定位图标方式建立链接

3.7　Flash 及媒体元素的插入

Flash 技术是当前网络上传输矢量和动画的主要解决方案,利用 DW 可以很方便地在网页中插入 Flash 文件,从而使网页上展现出丰富多彩的动画效果,而网页中插入视频的方法和插入 Flash 的方法差不多,也是通过插件或 ActiveX 方式插入的。

3.7.1　插入 Flash 的两种方法

方法一:执行菜单命令:"插入"→"媒体"→Flash,在代码视图中可看到插入 Flash 元素是通过同时插入 object 标记和 embed 标记实现的,以确保在所有浏览器中都获得应有的效果。

```
<object classid="clsid:D27CDB6E-AE6D-11cf-96B8-444553540000" codebase=
"http://download.macromedia.com/pub/shockwave/cabs/flash/swflash.cab#version=7,
0,19,0" width="768" height="132">
    <param name="movie" value="xxwlzx/10.swf"/>
    <param name="quality" value="high"/>
    <param name="wmode" value="transparent"/>
    <embed src="xxwlzx/10.swf" quality="high" pluginspage="http://www.
macromedia.com/go/getflashplayer" type="application/x-shockwave-flash" width
="768" height="130" wmode="transparent"></embed>
</object>
```

方法二:执行菜单命令:"插入"→"媒体"→"插件",再调节插件的宽和高,此方法在代码中仅插入了方法一中的 embed 元素。如果不需要设置特别的参数(如 wmode="transparent"),那么在 IE 6 和 Firefox 都能看到正常的效果,而代码更简洁,所以推荐用这种方式。

3.7.2　在图像上放置透明 Flash

有些 Flash 动画的背景是透明的,在百度上搜索"透明 Flash"可以找到很多透明的 Flash 动画。可以将这种透明背景的 Flash 动画放在一幅图片上,使图片看起来和 Flash 融为一体也有动画效果了。方法是先将一张需要放置透明 Flash 的图片作为单元格(或 div 等其他元素)的背景,然后在此单元格内插入一个透明 Flash 文件,这样这个 Flash 文件就覆盖在图片上方了。然后调整此 Flash 插件的大小与图片大小相一致。再选中该 Flash 插件,单击属性面板中的"参数"按钮,在如图 3-16 所示的"参数"对话框中新建一个参数"wmode",值设置为"transparent"。生成的代码就是 3.7.1 节方法一中的代码。

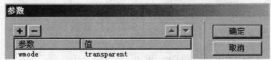

图 3-16　设置 Flash 文件透明方式显示

提示：将任何 Flash 设置为 wmode = " transparent"还可以使网页上移动的漂浮广告不被网页中的 Flash 遮盖。

3.7.3 插入视频或音频文件

1. 插入 AVI 或 WMV 格式视频

视频文件的格式主要有 AVI、WMV、MPG、RM、RMVB 等,如果需要插入 AVI 或 WMV 格式的文件,可以直接使用插件方式插入。方法是在 Dreamweaver 中执行菜单命令"插入"→"媒体"→"插件",然后在插件的属性面板中设置视频文件的宽和高,如图 3-17 所示。注意高度的设置值最好比视频的高度多 40px,因为这个高度包含了播放控制条的高度。这样在网页中就可以播放视频了,但是单击属性面板中的"播放"按钮却不能播放,不用管它。

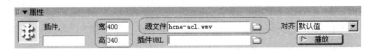

图 3-17 插件属性面板

切换到代码视图,可看到生成的源代码如下:

```
< embed src = "hcne - acl.wmv" width = "400" height = "340" ></embed >
```

如果不希望在打开网页后视频自动播放,可添加 autostart 属性,添加后的代码如下:

```
< embed src = "hcne - acl.wmv" width = "400" height = "340" autostart = "false" >
</embed >
```

2. 插入 MPG 或 RM、RMPG 格式视频

要在网页中插入 MPG 或 RM、RMPG 格式的视频也能使用上述插件(embed)的方法插入,但必须将网页上传到服务器上才能看到。为了在本机上就能看到插入后的效果,可以使用 ActiveX 方式插入,方法是执行菜单命令"插入"→"媒体"→ActiveX,这样就在网页中插入了一个 ActiveX 控件,然后再设置它的宽和高,如果待插入的视频是 MPG 或 DAT 等 MediaPlayer 媒体类型,就在 ClassID 的下拉列表框中选择 Mediaplayer 的注册 id,如图 3-18 所示。

图 3-18 ActiveX 属性面板

通过这些设置后,可看到生成的代码如下:

```
< object classid = "CLSID:6BF52A52 - 394A - 11d3 - B153 - 00C04F79FAA6" width = "432"
height = "327" >
</object >
```

要能够播放视频,还必须在 object 标记中嵌入几个参数 < param > 标记,嵌入参数的方法可以在属性面板中单击"参数"按钮一个个地输入,更方便的办法是直接在代码视图中插入多个 < param > 标记,插入后的源代码为:

```
< object classid = "CLSID:6BF52A52 - 394A - 11d3 - B153 - 00C04F79FAA6" height =
"432" width = "327" >
< param name = "URL" value = "AVSEQ11.dat"/ >
</object >
```

这样就可以播放 MediaPlayer 格式的视频了。需要注意的是,文件的 URL 地址不能使用属性面板中的勾选"嵌入",选取"源文件"方式设置,那样会将源文件的地址插入到 < embed > 标记中,而只能使用手工输入 < param > 标记法设置源文件的 URL。

插入 RealPlayer 流媒体的视频文件方法和上面插入 MPG 视频的方法基本相同,只是要在属性面板中将 ClassID 设置为"RealPlayer/…"。然后再在 < object > 标记中设置参数 < param >,源代码如下:

```
< object classid = "clsid:CFCDAA03 - 8BE4 - 11cf - B84B - 0020AFBBCCFA" width = "452"
height = "320" >
    < param name = "console" value = "clip1"/ >
    < param name = "autostart" value = "true"/ >
    < param name = "src" value = "wenrou.rm"/ >
    < param name = "controls" value = "imagewindow"/ >
</object >
```

这时就可以播放 RM 视频文件了,但却没有播放控制条,这是因为 RealPlayer 的视频播放控制按钮需要通过 ActiveX 另外做。下面是一个控制条的代码:

```
< object classid = "clsid:CFCDAA03 - 8BE4 - 11cf - B84B - 0020AFBBCCFA" width = "32"
height = "32" >
    < param name = "controls" value = "playbutton"/ >
    < param name = "console" value = "clip1"/ >
</object >  
< object classid = "clsid:CFCDAA03 - 8BE4 - 11cf - B84B - 0020AFBBCCFA" width = "32"
height = "32" >
    < param name = "controls" value = "stopbutton"/ >
    < param name = "console" value = "clip1"/ >
</object >
```

这样就为视频添加了"播放/停止"和"暂停"按钮,它们是通过设置与视频相同的 console 参数实现和视频关联在一起的。

注意:在网页中插入视频需要考虑视频文件的大小,最好不要插入大于 100MB 的视频文件,否则由于网络传输的速度用户可能要等很久才能播放,在插入前最好先对视频文件进行处理,将视频压缩成流媒体格式的文件,流媒体文件可以实现边下载边播放。

3. 插入音频文件

插入音频文件同样可用插件方式或 ActiveX 方式实现,下面是插件方式插入的代码:

```
< embed src = "wenrou.mp3" width = "31" height = "26" autostart = "true" ></embed >
```

如果希望将音频文件设置为背景音乐,即不显示播放器的界面,可加一条隐藏(hidden)属性和循环(loop)属性,作为背景音乐播放的代码如下:

```
< embed src = "back.mp3" hidden = "true" autostart = "true" loop = "true" ></embed >
```

经验:对于一般的网站,最好不设置背景音乐,只有像纪念性网站,或休闲类网页可以考虑设置背景音乐,背景音乐的选择应柔和。

3.8　表格标记(< table > 、 < tr > 、 < td >)

表格在网页中的应用非常广泛,使用表格最明显的好处就是能以行列对齐的形式来显示文本和其他信息,表格还可以固定文本或图像在网页中的显示位置。因此,网页中表格的主要功能已转变成了表格布局功能。使用表格布局时,开始的工作便是绘制表格,将整个页面划分成若干个区域,然后再在各个区域中填充具体的页面内容。

通过表格布局的网页,网页中的所有元素都放置在表格的单元格内,因此用表格布局的网页代码里表格标记出现得非常多。

3.8.1　表格标记(< table > 、 < tr > 、 < td >)及其属性

网页中的表格由 < table > 标记定义,一个表格被分成许多行 < tr > ,每行又被分成许多个单元格 < td > ,因此 < table > 、 < tr > 、 < td > 是表格中三个最基本的标记,必须同时出现才有意义。表格中的单元格能容纳网页中的任何元素,如图像、文本、列表、表单和表格等。

CELL 1	CELL 2
CELL 3	CELL 4

图 3-19　最简单的表格

1. < table > 标记的属性

下面是一个最简单的表格代码,它的显示效果如图 3-19 所示。

```
< table border = "1" >
    < tr >
        < td > CELL 1 </td >
        < td > CELL 2 </td >
    </tr >
    < tr >
        < td > CELL 3 </td >
        < td > CELL 4 </td >
    </tr >
</table >
```

从表格的显示效果可以看出,代码中两个 < tr > 标记定义了两行,而每个 < tr > 标记中又有两个 < td > 标记,表示每一行中有两个单元格。因此显示为两行两列的表格。要注意在表格中行比列大,总是一行 < tr > 包含多个单元格 < td >。

　　在这个表格 < table > 标记中还设置了边框宽度(border = "1"),它表示表格的边框宽度是 1px 宽。下面我们将边框宽度调整为 10px,即 < table border = "10" >,这时显示效果如图 3-20 所示。

　　此时虽然表格的边框宽度变成了 10px,但表格中每个单元格的边框宽度仍然是 1px,从这里可看出设置表格边框宽度不会影响单元格的边框。

　　但有一个例外。如果将表格的边框宽度设置为 0,即 < table border = "0" >(由于border 属性的默认值就是 0,因此也可以将 border 属性删除不设置),这时显示效果如图 3-21 所示。可看到将表格的边框宽度设置为 0 后,单元格的边框宽度也跟着变为了 0。

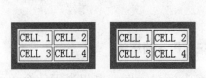

图 3-20　border = "10" 时的表格　　　　　图 3-21　border = "0" 时的表格

　　由此可得出结论:设置表格边框为 0 时,会使单元格边框也变为 0;而设置表格边框为其他数值时,单元格边框宽度保持不变,始终为 1。

　　接下来在图 3-20 所示的(border = "10")表格的基础上,设置 bordercolor 属性改变边框颜色为红色,即 < table border = "10" bordercolor = "#FF0000" >,此时可发现表格边框的立体感已经消失。对于 IE 来说,设置表格边框颜色还会使单元格边框颜色跟着改变(见图 3-22(左)),而 Firefox 等浏览器却不会,单元格边框仍然是黑色和灰色相交的立体感边框(见图 3-22(右))。

　　实际上,IE 还可以通过设置单元格 < td > 标记的 bordercolor 属性单独改变某个单元格的边框颜色,但 Firefox 不支持 < td > 标记的 bordercolor 属性,因此在 Firefox 中,单元格的边框颜色是无法改变的。

　　然后我们对表格设置填充(cellpadding)和间距(cellspacing)属性。这是两个很重要的属性,cellpadding 表示单元格中的内容到单元格边框之间的距离,默认值为 0;而cellspacing 表示相邻单元格之间的距离,默认值为 1。例如将表格填充设置为 12,即< table border = "10" cellpadding = "12" >,则显示效果如图 3-23 所示。

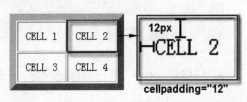

图 3-22　bordercolor = "#FF0000" 时 IE(左)和　　　图 3-23　cellpadding 属性
　　　　　Firefox(右)中表格的效果

　　把表格填充设置为 12,间距设置为 15,即 < table border = "10" cellpadding = "12" cellspacing = "15" >,则显示效果如图 3-24 所示。图 3-24 还总结了 cellpadding、 cellspacing 和 border 属性的含义。

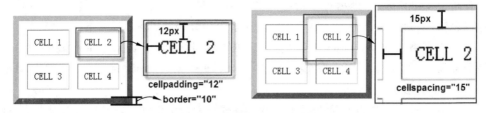

图 3-24　cellpadding 属性、border 属性和 cellspacing 属性

此外，表格 < table > 标记还具有宽(width)和高(height)、水平对齐(align)、背景颜色(bgcolor)等属性，表 3-3 列出了表格标记的常见属性。

表 3-3　< table > 标记的属性

< table > 标记的属性	含　　义
border	表格边框的宽度，默认值为 0
bordercolor	表格边框的颜色，若不设置，将显示立体边框效果，IE 中设置该属性将同时调整单元格边框的颜色
bordercolordark、bordercolorlight	设置边框阴暗部分和明亮部分颜色，仅 IE 支持
bgcolor	表格的背景色
background	表格的背景图像
cellspacing	表格的间距，默认值为 1
cellpadding	表格的填充，默认值为 0
width、height	表格的宽和高，可以使用像素或百分比做单位
align	表格的对齐属性，可以让表格左右或居中对齐
rules	在表格边框宽度不为 0 时，可隐藏表格的行边框或列边框，但在 IE 和 Firefox 中显示效果并不相同

其中 rules 是 < table > 标记的一个不常用的属性，它可实现只显示表格中单元格的行边框或列边框，取值为 rows 时只显示行边框，取值为 cols 时只显示列边框，取值为 none 时隐藏所有单元格的边框，下面代码演示了 rules 属性的用法。

```
< table rules = "rows" border = "1" cellpadding = "12" cellspacing = "5" >···
</table >
```

2. 行标记 < tr >、单元格标记 < td >、表头标记 < th > 的属性

我们已经知道 < tr > 标记和 < td > 标记，而表头标记 < th > 也相当于一个单元格 < td > 标记，只不过 < th > 标记中的字体会以粗体居中方式显示。通常将表头标记 < th > 放在表格的第一行(第一个 < tr >)内，表示表格的表头。

对于单元格标记 < td >、< th > 来说，它们具有一些共同的属性，包括：width、height、align、valign、nowrap(不换行)、bordercolor、bgcolor 和 background。这些属性对于行标记

< tr > 来说, 大部分也具有, 只是没有 width 和 background 属性。

1) align、valign 属性

① align 是单元格中内容的水平对齐属性, 它的取值有: left(默认值)、center、right。

② valign 是单元格中内容的垂直对齐属性, 它的取值有: middle(默认值)、top 或 bottom。

即单元格中的内容默认是水平左对齐、垂直居中对齐的, 由于在默认情况下单元格是以能容纳内容的最小宽度和高度定义大小的, 所以必须设置单元格的宽和高使其大于最小宽高值时才能看到对齐的效果。例如下面的代码显示效果如图 3-25 所示。

```
< table width = "256" border = "10" cellpadding = "12" >
    < tr valign = "bottom" height = "48" >
        < td width = "82" >CELL 1 </td >
        < td width = "96" valign = "top" >CELL 2 </td >
    </tr >
    < tr align = "center" height = "44" >
        < td valign = "top" >CELL 3 </td >
        < td >CELL 4 </td >
    </tr >
</table >
```

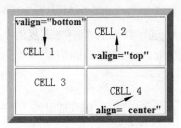

图 3-25 align 属性和 valign 属性

2) bgcolor 属性

bgcolor 属性是 < table >、< tr >、< td > 都具有的属性, 用来对表格或单元格设置背景色。在实际应用中, 常将所有单元格的背景色设置为一种颜色, 将表格的背景色设置为另一种颜色。此时如果间距(cellspacing)不为 0 的话, 则表格的背景色会环绕单元格, 使间距看起来像边框一样。例如下面的代码显示效果如图 3-26 所示。

```
< table border = "1" cellpadding = "12" cellspacing = "5" bordercolor = "#333333"
bgcolor = "#CCCCCC" >
    < tr >
        < td bgcolor = "#FFFFFF" >CELL 1 </td >
        < td bgcolor = "#FFFFFF" >CELL 2 </td >
    </tr >
    < tr >
        < td bgcolor = "#FFFFFF" >CELL 3 </td >
        < td bgcolor = "#FFFFFF" >CELL 4 </td >
    </tr >
</table >
```

如果在此基础上将表格的边框宽度设置为 0, 则显示效果如图 3-27 所示, 可看出此时间距像边框一样了, 而这个由间距形成的"边框"颜色实际上是表格的背景色。

在上述代码中, 可看到所有的单元格都设置了一条相同的属性(bgcolor = "#FFFFFF"), 如果表格中的单元格非常多, 这条属性就要重复很多遍, 造成代码冗余。实际上, 可以对 < tr > 标记设置背景色来代替对 < td > 设置背景色。即:

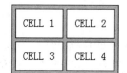

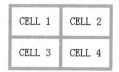

图 3-26　设置表格背景色为灰色、单元　　　图 3-27　在图 3-26 的基础上将表格
　　　　格背景色为白色的效果　　　　　　　　　　边框宽度设置为 0

```
< tr bgcolor = "#FFFFFF" >< td > CELL 1 </td >< td > CELL 2 </td ></tr >
< tr bgcolor = "#FFFFFF" >< td > CELL 3 </td >< td > CELL 4 </td ></tr >
```

这样就减少了一些重复的 bgcolor 属性代码,更好的办法是使用 < tbody > 标记,在所有 < tr > 标记的外面嵌套一个 < tbody > 标记,再设置 < tbody > 的背景色为白色即可,例如:

```
< table cellpadding = "12" cellspacing = "5" bordercolor = "#333333" bgcolor =
"#CCCCCC" >
< tbody bgcolor = "#FFFFFF" >
    < tr >< td > CELL 1 </td >< td > CELL 2 </td ></tr >
    < tr >< td > CELL 3 </td >< td > CELL 4 </td ></tr >
  </tbody >
</table >
```

　　提示: < tbody > 标记是表格体标记,它包含表格中所有的行或单元格。因此,如果所有单元格的某个属性都相同,可以将该属性写在 < tbody > 标记中,例如上述代码中的(bgcolor = "#FFFFFF"),这样就避免了代码冗余。

为表格添加 < tbody > 标记的另一个好处是:如果表格中的内容很多,例如放置了整张网页的布局表格或有几万行数据的数据表格,浏览器默认是要将整个表格的内容全部下载完之后再显示表格的,但添加了 < tbody > 标记后,浏览器就会分行显示,即下载一行显示一行,这样可明显加快大型表格的显示速度。

3)单元格的合并属性(colspan、rowspan)

单元格的合并属性是 < td > 标记特有的两个属性,分别是跨多列属性 colspan 和跨多行属性 rowspan,它们用于合并列或合并单元格。例如:

```
< td colspan = "3" > 单元格内容 </td >
```

表示该单元格是由 3 列(3 个并排的单元格)合并而成,它将使该行 < tr > 标记中减少两个 < td > 标记。

```
< td rowspan = "3" >单元格内容 </td >
```

表示该单元格由 3 行(3 个上下排列的单元格)合并而成,它将使该行下的两行,两个 < tr > 标记中分别减少一个 < td > 标记。

实际上,colspan 和 rowspan 属性也可以在一个单元格 < td > 标记中同时出现,如:

```
< td colspan = "3" rowspan = "3" >  </td >    <!--合并了三行三列的 9 个单元格 -->
```

3. ＜caption＞标记及其属性

＜caption＞标记用来为表格添加标题,这个标题固然可以用普通的文本实现,但是使用＜caption＞标记可以更好地描述这个表格的含义。

```
< table cellpadding = "12" cellspacing = "5" bgcolor = "#CCCCCC" >
  < caption >产品目录表</caption >      < !--< caption >必须位于 < table >标记内 -->
  < tr >< td >…</td >  </tr >
</table >
```

在默认情况下标题位于表格的上方,可以通过 align 和 valign 属性设置其位置。valign 可选值为 bottom 或 top,表示标题在表格的下方或上方。

表格的常用标记和属性就是上面这些,其中＜table＞、＜tr＞、＜td＞是表格三个必备的标记,在任何表格中都必须具有。而＜th＞、＜tbody＞和＜caption＞是表格的可选标记。

3.8.2　在 DW 中操作表格的方法

1. 在 DW 中选中表格的方法

对表格进行操作之前必须先选中表格,有时几层表格嵌套在一起,使用以下方法仍然可以方便地选中表格或单元格。

① 选择整个表格:将鼠标指针移到表格左上角或右下角时,光标右下角会出现表格形状,此时单击就可以选中整个表格,或者在表格区域内单击一下鼠标,再选择状态栏中的＜table＞标签按钮。

② 选择一行或一列单元格:将鼠标指针置于一行的左边框上,或置于一列的顶端边框上,当选定箭头(↓)出现时单击,选择一行也可单击状态栏中的＜tr＞标签按钮。

③ 选择连续的几个单元格:在一个单元格中单击并拖动鼠标横向或纵向移至另一单元格。

④ 选择不连续的几个单元格:按住 Ctrl 键,单击欲选定的单元格、行或列。

⑤ 选择单元格中的网页元素:直接单击单元格中的网页元素。

经验:按住 Ctrl 键鼠标在表格上滑动 DW 会高亮显示表格结构。

2. 向表格中插入行或列的方法

当光标位于表格内时,单击右键在快捷菜单中选择“表格”→“插入行(或插入列)”可在表格的当前行的上方插入一行,或当前行的左边插入一列,若要在表格的最右边插入一列或最下方插入一行,可选择“表格”→“插入行或列…”,在所选列之后或所选行之下插入列或行。插入行也可以在代码视图中复制一行的代码“＜tr＞…</tr＞”再粘贴几次就插入了几行,而插入列在代码视图中则不方便进行。

3. 设置单元格中内容居中对齐的方法

在默认情况下,表格会单独占据网页中的一行,左对齐排列。表格具有水平对齐属性

align，可以设置 align ="center" 让表格水平居中对齐，位于一行的中央。而单元格 < td >
则具有水平对齐 align 和垂直对齐 valign 属性，它们的作用是使单元格中的内容相对于单
元格水平居中或垂直居中，在默认情况下，单元格中的内容是垂直居中，但水平左对齐的。

如果在单元格中有一段无格式的文字，代码如下：

< td > 版权所有 © 数学系 < /td >

① 要使这段文字在单元格中居中对齐，那么有两种方法可以做到，一是在设计视图
中选中这些文字，然后使用文本自身的对齐属性来居中对齐。即单击图 3-28 中①处的
按钮。

此时，可发现文本已经居中，切换到代码视图，可发现代码修改为：

< td >< div align ="center" > 版权所有 © 数学系 < /div >< /td >

可看到使用这种方法对齐 DW 会自动为文本添加一个 div 标记，再使用 div 标记的
align 属性使文本对齐，这是因为这段文本没有格式标记环绕，要使它们居中只能添加一
个标记，如果这段文本被格式标记环绕，例如 p 标记，那么就会直接在 p 标记中添加
align =" center" 属性了。

② 由于这段文本位于单元格中，第二种使文本居中的办法就是利用单元格的居中对
齐属性，即单击图 3-28 中②处的按钮，可发现文本也能居中对齐，切换到代码视图查看
代码：

< td align ="center" > 版权所有 © 数学系 < /td >

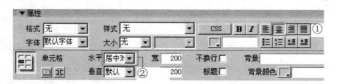

图 3-28　单元格中文本对齐的两种方法

可以看到第二种方法不会增加一个标记，代码更简洁，所以推荐使用这种方法对齐单
元格中的文本。

③ 假设在单元格中有一个表格，这在网页排版中很常见，通常是把栏目框的表格
插入到用来分栏的布局单元格中，如果希望表格在单元格中水平居中排列。那么有两
种方法：一种是设置表格水平居中对齐 < table align =" center" >，另一种是设置外面
的单元格内容水平居中对齐 < td align =" center" >，这样位于单元格中的表格就会居
中排列。

这两种方法设置的栏目框（表格）居中对齐在 Firefox 中显示效果是一样的，但是在
IE 浏览器中，显示效果如图 3-29 所示，可发现第一种方法设置表格居中后，表格中的内
容仍然是左对齐。而第二种方法却使表格中的内容也居中对齐了。

这是因为在 IE 浏览器中，子 td 元素会继承父 td 元素的 align 属性值，如果要使第二种
方法栏目框中的内容左对齐，则必须再设置栏目框中所有的单元格 < td align =" left" >，显

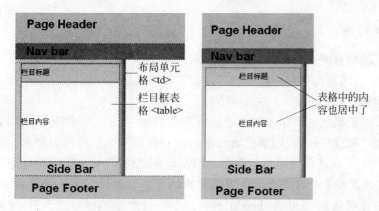

图 3-29　设置表格居中 < table align = " center" > （左）和设置外面单元格
内容居中 < td align = " center" > （右）在 IE 中的效果

然这样麻烦一些。

　　另外，对于栏目框的第二行单元格来说，可以设置它的垂直对齐方式为顶端对齐 < td
valign = " top" > ，这样栏目内容就会从顶端开始显示了。

3.8.3　制作固定宽度的表格

　　如果不定义表格中每个单元格的宽度，当向单元格中插入网页元素时，表格往往会变
形。这样无法利用表格精确定位网页中的元素，网页中会有很多不必要的空隙，使网页显
得不紧凑也不美观，因此要利用固定宽度的表格和单元格精确地包含住其中的内容。制
作固定宽度的表格通常有以下两种方法：

　　（1）定义所有列的宽度，但不定义整个表格的宽度。例如：

```
< table border = "0" cellspacing = "0" cellpadding = "0" >
  < tr >
    < td width = "200" >   < /td >
    < td width = "360" >   < /td >
    < td width = "200" >   < /td >
  < /tr >
< /table >
```

　　整个表格的实际宽度为：所有列的宽度和 + 边框宽度和 + 间距和 + 填充和。这时
候，只要单元格内的内容不超过单元格的宽度，表格就不会变形。

　　（2）定义整个表格的宽，如 500px、98% 等，再留一列的宽度不定义，未定义的这一列
的宽度为整个表格的宽度 - 已定义列的宽度和 - 边框宽度和 - 间距和 - 填充和，同样在
插入内容时也不会变形。

```
< table width = "760" border = "0" cellspacing = "0" cellpadding = "0" >
  < tr >
    < td width = "200" >   < /td >
    < td >   < /td >
    < td width = "200" >   < /td >
```

```
</tr>
</table>
```

由于网页的总宽度、每列的宽度都要固定,所以制作固定宽度的表格是用表格进行网页布局的基础,而网页布局时一般是不需要指定布局表格高度的,因为随着单元格中内容的增加,布局表格的高度也会自适应地增加。

因此制作固定高度的表格相对来说用得较少,只有在单元格中插入图像时,为了保证单元格和图像之间没有间隙,需要把单元格的宽和高设置为图像的宽和高,填充、间距和边框值都设为0,并保证单元格标记内除开图像元素,没有其他空格或换行符。

提示:在用表格布局时不推荐使用鼠标拖动表格边框的方式来调整其大小,这样会在表格标记内自动插入 width 和 height 属性。如果所有单元格的宽已固定,再定义表格的宽度,所有单元格的宽度都会按比例发生改变,导致用表格布局的网页里的内容排列混乱。

3.8.4 用普通表格与布局表格分别进行网页布局

1-3-1 版式布局是一种最常用的网页版面布局方式,是学习其他复杂版面布局的基础,它可以通过画四个表格来实现,如图 3-30 所示。下面分别用普通表格和布局模式下的表格来实现图 3-30 所示的布局。

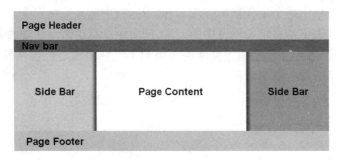

图 3-30   1-3-1 版面布局

1. 用普通表格进行 1-3-1 版式布局

用普通表格布局的制作步骤如下:

(1) 单击"常用"工具栏的"表格"按钮,插入一个一行一列的表格,该表格用于放置 Page Header,将表格宽度设置为 768px,边框、单元格边距和单元格间距都设置为 0,其他地方保持默认,如图 3-31 所示。

实际上也可以不在这里设置表格参数,等插入表格之后,再选中该表格在它的属性面板里进行设置。但该表格对话框具有记忆功能,以后每次插入表格时都会默认显示前一次设置的值。因为我们后面还要插入几个宽相同,边框、边距、间距都为 0 的表格,所以还是在这里设置简便些。

(2) 以同样的方式再插入一个一行一列的表格,该表格用于放导航条(Nav bar)。

(3) 插入一个一行三列的表格,该表格用于放网页内容的主体,将左边单元格和右边

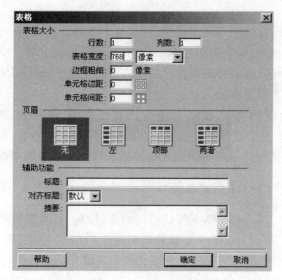

图 3-31 "表格"对话框

单元格的宽度均设置为 200px，中间一列不设置宽度。然后在属性面板中将三个单元格的"垂直"对齐方式均改为顶端对齐，切换到代码视图可看到三个单元格的 < td > 标记中均添加了一个属性 valign = "top"。接下来可以为左右两栏的单元格设置背景颜色。

（4）插入一个一行一列的表格，用于放置 Page Footer 部分。

2. 关于"布局"模式

为了方便设计者使用表格进行网页布局，DW 提供了"布局"模式，如图 3-32 所示。在"布局"模式下进行表格布局更加方便一些。

图 3-32 DW 的"布局"模式

在"布局"模式中，是通过布局表格和布局单元格来对网页进行布局的。设计者可以首先绘制多个布局表格对网页进行分块，然后在一个布局表格中绘制多个布局单元格对网页进行分栏。

如果布局表格中没有绘制布局单元格,那么这个布局表格就是一个一行一列的表格,它只有一个单元格;而在布局表格中绘制了布局单元格后,就会将这个布局表格拆分成多行和多列。设计者还可以将一个布局表格嵌套在一个已有的布局表格中,这个时候内侧的布局表格位置会自动固定在插入处。

在布局模式下绘制的布局表格是特殊设置了的普通表格,布局表格将 border、cellpadding、cellspacing 三个属性都设置为 0,因此看不到它的边框,布局单元格将 valign 属性设置为 top,因此往布局单元格中插入内容都是往单元格最顶端排列的。

3. 用布局表格进行 1-3-1 版式布局

下面用布局表格实现上述 1-3-1 版式布局的全过程。其制作步骤是:

(1)保证当前处于"设计"视图。如果当前处于"代码"视图,则"布局"模式无法使用。单击工具栏左边的"常用"按钮,在下拉菜单中选择"布局",这时会切换到"布局"工具栏,如图 3-33 所示,然后再单击"布局"模式按钮,此时布局会高亮显示。

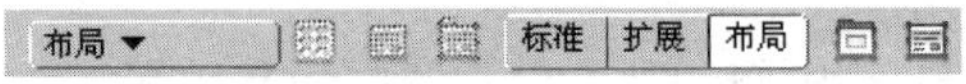

图 3-33 "布局"模式工具栏

(2)绘制布局表格。在布局工具栏上单击"布局表格",此时光标会变成加号(+)形状。在页面上按住鼠标左键拖动光标,就会出现灰色背景绿色边框的布局表格。我们从上到下绘制四个布局表格,分别用来放置 Page Header、Nav bar、Container 和 Page Footer,如图 3-30 所示,注意布局表格有吸附能力,只要在上一个表格的附近绘制就会自动和上一个表格的边框对齐。

(3)绘制布局单元格。在需要分栏的 Container 表格中,单击"绘制布局单元格"按钮绘制三个从左到右的布局单元格,布局单元格也具有吸附功能,可以使三个单元格的边框和表格的边框重合。绘制了布局单元格的区域会变成白色,这样就把 Container 表格分割成了一行三列的三个单元格,这三个单元格都添加了 valign = " top" 属性。

(4)这样就完成了 1-3-1 版式的布局,可退出布局模式看到绘制的布局表格和普通表格布局的效果一样,接下来可对左右两栏设置背景色,再在其中添加栏目框等。

3.8.5 特殊效果表格的制作

1. 制作 1px(细线)边框的表格

一般来说,1px 边框的表格在网页中显得更美观。特别是用表格做栏目框时,1px 边框的栏目框是大部分网站的选择,因此,制作 1px 边框的表格已成为网页设计的一项基本要求。

但是把表格的边框(border)定义为 1px 时(border = " 1 "),其实际宽度是 2px。这样的表格边框显得很粗而不美观。要制作 1px 的细线边框可用如下任意一种方法实现。

（1）用间距做边框。原理是通过把表格的背景色和单元格的背景色调整成不同的颜色，使间距看起来像一个边框一样，再将表格的边框设为 0，间距设为 1，即实现 1px "边框" 表格。代码如下：

```
< table border = "0" cellspacing = "1" bgcolor = "#FF0000" >
  < tr >  < td bgcolor = "#FFFFFF" >1px 边框表格 </td >  </tr >
</table >
```

（2）用 CSS 属性 border-collapse 做 1px 边框的表格。先把表格的边框（border）设为 1，间距（cellspacing）设为 0，此时表格的边框和单元格的边框紧挨在一起，所以边框的宽度为 1 + 1 = 2px。这是因为表格的 CSS 属性 border-collapse 的默认值是 separate，即表格边框和单元格边框不重叠。当我们把 border-collapse 属性值设为 collapse（重叠）时，表格边框和单元格边框将发生重叠，因此边框的宽度为 1px。代码如下：

```
< table border = "1" cellspacing = "0" bordercolor = "#FF0000" style = "border -
collapse: collapse" >… </table >
```

2. 制作双线边框表格

将表格的边框颜色（bordercolor）属性设置为某种颜色后，表格的暗边框和亮边框会变为同一种颜色（在 IE 中单元格边框的颜色也会跟着改变），边框的立体感消失。此时只要间距（cellspacing）不设为 0，表格的边框和单元格的边框就不会重合，如果设置表格的边框宽度为 1px，则显示为双细线边框表格。下面是用双细线边框表格制作的栏目框，效果如图 3-34 所示。

图 3-34　IE 中双线边框
栏目框

```
< table width = "180" border = "1" cellpadding = "6" cellspacing = "3" bordercolor = "#000000"
bgcolor = "#FFFFFF" >
  < tr >
    < td bgcolor = "#CCCCCC" >标题 </td >
  </tr >
  < tr >
    < td height = "128" valign = "top" bordercolor = "#FFFFFF" >内容 </td >
  </tr >
</table >
```

由于 Firefox 无法改变单元格边框的颜色，因此这种双线边框栏目框只能在 IE 中看到效果。

3. 用单元格制作水平线或占位表格

如果需要水平或竖直的线段，可以使用表格的行或列来制作，例如在表格中需要一条黑色的水平线段，则可以这样制作：先把某一行的行高设为 1；再把该行的背景色设为黑色；最后在 "代码" 视图中去掉此行单元格中的 " " 占位符空格。因为 " " 是 DW 在插入表格时自动往每个单元格中添加的一个字符，如果不去掉，IE 默认该字符占据的高度有 12px。这样就制作了一条 1px 粗的水平黑线。代码如下：

```
< table width = "200" border = "0" cellpadding = "0" cellspacing = "0" >
  < tr >< td height = "1" bgcolor = "#000000" >< /td >    < ! - - 单元格中的 " " 已去
掉 -->
  < /tr >
< /table >
```

如果要制作 1px 粗的竖直黑线，可在上述代码中将表格的宽修改为 1px，单元格的高修改为竖直黑线的长度即可。

在默认情况下，网页中两个相邻的表格上下会紧挨在一起，这时可以在这两个表格中插入一个占位表格使它们之间有一些间隙，例如把占位表格的高度设置为 7px，边框、填充、间距设为 0，并去掉单元格中的 " "，则在两个表格间插入了一个 7px 高的占位表格，这样就避免了表格紧挨的情况出现，因为通常都不希望两个栏目框上下紧挨在一起。当然，通过对表格设置 CSS 属性 margin 能更容易地实现留空隙。

4. 用表格制作圆角栏目框

上网时经常可以看到漂亮的圆角栏目框，在这里我们来制作一个固定宽度的圆角栏目框，由于表格只能是一个矩形，所以制作圆角的原理是在圆角部分插入圆角图片。制作步骤如下：

（1）准备两张圆角图片，分别是上圆角和下圆角的图像。

（2）插入一个三行一列的表格，把表格的填充、间距和边框设为 0，宽设置成 190px（圆角图片的宽），高不设置。

（3）分别设置表格内三个单元格的高。第一个单元格高设置为 38px（上圆角图片的高）；第二个单元格高为 100px；第三个单元格高为 17px（下圆角图片的高）。在第 1、3 个单元格内分别插入上圆角和下圆角的图片。

（4）把第二个单元格内容的水平对齐方式设置为居中（align = "center"），单元格的背景颜色设置为圆角图片边框的颜色（bgcolor = "#E78BB2"）。

（5）这时在第二个单元格内再插入一个一行一列的表格，把该表格的间距和边框设为 0，填充设为 8px（让栏目框中的内容和边框之间有一些间隔），宽设为 186px，高设为 100px。背景颜色设置为比边框浅的颜色（bgcolor = "#FAE4E6"）。

说明：第（5）步也可以不插入表格，而是把第二个单元格拆分成 3 列，把三列对应的三个单元格的宽分别设置为 2px、186px 和 2px，并在代码视图把这三个单元格中的 " " 去掉，然后把第 1、3 列的背景色设置为圆角边框的颜色，第 2 列的背景色设为圆角背景的颜色，并用 CSS 属性设置它的填充为 8px（style = "padding:8px"）。最终效果如图 3-35 所示。

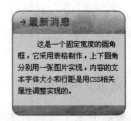

图 3-35 用表格制作的圆角栏目框

3.9　表单标记(＜form＞、＜input＞、＜select＞)

相信大家上网时一定填写过类似于图 3-36 的用户注册表单,通过表单 Web 服务器可以收集浏览者填写的信息。它是网站实现互动功能的重要组成部分。例如在网上申请一个电子信箱,就必须按要求填写完成网站提供的表单页面,其主要内容是姓名、年龄、联系方式等个人信息。又例如要在百度上搜索资料,也要在表单中填写搜索条件发送给服务器。

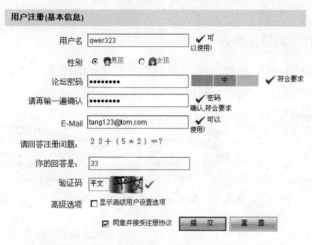

图 3-36　动网论坛(bbs.dvbbs.net)的注册页

无论网站使用的是哪种形式的语言来实现网站的互动功能,例如 ASP、PHP、JSP,表单已经成为它们统一的外在形式,它是实现动态网页的一种基本形式。

由于表单和表单域并不具有排版的能力,除非是很简单的表单可以用换行符布局表单元素,一般表单的排版最终还是要由表格组织起来,这样排列起来更加美观。因此在HTML 代码中,表单标记和表格标记通常是如影随形的。

表单一般由两部分组成,一是描述表单元素的 HTML 源代码,二是服务器端用来处理用户所填信息的程序,或者是客户端脚本。在 HTML 代码中,可以定义表单,并且使表单与 CGI 或 ASP 等服务器端的表单处理程序配合。

表单信息处理的过程为:当单击表单中的"提交"按钮时,输入在表单中的信息就会上传到服务器中,然后由服务器中的有关应用程序进行处理,处理后或者将用户提交的信息储存在服务器端的数据库中,或者将有关的信息返回到客户端浏览器。

3.9.1　表单标记＜form＞

＜form＞标记用来创建一个表单,也即定义表单的开始和结束位置,这一标记有几方面的作用。第一,限定表单的范围。其他的表单域对象,都要插入到表单之中。单击"提交"按钮时,提交的也是表单范围之内的内容。第二,携带表单的相关信息,例如处理表单的脚本程序的位置(action)、提交表单的方法(method)等。这些信息对于浏览者是不可见的,但对于处理表单却起着决定性的作用。

1. DW 表单控件面板

表单 < form > 标记中包含的表单域标记通常有 < input >、< select > 和 < textarea > 等,图 3-37 展示了 DW 表单控件面板中各个表单元素和标记的对应关系。

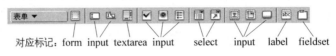

图 3-37　表单元素和表单标记的对应关系

2. < form > 标记的属性面板

在表单控件面板中单击表单(form)后,就会在网页中插入一个表单 < form > 标记,此时在属性面板中会显示 < form > 标记的属性设置,如图 3-38 所示。

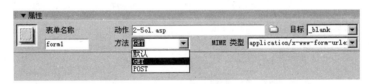

图 3-38　< form > 标记的属性面板

(1)在表单的"属性"面板中,"表单名称"对应 name 属性,需设置一个唯一名称以标识该表单,如 < form name = "form1" >。

(2)"动作"对应表单的 action 属性,action 属性是 form 的一个很重要的属性,它用来设置接收和处理浏览器递交的表单内容的服务器端动态页的 URL 路径。例如: < form action = "admin/result. asp" >,表示当用户提交表单时,服务器将执行网站目录下的 admin/result. asp 的动态页程序,这样做的目的一般是让该程序接收表单提交的内容,并处理这些内容再返回结果给浏览器。

可以在"动作"文本框中键入完整的 URL,也可以单击文件夹图标定位到包含该脚本或应用程序页的适当文件夹。如果不设置 action"动作"属性,即 action = "" 时,表单所在网页的 URL 将作为默认值被启用,这种情况常见于将表单代码和处理表单的程序写在同一个动态网页里,否则将没有接收和处理表单内容的程序。

(3)"方法"对应表单的 method 属性,定义浏览器将表单数据传递到服务器端处理程序的方式。取值只能是 GET 或 POST(默认值是 GET)。

① 使用 GET 方式时,Web 浏览器将各表单字段元素及其数据按照 URL 参数格式的形式,附在 form 标记的 action 属性所指定的 URL 地址后面一起发送给 Web 服务器。例如,一个使用 GET 方式的 form 表单提交时,在浏览器地址栏中生成的 URL 地址具有类似下面的形式:

http://www.hynu.cn/admin/result.asp? name = alice&password = 1234

可见 GET 方式所生成的 URL 格式为:每个表单字段元素名与取值之间用等号(=)

分隔,形成一个参数;各个参数之间用 & 分隔;而 action 属性所指定的 URL 与这些参数之间用问号(?)分隔。如果表单字段取值中包含中文或其他特殊字符,则使用 get 方式会自动对它们作 URL 编码处理。例如"百度"就是使用 GET 方式提交表单信息的,在百度中输入"web 标准"单击"百度一下"按钮,可以看到地址栏中的 URL 变为:

```
http://www.baidu.com/s? wd = web% B1% EA% D7% BC
```

其中 s 是处理表单的程序,wd 是百度文本框的 name 属性值,而 web% B1% EA% D7% BC 是我们在文本框中输入的"web 标准"的 URL 编码形式,即文本框的 value 值,可见 GET 方式总是 URL 问号后接"name = value"信息对。其中由于"标准"两字是中文字符,GET 方式自动对它作编码处理,"% B1% EA% D7% BC"就是"标准"的 gb2312 编码,这是由于该网页采用了 gb2312 编码方式。如果是 Google,则会对中文字符采用 UTF-8 编码,因为 Google 是英文网页,一般采用 UTF-8 编码。

② 使用 POST 方式,浏览器将把各表单字段元素及其数据作为 HTTP 消息的实体内容发送给 Web 服务器,而不是作为 URL 地址的参数传递。因此,使用 POST 方式传送的数据量可以比 GET 方式大得多。根据 HTML 标准,如果处理表单的服务器程序不会改变服务器上存储的数据,则可以采用 GET 方式,例如,用来对数据库进行查询的表单。反之,如果处理表单的结果会引起服务器上存储的数据的变化,例如,将用户的注册信息存储到数据库中,则应采用 POST 方式。

经验:不要使用 GET 方式发送长表单。例如,表单中有文件上传域。URL 的长度限制在 8 192 个字符以内。如果发送的数据量太大,数据将被截断,从而导致意外的或失败的处理结果。另外,在发送机密用户名和口令、信用卡号或其他机密信息时,不要使用 GET 方式。如果这样做了,则浏览者输入的口令将作为 URL 显示在地址栏上,而且还将保存在 Web 浏览器的历史记录文件和 Web 服务器的日志文件中。因此,使用 POST 方式比较保险,查看网页的源代码可发现大部分网页都喜欢用 POST 方式。

(4)"MIME 类型"对应 enctype 属性,可以指定表单数据在发送到服务器之前应该如何编码。默认设置 application/x-www-form-urlencode 通常与 POST 方法协同使用。如果要创建文件上传域,请指定 multipart/form-data MIME 类型。

(5)"目标"对应"target"属性,它指定当单击表单的"提交"按钮时,action 属性所指定的动态网页以何种方式打开。其取值有以下 4 种,作用和 a 标记的 target 属性相同。

- _blank:在未命名的新窗口中打开 action 属性所指定的动态网页。
- _parent:在显示当前文档的窗口的父窗口中打开动态网页。
- _self:在提交表单所使用的窗口中打开 action 属性所指定的动态网页。
- _top:在当前窗口的窗体内打开动态网页。此值可用于确保动态网页占用整个窗口,即使原始文档显示在框架中。

3.9.2　< input > 标记

< input > 标记是用来收集用户输入信息的标记,它是一个单标记,其含义由 type 属性决定。< input > 标记的 type 属性总共有 10 种取值,各种取值的含义如表 3-4 所示。

表 3-4　type 属性的取值含义

type 属性值	含　义	type 属性值	含　义
text	文本域	button	普通按钮
password	密码域	submit	提交按钮
file	文件域	reset	重置按钮
checkbox	复选框	hidden	隐藏域
radio	单选按钮	image	图像域(图像按钮)

1. 文本域

文本域 < input type = "text"/ > 用于在表单上创建单行文本输入区域,例如:

```
姓名:< input type = "text" name = "username" size = 20/ >
```

每个单行文本区域都可以具有如下几个典型的属性:
- size 指定文本输入区域的宽度,以字符个数为度量单位。
- value 指定浏览器在第一次显示表单或单击重置按钮后,显示在文本域中的文本内容,如果不指定,那么用户输入的文本内容会作为 value 属性的值。
- maxlength 指定用户能够输入的最多字符个数。
- readonly 属性存在时,文本输入区域可以获得焦点,但用户不能改变文本输入区域的值。
- disabled 属性存在时,文本输入区域不能获得焦点,访问者也不能改变文本区域的值。并且,提交表单时,浏览器不会将文本域的名称和值发送给服务器。

如果用户没有在单行文本域输入数据,那么在表单提交时,浏览器也会把这个单行文本域的名称(由 name 属性值决定)作为一个参数名传递给服务器,只是这是一个无值的参数,形如" username = "。

有时可以让文本输入框更友好,如利用 value 属性让文本框初始时显示提示文字,当鼠标单击文本框时触发 onfocus 事件,编写 JavaScript 代码清空文本框,方便用户输入。它的代码如下,效果如图 3-39 所示。

```
搜索:< input type = "text" name = "seach" size = 20 onfocus = "this.value = ''" value = "请输入关键字"/ >
```

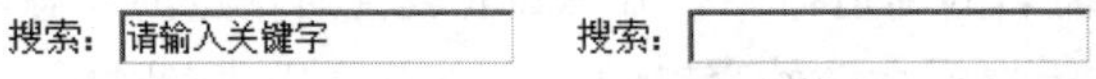

搜索:请输入关键字　　搜索:

图 3-39　设置了 value 值的文本框在表单载入时(左)和单击后(右)

2. 密码域

密码域和文本域基本相同,只是用户输入的字符以圆点来显示,这样旁边的人看不到。但表单发送数据时仍然是把用户输入的真实字符作为 value 值以不加密的形式传送给服务器。下面是一个密码域的例子,显示效果如图 3-40 所示。

密码:●●●●●●

图 3-40　密码域

```
密码: < input name = "pw" type = "password" size = "15"/ >
```

3. 单选按钮

< input type = "radio"/ >用于在表单上添加一个单选按钮,但单选按钮需要成组使用才有意义。只要将若干个单选按钮的 name 属性设置为相同,它们就形成了一组单选按钮。浏览器只允许一组单选按钮中的一个被选中。当用户单击"提交"按钮后,在一个单选按钮组中,只有被选中的那个单选按钮的名称和值(即 name/value 对)才会被表单发送给服务器。

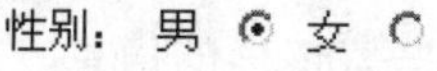

性别:男 ⊙ 女 ○

图 3-41　单选按钮

因此同组的每个单选按钮的 value 属性值必须各不相同,这样才能实现选择不同的选项,就能发送同一参数名称不同选择值的效果。下面是一组单选按钮的代码,显示效果如图 3-41 所示。

```
性别:男 < input type = "radio" name = "sex" value = "1" checked = "checked"/ >
     女 < input type = "radio" name = "sex" value = "2"/ >
```

其中,checked 属性设定初始时单选按钮哪项处于选定状态,不设定表示都不选中。

从上例可以看出,选择类表单标记(单选按钮、复选框或下拉列表框等)和输入类表单标记(文本域、密码域、多行文本域等)的重要区别是:选择类标记需要事先设定每个元素的 value 属性值,而输入类标记的 value 属性值一般是用户输入的,可以不设定。

4. 复选框

< input type = "checkbox"/ >用于在表单上添加一个复选框。复选框可以让用户选择一项或多项内容,复选框的一个常见属性是 checked,该属性用来设置复选框初始状态时是否被选中。复选框的 value 属性只有在复选框被选中时,才有效。如果表单提交时,某个复选框是未被选中的,那么复选框的 name 和 value 属性值都不会传递给服务器,就像没有这个复选框一样。只有某个复选框被选中,它的名称(name 属性值)和值(value 属性值)才会传递给服务器。

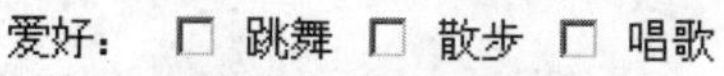

爱好: ☐ 跳舞 ☐ 散步 ☐ 唱歌

图 3-42　复选框

下面的代码是一个复选框的例子,显示效果如图 3-42 所示。

```
爱好: < input name = "fav1" type = "checkbox" value = "1"/ > 跳舞
     < input name = "fav2" type = "checkbox" value = "2"/ > 散步
     < input name = "fav3" type = "checkbox" value = "3"/ > 唱歌
```

5. 文件域

< input type = "file"/ >是表单的文件上传域,用于浏览器通过 form 表单向 Web 服务器上传文件。使用 < input type = "file"/ >元素,浏览器会自动生成一个文本输入框和一个"浏览…"按钮,供用户选择上传到服务器的文件,如图 3-43 所示。

用户可以直接在文本输入框中输入本地的文件路径名,也可以使用"浏览…"按钮打

图 3-43　文件域在表单中的外观

开一个文件对话框选择文件。要上传文件的表单 <form> 标记的 enctype 属性必须设置为 multipart/form-data,并且 method 属性必须是 post。

6. 隐藏域

<input type = "hidden" /> 用于在表单上添加一个隐藏的表单字段元素,浏览器不会显示这个表单字段元素,但当提交表单时,浏览器会将这个隐藏域元素的 name 属性和 value 属性值组成的信息对发送给服务器。使用隐藏域,可以预设某些要传递的信息。

例如,假设网站的用户注册过程由两个步骤完成,每个步骤对应一个表单网页文件,用户在第一步的表单中输入了自己的姓名,接着进入第二步的网页中,在这个网页文件中填写爱好和特长等信息。在第二个网页提交时,要将第一个网页中收集到的用户名称也传送给服务器,就需要在第二个网页的表单中加入一个隐藏域,让它的 value 值等于第一个网页中收集到的用户名。

3.9.3　<select> 和 <option> 标记

<select> 标记表示下拉列表框或列表框,是一个标记的含义由其 size 属性决定的元素,如果该标记没有设置 size 属性,那么表示为下拉列表框。如果设置了 size 属性,则变成了列表框,列表的行数由 size 属性值决定。如果再设置了 multiple 属性,则表示列表框允许多选。下拉列表框中的每一项由 <option> 标记定义,还可使用 <optgroup> 标记添加一个不可选中的选项,用于给选项进行分组。例如下面代码的显示效果如图 3-44 所示。

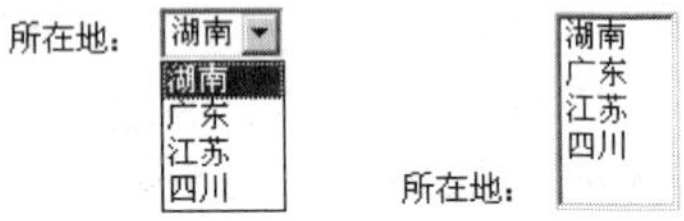

图 3-44　下拉列表框(左)和列表框(右)

```
所在地: <select name = "addr">　　<!--添加属性 size = "5"则为图 3-44(右)所示列表框-->
<option value = "1">湖南</option>
<option value = "2">广东</option>
<option value = "3">江苏</option>
<option value = "4">四川</option></select>
```

提交后这个选项的 value 值将与 select 标记的 name 值一起作为 name/value 信息对传送给 WWW 服务器,如果 option 标记中没有 value 属性,那么浏览器将把选项的显示文本作为 name/value 信息对的 value 部分发送给服务器。

3.9.4　多行文本域标记 <textarea>

<textarea> 是多行文本域标记,用于让浏览者输入多行文本,如发表评论或留言,跟帖。例如:

> < textarea name = "comments" cols = "40" rows = "4" wrap = "virtual" >
> 表示一个有 4 行, 每行可容纳 40 个字符, 换行方式为虚拟换行的多行文本域。 < /textarea >

① < textarea > 是一个双标记, 没有 value 属性, 它将标记中的内容作为默认值显示在多行文本域中, 提交表单时将多行文本域中的内容作为 value 值提交。

② wrap 属性指多行文本的换行方式, 它的取值有以下三种: 默认值是文本自动换行, 对应虚拟方式。

- 关(off): 不让文本换行。当用户输入的内容超过文本区域的右边界时, 文本将向左侧滚动, 不会换行。用户必须按 Enter 键才能将插入点移动到文本区域的下一行。
- 虚拟(virtual): 表示在文本区域中设置自动换行。当用户输入的内容超过文本区域的右边界时, 文本换行到下一行。当提交数据进行处理时, 自动换行并不应用到数据中。数据作为一个数据字符串进行提交。虚拟(virtual)方式是 wrap 属性的默认值。
- 实体(physical): 文本在文本域中也会自动换行, 但是当提交数据进行处理时, 将把这些自动换行符作为 < br/ > 标记添加到数据中。

3.9.5 表单中的按钮

在表单中可以用 input 标记创建按钮, 只要设置 input 标记的 type 属性为 submit 就创建了一个提交按钮; 设置 type 属性为 image 就创建了一个图像按钮, 它也可以用来提交表单数据; 设置 type 属性为 reset 则是一个重置按钮, 设置 type 属性为 button 就是一个普通按钮, 它需要配合 JavaScript 脚本使其具有相应的功能, 如表 3-5 所示。

表 3-5 用 input 标记创建按钮时的 type 属性类型设置

type 属性类型	功能	作 用
< input type = "submit"/ >	提交按钮	提交表单信息
< input type = "image"/ >	图像按钮	用图像做的提交按钮, 也可提交表单信息
< input type = "reset"/ >	重置按钮	将表单中的用户输入全部清空
< input type = "button"/ >	普通按钮	需要配合 JavaScript 脚本使其具有相应的功能

但是, < input type = "submit"/ > 标记创建的按钮默认效果是没有图片的, 而图像按钮虽然有图像但是不能添加文字。实际上, 在 HTML 中有个 < button > 标记, 它可以创建既有图片又有文字的按钮。效果如图 3-45 所示。

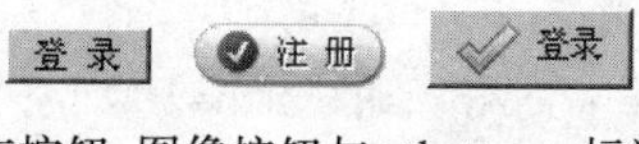

图 3-45 普通提交按钮、图像按钮与 < button > 标记创建的提交按钮

使用 < button > 标记创建按钮时的代码如下:

```
< button type = " submit" > < img src = " check.png" align = " absmiddle"/> 登录
</button >
```

当然,还有一种思路是用 a 标记来模拟按钮,但那需要 CSS 和 JavaScript 的支持。通过 CSS 使 a 元素具有边框,再添加 JavaScript 脚本使其具有提交表单的功能。

3.9.6　表单数据的传递过程

1. 表单的三要素

一个最简单的表单必须具有以下三部分内容:一是 < form > 标记,没有它表单中的数据不知道提交到哪里去,也不能确定表单的范围;二是至少要有一个输入域(如 input 文本域或选择框等),这样才能收集到用户的信息,否则没有信息提交给服务器;三是"提交"按钮,没有它表单中的信息无法提交。

2. 表单向服务器提交的信息内容

大家可以查看百度首页表单的源代码,这可以算是一个最简单的表单了,它的源代码如下,可以看到它具有上述的表单三要素,因此是一个完整的表单。

```
< form name = f action = s >
< input type = text name = wd id = kw size = 42 maxlength = 100 >
< input type = submit value = 百度一下 id = sb >…</form >
```

当单击表单的"提交"按钮后,表单将向服务器发送表单中输入的信息,发送的形式是"表单元素 1 的 name = 表单元素 1 的 value & 表单元素 2 的 name = 表单元素 2 的 value…"。

例 3-2　图 3-46 中的表单将向服务器提交什么内容(输入的密码是 123)。

该表单对应的 HTML 代码如下:

图 3-46　一个输入了数据的表单

```
< form action = "login.asp" method = "post" >
  <p>用户名: < input name = "user" id = "xm" type
= "text" size = "15"/ > </p >
  <p>密码: < input name = "pw" type = "password"
size = "15"/></p >
    <p>性别:男 < input type = "radio" name = "sex" value = "1"/ >
     女 < input type = "radio" name = "sex" value = "2"/ ></p >
    <p>爱好: < input name = "fav1" type = "checkbox" value = "1"/ > 跳舞
    < input name = "fav2" type = "checkbox" value = "2"/ > 散步
    < input name = "fav3" type = "checkbox" value = "3"/ > 唱歌　</p >
    <p>所在地: < select name = "addr" >
      < option value = "1" > 长沙 </option >
      < option value = "2" > 湘潭 </option >
      < option value = "3" > 衡阳 </option >
```

```
    </select> </p>
  <p> 个性签名: <br/><textarea name = "sign"></textarea> </p>
  <p> < input type = "submit" name = "Submit" value ="提交"/> </p>
</form>
```

答：表单向服务器提交的内容总是 name/value 信息对，对于文本输入类的框来说，一般无须定义 value 属性，value 的值是你向文本框输入的字符。当然也可以事先定义 value 属性，那么打开网页它就会显示在文本框中。对于选择框（单选按钮、复选框和列表菜单）来说，value 的值是事先设定的，只有某个选项被选中后它的 value 值才会生效。因此上例传送的数据是：

user = tang&pw =123&sex =1&fav2 =2&fav3 =3&addr =3&sign = wo&submit =提交

提示：如果表单只有一个"提交"按钮，可去掉它的 name 属性，防止"提交"按钮的 name/value 属性对也一起发送出去，因为这些是多余的。当然，如果表单中有多个"提交"按钮，要判断用户是单击了哪一个按钮提交的，这时就需要"提交"按钮的 name/value 属性对了。

3. 服务器接收表单数据的方式简介

表单将数据提交给动态页后，动态网页程序通过 request 对象取下数据，就能进行处理了，如把这些数据存入数据库，或按这些数据进行查询等。例如：

```
<% dim userName,PS    '<% 与% >之间表示 ASP 动态网页程序
    userName = request.form("userName")    '通过 request 获取数据并将值保存到服务器
                                           '端变量 userName 中
    PS = request.form("PS")
    response.write "你输入的用户名是:"&userName
    response.write"< br >你输入的密码是:"&PS  % >
```

可以看出服务器端接收表单数据的方法是：将表单中元素的 name 值和 value 值用 request 对象获取下来，保存到服务器端定义的变量 userName 和 PS 中。

3.9.7　表单的辅助标记

1. < label > 标记

< label > 标记用来为控件定义一个标签，它通过 for 属性绑定控件。如果表单控件的 id 属性值和 label 标记的 for 属性值相同，那么 label 标记就会和表单控件关联起来。通过在 DW 中插入表单控件时选择"使用 for 属性附加标签标记"可快捷地插入 label 标记。例如：

```
< input type = "radio" name = "sex" value = "radiobutton" id = "male"/>
    < label for = "male" >男 </label ><br/ >
< input type = "radio" name = "sex" value = "radiobutton" id = "female"/>
    < label for = "female" >女 </label >
```

添加了带有 for 属性的 < label > 标记后,你会发现单击标签时就相当于单击了表单控件。

2. 字段集标记 < fieldset > 、< legend >

< fieldset > 是字段集标记,它必须包含一个 < legend > 标记,表示字段集的标题。如果表单中的控件较多,可以将逻辑上是一组的控件放在一个字段集内,显得有条理些。

3.9.8 利用行为检查表单的输入

在网页中添加了表单后,就会发现可以在"行为"面板中单击" + "号添加"检查表单"的行为了,"检查表单"行为主要是利用自动生成的 JavaScript 代码检查文本框中输入的内容是否合法。如检查文本框中的值不能为空、文本框中输入的内容必须是数字或者是电子邮件地址等。

在图 3-47 所示的"检查表单"对话框中,"命名的栏位"选择框中列出了表单中可供检查的文本输入框,选择一个文本输入框后,就可以在下面设置怎样对它进行检查了。要注意的是,"检查表单"是根据文本框的 name 属性来识别的,因此需要确保网页中每个表单对象以及其他每个对象都具有唯一的 name 属性,否则行为可能无法正常工作。

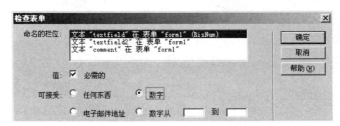

图 3-47 "检查表单"对话框

3.10 框架标记*

框架的作用是把浏览器的显示空间分割为几部分,每个部分可以独立显示不同的网页,与框架相关的概念是框架集,把几个框架组合在一起就成了框架集。框架网页需要使用框架集标记 < frameset > 和框架标记 < frame > ,这两个标记是成组出现的。

3.10.1 框架的作用

框架以前也用于网页的排版,现在用得比较少了,但网站的后台管理系统常使用左右分割的框架版式。如图 3-48 所示,该后台管理系统的左、右部分各是一个网页,它们是独立显示的,例如拉动左侧的滚动条,不会影响右侧的显示效果。通过一个框架集网页使它们显示在一个浏览器窗口中。

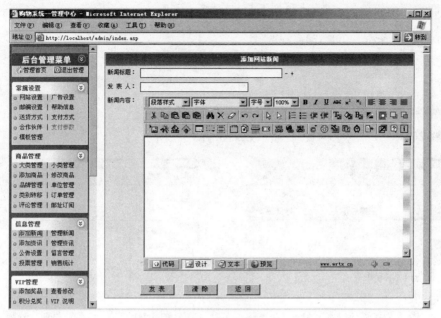

图 3-48　使用框架的网页

3.10.2　< frameset > 标记

窗口框架的分割有两种方式,一种是水平分割,另一种是垂直分割,在 < frameset > 标记中通过 cols 属性和 rows 属性来控制窗口的分割方式。框架标记的常见属性如下:

```
< frameset cols = "各个纵向框架的大小" border = "像素值" bordercolor = "颜色值"
frameborder = "yes |no" framespacing = "像素值" >…</ frameset >
```

如果要去掉框架的边框,可设置 frameborder = " no ",framespacing 指框架和框架之间的距离,bordercolor 属性 IE 浏览器不支持。

1. 用 cols 属性将窗口分为左右部分

cols 属性可以将一个框架集分割为若干列,每列就是一个框架,其语法结构为:

```
< frameset cols = "n1,n2,…, * " >
```

n1 表示子窗口 1 的宽度, n2 表示子窗口 2 的宽度,依此类推,它们的单位可以是像素也可以是百分比。

星号" * "表示分配给前面所有的窗口后剩下的宽度。

例如: < frameset cols = "30% ,40% , * " >,那么" * "就代表 30% 的宽度。

2. 用 rows 属性将窗口分为上下部分

rows 属性使用方法和 cols 属性一样,只是将窗口分割成几行。例如:

```
< frameset rows = "30% ,40% , * " >
```

下面举一个简单的实例,代码如下:

```
< frameset rows = "20% ,30% , * " >
  < frame src = "13.htm"/ >
    < frame src = "14.htm"/ >
      < frame src = "15.htm"/ >
</ frameset >
```

在浏览器中打开这个网页,其显示效果如图 3-49 所示。

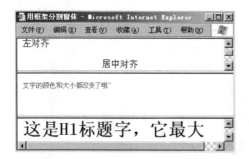

图 3-49　窗体的水平分割　　　　　图 3-50　窗体的水平和垂直分割

3. 框架的嵌套

通过框架的嵌套可实现对子窗口的分割,例如有时需要先将窗口水平分割,再将某个子窗口进行垂直分割,如图 3-50 所示,可用下面的代码实现。

```
< html >
< head >
< title >用框架分割窗体</ title >
</ head >
< frameset rows = "30% , * " >
  < frame src = "2 - 8.html"/ >
    < frameset cols = "30% , * " >
      < frame src = "2 - 9.html"/ >
      < frame src = "2 - 2hn.html"/ >
  </ frameset >
</ frameset >
</ html >
```

需要注意的是 < frameset >标记和 < body >标记是同级的,因此,不要将 < frameset >标记写在 < body >标记中,否则 < frameset >标记将无法正常工作。

3.10.3　< frame/ >标记

< frame/ >标记是一个单标记,它的格式和常用属性如下:

```
< frame src = "url" name = "框架名" border = "像素值" bordercolor = "颜色值"
frameborder = "yes |no" marginwidth = "像素值" marginheight = "像素值" scrolling = "yes
```

```
|no |auto" noresize = "noresize"/ >
```

其中 scrolling 指定框架窗口是否允许出现滚动条,noresize 指定是否允许调整框架的大小。

1. 用 src 属性指定要显示的网页

框架的作用是显示网页,这是通过 src 属性来进行设置的。这个 src 属性和 <img/> 中的 src 属性作用相似,都接文件的 URL。例如:

```
< frame src = "demo/2 - 8.html"/ >
```

2. 用 name 属性指定框架的名称

可以用 name 属性为框架指定名称,这样做的用途是,当其他框架中的链接要在指定的框架中打开时,可以设置其他框架中超链接的 target 属性值等于这个框架的 name 值。例如图 3-48 中,左边窗口中的链接都要求在右边窗口打开。那么可设置右边窗口的 name 值为 main,而左边窗口中所有链接的 target 属性值为 main。

例如定义右边窗口 name 属性为 main:< frame name = " main"/ >。

左边窗口中的链接目标是 main:< a href = " add. htm" target = " main" > 添加新闻 </a >。

这样 add. htm 会在框架名为 main 的窗口(右边窗口)中打开。

3.10.4 用 DW 制作框架网页

使用 DW 新建网页时,在"新建文档"对话框中有"框架集"选项,可以很方便地新建各种类型的框架网页。例如,新建图 3-50 中包含三个子窗口的框架页可选择"上方固定,左侧嵌套"的类型。如果新建的框架集中包含 n 个子窗口,那么每个子窗口对应一个网页,另外还有一个框架集网页,所以会要求保存 n +1 个网页。

在设计视图中,当单击框架中的网页时,会自动切换到子窗口中的网页文件,单击框架的边框或交界处,会回到框架集网页。

3.10.5 嵌入式框架标记 <iframe >

框架集标记只能对网页进行左右或上下分割,如果要让网页的中间某个矩形区域显示其他网页,则需要用到嵌入式框架标记,通过 iframe 可以很方便地在一个网页中显示另一个网页的内容,如图 3-51 网页中的天气预报就是通过 iframe 调用了另一个网页的内容。

下面是嵌入式框架的属性举例:

```
< iframe src = "url" width = "x" height = "x" scrolling = "[OPTION]" frameborder = "x"
name = "main" ></iframe >
```

iframe 标记中各个属性的含义如下:

（1）src：文件的 URL 路径。

（2）width、height：iframe 框架的宽和高。

（3）scrolling：当"src"指定的 HTML 网页在指定的区域显示不完时，是否出现滚动条选项，如果设置为 no，则不出现滚动条；如为 auto：则自动出现滚动条；如为 yes，则显示。

（4）frameborder：区域边框的宽度，为了让嵌入式框架与邻近的内容相融合，常设置为 0。

name：框架的名字，用来进行识别。例如：

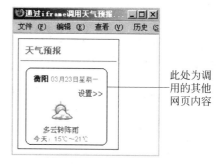

图 3-51　通过 iframe 调用天气预报网页

```
< iframe src = "http://www.baidu.com" width = "250" height = "200" scrolling = "Auto"
frameborder = "0" name = "main" ></iframe >
```

嵌入式框架常用于将其他网页的内容导入到自己网页的某个区域，如把天气预报网站的天气导入到自己做的网页的某个区域显示。但某些木马或病毒程序利用 iframe 的这一特点，通过修改网站的网页源代码，在网页尾部添加 iframe 代码，导入其他带病毒的恶意网站的网页，并将 iframe 框架的宽和高都设置为 0，使 iframe 框架看不到。这样用户打开某网站网页的同时，就不知不觉打开了恶意网站的网页，从而感染病毒，这就是所谓的 iframe 挂木马的原理。不过可留意浏览器的状态栏看打开网页时是否提示正在打开某个可疑网站的网址而发现网页被挂木马。

3.11　容器标记（div、span）*

div 和 span 是不含有任何语义的标记，用来在其中放置任何网页元素，就像一个容器一样，当把文字放入后，文字的格式外观都不会发生任何改变，这样有利于内容和表现分离。应用容器标记的主要作用是通过引入 CSS 属性对容器内的内容进行设置。div 和 span 的唯一区别是 div 是块级元素，span 是行内元素，如图 3-52 所示。

图 3-52　div 元素和 span 元素的区别（利用 CSS 为每个元素添加背景和边框属性）

可以看出 div 元素作为块级元素会占满整个一行，两个元素间上下排列；而 span 元素的宽度不会自动伸展，以能包含它的内容的最小宽度为准，两个元素之间从左到右依次排列。

需要注意的是 div 并不是层，以前说的层是指通过 CSS 设置成了绝对定位属性的 div 元素，但实际上也可以将其他任何标记的元素设置成绝对定位，此时其他元素也成了层，因此层并不对应于任何 HTML 标记，所以 Dreamweaver CS3 去掉了层这一概念，将这些设置成了绝对定位的元素统称为 AP(Absolute Position)元素。

3.12　头部标记*

网页由 head 和 body 两部分构成,在网页的 head 部分,除了 title 标记外,还有其他的几个标记,这些标记虽然不常用,但是需要有一定的了解。

1. meta 标记

meta 是元信息的意思,即描述信息的信息。meta 标记提供网页文档的描述信息等。如描述文档的编码方式、文档的摘要或关键字、文档的刷新,这些都不会显示在网页上。

meta 标记可分为两类,如果它具有 name 属性,表示它的作用是提供页面描述信息,如果它具有 http-equiv 属性,其作用就变成回应给浏览器一些有用的信息,以帮助正确和精确地显示网页内容。下面是几个 meta 标记的例子。

(1)描述文档的编码方式。这可以防止浏览器显示乱码,其中 gb2312 表示简体中文。对于 XHTML 网页来说,这一项是必需的。因此在 DW 8 以上版本新建网页都自动有这样一句。代码如下:

```
<meta http-equiv="Content-Type" content="text/html; charset=gb2312"/>
```

(2)描述摘要或关键字。网页的摘要、关键字是为了让搜索引擎能对网页内容的主题进行识别和分类。例如:

```
<meta name="Keywords" content="中英文,双语菜单"/><!--设置关键字-->
<meta name="Description" content="完全用 CSS 实现的菜单"/><!--设置摘要-->
```

(3)设置文档刷新。文档刷新可设置网页经过几秒钟后自动刷新或转到其他 URL。例如:

```
<meta http-equiv="refresh" content="30"><!--过 30 秒后自动刷新-->
<meta http-equiv="refresh" content="5; Url=index.htm"><!--过 5 秒后自动转到
index.htm-->
```

2. link 标记

link 标记的作用是显示本文档和其他文档之间的连接关系。一个最有用的应用就是链接外部 CSS 文件,例如:

```
<link href="css/style.css" rel="stylesheet" type="text/css"/>
<!--链接了一个 CSS 文件-->
```

除此之外,还可用 link 标记链接一个 16×16px 的图标文件 favicon.ico,将该文件放在网站根目录下。用来改变浏览器地址栏的图标或收藏夹中书签前的图标。例如:

```
<link rel="Bookmark" href="favicon.ico"/>  <!--改变该网页在收藏夹中书签前的图标-->
<link rel="shortcut icon" href="favicon.ico" type="image/x-icon"/>
```

```
<!--改变地址栏图标-->
```

3. style 标记

style 标记用来在网页头部嵌入 CSS 代码。例如：

```
<style type="text/css">h1{font-size:12px;}</style>    <!--嵌入了一段 CSS 代码-->
```

4. script 标记

script 标记是脚本标记，它用来嵌入脚本语言（如 JavaScript）的代码，或链接一个脚本文件。它既可位于网页 head 部分，也可位于网页 body 部分。例如：

```
<script src="jquery.js" type="text/javascript"></script>
                                            <!--链接了一个外部 js 文件-->
<script type="text/javascript"> function msg() {alert("Hello")}</script>
                                            <!--嵌入了一段 JavaScript 代码-->
```

5. base 标记

base 标记用来指定网页中所有超链接的链接基准。例如：

```
<base href="news/"/>      <!--使网页中超链接的 URL 地址前都加上这个链接基准-->
<base target="_blank"/>   <!--使网页中的超链接都默认为新窗口打开-->
```

在 DW 中，通过菜单命令"插入"→HTML→"文件头标签"可快速添加以上这些头部元素，例如，要插入使网页自动刷新或跳转的 meta 元素，可选择子菜单中的"刷新"，在弹出的"刷新"对话框中设置就可以了。

习题

1. 作业题

(1) 下列标记不可能具有 align 属性的是(   )。

    A. <p>　　　　　B. <h3>　　　　　C. <img>　　　　　D. <strong>

(2) HTML 中最大的标题元素是(   )。

    A. <head>　　　B. <title>　　　C. <h1>　　　　D. <h6>

(3) 下列元素不能够相互嵌套使用的是(   )。

    A. 表格　　　　B. 表单 form　　　C. 列表　　　　D. div

(4) 下述元素中(   )都是表格中的元素。

    A. <table><head><th>　　　　　B. <table><tr><td>

    C. <table><body><tr>　　　　　D. <table><head><footer>

(5) title 元素应该放在(   )元素中。

    A. <head>　　　B. <table>　　　C. <body>　　　D. <div>

（6）下述（　　）表示 HTML 的网页链接元素。

    A.　< a name = "http：//www. yahoo. com " > Yahoo </a >

    B.　< a > http：//www. yahoo. com </a >

    C.　< a url = "http：//www. yahoo. com " > Yahoo </a >

    D.　< a href = "http：//www. yahoo. com " > Yahoo </a >

（7）下述（　　）表示 HTML 的电子邮件链接。

    A.　< a href = "xxx@yyy. com " > email </a >

    B.　< a href = "mailto：xxx@yyy. com " > email </a >

    C.　< mail > xxx@yyy. com </mail >

    D.　< a mailto = "xxx@yyy. com " > email </a >

（8）下述（　　）表示表图像元素。

    A.　< img >image. gif </img >　　　　B.　< img href = "image. gif "/ >

    C.　< img src = "image. gif "/ >　　　　D.　< image src = "image. gif "/ >

（9）要在新窗口打开一个链接指向的网页需用到（　　）。

    A. href = "_blank"　　　　　　　B. name = "_blank "

    C. target = "_blank"　　　　　　　D. href = "#blank "

（10）align 属性的可取值不包括（　　）。

    A. left　　　　　B. center　　　　C. middle　　　　D. right

（11）下述各项表示表单控件元素中的下拉列表框元素的是（　　）。

    A.　< select >　　　　　　　　　B.　< input type = "list" >

    C.　< list >　　　　　　　　　　　D.　< input type = "options" >

（12）一个完整的 URL 地址包括哪些内容？超链接中的绝对路径和相对路径有什么区别？

（13）如果要在一幅图像中创建多个链接，应如何实现？

（14）网页中支持的图像格式有哪些？它们有什么特点？

（15）简述一个表单至少应由哪几部分组成。

（16）下面的表单元素代码都有错误，你能指出它们分别错在哪里吗？

① < input name = "country" value = "Your country here. "/ >

② < checkbox name = "color" value = "teal"/ >

③ < input type = "password" value = "pwd"/ >

④ < textarea name = "essay" height = "6" width = "100" >Your story. </textarea >

⑤ < select name = "popsicle" >

       < option value = "orange"/ >

       < option value = "grape"/ >

       < option value = "cherry"/ >

   </select >

2. 上机实践题

（1）用 DW 制作一个个人求职的网页，要求用表格布局，网页中必须包含图像、文本、列表、链接及表格等基本元素。制作完成后，把该网页的源代码抄写在纸上，或者直接在纸上写代码制作该网页，再输入到 DW 代码视图中并用浏览器进行验证。

（2）分别用普通表格和布局表格制作一个 1-3-1 式布局的网页。

（3）制作一个收集用户注册信息的表单，要求用表格布局。

第 4 章

CSS

CSS 是 Cascading Styles Sheets 的缩写,中文译名为层叠样式表,是用于控制网页样式并允许将样式信息与网页内容分离的一种标记性语言。HTML 和 CSS 的关系就是"内容"和"形式"的关系,由 HTML 组织网页的结构和内容,而通过 CSS 来决定页面的表现形式。CSS 和 XHTML 都是由 W3C(World Wide Web Consortium,万维网联盟)负责组织和制定的,1996 年 12 月,发布了 CSS 1.0 规范;1998 年 5 月,发布了 CSS 2.0 规范;目前有两个新版本正处于工作状态,即 CSS 2.1 版和 CSS 3.0 版。然而 W3C 没有任何强制能力要求软件厂商的产品必须符合它的规范,因此目前流行的浏览器都没有完全符合 CSS 的规范,这就给设计师设计网页带来了浏览器兼容的难题。

由于 HTML 的主要功能是描述网页结构,所以控制网页外观和表现的能力很差,如无法精确调整文字大小、行间距等,而且不能对多个网页元素进行统一的样式设置,只能一个元素一个元素地设置。学习 CSS 可实现对网页的外观和排版进行更灵活的控制,使网页更美观。

4.1 CSS 基础

4.1.1 CSS 的语法

CSS 样式表由一系列样式规则组成,浏览器将这些规则应用到相应的元素上,下面是一条样式规则。

```
h1{
    color: red;
    font - size: 25px;
}
```

从图 4-1 可看出,一条 CSS 样式规则由选择器(Selector)和声明(Declarations)组成。选择器是为了选中网页中某些元素的,也就是告诉浏览器这段样式将应用到哪组元素。

选择器可以是一个标记名,表示将网页中该标记的所有元素都选中,也就是定义了 CSS规则的作用对象。如图4-1中的选择器就是一个标记选择器,它将网页中所有具有

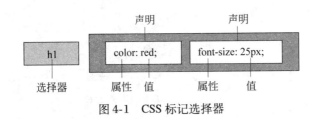

图 4-1　CSS 标记选择器

h1 标记的元素全部选中；选择器也可以是一个自定义的类名，表示将自定义的一类元素全部选中，为了对这一类元素进行标识，必须在这一类的每个元素的标记里添加一个 HTML 属性（class = "类名"）；选择器还可以是一个自定义的 id 名，表示选中网页中某一个唯一的元素，同样，该元素也必须在标记中添加一个 HTML 属性（id = "id 名"）让 CSS 来识别。

　　而声明则用于定义元素样式。在上面的示例中，h1 是选择器，介于花括号｛｝之间的所有内容都是声明，声明又可以分为属性（Property）和值（value），属性是 CSS 样式控制的核心，对于每个 HTML 元素，CSS 都提供了丰富的样式属性，如颜色、大小、盒子、定位等。值指属性的值，形式有两种，一种是指定范围的值（如 float 属性，只可以应用 left, right, none 三种值），另一种为数值，需要带单位。

　　属性和值必须用冒号隔开（注意 CSS 的属性和值的写法与 HTML 属性的区别）。属性和值可以设置多个，从而实现对同一标记声明多条样式风格。如果要设置多个属性和值，则每条声明之间要用分号隔开。

- 如果属性的某个值不是一个单词，则值要用引号括起来：p｛font-family：" sans serif"｝；
- 如果一个属性有多个值，则每个值之间要用空格隔开：a｛padding：6px 4px 3px｝；
- 如果要为某个属性设置多个候选值，则每个值之间用逗号隔开：p｛font-family："Times New Roman", Times, serif｝。

　　图 4-1 中的示例为 < h1 > 标记创建了样式：链接到此样式的所有 h1 标签的文本都将是红色并且是 25px 大小。

4.1.2　在 HTML 中引入 CSS 的方法

　　HTML 和 CSS 是两种作用不同的语言，它们同时对一个网页产生作用，因此必须通过一些方法，将 CSS 与 HTML 挂接在一起，才能正常工作。

　　在 HTML 中，引入 CSS 的方法有行内式、内嵌式、导入式和链接式 4 种。

1. 行内式

　　所有 HTML 标记都有一个通用的属性 style，行内式就是在该属性内为元素添加 CSS 规则，例如：

```
< td style = "color: #FF0000; text - decoration: underline" width = "88% " >
```

　　有时需要做测试或对个别元素设置 CSS 属性时，可以使用这种方式，这种方式由于 CSS 规则就在标记内，其作用对象就是标记内的元素，所以不需要指定 CSS 的选择器，只需要书写 CSS 属性和值。但它没有体现出 CSS 统一设置许多元素样式的优势。

2. 嵌入式

嵌入式将页面中各种元素的 CSS 样式设置集中写在 < style > 和 </style > 之间，< style > 标记是专用于引入嵌入式 CSS 的一个 HTML 标记，它只能放置在文档头部，即下面这段代码只能放置在 HTML 文档的 < head > 和 </head > 之间。

```
< style type = "text/css" >
    h1{
        color: red;
        font - size: 25px;
    }
</style >
```

对于单一的网页，这种方式很方便。但是对于一个包含很多页面的网站，如果每个页面都以嵌入式的方式设置各自的样式，不仅麻烦，冗余代码多，而且网站每个页面的风格不好统一。因此一个网站通常都是编写一个独立的 CSS 文件，使用以下两种方式之一，引入到网站的所有 HTML 文档中。

3. 链接式和导入式

链接式和导入式的目的都是将一个独立的 CSS 文件引入到 HTML 文件，二者的区别不大。在学习 CSS 或制作单个网页时，为了方便可采取行内式或嵌入式方法，但若要制作网站则主要应采用链接式方法引入 CSS。

链接式和导入式最大的区别在于链接式使用 HTML 的标记引入外部 CSS 文件，而导入式则是用 CSS 的规则引入外部 CSS 文件，因此它们的语法不同。

链接式是在网页文档头部通过 link 标记引入外部 CSS 文件，格式如下：

```
< link href = "style1.css" rel = "stylesheet" type = "text/css"/ >
```

而使用导入式，则需要使用如下语句：

```
< style type = "text/css" >
@ import url("style2.css");
</style >
```

此外，这两种方式的显示效果也略有不同。使用链接式时，会在装载页面主体部分之前装载 CSS 文件，这样显示出来的网页从一开始就是带有样式效果的，而使用导入式时，要在整个页面装载完之后再装载 CSS 文件，如果页面文件比较大，则开始装载时会显示无样式的页面。从浏览者的感受来说，这是使用导入式的一个缺陷。

4.1.3　选择器的分类

选择器是 CSS 中很重要的概念，所有 HTML 元素的样式都是通过不同的 CSS 选择器进行控制的。CSS 基本的选择器包括标记选择器、类选择器、ID 选择器和伪类选择器

4 种。

1. 标记选择器

标记是元素的固有属性,CSS 标记选择器用来声明哪种标记采用哪种 CSS 样式,因此,每一种 HTML 标记的名称都可以作为相应的标记选择器的名称。如图 4-1 所示,标记选择器将拥有同一个标记的所有元素全部选中。例如:

```
< style type = "text/css" >
 p{                                            /＊标记选择器＊/
   color:blue;
   font - size:18px;
 }
</style >
< body >
  < p >选择器之标记选择器 1 < /p >
  < p >选择器之标记选择器 2 < /p >
  < p >选择器之标记选择器 3 < /p >
  < h3 >h3 则不适用 < /h3 >
```

以上三个 p 元素都会应用 p 标记选择器定义的样式,而 h3 元素则不会受到影响。

2. 类选择器

以上提到的标记选择器一旦声明,那么页面中所有该标记的元素都会产生相应的变化。例如当声明 < p >标记为红色时,页面中所有的 < p >元素都将显示为红色。但是如果希望其中某一些 < p >元素不是红色,而是蓝色,就需要将这些 < p >元素自定义为一类,用类选择器来选中它们;或者希望不同标记的元素应用同一样式,也可以将这些不同标记的元素定义为同一类,如下所示的一个 < p >元素和一个 < h3 >元素被定义为了同一类。类选择器以半角"."开头,且类名称的第一个字母不能为数字,如图 4-2 所示。

```
< style type = "text/css" >
.one{
color: red;                                   /＊红色＊/
}
.two{
font - size:20px;                             /＊文字大小＊/
}
</style >
    < p >选择器之标记选择器 1 < /p >
    < p class = "one" >应用第一种 class 选择器样式 < /p >
    < p class = "two" >应用第二种 class 选择器样式 < /p >
    < p class = "one two" >同时应用两种 class 选择器样式 < /p >
    < h3 class = "two" >h3 同样适用 < /h3 >
```

以上定义了类别名的元素都会应用相应的类选择器的样式,其中第四行通过

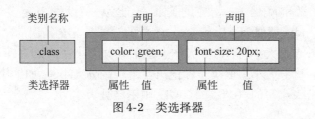

图 4-2　类选择器

class = " one two"将两种样式同时加入,得到红色 20px 的大字体。第一行的 p 元素因未定义类别名而不受影响,仅作为对比时参考。

3. ID 选择器

ID 选择器的使用方法与 class 选择器基本相同,不同之处在于一个 ID 选择器只能应用于 HTML 文档中的一个元素,因此其针对性更强,而 class 选择器可以应用于多个元素。ID 选择器以半角"#"开头,且 id 名称的第一个字母不能为数字,如图 4-3 所示。

```
< style type = "text/css" >
    #one{
        font - weight:bold;                    /*粗体*/
    }
    #two{
        font - size:30px;                      /*字体大小*/
        color:#009900;                         /*颜色*/
    }
</style >
<body>
    <p id = "one" >ID 选择器 1 </p>
    <p id = "two" >ID 选择器 2 </p>
    <p id = "two" >ID 选择器 3 </p>
    <p id = "one two" >ID 选择器 3 </p>
</body>
```

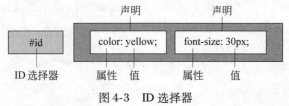

图 4-3　ID 选择器

上例中,第一行应用了#one 的样式。而第二行和第三行将一个 ID 选择器应用到了两个元素上,显然违反了一个 ID 选择器只能应用在一个元素上的规定,但浏览器却也显示了 CSS 样式风格且没有报错。虽然如此,在编写 CSS 代码时,还是应该养成良好的编码习惯,一个 id 最多只能赋予一个 HTML 元素,因为每个元素定义的 id 不只是 CSS 可以调用,JavaScript 等脚本语言也可以调用,如果一个 HTML 中有两个相同 id 属性的元素,那么将导致 JavaScript 在查找 id 时出错,例如函数 getElementById ( )。第四行在浏览器中没有任何 CSS 样式风格显示,这意味着 ID 选择器不支持像 class 选择器那样的多风格同时使用。因为元素和 id 是一一对应的关系,不能为一个元素指定多个 id,也不能将多个元素定义为一个 id。类似 id = "one two" 这样的写法是完全错误的。

关于类名和 id 名的大小写:CSS 大体上是不区分大小写的语言,但是对于标记实体的类名和 id 名是否区分大小写取决于标记语言是否区分大小写,如果使用 XHTML,那么类名和 id 名是区分大小写的,如果是 HTML,则不区分大小写。

4. 伪类选择器

伪类(pseudo-class)是用来表示动态事件、状态改变或者是在文档中以其他方法不能轻易实现的情况——例如用户的鼠标悬停或单击某元素。总的来说,伪类可以对目标元素出现某种特殊的状态应用样式。这种状态可以是鼠标停留在某个元素上,或者是访问一个超链接。伪类允许设计者自由指定元素在一种状态下的外观。

常用的伪类有四个,分别是 link(链接)、visited(已访问的链接)、hover(鼠标悬停状态)和 active(激活状态)。其中前面两种称为链接伪类,只能应用于链接(a)元素,后两种称为动态伪类,理论上可以应用于任何元素,但 IE 6 只支持 a 元素。其他的一些伪类如:focus(获得焦点时的状态)因为在 IE 6 中不支持,所以用得较少。伪类选择器必须指定标记名,且标记和伪类之间用“:”隔开,如图 4-4 所示。

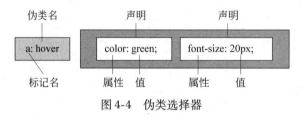

图 4-4   伪类选择器

因此,伪类选择器可以看成是一种特殊的标记选择器,它用来选中在某种状态下的标记。例如图 4-4 中的伪类选择器就定义了 a 元素在鼠标悬停(hover)状态时的样式。

4.1.4　CSS 的层叠性

CSS 具有两个特性:层叠性和继承性。所谓层叠是指多个选择器的作用范围发生了叠加,层叠性是指当有多个选择器作用于同一元素时,CSS 怎样处理? CSS 的处理原则是:

(1) 如果多个选择器定义的规则未发生冲突,则元素将应用所有选择器定义的样式。例如下面代码的显示效果如图 4-5 所示。

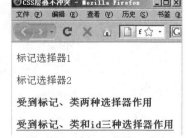

图 4-5   选择器层叠不冲突时的样式

```
< style type = "text/css" >
p{                          /*标记选择器*/
color:blue;
font - size:18px;}
.special{                   /*类选择器*/
font - weight: bold; }
#underline{
```

```
text - decoration: underline; }       /*有下划线*/
</style>
<body>
<p>标记选择器1</p>
<p>标记选择器2</p>
<p class = "special">受到标记、类两种选择器作用</p>
<p id = "underline" class = "special">受到标记、类和 id 三种选择器作用</p>
</body>
```

在代码中,所有 p 元素都被标记选择器 p 选中,同时第3、4 个 p 元素又被类选择器.special 选中,第4 个 p 元素还被 ID 选择器 underline 选中,由于这些选择器定义的规则没有发生冲突,所以被多个选择器同时选中的第3、4 个元素将应用多个选择器定义的样式。

(2) 如果多个选择器定义的规则发生了冲突,则 CSS 按选择器的优先级让元素应用优先级高的选择器定义的样式。CSS 规定选择器的优先级从高到低为:行内样式>ID样式>类别样式>标记样式。总的原则是:越特殊的样式,优先级越高。例如:

```
<style type = "text/css">
p{                                  /*标记选择器*/
    color:blue;                     /*蓝色*/
    font - style: italic;           /*斜体*/
}
.green{                             /*类选择器*/
    color:green;                    /*绿色*/
}
.purple{
    color:purple;                   /*紫色*/
}
#red{                               /*ID选择器*/
color:red;                          /*红色*/
}
</style>
<body>
    <p>这是第1行文本</p>    <!--蓝色,所有行都以斜体显示-->
    <p class = "green">这是第2行文本</p>    <!--绿色-->
    <p class = "green" id = "red">这是第3行文本</p>    <!--红色-->
    <p id = "red" style = "color:orange;">这是第4行文本</p>    <!--黄色-->
    <p class = "purple green">这是第5行文本</p></body>    <!--紫色-->
```

由于类选择器的优先级比标记选择器的优先级高,而类选择器中定义的文字颜色规则和标记选择器中定义的发生了冲突,因此被两个选择器都选中的第2行 p 元素将应用.green 类选择器定义的样式,而忽略 p 选择器定义的规则,但 p 选择器定义的其他规则还是有效的。因此第2行 p 元素显示为绿色斜体的文字;同理,第3行 p 元素将按优先级高低应用 ID 选择器的样式,显示为红色斜体;第4行 p 元素将应用行内样式,显示为黄色斜体;第5行 p 元素同时应用了两个类选择器 class = "purple green",两个选择器的优先级相同,这时会以前者为准,显示为紫色斜体。

（3）!important 关键字。

可以通过!important 关键字,提升某个选择器的重要性。例如在不同选择器中定义的规则发生冲突,可以通过!important 强制改变选择器的优先级,则优先级规则为"!important > 行内样式 > ID 样式 > 类别样式 > 标记样式"。对于上例,如果给.green 选择器中的规则后添加一条!important,则第三行和第五行文本都会变为绿色。在任何浏览器中预览都是这种效果。

```
.green{                          /*类选择器*/
    color:green!important;       /*通过!important 提升该选择器中样式的优先级*/
}
```

如果在同一个选择器中定义了两条相冲突的规则,那么 IE 6 总是以最后一条为准,不认!important,而 Firefox/IE 7 以定义了!important 的为准。

```
#box {
    color:red!important;             /*Firefox/IE 7 执行这一条*/
    color:blue;                      /*IE 6 执行这一条*/
    }
```

!important 用法总结:在同一选择器中定义的多条样式发生了冲突,则 IE 6 会忽略样式后的!important 关键字,总是以最后定义的样式为准;但如果是不同选择器中定义的样式发生冲突,那么所有浏览器都以!important 样式的优先级为最高。

4.1.5　CSS 的继承性

CSS 的继承性是指如果子元素定义的样式没有和父元素定义的样式发生冲突,那么子元素将继承父元素的样式风格,并可以在父元素样式的基础上再加以修改,自己定义新的样式,而子元素的样式风格不会影响父元素。例如:

```
< style type = "text/css" >
body {
    text - align: center;
    font - size: 14px;
    text - decoration: underline;
    }
.right{
    text - align: right;
    font - weight:bold; }
em {
    font - weight:bold; }
</style>
<body>
    <h2>教研室情况</h2>
    <p><em>电子商务</em>教研室</p>
    <p>国际贸易教研室</p>
```

```
<p class="right">物流教研室 </p>
</body>
```

上例的显示效果如图 4-6 所示。可见 body 标记选择器定义的文本居中,带下划线等
属性都被所有子元素(h2 和 p)所继承,因此前三行完全应
用了 body 定义的样式,而且 p 元素还把它继承的样式传递
给了子元素 em,但第四行的 p 元素由于通过"right"类选择
器重新定义了右对齐的样式,所以将覆盖父元素 body 的居
中对齐,显示为右对齐。

第一行 h2 元素虽然没为它定义样式,但浏览器对标题
元素预定义了默认样式,因此它也将覆盖 body 元素定义的
14px 大小的样式,显示为 h2 的字体大小,粗体。可见,继承
来的样式的优先级要比元素具有的默认样式的优先级低。

图 4-6 继承关系示意图

如果要使 h2 元素显示为 14px 大小,需要对该元素直接定义字体大小。

CSS 的继承贯穿整个 CSS 设计的始终,每个标记都遵循着 CSS 继承的概念。可以利
用这种巧妙的继承关系,大大缩减代码的编写量,并提高可读性,尤其在页面内容很多且
关系复杂的情况下。例如,如果网页中大部分文字的字体大小都是 12px,可以对 body 或
td(若网页用表格布局)标记定义样式为 12px。这样由于其他标记都是 body 的子标记,
会继承这一样式,就不需要对这么多子标记去定义样式了,有些特殊的地方如果字体大小
要求是 14px,我们可以再利用类选择器或 ID 选择器单独定义。

图 4-7 是一个文档对象模型(DOM)图,它描述了 HTML 文档中元素的继承关系。

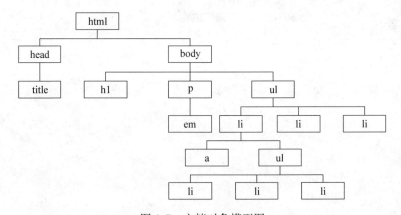

图 4-7 文档对象模型图

注意:并不是所有的 CSS 属性都具有继承性,一般是 CSS 的文本属性具有继承性,
而其他属性(如背景属性、布局属性等)则不具有继承性。

具有继承性的属性大致有: color, font-类, text-indent, text-align, text-decoration,
line-height, letter-spacing, border-collapse 等。

无继承性的属性有: text-decoration:none,所有背景属性,所有盒子属性,布局属
性等。

说明:text-decoration 属性设置为 none 时不具有继承性,而设置为其他值时又具有继

承性。

4.1.6　选择器的组合

每个选择器都有它的作用范围,前面介绍了三种基本的选择器,它们的作用范围都是一个单独的集合,如标记选择器的作用范围是具有该标记的所有元素的集合,类选择器的作用范围是自定义的某一类元素的集合,有时希望对几种选择器的作用范围取交集、并集、子集后对选中的元素再定义样式,这时就要用到复合选择器了,它是通过对几种基本选择器的组合,实现更强、更方便的选择功能。

复合选择器就是两个或多个基本选择器,通过不同方式组合而成的选择器。主要有交集选择器、并集选择器和后代选择器。

1. 交集选择器

交集选择器是由两个选择器直接连接构成,其结果是选中两者各自作用范围的交集。其中第一个必须是标记选择器,第二个必须是类选择器或 ID 选择器。例如:"h1. class;p #intro"。这两个选择器之间不能有空格,如图 4-8 所示。

交集选择器将选中同时满足前后二者定义的元素,也就是前者定义的标记类型,并且指定了后者的类别或 id 的元素。它的作用范围如图 4-9 所示。

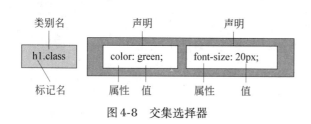

图 4-8　交集选择器

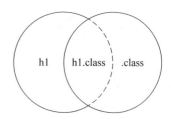

图 4-9　交集选择器的作用范围

下面的代码演示了交集选择器的作用。

```
< style type = "text/css" >
   p {
      color: blue; }
   .special {
      color: green; }
   p.special {
      color: red; }
</style >
< body >
   <p >普通段落文本 </p >
   <h3 >普通 h3 标题文本 </h3 >
   <p class = "special" >指定了 special 类别的段落文本 </p >
< h3 class = "special" >指定了 special 类别的 h3 标题  </h3 ></body >
```

上例中 p 标记选择器选中了第一、三行文本;. special 类选择器选中了第三、四行文本，p. special 选择器选中了第三行文本，是它们的交集，用于对段落文本中的第三行进行特殊的控制。因此第三行文本显示为红色，第一行显示为蓝色，第四行显示为绿色。第二行不受这些选择器的影响，仅作对比。

2. 并集选择器

所谓并集选择器就是对多个选择器进行集体声明，多个选择器之间用"，"隔开，其中每个选择器可以是任何类型的选择器。如果某些选择器定义的样式完全相同，或者部分相同，这时便可以利用并集选择器同时声明风格完全相同或部分相同的样式。其选择范围如图 4-10 所示。

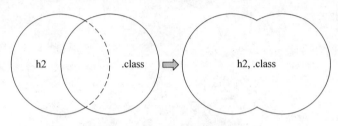

图 4-10   并集选择器示意图

下面的代码演示了并集选择器的作用。

```
< style type = "text/css" >
    h1,h2,h3,p {
    font - size: 12px;
    color: purple;
    }
    h2.special,.special,#one {
    text - decoration: underline;
    }
</style >
< body >
    < h1 >示例文字 h1 </h1 >
    < h2 class = "special" >示例文字 h2 </h2 >
    < h3 >示例文字 h3 </h3 >
    < h4 id = "one" >示例文字 h4 </h4 >
    < p class = "special" >示例文字 p1 </p >
```

代码中首先通过集体声明 h1、h2、h3、p 的样式，使 h1、h2、h3、p 选中的第一、二、三、五行的元素都变为紫色，12px 大小，然后再对需要特殊设置的第二、四、五行添加下划线。效果如图 4-11 所示。

3. 后代选择器

在 CSS 选择器中，还可以通过嵌套的方式，对特殊位置的 HTML 元素进行控制，例如当 <a> 与 </a> 之间包含 <b> 元素时，就可以使用后代选择器选中出现在 a 元素中的

b 元素。后代选择器的写法是把外层的标记写在前面,内层的标记写在后面,之间用空格隔开,其选择范围如图 4-12 所示。

图 4-11　并集选择器示例

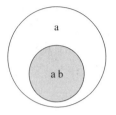

图 4-12　后代选择器

下面的代码演示了后代选择器的作用。

```
< style type = "text/css" >
    a {
        font - size: 16px;
        color: #red; }
    a b {
        color: #mediumpurple; }
</style >
< body >
    <b>这是 b 标记中的文字 </b><br/ >
< a href = "#" >这是 <b >a 标记中的 b <span >标记 </span></b></a ></body >
```

上例中,a 元素被 a 标记选择器选中,显示为 16px 红色字体;a 元素中的 b 元素被 a b 选择器选中,颜色被重新定义为淡紫色;而第一行的 b 元素未被任何选择器选中。效果如图 4-13 所示。

和其他所有 CSS 选择器一样,后代选择器定义的具有继承性的样式同样也能被其子元素继承。例如在上例中,b 元素内又包含了 span 元素,那么 span 元素也将显示为淡紫色。这说明子元素(span)继承了父元素(a b)的颜色样式。

图 4-13　后代选择器示例

包含选择器的使用非常广泛,实际上不仅标记选择器可以用这种方式组合,类选择器和 ID 选择器也都可以进行嵌套,而且包含选择器还能够进行多层嵌套。例如:

```
.special b {color: red}              /*应用了类 special 的标记里面包含的 <b> */
#menu li {padding: 0 6px;}           /* ID 为 menu 的标记里面包含的 <li> */
td.top .ban1 strong{font - size: 16px;}  /*多层嵌套,同样适用 */
#menu a:hover b                      /* ID 为 menu 的标记里的 a:hover 伪类里包含的 <b> */
```

经验:选择器的嵌套在 CSS 的编写中可以大大减少对 class 或 id 的声明。因此在构建页面 HTML 框架时通常只给外层标记(父标记)定义 class 或 id,内层标记(子标记)能通过嵌套表示的则利用这种方式,而不需要再定义新的 class 或 id。

4. 复合选择器的优先级

复合选择器的优先级比组成它的单个选择器的优先级都要高。基本选择器的优先级是"ID 选择器 > 类选择器 > 标记选择器",所以不妨设 ID 选择器的优先级权重是 100,类选择器的优先级权重是 10,标记选择器的优先级权重是 1,那么复合选择器的优先级就是组成它的各个选择器权重值的和。例如:

```
h1{color:red;}                    /*权重=1*/
p em{color:blue;}                 /*权重=2*/
.warning{color:yellow;}           /*权重=10*/
p.note em.dark{color:gray;}       /*权重=22*/
#main{color:black;}               /*权重=100*/
```

当权重值一样时,会采用"层叠原则",一般后定义的会被应用。

下面是复合选择器优先级计算的一个例子。

```
<style type="text/css">
    #aa ul li {color:red}
    .aa {color:blue}
</style>
<div id="aa">
    <ul>
        <li class="aa">
        web 标准常见问题大全之<em class="aa">复合选择器</em>的优先级
        </li>
    </ul></div>
```

对于 li 标记中的内容,它同时被"#aa ul li"和". aa"两个选择器选中,由于#aa ul li 的优先级为 102,而. aa 的优先级为 10,所以 li 中的内容将应用#aa ul li 定义的规则,文字为红色,如果希望文字颜色为蓝色,可提高. aa 的特殊性,如#aa ul li. aa。

另外,代码中 em 元素内的文字颜色为蓝色,因为直接作用于 em 元素的选择器只有". aa",虽然 em 也会继承"#aa ul li"选择器的样式,但是继承样式优先级最低,会被类选择器". aa"定义的样式所覆盖。

所以综合来说,元素应用 CSS 样式的优先级如图 4-14 所示。

图 4-14　CSS 样式的优先级

其中,浏览器对标记预定义的样式是指对于某些 HTML 标记,浏览器预先对其定义了默认的 CSS 样式,如果用户没重新定义样式,那么浏览器将按其定义的默认样式显示,常见的标记在标准浏览器(如 Firefox)中默认样式如下:

```
body {margin: 8px; line-height: 1.12em}
h1 {font-size: 2em; margin: .67em 0}
```

```
h2 {font - size: 1.5em; margin: .75em 0}
h3 {font - size: 1.17em; margin: .83em 0}
h4, p,blockquote, ul,fieldset, form,ol, dl, dir,menu {margin: 1.12em 0}
h5 {font - size: .83em; margin: 1.5em 0}
h6 {font - size: .75em; margin: 1.67em 0}
h1, h2, h3, h4,h5, h6, b,strong {font - weight: bolder}
blockquote {margin - left: 40px; margin - right: 40px}
i, cite, em,var, address {font - style: italic}
pre, tt, code,kbd, samp {font - family: monospace}
pre {white - space: pre}
button, textarea,input, object, select {display:inline - block;}
```

有些元素的预定义(默认)样式在不同的浏览器中区别很大,例如 ul、ol 和 dd 等列表元素,IE 中的默认样式是: ul,ol,dd{margin-left:40px;}。

而 Firefox 中的默认样式定位为: ul,ol,dd {padding-left:40px;}。

因此,要清除列表样式,一般可以设置:

```
ul, ol, dd {
    list - style - type:none;        /* 清除列表项目符号 */
    margin - left:0;                 /* 清除 IE 左缩进 */
    padding - left:0;                /* 清除非 IE 左缩进 */
}
```

5. 复合选择器名称的分解

对于下面的 HTML 代码:

```
< div id = "cont" >
    < h3 >栏目标题 < /h3 >
    < p >栏目的内容… < /p >
< /div >
```

如果只想让这个 div 元素中的 < h3 > 和 < p > 标记中的文字都变成红色,下面哪种写法是正确的呢?

```
① #cont h3, p {              ② #cont h3, #cont p {
      color:red;                    color:red;
   }                              }
```

这实际上是一个复合选择器名称分解的问题,如果一个复合选择器名称中同时包含有逗号","和空格" "等符号,那么分解的原则是: 先逗号,接着空格。所以上面的例子中第二种写法是正确的。第一种写法中的选择器将分解为"#cont h3"和"p",所以不对。

更复杂的选择器分解也应遵循这个原则,例如:

```
#menu a.class:hover b, .special b.class {…}
```

可分解为: "#menu a. class:hover b"和". special b. class"两个选择器。

接下来找这些选择器中的空格,可发现第一个是三层的后代选择器,在该后代选择器的中间是一个定义了类名"class"的 a 标记的伪类选择器。

4.1.7 CSS 2.1 新增加的选择器简介

上面介绍的一些基本选择器和复合选择器都是 CSS 1.0 中就已具有的选择器,它们几乎被目前所有的浏览器所支持。CSS 2.1 标准在 1.0 的基础上增加了一些新的选择器,这些选择器不能被 IE 6 浏览器支持,但是其他浏览器如 IE 7、Firefox3、Safari 4 等均对它们提供支持,考虑到目前越来越多的计算机安装了 IE 7 等新型浏览器,预计 IE 6 将在一两年内被淘汰,因此有必要知道这些新选择器,它们能给 CSS 设计带来方便,而且对以后学习 jQuery 的选择器是很有帮助的。

1. 子选择器

子选择器用于选中元素的直接后代(即儿子),它的定义符号是大于号(>),例如:

```
body > p {
    color: green;
}
 < body >
    < p >这一段文字是绿色 < /p >
    < div >< p >这一段文字不是绿色 < /p >< /div >
    < p >这一段文字是绿色 < /p >
 < /body >
```

只有第一个和第三个段落的文字会变绿色,因为它们是 body 元素的直接后代,所以被选中。而第二个 p 元素是 body 的间接后代,不会被选中,如果把(body > p)改为后代选择器(body p),那么三个段落都会被选中。这就是子选择器和后代选择器的区别。后代选择器选中任何后代。

2. 相邻选择器

相邻(adjacent-sibling)选择器是另一个有趣的选择器,它的定义符号是加号(+),相邻选择器将选中紧跟在它后面的一个兄弟元素(这两个元素具有共同的父元素)。例如:

```
h2 + p {
    color: red;
}
 < h2 >下面哪些文字是红色的呢 < /h2 >
 < p >这一段文字是红色 < /p >
 < p >这一段文字不是红色 < /p >

 < h2 >下面有文字是红色的吗 < /h2 >
 < div >< p >这一段文字不是红色 < /p >< /div >
 < ! — — div 中的 p 元素和 h2 不同级,不会被选中 — — >
```

```
<p>这一段文字不是红色</p>    <!--没有紧跟在 h2 后,不会被选中-->

<h2>下面哪些文字是红色的呢</h2>
这一段文字不是红色
<p>这一段文字是红色</p>
<p>这一段文字不是的</p>
```

第一个段落标记紧跟在 h2 之后,因此会被选中,在最后一个 h2 元素后,尽管紧接的是一段文字,但那些文字不属于任何标记,因此紧随这些文字之后的第一个 p 元素也会被选中。

如果希望紧跟在 h2 后面的任何元素都变成红色,可使用通用选择符:

```
h2 + * {color: red;}
```

那么第二个 h2 后的 div 中的文字也会被选中。

3. 属性选择器

引入属性选择器后,CSS 变得更加复杂、准确、功能强大。属性选择器主要有三种形式,分别是匹配属性、匹配属性和值、匹配属性和值的一部分。属性选择器的定义方式是将属性和值写在方括号([ ])内。

1) 匹配属性

属性选择器选中具有某个指定属性的元素,例如:

```
a[name] {color:purple; }          /*选中具有 name 属性的 a 元素*/
img[border] {border-color:gray;}   /*选中具有 border 属性的 img 元素*/
[special] {color:red;}            /*选中具有 special 属性的任何元素*/
```

这些情况下,每个元素的具体属性值并不重要,只要给定属性在元素中出现,元素便匹配该属性选择器,还可给元素自定义一个它没有的属性名,如(<h2 special="" >…</h2>),那么这个 h2 元素会被[special]属性选择器选中,这时属性选择器就相当于类或 ID 选择器的作用了。

2) 匹配属性和值

属性选择器也可根据元素具有的属性和值来匹配,例如:

```
a[href="http://www.hynu.cn"] {color:yellow; }    /*选中指向 www.hynu.cn 的链接*/
input[type="submit"] {background:purple; }        /*选中表单中的提交按钮*/
img[alt="Sony Logo"][class="pic"] {margin:20px;}  /*同时匹配两个属性和值*/
```

这样,用属性选择器就能很容易地选中某个特定的元素,而不用为这个特定的元素定义一个 id 或类,再用 id 或类选择器去匹配它了。

3) 匹配单个属性值

如果一个属性的属性值有多个,每个属性值用空格分开,那么就可以用匹配单个属性值的属性选择器来选中它们了。它是在等号前加了一个波浪符(~)。例如:

```
[special~="wo"] {color: red;}
```

```
<h2 special = "wo shi">文字是红色</h2>
```

由于对一个元素可指定多个类名,匹配单个属性值的选择器就可以选中具有某个类名的元素,这才是它的主要用途。例如:

```
h2[class ~ = "two"] {color: red;}
<h2 class = "one two three">文字是红色</h2>
```

4. 新增加的伪类选择器

在 IE 6 中,只支持 a 标记的四个伪类,即 a:link、a:visited、a:hover 和 a:active,其中前两个称为链接伪类,后两个是动态伪类。在 CSS 2.0 规范中,任何元素都支持动态伪类,所以像 li:hover、img:hover、div:hover 和 p:hover 这些伪类是合法的,它们都能被 IE 7 和 Firefox 等浏览器支持。

下面介绍两种新增加的伪类选择器,它们是:focus 和:first-child。

1):focus

:focus 用于定义元素获得焦点时的样式。例如,对于一个表单来说,当光标移动到某个文本框内时(通常是单击了该文本框或使用 Tab 键切换到了这个文本框上),这个 input 元素就获得了焦点。因此,可以通过 input:focus 伪类选中它,改变它的背景色,使它突出显示,代码如下:

```
input:focus {background: yellow;}
```

对于不支持:focus 伪类的 IE 6 浏览器,要模拟这种效果,只能使用两个事件结合 JavaScript 代码来模拟,它们是 onfocus(获得焦点)和 onblur(失去焦点)事件。

2):first-child

:first-child 伪类选择器用于匹配它的父元素的第一个子元素,也就是说这个元素是它父元素的第一个儿子。例如:

```
p:first - child{font - weight: bold; }
<body>
<p>这一段文字是粗体</p>              <!--第1行,被选中-->
<h2>下面哪些文字是粗体的呢</h2>
<p>这一段文字不是粗体</p>

<h2>下面哪些文字是粗体的呢</h2>
<div><p>这一段文字是粗体</p>        <!--第5行,被选中-->
<p>这一段文字不是粗体</p></div>

<div>下面哪些文字是粗体的呢
这一段文字不是
<p>这一段文字是粗体</p>            <!--第9行,被选中-->
<p>这一段文字不是的</p></div>
</body>
```

这段文字共有三行会以粗体显示。第一行 p 是其父元素 body 的第一个儿子,被选中;第 5 行 p 是其父元素 div 的第一个儿子,被选中;第 9 行 p 也是其父元素的第一个儿子,所以也被选中,尽管它前面有一些文字,但那不是元素。

5. 伪对象选择器

在 CSS 中伪对象选择器主要有:first-letter、:first-line 以及 :before 和 :after。但 IE 6 不支持。之所以称 :first-letter 和 :first-line 是伪对象,是因为它们在效果上使文档中产生了一个临时的元素,这是应用"虚构标记"的一个典型实例。

1):first-letter

:first-letter 用于选中元素内容的首字符。例如:

```
p:first - letter{font - size: 2em; float: left;}
```

它可以选中段落 p 中的第一个字母或中文字符。

2):first-line

:first-line 用于选中元素中的首行文本。例如:

```
p:first - line{font - weight: bold; letter - spacing: 0.3em;}
```

它将选中每个段落的首行。不管其显示的区域是宽还是窄,样式都会准确地应用于首行。如果段落的首行只包含 5 个汉字,则只有这 5 个汉字变大。如果首行包含 30 个汉字,那么所有 30 个汉字都会变大。

下面是一个 p 元素的代码,如果使它同时应用(1)和(2)中的 p: first-letter 选择器和 p:first-line 选择器定义的样式,则效果如图 4-15 所示。

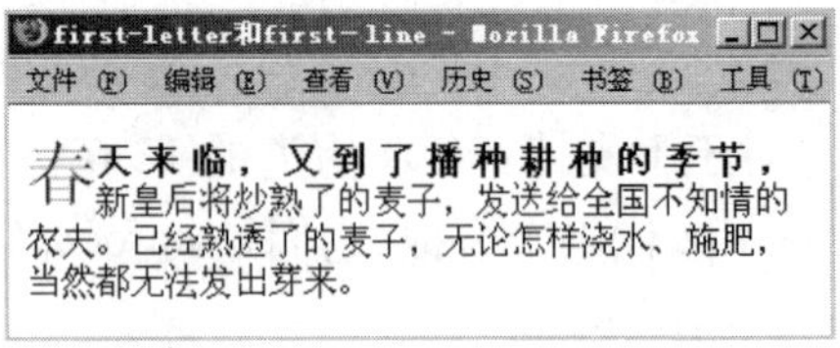

图 4-15 　:first-letter 和 :first-line 的应用

```
<p>春天来临,又到了播种耕种的季节,新皇后将炒熟了的麦子,发送给全国不知情的农夫。已经熟透了的麦子,无论怎样浇水、施肥,当然都无法发出芽来。</p>
```

注意:可供 :first-line 使用的 CSS 属性有一些限制,它只能使用字体、文本和背景属性,不能使用盒子模型属性(如边框、背景)和布局属性。

3):before 和 :after

:before 和 :after 两个伪对象必须配合 content 属性使用才有意义。它们的作用是在指定的元素内产生一个新的行内元素,该行内元素的内容由 content 属性里的内容决定。例如下面代码的效果如图 4-16(左)所示。

```
p:before, p:after{content: "--"; color:red;}
<body>
<p>看这一段文字的左右</p>
<p>这一段文字左右</p></body>
```

可以看到通过产生内容属性,p 元素的左边和右边都添加了一个新的行内元素,它们的内容是" -- ",并且设置伪元素内容为红色。

还可以将:before 和:after 伪元素转化为块级元素显示,例如将上述选择器修改为:

```
p:before,p:after{content: " -- "; color:red; display:block;}
```

则显示效果如图 4-16(右)所示。

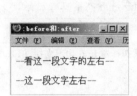 

图 4-16　:before 和:after 配合 content 添加伪元素(左)并设置伪元素为块级元素显示(右)的效果

利用:after 产生的伪元素,可以用来做清除浮动的元素,即对浮动盒子的父元素设置:after 产生一个伪元素,用这个伪元素来清除浮动,这样就不需要在浮动元素后添加一个空元素了,也能实现浮动盒子被父元素包含的效果。具体请参考 4.7.3 节"浮动的浏览器解释问题"。

6. CSS 2.1 选择器总结

下面将常用的 CSS 2.1 选择器罗列在表 4-1 中,请读者掌握它们的用法。

表 4-1　CSS 2.1 常用的选择器

选择器名称	选择器示例	作 用 范 围
通配选择符	*	所有的元素
标记选择器	div	所有 div 标记的元素
后代选择器	div *	div 标记中所有的子元素
	div span	包含在 div 标记中的 span 元素
	div .class	包含在 div 标记中类名属性为 class 的元素
并集选择器	div, span	div 元素和 span 元素
子选择器 *	div > span	如果 span 元素是 div 元素的直接后代,则选中 span 元素
相邻选择器 *	div + span	如果 span 元素紧跟在 div 元素后,则选中 span 元素
类选择器	.class	所有类名属性为 class 的元素
交集选择器	div.class	所有类名属性为 class 的 div 元素
ID 选择器	#itemid	id 名为 itemid 的唯一元素
	div#itemid	id 名为 itemid 的唯一 div 元素

续表

选择器名称	选择器示例	作 用 范 围
属性选择器 *	a[attr]	具有 attr 属性的 a 元素
	a[attr = 'x']	具有 attr 属性值为 x 的 a 元素
	a[attr ~ = 'x']	具有 attr 属性,其值的字符中含有'x'的 a 元素
伪类选择器	a:hover	所有在 hover 状态下的 a 元素
	a.class:hover	所有在 hover 状态下具有 class 类名的 a 元素
伪对象选择器 *	div:first-letter	选中 div 元素中的第一个字符

注:以上这些选择器中,子选择器、相邻选择器和属性选择器 IE 6 均不支持,但 IE 7 和 Firefox 支持以上所有这些选择器。

4.1.8 CSS 样式的总体设计原则

(1) 定义标记选择器最省事,它不需在元素的 HTML 标记里添加 class 或 id 属性,因此初学者最喜欢定义标记选择器或由标记选择器组成的包含选择器。但有些标记在网页文档的各部分出现的含义不同,从而样式风格往往也不相同,例如网页中普通的文字链接和导航链接的样式就不同。由于导航条内的 a 元素通常要求和文档其他地方的 a 元素样式不同,那么当然可以将导航条内的各个 a 标记都定义为同一个类,但这样导航条内的各个 a 标记都得添加一个 class 属性,class = "nav" 要重复写很多遍。

```
<div>
    <a class = "nav" href = "#">首 页</a>
    <a class = "nav" href = "#">中心简介</a>
    <a class = "nav" href = "#">政策法规</a>
    <a class = "nav" href = "#">常用下载</a>
    <a class = "nav" href = "#">为您服务</a>
    <a class = "nav" href = "#">技术支持</a></div>
```

实际上,可以为导航条内 a 标记的父标记(如 ul)添加一个 id 属性(#nav),然后用后代选择器(#nav a)就可以选中导航条内的各个 a 标记了。这时 HTML 结构代码中的 id = "nav" 就只要写一次了,显然这样代码更简洁。

```
<div id = "nav">
<a href = "#">首 页</a>
<a href = "#">中心简介</a>
<a href = "#">政策法规</a>
<a href = "#">常用下载</a>
<a href = "#">为您服务</a>
<a href = "#">技术支持和服务</a></div>
```

(2) 对于几个不同的选择器,如果它们有一些共同的样式声明,就可以先用并集选择器对它们进行集体声明,然后再单独定义某些选择器的特殊样式。

4.1.9   DW 对 CSS 的可视化编辑支持

1. 新建和编辑 CSS 样式

DW 对 CSS 的建立和编辑有很好的支持,对 CSS 的所有操作都集中在"CSS 样式"面板中,一般首先要单击"新建 CSS 规则"(⬚)来新建样式,这时会弹出如图 4-17 所示的对话框。

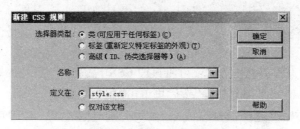

图 4-17   新建 CSS 选择器

新建选择器类型中的"类"对应类别选择器,"标签"对应标记选择器,"高级"对应除此之外的所有其他选择器(指 ID 选择器、伪类选择器和各种复合选择器),确定选择器类型后,就可以在名称框内输入或选择选择器的名称(要注意符合选择器的命名规范,即类选择器必须以点开头,ID 选择器必须以#开头),"定义在"的上一项表示将 CSS 代码写在外部 CSS 文件中,并通过链接式引入该 CSS 文档;下一项"仅对该文档"表示用嵌入式引入 CSS,即 CSS 代码作为 < style > 元素的内容写在文档头部。

设置完选择器单击"确定"后,就会弹出该选择器的样式设置面板,所有选择器的样式设置面板都是相同的,如图 4-18 所示。

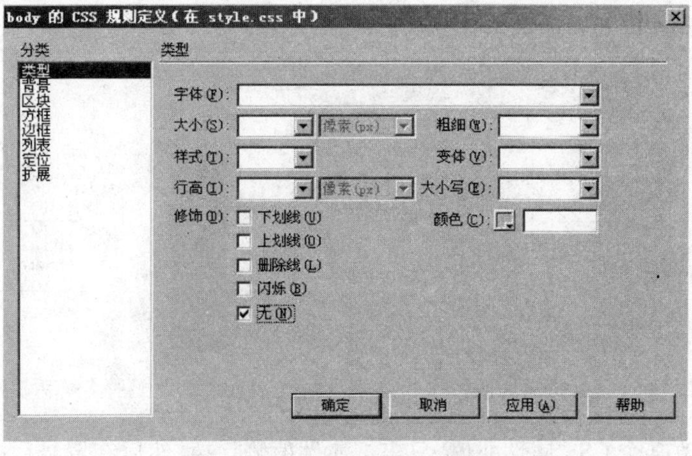

图 4-18   CSS 规则定义面板

对面板中任何一项进行赋值后,都等价于往该选择器中添加一条声明,如下划线设置为"无",就相当于在代码视图内为该选择器添加了一条"text-decoration：none；"。

设置完样式属性后,单击"应用",可以在设计视图中看到应用的样式,也可单击"确定",将关闭规则定义面板并应用样式。这时在图 4-19 所示的"CSS 样式"面板中将出现刚才新建的 CSS 选择器名称及其属性。

图 4-19　CSS 样式面板

如果新建的是一个外部样式表,则会在"CSS 样式"面板中出现外部样式表的文件名,单击其左侧的加号按钮,可显示该 CSS 文件具有的选择器。

2. 将嵌入式 CSS 转换为外部 CSS 文件

方法一: 如果 HTML 文档头部已经用 < style > 标记添加了一段嵌入式 CSS 代码,可以将这段代码导出成一个 CSS 文件供多个 HTML 文档引用。方法是执行菜单命令"文本"→"CSS 样式"→"导出",就可将该段 CSS 代码导出成一个 .css 的文件,导出后可将此文档中的 style 元素部分删除,然后再单击"附加样式表"(　　),将刚才导出的 .css 文件引入,引入的方法可选择"链接"或"导入",分别对应链接式 CSS 或导入式 CSS。

方法二: 直接复制 CSS 代码。在 DW 中新建一个 CSS 文件,将 style 标记中的所有样式规则(不包括 style 标记和注释符)剪切到 CSS 文档中,然后再单击"附加样式表"(　　)将这个 CSS 文件链接入。

3. DW 对 CSS 样式的代码提示功能

前面谈到过 Dreamweaver 对 HTML 代码可以使用代码提示功能,它对 CSS 同样具有很好的代码提示功能。在代码视图中编写 CSS 代码时,按 Enter 键或空格键都可以触发代码提示。

编辑 CSS 代码时,在一条声明书写结束的地方按 Enter 键,就会弹出该选择器拥有的所有 CSS 属性列表供选择,如图 4-20 所示。当在属性列表框中已选定某个 CSS 属性后,又会立刻弹出属性值列表框供选择,如图 4-21 所示。如果属性值是颜色,则会弹出颜色选取框,如果属性值是 URL,则会弹出文件选择框。

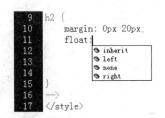

图 4-20　按 Enter 键后提示属性名称　　　图 4-21　选择名称后提示属性值

如果要修改某个 CSS 属性的值,只需把属性值删除掉,然后在冒号后敲一个空格,就又会弹出如图 4-21 所示的属性值列表框来。

4. 在代码视图中快速新建选择器和修改选择器

在代码视图中,如果将光标移动到某个标记的标记范围内(尖括号内),如图 4-22 所示。再单击图 4-19 中 CSS 样式面板中的"新建"按钮,则在弹出的图 4-23 所示的"新建 CSS 规则"面板中,会自动为光标位置的标记新建选择器名,这样可免去手工书写该 CSS 选择器的名称。

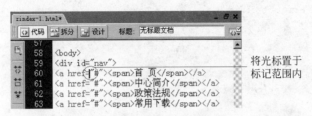

图 4-22　将光标置于标记范围内

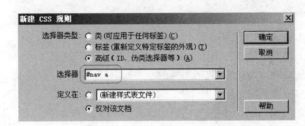

图 4-23　新建 CSS 规则时选择器下拉框中会自动出现光标位置的元素

如果要修改某个 CSS 选择器的样式,则可将光标置于这个 CSS 选择器的代码范围内,再单击图 4-19 所示"CSS 样式"面板中的"编辑样式…" 按钮,就会弹出该选择器的规则定义面板供修改。

4.2　应用 CSS 修饰文本和超链接

网页中文字的美化是网页美观的一个基本要求,通过 CSS 强大的文本修饰功能,可以对文本和超链接的样式进行更精细的控制,达到美化文字和链接的目的,其功能远比 HTML 中的文本修饰类标记(如 < font >)强大。

4.2.1　CSS 文本修饰

CSS 中控制文本样式的属性主要有 font-属性类和 text-属性类,再加上修改文本颜色的 color 属性和行高 line-height 属性。DW 中这些属性的设置是放在 CSS 规则定义面板的"类型"和"区块"中的。其中"text-indent"表示首行缩进,在每段开头空两格通常是用 text-indent：2em;来实现,text-decoration：none;表示去掉下划线,line-height：150%;表示调整为 1.5 倍行间距。letter-spacing 用于设置字符间的水平间距。下面是一个利用 CSS 文本修饰属性对文章进行排版的例子(4-1.html),显示效果如图 4-24 所示。

```
< style type = "text/css" >
    h1 {
        font - size: 16px;
        text - align: center;
```

```
        letter - spacing: 0.3em;}
    p {
        font - size: 12px;
        line - height: 160% ;
        text - indent: 2em;}
    .source {
        color: #999999;
        text - align: right;}
</style >
</head >
<body >
    <h1 >失败的权利 </h1 >
<p class = "source" >2006 年 5 月 11 日 美国《侨报》</p >
<p >自从儿子进了足球队,…,不亲身经历是无法体会的。 </p >
<p >他们队有个传统,…几乎是战无不胜的。 </p >
<p > 在我看来,…孩子们是当之无愧的。 </p >
<p >接受孩子的失败,就给了他成功的机会。 </p ></body >
```

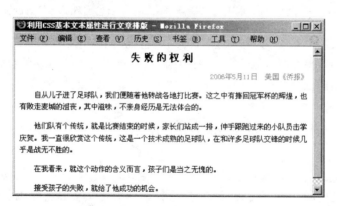

图 4-24   用 CSS 文本属性修饰文本

由于大部分 HTML 元素默认的字体大小都是 16px 的,显得过大,行距是单倍行距,显得过窄。因此编辑网页文本时一般必须通过 CSS 文本修饰属性对其进行调整,网页中流行的字体大小有 12px 字和 14px 字,这两种字体大小都比较美观。

如果要设置的字体属性过多,可以使用字体属性的缩写“font”,例如“font:12px/1.5 Arial;”表示 12px 字体大小,1.5 倍行距,但要同时定义字体和字号才有用,因此这条规则中定义的字体是不能省略的。

4.2.2   CSS 动态超链接

在默认的浏览器浏览方式下,超链接为统一的蓝色并且有下划线,被单击过的超链接则为紫色并且也有下划线。

显然这种传统的超链接样式看上去很呆板。在 HTML 语言中,只能用 < a >标记来表示链接元素,没有设置超链接不同状态的功能。但我们看到的大部分网页中的超链接都没有下划线并具有动态效果,即当用户的鼠标滑动到超链接上时,超链接会变色或添加下划线,以提示用户这里可以单击,这样不仅美观而且对用户更友好。

动态超链接是通过 CSS 伪类选择器实现的,因为伪类可以描述超链接在不同状态下的样式,所以通过定义 a 标记的各种伪类具有不同的属性风格,就能制作出千变万化的动态超链接。具体来说,a 标记有四种伪类,用来描述链接的 4 种状态,它们的作用如表 4-2 所示。

表 4-2　超链接 <a> 标记的四个伪类

伪　类	作　用
a:link	超链接的普通样式风格,即正常浏览状态时的样式
a:visited	被单击过的超链接的样式风格
a:hover	鼠标指针悬停在超链接上时的样式风格
a:active	当前激活(在鼠标单击与释放之间发生)的样式风格

通过 CSS 伪类,只要分别定义上述四个状态(或其中几个)的样式代码,就能实现动态超链接效果,如图 4-25 所示。代码如下:

```
< style type = "text/css" >
a {font - size: 14px; text - decoration: none; }
                    /* 设置链接的默认状态 */
a:link {color: #666666;}
a:visited {color: #996600; }
a:hover {color: #ECBD00; text - decoration: underline;}
a:active {color: #FF3399;}
</style >
<body >
< a href = "#" >普通链接 </a >< a href = "#" >鼠标悬停时链接 </a >< a href = "#" >点击过链接 </a >
</body >
```

上例中分别定义了链接在四种不同的状态下具有不同的颜色,在鼠标悬停时还将添加下划线。需要注意三点:(1)链接伪类选择器的书写应遵循 LVHA 的顺序,即 CSS 代码中四个选择器出现的顺序应为 a:link→a:visited→a:hover→a:active,若违反这种顺序鼠标停留和激活样式就

图 4-25　动态超链接

不起作用了。(2)各种 a 的伪类选择器将继承 a 标记选择器定义的样式。(3)a:link 选择器只能选中具有 href 属性的 a 标记,而 a 选择器能选中所有 a 标记,包括用 a 标记作为锚点。

4.3　CSS 属性的值和单位

值是对属性的具体描述,而单位是值的基础。没有单位,浏览器将不知道一个边框是10cm 还是 10px。CSS 中较复杂的值和单位有颜色取值和长度单位。

注意：HTML 属性的值一般不要写单位，这是因为 HTML 属性的取值可用的单位只有像素或百分比。

1. 颜色的值

CSS 中定义颜色的值可使用命名颜色、RGB 颜色和十六进制颜色三种方法。

1）命名颜色

例如：

```
p{color: red; }
```

其中"red"就是命名颜色，能够被 CSS 识别的颜色名大约有 140 种。常见的颜色名如表 4-3 所示。

表 4-3　CSS 支持的一些常见的命名颜色（表中列出的只是一部分）

颜色名称	CSS 命名颜色	颜色名称	CSS 命名颜色
红	red	橄榄	oliver
黄	yellow	紫	purle
蓝	blue	灰	gray
银	silver	绿	green
深青	teal	浅绿	lime
白	white	褐	maroon
深蓝	navy	水绿	aqua
淡紫	orchid	紫红	fuchsia

2）RGB 颜色

显示器的成像原理是红、绿、蓝三色光的叠加形成各种各样的色彩，因此，通过设定 RGB 三色的值来描述颜色也是最直接的方法。格式如下所示：

```
td{color: rgb(139,31,185);}
td{color: rgb(12% ,201,50% );}
```

其值可以取 0～255 之间的整数，也可以是 0%～100% 的百分数，但 Firefox 浏览器不支持百分数值。

3）十六进制颜色

十六进制颜色的使用最普遍，其原理同样是 RGB 色，不过将 RGB 颜色的数值转换成了十六进制的数字，并用更加简单的方式写出来——#RRGGBB，如#ffcc33。

其参数取值范围为：00～FF（对应十进制仍为 0～255），如果每个参数各自在两位上的数值相同，那么该值也可缩写成"#RGB"的方式。例如，#ffcc33 可以缩写为#fc3。

2. CSS 长度单位

为了正确显示网页中的元素，许多 CSS 属性都依赖于长度。所有长度都可以用正数或者负数加上一个单位来表示，而长度单位大致可分为三类：绝对单位、相对单位和百分比。

1）绝对单位

绝对单位很简单,包括英寸(in)、厘米(cm)、毫米(mm)、点(pt)和 pica(等于 12 点活字大小,pc)。

由于同一个长度在不同的显示器或者相同显示器不同的分辨率中显示并不相同,不会按显示器的比例去显示,所以绝对单位很少用。

2）相对单位

顾名思义,相对单位的长短取决于某个参照物,如屏幕的分辨率、字体高度等。

有 3 种相对长度单位,元素的字体高度(em)、字母 x 的高度(ex)和像素(px)。

① em 就是元素原来给定的字体 font-size 的值,如果元素原来给定的 font-size 值是 14px,那么 1em 就是 14px。

② ex 是以字体中小写 x 字母为基准的单位,不同的字体有不同的 x 高度,因此即使 font-size 相同而字体不同的话,1ex 的高度也会不同。

③ px 像素是指显示器按分辨率分割得到的小点,因为显示器由于分辨率或大小不同,像素点的多少是不同的,所以像素也是相对单位。目前大多数设计者都倾向于使用像素作为单位。

3）百分比

百分比显得非常简单,也可看成是一个相对量。如:

```
td{font - size:12px; line-height:160%; }    /*设定段落的行高为字体高度的160%*/
hr{width: 80% }                             /*线段长度是相对于浏览器窗口的80%*/
```

4.4　CSS 的滤镜属性 *

CSS 滤镜(filter)是微软公司为增强浏览器功能而特意开发并整合在 IE 浏览器中的一类功能的集合。它并不是浏览器的插件,也不符合 CSS 标准,因此滤镜效果只能被 IE 6 和 IE 7 浏览器支持,Firfox 等其他浏览器均不支持,最新的 IE 8 浏览器考虑要符合 CSS 标准,也不支持滤镜属性了。尽管如此,考虑到目前 IE 6 和 IE 7 仍有着广泛的用户群,所以还是可以在网页设计时使用滤镜的。

滤镜属性能够渲染对象元素,创建出艺术效果。DW 在 CSS 面板的"扩展"选项页中提供了对滤镜的全面支持,在下拉列表框中有丰富的滤镜效果供选择,使用这些滤镜能够创建出文本和图像的 3D、阴影和淡入淡出等效果,能在一定程度上美化网页中的元素。

1. 滤镜的语法格式

滤镜的使用和其他 CSS 样式的定义方法相似,语法格式为:

```
filter: filtername (parameters)
```

其中 filter 是滤镜属性标识符,filtername 是滤镜属性名称,parameters 是滤镜属性自带的若干参数。

例如：

```
< img src = "a.jpg" style = "filter:gray" >
< img src = "a.jpg" style = "filter:blur(add = true, direction = 225, strength = 200)" >
```

2. 滤镜的分类

DW 支持 16 种 CSS 滤镜，这些滤镜可分为无参滤镜和有参滤镜两类。

（1）无参滤镜：不需要设置参数的滤镜。

- Gray：使对象产生灰度图效果，仅对图像有作用。
- Invert：使对象产生"底片"效果。
- Xray：使对象产生"X 光片"效果。
- FlipH：使对象产生水平翻转效果。
- FlipV：使对象产生垂直翻转效果。
- Light：使对象产生一种模拟光源的投射效果。

（2）有参滤镜：需要设置参数的滤镜。

Alpha：设置对象的不透明度，这是最常用的一个滤镜。因为很多非 IE 浏览器也支持另一个设置透明度的属性，它是 CSS 3 中的 opacity 属性，这样可以使用该属性兼容其他浏览器实现在所有浏览器中元素透明效果。例如：

```
div.transp {                            /* 使这个 div 元素呈现半透明效果 */
    opacity: 0.6;                       /* Firefox, Safari(WebKit), Opera)支持 */
    filter: "alpha(opacity=60)";        /* IE 8 支持 */
    filter: alpha(opacity=60);          /* IE 6 和 IE 7 支持 */
}
```

通过同时书写这三条 CSS 属性，就能使元素在所有的浏览器中都具有半透明效果。

实际上，IE 的 Alpha 属性还支持渐变透明度，例如用 Alpha 属性可制作渐变的 hr 水平条，代码如下：

```
hr {   filter: Alpha (opacity = 10%, FinishOpacity = 100%, Style = 1, StartX = 0,
StartY = 0, FinishX = 500, FinishY = 8);  /* 从 10% 的不透明度渐变到 100% 的不透明度 */
color: #FF0033;                          /* 设置分隔线的颜色 */       }
```

其他有参滤镜包括：

- Blur：使对象产生模糊效果。
- Wave：使对象在垂直方向上产生波纹效果。
- Shadow：在指定的方向上建立对象的投影。
- Dropshadow：设置对象的阴影效果。
- Chroma：将对象中指定的颜色设置为透明色。
- Glow：在对象的边缘产生类似发光的效果。
- Mask：为对象建立一个覆盖于表面的蒙板，其效果就好像是戴有色眼镜看物体一样。

- BlendTrans：设置对象的淡入淡出效果。
- RevealTrans：设置对象之间的切换效果。

3. 滤镜的应用举例

（1）设置网页之间的切换效果。meta 标记还有一个作用是设置网页之间的切换效果，这是通过和滤镜属性配合使用实现的。例如：

```
<meta http - equiv = "Page - Enter" content = "blendTrans(duration = 10)">
<meta http - equiv = "Page - Exit" content = "blendTrans(duration = 10)">
<meta http - equiv = "Page - Enter" content = "RevealTrans(duration = 10, transition = 14)">
```

（2）使网页整体变黑白。由于 gray 滤镜只能使图像变黑白，要使网页整体变黑白需对 HTML 标记使用如下滤镜代码：

```
html {filter:progid:DXImageTransform.Microsoft.BasicImage(grayscale = 1);}
```

4.5　盒子模型及标准流下的定位

在网页的布局和页面元素的表现方面，要掌握的最重要的概念是 CSS 的盒子模型（Box model）以及盒子在浏览器中的排列（定位），这些概念控制元素在页面上的安排和显示方式，形成 CSS 的基本布局。

盒子模型是 CSS 的基石之一，它指定元素如何显示以及（在某种程度上）如何相互交互，页面上的每个元素都被浏览器看成是一个矩形的盒子，这个盒子由元素的内容、填充、边框和边界组成。网页就是由许多个盒子通过不同的排列方式（上下排列、并列排列、嵌套）堆积而成的。

设想有四幅镶嵌在画框中的画，如图 4-26 所示。可以把这四幅画看成是 4 个 <img> 元素，那么 <img> 元素中的内容就是画框中的画，画（内容）和边框之间的距离

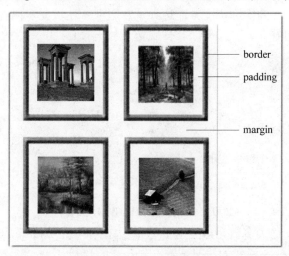

图 4-26　画框示意图

称为盒子的填充或内边距（padding），画的边框称为盒子的边框（border），画的边框周围还有一层边界（margin），用来控制元素盒子与其他元素盒子之间的距离。

4.5.1　盒子模型基础

通过对上面镶嵌在画框的画进行抽象，就得到一个抽象的模型——盒子模型，如图 4-27 所示。

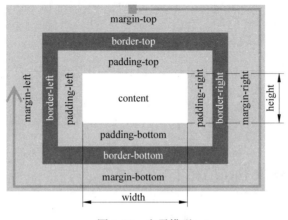

图 4-27　盒子模型

1. 盒子模型的属性和计算

盒子的概念是非常容易理解的，但是如果要精确地利用盒子排版，有时候 1px 都不能够差，这就需要非常精确地理解盒子的计算方法。盒子模型的填充、边框、边界宽度都可以通过相应的属性分别设置上、右、下、左四个距离的值，内容区域的宽度可通过 width 和 height 属性设置，增加填充、边框和边界不会影响内容区域的尺寸，但会增加盒子的总尺寸。

因此一个元素盒子的实际宽度 = 左边界 + 左边框 + 左填充 + 内容宽度 + 右填充 + 右边框 + 右边界。例如有 div 元素的 CSS 样式定义如下：

```
div{
    background: #9cf;
    margin: 20px;
    border: 10px solid #039;
    padding: 40px;
    width: 200px;
}
```

则其总宽度为：$20 + 10 + 40 + 200 + 40 + 10 + 20 = 340(px)$。

由于默认情况下绝大多数元素的盒子边界、边框和填充宽度都是 0，盒子的背景是透明的，所以在不设置 CSS 样式的情况下看不到元素的盒子。

通过 CSS 重新定义元素样式，可以分别设置盒子的 margin、padding 和 border 的宽度值,还可以设置盒子边框和背景的颜色,巧妙设置从而美化网页元素。

2. 边框 border 属性

盒子模型的 margin 和 padding 属性比较简单,只能设置宽度值,最多分别对上、右、下、左设置宽度值。而边框 border 则可以设置宽度、颜色和样式。border 属性主要有三个子属性,分别是 border-width(宽度)、border-color(颜色)和 border-style(样式)。在设置 border 时常常需要将这 3 个属性结合起来才能达到良好的效果。

这里重点讲解 border-style 属性,它可以将边框设置为实线(solid)、虚线(dashed)、点划线(dotted)、双线(double)等效果,如图 4-28 所示。

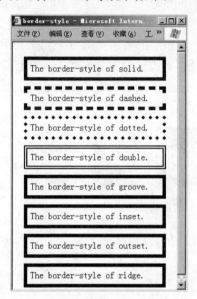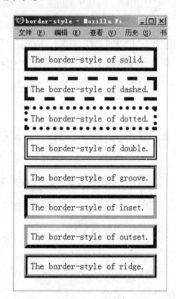

图 4-28　边框 border-style 属性的不同取值在 IE(左)和 Firefox(右)中的效果

可以看出,各种样式边框的显示效果在 IE 和 Firefox 中略有区别。对于 groove、inset、outset 和 ridge 这四种值,IE 都不支持。下面给出图 4-28 对应的代码以供参考。

```
< style type = "text/css" >
div {
        border - width:6px;
        border - color:black;
        margin:10px; padding:6px;
        background - color: #ffffcc;
}
</style >

< body >
< div style = "border - style:solid" >The border - style of solid. </div >
< div style = "border - style:dashed" >The border - style of dashed. </div >
< div style = "border - style:dotted" >The border - style of dotted. </div >
```

```
< div style = "border - style:double" > The border - style of double. < /div >
< div style = "border - style:groove" > The border - style of groove. < /div >
< div style = "border - style:inset" > The border - style of inset. < /div >
< div style = "border - style:outset" > The border - style of outset. < /div >
< div style = "border - style:ridge" > The border - style of ridge. < /div >
< /body >
```

实际上,边框 border 属性有个有趣的特点,即两条交汇的边框之间是一个斜角,可以通过为边框设置不同的颜色,再利用这个斜角,制作出像三角形一样的效果。例如图 4-29 中,第一个元素将四条边框设置为不同的颜色,并设置为 10px 宽,此时可明显地看到边框交汇处的斜角;第二个元素在第一个元素基础上将元素的内容设置为空,这时由于没有内容,四条边框紧挨在一起,形成四个三角形的效果。第三个元素和第四个元素的内容也为空,第三个元素将左边框设置为白色,下边框设置为红色(当然也可设置上边框为白色,右边框为红色,效果一样)。第四个元素将左右边框设置为白色,下边框设置为红色,并且左右边框宽度是下边框的一半。

图 4-29　四个元素的边框样式

用代码实现这些效果时,还必须将元素设置为以块级元素显示等。这些在 4.8.5 节中再详细讨论。

3. 填充 padding 属性

填充 padding 属性,也称为盒子的内边距。就是盒子边框到内容之间的距离,和表格的填充属性(cellpadding)比较相似。如果填充属性为 0,则盒子的边框会紧挨着内容,这样通常不美观。

当对盒子设置了背景颜色或背景图像后,那么背景会覆盖 padding 和内容组成的范围,并且默认情况下背景图像是以 padding 的左上角为基准点在盒子中平铺的。

4. 盒子模型属性缩写技巧

CSS 缩写是指将多条 CSS 属性集合写到一行中的编写方式,通过对盒子模型属性的缩写可大大减少 CSS 代码,使代码更清晰,主要的缩写方式有:

1) 盒子边界、填充或边框宽度的缩写

① 对于盒子 margin、padding 和 border-width 的宽度值,如果只写一个值,则表示它四周的宽度相等,例如: p{margin: 0px}。

如果给出了 2 个、3 个或者 4 个属性值,它们的含义将有所区别,具体含义如下:

② 如果给出 2 个属性值,前者表示上下边距的宽度,后者表示左右边距的宽度。

③ 如果给出 3 个属性值,前者表示上边距的宽度,中间的数值表示左右边距的宽度,

后者表示下边距的宽度。

④ 如果给出 4 个属性值,依次表示上、右、下、左边距的宽度,即按顺时针排序。

2)边框 border 属性的缩写

边框 border 是一个复杂的对象,它可以设置四条边的不同宽度、不同颜色以及不同样式,所以 border 对象提供的缩写形式也更为丰富。不仅可以对整个对象进行缩写,也可以对单个边进行缩写。对于整个对象的缩写形式如下:

```
border: border - width | border - style | border - color
```

例如:

```
div{border : 1px solid blue;}
```

代码中 div 对象将被设置成 4 个边均为 1px 宽度、实线、蓝色边框的样式。

如果要为 4 个边定义不同的样式,则可以这样缩写:

```
p{border - width:1px 2px 3px 4px;        /*上  右  下  左*/
   border - color:white blue red;         /*上  左右  下*/
   border - style: solid dashed;          /*上下  左右*/
}
```

有时,还需要对某一条边的某个属性进行单独设置,例如仅希望设置右边框的颜色为红色,可以写成:

```
border - right - color:red;
```

类似地,如果希望设置上边框的宽度为 4px,可以写成:

```
border - top - width:4px;
```

提示:当有多条规则作用于同一个边框时,会产生冲突,后面的设置会覆盖前面的设置。

5. 盒子模型其他需注意的问题

关于盒子模型,还有以下几点需要注意:

(1)边界 margin 值可为负,填充 padding 值不可为负。

(2)行内元素的盒子永远只能在浏览器中得到一行高度的空间。行高可以通过 line-height 属性设置。如果不设置,则是元素在浏览器中默认的行高。如果对行内元素增大上下边框或填充值,则会使行内元素的盒子与其上下元素的盒子发生重叠。另外,对行内元素设置 width 或 height 值是不起作用的。因此一般将行内元素设置为块级元素显示再应用盒子属性。

(3)如果盒子中没有内容(即空元素,如 < div ></div >),对它设置的宽度或高度为百分比单位(如 width:30%),而且没有设置 border、padding 或 margin 值,则盒子不会被显示,也不会占据空间,但是如果对空元素的盒子设置的宽或高是像素值的话,盒子会按照指定的像素值大小显示。

(4)对于 IE 6 浏览器来说,如果网页头部没有定义文档类型声明(DOCTYPE),那么

IE 6 将进入怪异(quirk)模式,此时盒子的宽度 width 或高度 height 等于原来内容的宽度或高度再加上填充值和边框值。但其他浏览器不存在这个问题。为了避免 IE 6 出现这种情况,在网页中使用盒子模型属性时记得一定要有文档类型声明。

6. 各种元素盒子模型属性浏览器的默认值

(1) 大部分 HTML 元素的盒子属性(主要指 margin、padding 和 border)默认值都为 0。

(2) 有少数 HTML 元素的 margin 和 padding 浏览器默认值不为 0,例如:body,p,ul,li,form 等,因此有时必须重新定义它们的这些属性值为 0。

(3) 表单中大部分 input 元素(如文本框、按钮)的边框属性默认不为 0,可以设置为 0 达到美化表单中文本框和按钮的目的。

4.5.2 盒子模型的应用

学习了盒子模型以后,可以为网页中的任何元素添加填充、边框和背景等效果,只要运用得当,能很方便地美化网页。下面以美化表单和制作特殊效果表格来展示盒子模型的运用技巧。

1. 美化表单

网页中的表单控件在默认情况下背景都是灰色的,文本框边框是粗线条带立体感的,不够美观。下列代码(4-2. html)通过 CSS 改变表单的边框样式、颜色和背景颜色让文本框、按钮等变得漂亮些,效果如图 4-30 所示。

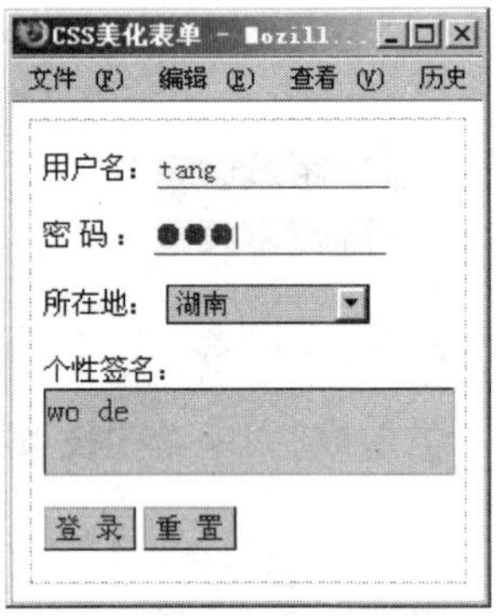

图 4-30 CSS 美化表单效果

```
< style type = "text/css" >
form{
    border: 1px dotted #999;
                                    /* 设置 form 元素边框为点线 */
    padding: 1px 6px;
    margin:0px;                     /* 清除 form 元素默认的边界值 */
    font:14px Arial;}
input{
    color: #00008B;                 /* 对所有 input 标记设置统一的文本颜色 */
}
input.txt{                          /* 文本框单独设置 */
    background - color: #ffeeee;
    border:none;                    /* 清除文本框的边框 */
    border - bottom: 1px solid #266980;  /* 设置文本框下边框的样式 */
    color: #1D5061;
    behavior: url(#default#savehistory);  /* 防止提交不成功表单数据丢失 */
}
input.btn{                          /* 按钮单独设置 */
    color: #00008B;
```

```
        background - color: #ADD8E6;
        border: 1px outset #00008B;
        padding: 1px 2px 1px 2px;
    }
    select{                                    /* 设置下拉框样式 */
        width: 100px;
        color: #00008B;
        background - color: #ADD8E6;
        border: 1px solid #00008B;
    }
    textarea{                                  /* 设置多行文本域样式 */
        width: 200px;
        height: 40px;
        color: #00008B;
        background - color: #ADD8E6;
        border: 1px inset #00008B;
    }
</style >
< form name = "myForm1" action = "2 - 2hn.html" method = "post" enctype = "multipart/
form - data" >
  <p > 用户名: < input class = "txt" type = "text" name = "comments" size =15/> </p>
  <p > 密 码: < input class = "txt" name = "passwd" type = "password" size = "15"/ ></p>
    <p >所在地: < select name = "addr" >
        < option value = "1" >湖南 </option >l
        < option value = "2" >广东 </option >
        < option value = "3" >江苏 </option >
        < option value = "4" >四川 </option ></select >  </p>
    <p >个性签名: < br/ ><textarea name = "sign" cols = "20" rows = "4" >
</textarea ></p >
  <p > < input class = "btn" type = "submit" name = "Submit" value = "登 录"/ >
    < input class = "btn" type = "reset" name = "Submit2" value = "重 置"/ > </p>
</ form >
```

在上述代码中,使用 input.txt 选中了类名为 txt 文本框,对于支持属性选择器的浏览器来说,还可以使用 input[type = " text"] 来选中文本框,这样就不需要添加类名。可以看到,美化表单主要就是重新定义表单元素的边框和背景色等属性,对于 Firefox 来说还可以为表单元素定义背景图像(background-image),但 IE 不支持。

在 input.txt 选择器中还设置了一个 behavior 属性,behavior 是 IE 的一个私有 CSS 属性,设置这条属性的目的是:当表单提交不成功或单击"后退"按钮导致表单页被刷新时,防止表单输入框中的内容被清空(密码域内容除外)。

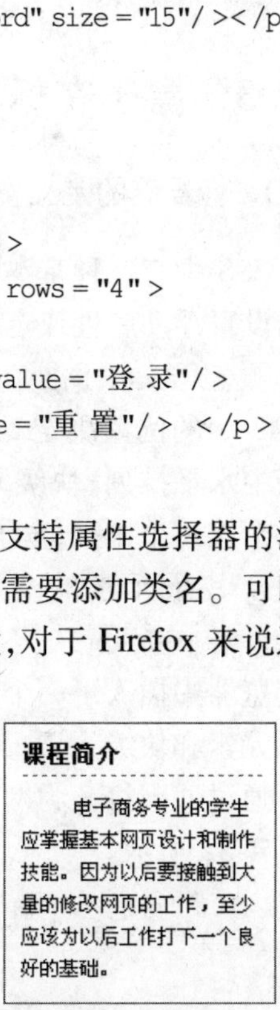

> **课程简介**
>
> 电子商务专业的学生应掌握基本网页设计和制作技能。因为以后要接触到大量的修改网页的工作,至少应该为以后工作打下一个良好的基础。

2. 制作 1px 带虚线边框表格

通过 CSS 盒子的边框属性可以很容易地制作出如

图 4-31　CSS 虚线边框表格

图 4-31 所示的 1px 虚线边框的表格。方法是首先把表格的边框设置为 0，然后给表格 table 用 CSS 添加 1px 的实线边框，再给上面的单元格 td 用 CSS 添加虚线的下边框。为了让单元格的虚线和边框和表格的边框不交合，设置表格的间距（cellspacing）不为 0 即可。

表格的 CSS 代码如下：

```
<style type="text/css">
table {
    border: 1px solid #0033FF;
td.title {
    border-bottom: 1px dashed #0066FF;
    }
}
</style>
```

表格的结构代码如下：

```
<table width="168" border="0" cellpadding="3" cellspacing="8">
  <tr><td class="title">课程简介</td> </tr>
  <tr><td class="test">电子商务专业…</td></tr>
</table>
```

4.5.3　盒子在标准流下的定位原则

1. 标准流的定义

CSS 中有三种基本的定位机制，即标准流（Normal flow）、浮动和定位属性下的定位。除非设置浮动属性或定位属性，否则所有盒子都是在标准流中定位。

顾名思义，标准流中元素盒子的位置由元素在 HTML 中的位置决定。也就是说行内元素的盒子在同一行中水平排列；块级元素的盒子占据一整行，从上到下一个接一个排列；盒子可以按照 HTML 元素的嵌套方式包含其子元素的盒子，盒子与盒子之间的距离由 margin 和 padding 决定。插入一个 HTML 元素也就是往浏览器中插入了一个盒子。例如，下列代码中有一些行内元素和块级元素，其中块级元素 p 还嵌套在 div 块内。通过通配符 * 为网页中所有元素添加"盒子"，效果如图 4-32 所示。

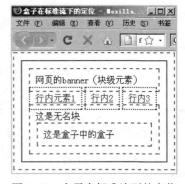

图 4-32　盒子在标准流下的定位

```
<style type="text/css">
* {
    border: 2px dashed #FF0066;
    padding: 10px;
```

```
      margin: 2px;}
body{border: 2px solid blue;}
a{border: 2px dotted blue;}
</style>
<body>
    <div>网页的 banner(块级元素)</div>
    <a href="#">行内元素1</a><a href="#">行内2</a><a href="#">行内3</a>
<div>这是无名块<p>这是盒子中的盒子</p></div></body>
```

在图 4-32 中,最外面的虚线框是 HTML 元素的盒子,里面的一个实线框是 body 元素的盒子。在 body 中,包括两个块级元素(div)从上到下排列,和三个行内元素(a)从左到右并列排列,还有一个 p 元素盒子嵌套在 div 盒子中,所有盒子之间的距离由 margin 和 padding 值控制。注意到行内元素的盒子上下部分和块级元素的盒子发生了重叠。

2. 行内元素的盒子

行内元素的盒子永远只能在浏览器中得到一行高度的空间(行高由 line-height 属性决定,如果没设置该属性,则是内容的默认高度),如果给它设置上下 border, margin, padding 等值,导致其盒子的高度超过行高,那么它的盒子上下部分将和其他元素的盒子重叠,如图 4-32 所示。因此,不推荐对行内元素直接设置盒子属性,一般先设置行内元素以块级元素显示,再设置它的盒子属性。

下面的代码演示了通过调整行内元素 a 的边框和填充值,调整前和调整后的效果如图 4-33 和图 4-34 所示。

```
<style type="text/css">
a {
border: 2px dashed #0099FF;    /*改为 border: 4px dashed #0099FF;效果如图 4-34 所示*/
padding: 4px;                  /*改为 padding: 10px 4px;效果如图 4-34 所示*/
margin: 8px;
}
div {
margin: 6px;
padding: 10px;
border: 2px dashed #990066;
}
</style>
<body>
<div>网页的 banner</div>
<a href="#">首页</a><a href="#">中心简介</a><a href="#">联系我们</a>
<div>网页的 body 部分</div>
</body>
```

从图 4-34 可以看出,当增加行内元素的边界和填充值时,行内元素 a 占据浏览器的高度并没有增加,下面这个 div 块仍然在原来的位置,导致行内元素盒子的上下部分和其他元素的盒子发生重叠(在 Firefox 中它将遮盖住其他盒子,在 IE 6 中它将被其他盒子遮盖),而左右部分不会受影响。

图 4-33　a 元素增加边框和填充前的效果

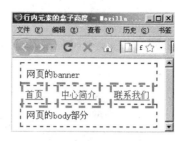
图 4-34　增加边框和填充后的效果

3. display 属性

实际上,标准流中的元素可通过 display 属性来改变元素是以行内元素显示还是以块级元素显示,或不显示。display 属性的常用取值如下:

```
display: block | inline | none | list - item
```

display 设置为 block 表示以块级元素显示,设置为 inline 表示以行内元素显示,将 display 设置为其他两项的作用如下:

(1)隐藏元素(display:none;)

当某个元素被设置成(display:none;)之后,浏览器会完全忽略掉这个元素,该元素将不会被显示,也不会占据文档中的位置。像 title 元素默认就是此类型。在制作下拉菜单、tab 面板时就需要用 display:none 把未激活的菜单或面板隐藏起来。

(2)列表项元素(display:list-item;)

在 HTML 中只有 li 元素默认是此类型,将元素设置为列表项元素并设置列表样式后它的左边将增加小黑点。

(3)修改元素的 display 属性一般有以下用途:

* 让一个 inline 元素从新行开始(display:block;);
* 控制 inline 元素的宽度(对导航条特别有用)(display:block;);
* 控制 inline 元素的高度(display:block;);
* 无须设定宽度即可为一个块级元素设定与文字同宽的背景色(display:inline;)。

4. 上下 margin 合并问题

上下 margin 合并问题是指当有两个块级元素的盒子上下排列时,它们之间的边界(margin)将发生合并,也就是说两个盒子边框之间的距离等于这两个盒子边界值的较大者。如图 4-35 所示,浏览器中两个块元素将会由于 margin 合并按右图方式显示。

块级元素上下 margin 叠加的一个例子是由几个段落(p 元素)组成的典型文本页面,第一个 p 元素上面的空白等于段落 p 和段落 p 之间的空白宽度。这说明了段落之间的上下 margin 发生了合并,从而使段落各处的距离相等了。

5. 父子元素空白边叠加问题

当一个元素包含在其父元素中时,若父元素的边框和填充为 0,此时父元素和子元素

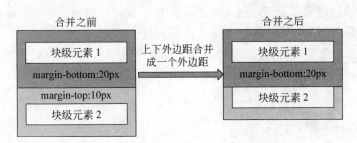

图 4-35　上下 margin 合并

的 margin 挨在一起,那么父元素的上下 margin 会和子元素的上下 margin 发生合并,但是左右 margin 不会发生合并现象,如图 4-36 所示。

图 4-36　父子元素空白边合并

下面的代码是一个上下 margin 合并的例子,它的显示效果如图 4-37 所示。

```css
<style type="text/css">
#inner {
    margin: 30px;
    height: 50px;
    width: 200px;
    background-color: #99CCFF;
    border: 1px solid #FF0000;
}
#outer {
    margin: 20px;            /*父元素只设置了边界,没设置边框和填充*/
}
body {margin: 10px;}
</style>
<body>
<div id="outer"><div id="inner">此处显示 id "inner" 的内容</div></div>
</body>
```

从图 4-37 中可以看出,由于父元素没设置边框和填充值,结果父元素和子元素的上下 margin 发生了合并,而左右 margin 并未合并。如果有多个父元素的边框和填充值都为 0,那么子元素会和多个父元素的上下 margin 发生合并。因此上例中,上 margin 等于 #inner、#outer、body 三个元素上 margin 的最大值,而左 margin 等于这三个元素的左 margin 之和。

若父元素的边框或填充不为 0,或父元素中还有其他内容,那么父元素和子元素的 margin 会被分隔开,因此不存在 margin 合并的问题。

经验: 如果有盒子嵌套,要调整外面盒子和里面盒子之间的距离,一般用外面盒子的 padding 来调整,不要用里面盒子的 margin,这样可以避免父子元素上下 margin 合并的现象出现。

6. 左右 margin 不会合并

行内元素的左右 margin 等于相邻两边的 margin 之和,不会发生合并,如图 4-38 所示。

图 4-37 父子元素上下空白边叠加图

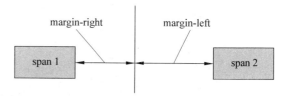

图 4-38 行内元素的左右 margin 不会合并

7. 嵌套盒子在 IE 和 Firefox 中的不同显示

当一个块级元素包含在另一个块级元素中时,若对父块设置高度,但父块的高度不足以容纳子块时,IE 将使父块的高度自动伸展,达到能容纳子块的最小高度为止;有时若设置了子块高度,IE 还将使子块高度自动压缩,直到能容纳内容的最小高度为止。而 Firefox 对父块和子块均以定义的高度为准,父块高度不会伸展,任其子块露在外面,子块高度也不会压缩。如图 4-39 所示,其对应的代码如下。

```css
< style type = "text/css" >
#outer #inner {
    background - color: #999999;
    margin: 15px;
    padding:15px;
    height:80px;
    border: 1px dashed #FF0000;
}
#outer {
    border: 1px solid #333333;
    padding: 15px;
    height:40px;
    background - color: #ffCCCC;
    }
</style >
<body >
< div id = "outer" >
    < div id = "inner" >此处显示子元素中的内容 </div>
```

```
</div>
</body>
```

图 4-39　设置父元素和子元素高度后在 IE(左)和 Firefox(右)中的显示效果

从这里可以看出,Firefox 对元素的高度解释严格按照设定的高度执行,而 IE 对元素高度的设定有点自作主张的味道,它总是使标准流中子元素的盒子包含在父元素盒子当中。从 CSS 标准规范来说,IE 这种处理方式是不符合规范的,它这种方式本应该由 min-height(最小高度)属性来承担。

提示:CSS2 规范中有 4 个相关属性 min-height、max-height、min-width、max-width,分别用于设置最大、最小高度和宽度,IE 6 不支持这四个属性,而 IE 7、Firefox 等浏览器都能很好地支持它们。

8. 标准流下定位的应用——制作竖直导航菜单

利用盒子模型及其在标准流中的定位方式,就可以制作出无须表格的竖直菜单,原理是通过将 a 元素设置为块级元素显示,并设置它的宽度,再添加填充、边框和边距等属性实现的。当鼠标滑过时改变它的背景和文字颜色以实现动态交互。代码如下,效果如图 4-40 所示。

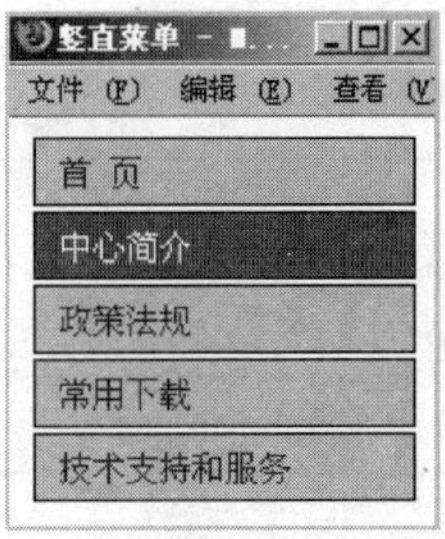

```
#nav a {
    font - size: 14px;
    color: #333333;
    text - decoration: none;
    background - color: #CCCCCC;
    display: block;
    width:140px;
    padding: 6px 10px 4px;
    border: 1px solid #000000;
    margin: 2px;
}
#nav a:hover {
    color: #FFFFFF;
    background - color: #666666;
}
< div id = "nav" >
< a href = "#" >首 页 < /a >
< a href = "#" >中心简介 < /a >
```

图 4-40　竖直导航菜单

```
< a href = "#" > 政策法规 </a>
< a href = "#" > 常用下载 </a>
< a href = "#" > 为您服务 </a>
< a href = "#" > 技术支持和服务 </a></div>
```

4.6　背景的控制

背景(background)是网页中常用的一种表现方法,无论是背景颜色还是背景图片,只要灵活运用都能为网页带来丰富的视觉效果。

4.6.1　CSS 的背景属性

HTML 的很多元素都具有 bgcolor 和 background 属性,可以设置背景颜色和背景图片,如(table、td 等),但形式比较单一。对背景图片的设定,只支持在 X 轴和 Y 轴都平铺的方式。因此,如果同时设置了背景颜色和背景图片,而背景图片又不透明,那么背景颜色将被背景图片完全挡住,将只显示背景图片。

而 CSS 对元素的背景设置,则提供了更多的途径,如背景图片既可以平铺也可以不平铺,还可以在 X 轴平铺或在 Y 轴平铺,当背景图片不平铺时,并不会完全挡住背景颜色,因此可以综合设置背景颜色和背景图片达到希望的效果。

CSS 的背景属性是 background 或以 background 开头,表 4-4 列出了 CSS 的背景属性及其可能的取值。

表 4-4　CSS 的背景属性及其取值

属　　性	描　　述	可　用　值
background	设置背景的所有控制选项,是其他所有背景属性的缩写	其他背景属性的值的集合
background-color	设置背景颜色	RGB 颜色 命名颜色 十六进制颜色
background-image	设置背景图片	url
background-repeat	设置背景图片的平铺方式	repeat(完全平铺) repeat-x(横向平铺) repeat-y(纵向平铺) no-repeat(不平铺)
background-attachment	设置背景图片固定还是随内容滚动	scroll(默认值) fixed
background-position	设置背景图片显示的起始位置	([top] [left] [center] [center] [bottom] [right]) ([x%] [y%] [x-pos] [y-pos])

background 属性是所有背景属性的缩写形式，就像 font 属性一样，其缩写顺序为：

background: background‐color ‖ background‐image ‖ background‐repeat ‖ background
‐attachment ‖ background‐position
如 body {background:#EFF4FF url(images/body_bg.jpg) repeat‐x fixed;}

可以省略其中一个或多个属性值，如果省略，该属性值将用浏览器默认值，默认值为：

- background-color：transparent　　　　　/*背景颜色透明*/
- background-image：none　　　　　　　/*无背景图片*/
- background-repeat：repeat　　　　　　/*背景默认平铺*/
- background-attachment：scroll　　　　　/*随内容滚动*/
- background-position：0% 0%　　　　　/*从左上角开始定位*/

背景的所有这些属性都可以在 DW 的 CSS 面板的"背景"选项面板中设置，它们之间的对应关系如图 4-41 所示。

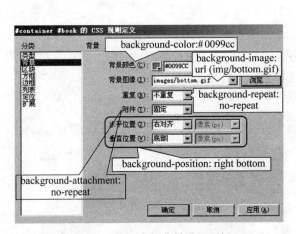

图 4-41　DW 中的背景设置面板　　　　图 4-42　制作网页背景渐变的顶部图片

4.6.2　背景的基本运用技术

1. 同时运用背景颜色和背景图片

目前网页中流行采用一种渐变背景，即网页的背景从上至下由一种深颜色逐渐过渡到一种浅颜色，由于网页的长度通常是不好估计的，所以无法用一幅背景图片来做这种渐变背景，只能在网页的上部用类似图 4-42 这样渐变的图片做背景，下部使用一种和图片下部颜色相同的颜色做背景色，这样就实现了很自然的渐变效果，而且无论网页长度发生怎样的变化。

制作的方法是在 CSS 中设置 body 标记的背景颜色和背景图片，并把背景图片设置为横向平铺就可以实现渐变背景了。

```
body{
    background:#666666 url(images/body_bg.gif) repeat‐x;
}
```

另外也可以用滤镜属性制作渐变背景,但只有 IE 浏览器支持,当然背景不可能具有花纹。代码如下:

```
body{
filter:progid:DXImageTransform.Microsoft.Gradient(GradientType = 0,EndColorStr =
'#ffff00', StartColorStr = '#00ff00');}
```

2. 控制背景在盒子中的位置及是否平铺

在 HTML 中,背景图像只能平铺。而在 CSS 中,背景图像能做到精确定位,允许不平铺,效果就像普通的图像元素一样。因此有人建议所有的网页图像都作为元素的 CSS 背景引入。例如图 4-43 网页中的茶杯图像就是用让背景图片不平铺并且定位于右下角实现的。实现的代码如下:

```
body {
    background: #F7F2DF url(cha.jpg) no - repeat right bottom ; }
```

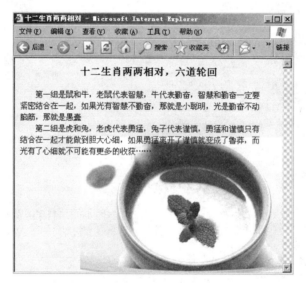

图 4-43 背景图片定位在右下角且不平铺

如果希望背景图片始终位于浏览器的右下角,不会随网页的滚动而滚动,则可以将 background-attachment 属性设置为 fixed,代码如下:

```
body {
    background: #F7F2DF url(cha.jpg) no - repeat fixed right bottom;
}
```

通过背景图片不平铺的技术还可以用来改变列表的项目符号。虽然使用列表元素 ul 的 CSS 属性 list-style-image:url(arrow. gif)可以将列表项前面的小黑点改变成自定义的小图片,但无法调整小图片和列表文字之间的距离。

要解决这个问题,可以将小图片设置成 li 元素的背景,不平铺,且居左,为防止文字遮住图片,将 li 元素的左 padding 设置成 20px,这样就可通过调整左 padding 的值实现精确调整列表小图片和文字之间的距离了,代码如下,效果如图 4-44 所示。

```
ul{
    list - style - type:none; }
li{
background:url(arrow.gif) no - repeat 0px 3px;
                        /*距左边 0px,距上边 3px*/
padding - left:20px;
}
```

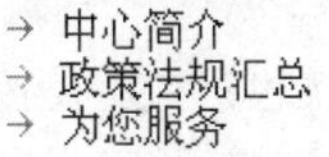

→ 中心简介
→ 政策法规汇总
→ 为您服务

图 4-44　用图片自定义项目符号

有了背景的精确定位能力,完全可以使列表项目图片符号出现在 li 元素中的任意位置上。

3. 多个元素背景的叠加

背景图片的叠加是很重要的 CSS 技术。当两个元素是嵌套关系时,那么里面元素盒子的背景将覆盖在外面元素盒子背景之上,利用这一点,再结合对背景图片位置的控制,可以将几个元素的背景图像巧妙地叠加起来。下面以 4 图像可变宽度圆角栏目框(4-3. html)的制作来介绍多个元素背景叠加的技巧。

制作可变宽度的圆角栏目框需要 4 个圆角图片,当圆角框制作好之后,无论怎样改变栏目框的高度或宽度圆角框都能根据内容自动适应。

由于需要四个圆角图片做可变宽度的圆角栏目框,而一个元素的盒子只能放一张背景图片,所以必须准备四个盒子把这四张圆角图片分别作为它们的背景,考虑到栏目框内容的语义问题,这里选择 div、h3、p、span 四个元素,按照图 4-45 的方式设置这四个元素的背景图片摆放位置,并且都不平铺。然后再把这四个盒子以适当的方式叠放在一起,这是通过以下元素嵌套的代码实现的。

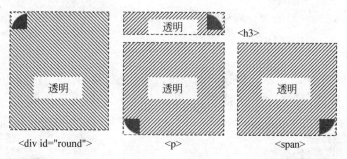

图 4-45　4 图像可变宽度圆角栏目框中 4 个元素盒子的背景设置

从图 4-45 中可以看出,要形成圆角栏目框,首先要把 span 元素放到 p 元素里面,这样它们两个的背景就叠加在一起,形成了下面的两个圆角,然后再把 h3 元素和 p 元素都放到 div 元素中去,就形成了一个圆角框的四个圆角了。因此,结构代码如下:

```
< div id = "round" >
    < h3 >圆角栏目框的标题 < /h3 >
    < p >< span >栏目框的内容… < /span >< /p >
< /div >
```

由于几层背景的叠加,背景色只能放在最底层的盒子上,也就是对最外层的元素设置背景色,这样可避免上面元素的背景色把下面元素的背景图片覆盖掉。与此相反,为了让内容能放在距边框有一定边距的区域,必须设置 padding 值,而且 padding 值只能设置在最里层的盒子(span 和 h3)上。因为如果将 padding 设置在外层盒子(如 p)上,就会出现如图 4-46 所示的错误。

接下来对这四个元素设置 CSS 属性,主要是将这四个圆角图片定位在相应的位置上,span 元素必须设置为块级元素显示,应用盒子属性才会有正确效果。CSS 代码如下:

```
< style type = "text/css" >
#round{
    font: 12px/1.6 arial;
    background: #abc276 url('images/right - top.gif') no - repeat right top;
    }
#rounded h3 {
    background: url('images/left - top.gif') no - repeat;
    padding: 15px 20px 0;
    color: #FFF;                      / *设置标题的文字颜色为白色 * /
    margin: 0;
    }
#rounded p {
    margin: 0;                        / *清除 p 元素的默认边界 * /
    text - indent:2em;                / *内容部分段前空两格 * /
    background: url('images/left - bottom.gif') no - repeat left bottom;
    }
#rounded span{
    padding: 10px 20px 13px;
    display:block;
    background:url('images/right - bottom.gif') no - repeat right bottom;
    }
< /style >
```

最终效果如图 4-47 所示。但这个圆角框没有边框,要制作带有边框的可变宽度圆角框,需要采用 5 图像二维滑动门方法制作,将在 4.6.5 节"CSS 圆角设计"中讨论。

图 4-46　错误的背景图像位置　　　　　　　　图 4-47　最终的效果

4.6.3　滑动门技术——背景的高级运用

CSS 中有一种著名的技术叫滑动门技术(Sliding Doors Technique),它是指一个图像在另一个图像上滑动,将它的一部分隐藏起来,因此而得名。实际上它是一种背景的高级运用技巧,主要是通过两个盒子背景的重叠和控制背景图片的定位实现的。

滑动门技术的典型应用是制作图片阴影和自适应宽度的圆角导航条。下面分别来讲述。

1. 图像阴影

阴影是一种很流行、很有吸引力的图像处理技巧,它给平淡的设计增加了深度,形成立体感。使用图像处理软件很容易给图像增添阴影。但是,可以使用 CSS 产生简单阴影效果,而不需要修改底层的图像。通过滑动门技术制作的阴影能自适应图像的大小,即不管图像是大是小都能为它添加阴影效果。这对于交友类网站很适合,因为网友上传的个人生活照片大小一般都是不一样的,而这种方法能自适应地为这些照片添加阴影。

图 4-48 展示了图像阴影的制作过程,在图 4-48 中有 6 张小图,对其进行了编号(①~⑥),在下面的制作步骤中为了叙述方便我们用图①~⑥表示图 4-48 中的 6 张小图。

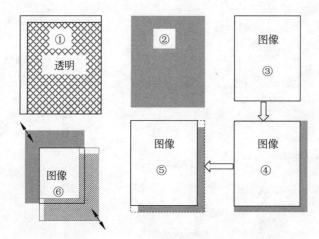

图 4-48　滑动门制作图片阴影原理图

(1) 准备一张图①所示部分区域透明的 GIF 图片,该图片左边和上边是白色部分,其他地方是完全透明的,然后再准备一张图②所示的灰色图片做背景,灰色图片的右边和下边最好有柔边阴影效果,这两张图片都可以比待添加阴影的图像尺寸大得多。

(2) 把图像③放到灰色图片上面,通过设置图像框的填充值使图像的右边和下边能留出一些,显示灰色的背景,如图④所示,灰色背景图片多余的部分就显示不下了。

(3) 接着再把图①的图片插入到图像和灰色背景图片之间,使图①的图片和图像图片从左上角开始对齐。这样它的右上角和左下角就挡住阴影了。就出现了图⑤所示的阴影效果。

(4) 图①的图片比图像大一些也没关系,因为图①的图片和图像是左上角对齐的,所以其超出图像盒子的右边和下边部分就显示不了了。而图②的灰色背景图片由于是从右下角开始铺，所以超出图像盒子的左边和上边部分就显示不下了。如图⑥所示，这就是图像阴影自适应图像大小的原理，就好像两张图片分别向右下和左上两个方向滑动一样。

　　也可以不用图片文件做灰色的背景，而是直接将 img 元素的背景设为灰色，再设置它的背景图片为图 4-48①的图片，由于背景图片会位于背景颜色上方，这样就出现了没有柔边的阴影效果。代码如下，效果如图 4-49 所示。

```
img {
    background - color: #CCCCCC;              /*灰色背景*/
    padding:0 6px 6px 0;                      /*使右边和下边留出一部分显示灰色图片*/
    background - image: url(top - left.gif);   /*背景图像为图 4-48①的图片*/
}
< img src = "works.jpg"/>
```

　　当然最好先给图片添加边框和填充，使图片出现像框效果，然后再对它添加阴影，这样效果更美观。由于阴影必须在 img 图像的边框外出现，所以在 img 元素的盒子外必须再套一个盒子。这里选择将 img 元素放入到一个 div 元素中。代码如下，效果如图 4-50 所示。

```
img {
    background - color: #FFFFFF;
    background - image: url(top - left.gif);
    padding: 6px;
    border: 1px solid #333333;
}
div {
    background - color: #CCCCCC;
    background - image: url(top - left.gif);
    float: left;                              /*浮动使 div 宽度不会自动伸展*/
    padding:0 6px 6px 0;
}
< div >< img src = "works.jpg"/ ></div >
```

图 4-49　利用 img 的背景色和左上
　　　　　边图片制作阴影效果

图 4-50　添加了边框后
　　　　　的阴影效果

　　由于是用背景色做的阴影,所以没有阴影渐渐变淡的柔边效果,为了实现柔边效果,就不能用背景色做阴影,而还是采用图 4-48②中一张右边和下边是柔边阴影的图像做阴影。这样 img 图像下面就必须有两张图片重叠,最底层放阴影图片(图 4-48②),上面一层放白色左上边(图 4-48①)的图片。因为每个元素只能设置一张背景图片,而为了放两张背景图片,就必须有两个盒子。因此必须在 img 元素外套两层 div。

　　另外,PNG 格式的图片支持 Alpha 透明(即半透明)效果,因此可以将白色左上边图像(图 4-48①)和灰色背景图像交界处的地方做成半透明的白色,保存为 PNG 格式后引入,这样阴影就能很自然地从白色过渡到灰色,IE 7 和 Firefox 中均能看到这种阴影过渡的 Alpha 透明效果,但 IE 6 由于不支持 PNG 的 Alpha 透明(但能显示 PNG 格式的图片),所以看不到柔边效果。实现的代码如下,效果图如图 4-51 所示。

图 4-51　通过图像实现了柔边的阴影效果

```
img {
    background - color: #FFFFFF;
    padding: 6px;
    border: 1px solid #333333;
}
.shadow div {
    background - image: url(top - left.png);
    padding:0 6px 6px 0;
    }
.shadow {
    background - image: url(images/bottom - right.gif);
    background - position: right bottom;
    float: left;
}
< div class = "shadow" >< div >< img src = "works.jpg"/ ></div ></div >
```

　　这样,图像阴影效果就做好了,由于左上边图片和 img 图像是左上角对齐,所以如果左上边图像比 img 图像大,即超过了 div 盒子的大小,那么多出的右下部分将显示不下。同样,灰色背景图像与 img 图像从右下角开始对齐,如果背景图像比盒子大,那么背景图像的左上部分也会自动被裁去。所以,可以把这两张图片都做大些,它们遇到小的图片能自适应地不会显示多余部分。

2.　自适应宽度圆角导航条

　　现在很多网站都使用了圆角形式的导航条,这种导航条两端是圆角,而且还可以带有背景图案,如果导航条中的每一个导航项是等宽的,那么制作起来很简单,用一张圆角图片作为导航条中所有 a 元素的 background-image 就可以了。

　　但是有些导航条中的每个导航项并不是等宽的,如图 4-52 所示,这时能否仍用一张圆角图片做所有导航项的背景呢? 答案是肯定的,使用滑动门技术就能实现:当导航项中的文字增多时,圆角图片就能够自动伸展(当然这并不是通过对图片进行拉伸实现的,那样会使圆角发生变形)。这样就能用一张很宽的圆角图片给所有导航项做背景了。

图 4-52　自适应宽度的圆角导航条

由于导航项的宽度不固定,而圆角总要位于导航项的两端。这就需要两个元素的盒子分别放圆角图片的左右部分,而且它们之间要发生重叠,所以选择在 a 标记中嵌入 b 标记,这样就得到两个嵌套的盒子。

(1) 首先写结构代码。

```
<div id="nav">
    <a href="#"><b>首 页</b></a>
    <a href="#"><b>中心简介</b></a>
    <a href="#"><b>常用下载</b></a>
    <a href="#"><b>为您服务</b></a>
    <a href="#"><b>技术支持和服务</b></a>
</div>
```

(2) 分析: a 元素的盒子放圆角图片的左边部分,这可以通过设置盒子宽度比圆角图片窄,让圆角图片作为背景从左边开始平铺盒子,那么圆角图片的右边部分盒子就容纳不下了,效果如图 4-53①所示。

b 元素盒子放圆角图片的右边部分,由于盒子宽度小于圆角图片宽,让圆角图片作为背景从右边开始平铺盒子,那么圆角图片的左边就容纳不下了。效果如图 4-53②所示。

再把 b 元素插入到 a 元素中,这时 a 元素的盒子为了容纳 b 的盒子会被撑大,如图 4-53③所示。这样里面盒子的背景就位于外面盒子背景的上方,通过设置 a 元素的左填充值使 b 的盒子不会挡住 a 盒子左边的圆角,而 b 盒子右边的圆角(上方为不透明白色背景)则挡住了 a 盒子右边的背景,这样左右两边的圆角就都出现了,如图 4-53④所示。同时,改变文字的多少,能使导航条自动伸展,而圆角部分位于 padding 区域,不会影响圆角。

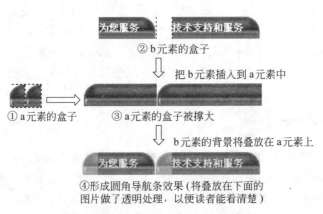

图 4-53　滑动门圆角导航条示意图

（3）根据以上分析设置外面盒子 a 元素的 CSS 样式：

```
#nav a {
    font - size: 14px;
    color: white;
    text - decoration: none;        /*以上三条为设置文字的一般样式*/
    height: 32px;
    line - height: 32px;            /*设置盒子高度与行高相等,实现文字垂直居中*/
    padding - left: 24px;           /*设置左填充为 24px,防止里面的内容挡住左圆角*/
    display: block;
    float: left;                    /*使导航项水平排列*/
    background - image: url(round.gif);
                                    /*设置其背景图像为圆角图像,默认为从左边开始铺*/
}
```

（4）再写里面盒子 b 元素的 CSS 样式代码：

```
a b {
    background - image: url(round.gif);
    background - position: right top;   /*使用同一张背景图片,不过是从右边开始铺*/
    display: block;
    padding - right: 24px;              /*防止里面的文字内容挡住右圆角*/
}
```

（5）最后给导航条添加简单的交互效果。

```
#nav a:hover {
    color: silver;                      /*改变文字颜色*/
    border - bottom:4px solid orchid;   /*添加下边框*/
}
```

4.6.4　背景图案的翻转——控制背景的显示区域

我们知道通过背景定位属性（background-position）可以使背景图片出现在盒子的任意位置上,如果设置 background-position 为负值,那么将有一部分背景移出盒子,而不会显示在盒子上;如果盒子没有背景那么大,那么只能显示背景图的一部分。

利用这些特点,可以将多个背景图像放置在一个大的图片文件里,让每个元素的盒子只显示这张大背景图的一部分,例如制作导航条时,在默认状态下显示背景图的上半部分,鼠标滑过时显示背景图的下半部分,这样就用一张图片实现了导航条背景的翻转。

把多个背景图像放在一个图像文件里好处有两点：

① 减少了文件的数量,便于网站的维护管理。

② 鼠标指针移到某个导航项上,如果要更换一个背景图像文件,那么有可能要替换的图像还没有下载下来,就会出现停顿,浏览者会不知发生了什么,而如果使用同一个文件,就不会出现这个问题了。

例如在自适应宽度圆角导航条中,我们没有实现在鼠标滑过时背景图案翻转,下面把导航条两种状态时的背景做在同一个图像文件里,如图 4-54 所示。当鼠标滑过时,让它显示图片的下一部分,这样就在滑动门导航条的基础上又实现了导航项背景图案的翻转。

图 4-54　将正常状态和鼠标悬停状态的背景图案放在一张图片 round. gif

添加的代码如下:

```
a:hover {
    background - position:0 - 32px;        /*让背景图片从左边开始铺,向上偏移 32px*/
}
a:hover b{
    background - position:100% - 32px;     /*让背景图片从右边开始铺,向上偏移 32px*/
    color: #red;
}
```

这样,应用了图片翻转的滑动门导航条就制作完成了,最终效果如图 4-55 所示。

图 4-55　带有图片翻转效果的滑动门导航条

目前,推荐把许多背景图像放在一个图片文件里,这种技术叫做 CSS Sprite 技术。这样可减少要下载的文件数量,从而减少对服务器的请求次数,加快页面载入速度。例如图 4-56 中就是把很多不相关的图像都放在一个大的图片文件里,通过元素的背景定位属性来调用不同的图像显示。

4.6.5　CSS 圆角设计

圆角在网页设计中让人又爱又恨,一方面设计师为追求美观的效果经常需要借助于圆角,另一方面为了在网页中设计圆角又不得不增添很多工作量。在用表格设

图 4-56　很多网页元素调用的同一张背景图片

计圆角框时,制作一个固定宽度的圆角框需要一个三行一列的表格,在上下两格放圆角图案。而用表格制作一个可变宽度的圆角框则更复杂,通常采用"九宫格"的思想制作,即利用一个三行三列的表格,把四个角的圆角图案放到表格的左上、右上、左下、右下四个单元格中,把圆角框四条边的图案在表格的上中、左中、右中和下中四个单元格中进行平铺,在中间一个单元格中放内容。而使用 CSS 设计圆角框,则相对简单些,下面对 CSS 圆角设计分类进行讨论。

1. 制作固定宽度的圆角框(不带边框的、带边框的)

用 CSS 制作不带边框的固定宽度圆角框(如图 4-57(左)所示)至少需要两个盒子,一个盒子放置顶部的圆角图案,另一个盒子放置底部的圆角图案,并使它位于盒子底部。

把这两个盒子叠放在一起,再对栏目框设置和圆角相同的背景色就可以了。关键代码如下:

```
#rounded{
    font: 12px/1.6 arial;
    background: #cba276 url('images/bottom.gif') no-repeat left bottom;
    width: 280px;
    padding: 0 0 18px;
    margin:0 auto;
}
#rounded h3 {
    background: url('images/top.gif') no-repeat;
    padding: 20px 20px 0;
    font-size: 170% ;
    color: #FFF;
    line-height: 1;
    margin: 0;
}
<div id="rounded">
    <h3>不带边框的固定宽度圆角框</h3>
    <p>
    这是一个固定宽度的圆角框,由于是固定的宽度,因此制作起来容易和简单很多。这个圆角框的上下随着内容增多可以自由伸展,圆角不会被破坏。</p>
    </div>
```

制作带边框的固定宽度圆角框(如图 4-57(右)所示)则至少需要三个盒子,最底层的盒子放置圆角框中部的边框和背景组成的图案,并使它垂直平铺,上面两层的盒子分别放置顶部的圆角和底部的圆角,这样在顶部和底部圆角图片就遮盖了中部的图案,形成了完整的圆角框。

```
#rounded{
    font: 12px/1.6 arial;
    background: url('images/middle-frame.gif') repeat-y;
    width: 280px;
    padding: 0;
    margin:0 auto;
}
#rounded h3 {
    background: url('images/top-frame.gif') no-repeat;
    padding: 20px 20px 0;
    font-size: 170% ;
    color: #cba276;
    margin: 0;
}
```

```
#rounded p.last {
     padding: 0px 20px 18px;
   background: url('images/bottom-frame.gif') no-repeat left bottom;
 }
<div id="rounded">
    <h3>Fixed Rounded</h3>
    <p>这是一个固定宽度的圆角框,由于是固定的宽度,因此制作起来容易和简单很多。这
个圆角框的上下随着内容增多可以自由伸展,圆角不会被破坏。</p>
    <p class="last">这是一个固定宽度的圆角框,由于是固定的宽度,因此制作起来容易
和简单很多。这个圆角框的上下随着内容增多可以自由伸展,圆角不会被破坏。</p>
    </div>
```

需要说明的是,顶部的圆角图案和底部的圆角图案既可以分别做成一张图片,也可以
把它们都放在一张图片里,通过背景位置来控制显示哪部分圆角。

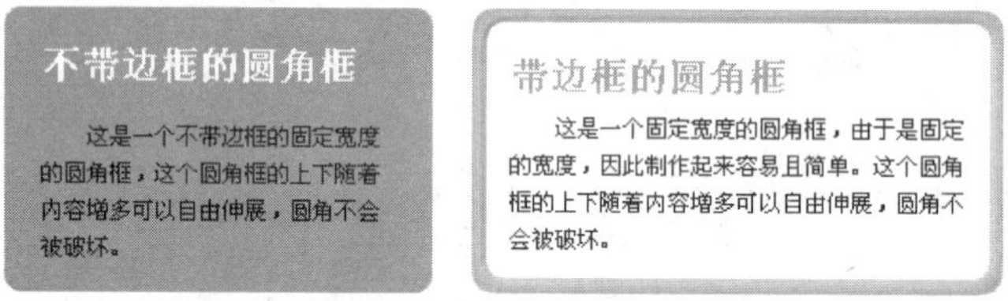

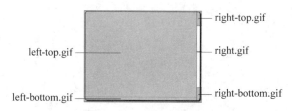

图 4-57　不带边框的圆角框(左)和带边框的圆角框(右)

2. 制作可变宽度圆角(不带边框的、带边框的)

制作可变宽度不带边框的圆角框就是前面介绍的 4 图像法制作圆角框,而要制作带
边框的可变宽度圆角则要采用 5 图像二维滑动门方法。

首先可以用 Fireworks 画一个带有边框的圆角框,由于这个圆角框要自适应内容的大
小,即宽度和高度都可变,因此圆角框的图像可以画得尽可能大些。再按照图 4-58 所示
的方法切图,即把这个圆角框分割成五个单独的图片,其中右边框的图片(right.gif)是在
右边框上横向截取一小块,以后可以用 CSS 背景属性让它纵向平铺,得到右边框。

```
                                       ┌─── right-top.gif
                                       │
         left-top.gif ───┐     ┌─── right.gif
                         │     │
         left-bottom.gif ─┘     └─── right-bottom.gif
```

图 4-58　5 图像法制作带边框的可变宽度圆角框

下面通过 CSS 背景属性设置使这个圆角框的宽和高都能自适应,代码如下:

```
<style type="text/css">
.rounded {
   background: url(images/left-top.gif) no-repeat;
                   /*从左上方开始铺,如果圆角框小,图片的右下方会自动被截去*/
```

```
    width:80% ;
    }
.rounded h3 {
    background: url(images/right - top.gif) top right no - repeat;
    padding:20px 20px 10px;
    margin:0;
    }
.rounded .main {
    background: url(images/right.gif) top right repeat - y;
    padding:10px 20px;
    margin: - 2em 0 0 0;
    }
.rounded .footer {
    background: url(images/left - bottom.gif) bottom left no - repeat;
    }
.rounded .footer p {
    background:url(images/right - bottom.gif) bottom right no - repeat;
    display:block;
    padding:10px 20px 20px;
    margin: - 2em 0 0 0;
    }
</style >
<body >
< div class = "rounded" >
        <h3 >栏目标题 </h3 >
        < div class = "main" >
            <p >这是一个带边框的可变宽度圆角框…
            </p >
        </div >
        < div class = "footer" >
            <p >这是版权信息文字。
            </p >
        </div >
</div >
```

3. 不用图片做圆角——山顶角方法

如果想不用图片做圆角,那也是可以实现的,这需要一种称为山顶角(Mountaintop Corner)的圆角制作方法,所谓山顶角,就是说不是纯粹意义上的平滑圆角,而是通过几个 1px 高的 div(水平细线)叠放起来形成视觉上的圆角,用这种方法做圆角一般采用 4 个 div 叠放,所以圆角的弧度不是很大。图 4-59 是山顶角方法制作不带边框圆角框的示意图。

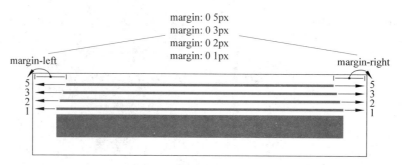

图4-59　山顶角方法制作不带边框的圆角框

如果把最上方一条细线的颜色改为黑色,再设置下面三条细线的左右边框是 1px 黑色,那么就出现了带有边框的圆角框效果了,如图 4-60 所示。

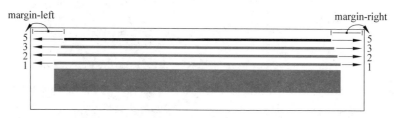

图4-60　山顶角方法制作带有边框的圆角框

下面以带边框的圆角框为例,给出它的源代码:

```css
<style type = "text/css">
.item{  width:120px;  }
.item p{
    margin:0px;
    padding:5px;
    background:#cc6;                  /* 设置内容区域的背景色和圆角部分背景色相同 */
    border - left:solid 1px black;    /* 为内容区域设置左右边框 */
    border - right:solid 1px black;}
.item div{
    height:1px;
    overflow:hidden;                  /* 此处兼容 IE 6 浏览器 */
    background:#cc6;
    border - left:solid 1px black;    /* 设置所有细线 div 的左右边框为 1px */
    border - right:solid 1px black;}
.item .row1{
    margin:0 5px;                     /* 第一条水平线的左右缺少 5px */
    background:#000;}                 /* 黑色 */
.item .row2{
    margin:0 3px;
    border:0 2px;}                    /* 第二条水平线左右边框粗为 2px */
.item .row3{
    margin:0 2px;}
```

```
.item .row4{
    margin:0 1px;
    height:2px;} /*第四条水平线高为2px*/
</style>
<body>
    <div class = "item">
    <div class = "row1"></div> <div class = "row2"></div>
    <div class = "row3"></div> <div class = "row4"></div>
    <p>不用图片做的圆角框</p>
    <div class = "row4"></div> <div class = "row3"></div> <!--反向排列,实
现下圆角-->
    <div class = "row2"></div> <div class = "row1"></div>
</div></body>
```

可以看出,该圆角框的下圆角部分是通过将 4 个 div(水平线)按上圆角相反的顺序排列实现的。

图4-61　不规则图案栏目框

4. 学习圆角制作的意义

人们的审美观念决定了圆角比方角更具有亲和力,所以我们很多时候必须制作圆角框。另外,圆角框技术是制作其他不规则图案栏目框的基础。例如图 4-61 所示的栏目框,就可以把栏目框上面部分看成是上圆角,下面部分看成是下圆角,再按照制作圆角框的思路进行制作。

4.7　盒子的浮动

在标准流中,块级元素的盒子都是上下排列,行内元素的盒子都是左右排列,如果仅仅按照标准流的方式进行排列,就只有这几种可能性,限制太大。CSS 的制定者也想到了这样排列限制的问题,因此又给出了浮动和定位方式进行盒子的排列,从而使排版的灵活性大大提高。

例如:有时希望相邻块级元素的盒子左右排列(所有盒子浮动)或者希望一个盒子被另一个盒子中的内容所环绕(一个盒子浮动)做出图文混排的效果,这时最简单的办法就是运用浮动(float)属性使盒子在浮动方式下定位。

4.7.1　盒子浮动后的特点

在标准流中,一个块级元素在水平方向会自动伸展,在它的父元素中占满整个一行;而在竖直方向和其他元素依次排列,不能并排,如图 4-62 所示。使用"浮动"方式后,这种排列方式就会发生改变。

图4-62　三个盒子在标准流中

CSS 中有一个 float 属性,默认值为 none,也就是标准流通常的情况,如果将 float 属性的值设为 left 或 right,元素就会向其父元素的左侧或右侧靠紧,同时盒子的宽度不再伸展,而是收缩,在没设置宽度时,会根据盒子里面的内容来确定宽度。

下面通过一个实验来演示浮动的作用,基础代码(4-4. html)如下,这个代码中没有使用浮动,它的显示效果如图 4-62 所示。

```
< style type = "text/css" >
div{
    padding:10px; margin:10px;
    border:1px dashed #111111;
    background - color:#90baff;
    }
.father{
    background - color:#ffff99;
    border:1px solid #111111;
} < /style >
< div class = "father" >
        < div class = "son1" > Box - 1 < /div >
        < div class = "son2" > Box - 2 < /div >
        < div class = "son3" > Box - 3 < /div >
< /div >
```

1. 一个盒子浮动

接下来在上述代码中添加一条 CSS 代码,使元素".son1"浮动。代码如下:

```
.son1{float:left;}
```

此时显示效果如图 4-63 所示,可发现给".son1"添加浮动属性后,".son1"的宽度不再自动伸展,而且不再占据原来浏览器分配给它的位置。如果再在未浮动的盒子 Box-2 中添一行文本,就会发现".son2"中的内容是环绕着浮动盒子的,如图 4-64 所示。

图 4-63   第一个盒子浮动

图 4-64   增加第二个盒子的内容

总结:设置元素浮动后,元素发生了如下一些改变:

(1)浮动后的盒子将以块级元素显示,但宽度不会自动伸展。

(2)浮动的盒子将脱离标准流,即不再占据浏览器原来分配给它的位置(IE 6 有时例外)。

（3）未浮动的盒子将占据浮动盒子的位置，同时未浮动盒子内的内容会环绕浮动后的盒子。

提示：所谓"脱离标准流"是指元素不再占据在标准流下浏览器分配给它的空间，其他元素就好像这个元素不存在一样。例如图 4-63 中，当 Box-1 浮动后，Box-2 就顶到了 Box-1 的位置，相当于 Box-2 视 Box-1 不存在一样。但是，浮动元素并没有完全脱离标准流，这表现在浮动盒子会影响未浮动盒子中内容的排列，例如 Box-2 中的内容会跟在 Box-1 盒子之后进行排列，而不会忽略 Box-1 盒子的存在。

2. 多个盒子浮动

在".son1"浮动的基础上再设置".son2"也左浮动，代码如下：

```
.son2{float:left;}
```

此时显示效果如图 4-65 所示（在 Box-3 中添加了一行文本）。可发现".son2"浮动后仍然遵循上面浮动的规律，即".son2"的宽度也不再自动伸展，而且不再占据原来浏览器分配给它的位置。

如果将".son1"的浮动方式改为右浮动，则显示效果如图 4-66 所示，可看到 Box-2 在位置上移动到了 Box-1 的前面。

接下来再设置".son3"也左浮动，此时显示效果如图 4-67 所示。可发现三个盒子都浮动后，就产生了块级元素水平排列的效果。同时由于都脱离了标准流，导致其父元素中的内容为空。

图 4-65　设置两个盒子浮动

图 4-66　改变浮动方向

图 4-67　三个盒子都浮动

总结：对于多个盒子浮动，除了每个浮动盒子都遵循上面盒子浮动的规律外，还有以下两条规律：

① 多个浮动元素不会相互覆盖，一个浮动元素的外边界（margin）碰到另一个浮动元素的外边界后便停止运动。

② 若包含的容器太窄，无法容纳水平排列的多个浮动元素，那么最后的浮动盒子会向下移动（图 4-68）。但如果浮动元素的高度不同，那当它们向下移动时可能会被卡住（图 4-69）。

4.7.2　浮动的清除

clear 是清除浮动属性，它的取值有 left、right、both 和 none（默认值），如果设置盒子的清除浮动属性 clear 值为 left 或 right，表示该盒子的左边或右边不允许有浮动的对象。值

图 4-68　没有足够的水平空间

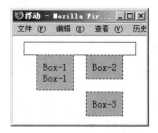

图 4-69　被 Box-1 卡住了

设置为 both 则表示两边都不允许有浮动对象,因此该盒子将会在浏览器中另起一行显示。

例如:在图 4-66 两个盒子浮动的基础上,设置".son3"清除浮动,即在 4-4. html 中添加以下 CSS 代码,效果如图 4-70 所示。

```
.son1{   float:right;   }
.son2{   float:left;    }
.son3{   clear:both;    }
```

可以看到,对 Box-3 清除浮动(clear:both;),表示 Box-3 的左右两边都不允许有浮动的元素,因此 Box-3 移动到了下一行显示。

实际上,clear 属性既可以用在未浮动的元素上,也可以用在浮动的元素上,如果对 Box-3 同时设置清除浮动和浮动,即:

```
.son3{clear:both; float:left;}
```

则效果如图 4-71 所示,可看到 Box-3 的左右仍然没有了浮动的元素。

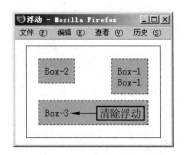

图 4-70　对 Box-3 清除浮动

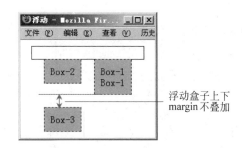

图 4-71　对 Box-3 设置清除浮动和浮动

总结:清除浮动是清除其他盒子浮动对该元素的影响,而设置浮动是让元素自身浮动,两者并不矛盾,因此可同时设置元素清除浮动和浮动。

由于上下 margin 叠加只会发生在标准流布局的情况下,而浮动方式下盒子的任何 margin 都不会发生叠加,所以可设置盒子浮动并清除浮动,使上下两个盒子的 margin 不叠加。在图 4-71 中,Box-3 到 Box-1 之间的垂直距离是 20px,即它们的 margin 之和。

4.7.3　浮动的浏览器解释问题

设置元素浮动后,浮动元素的父元素或相邻元素在 IE 和 Firefox 中的显示效果经常不一样,这主要是因为浏览器对浮动的解释不同。在标准浏览器中,浮动元素脱离了标准流,因此不占据它原来的位置或外围容器空间。但是在 IE 中(包括 IE 6 和 IE 7),如果一个元素浮动,同时对它的父元素设置宽或高,或对它后面相邻元素设置宽或高,那么浮动元素仍然会占据它在标准流下的空间。下面对这两种情况分别来讨论。

1. 元素浮动但是其父元素不浮动

如果一个元素浮动,但是它的父元素不浮动,那么父元素的显示效果在不同浏览器中可能不同,这取决于父元素是否设置了宽或高。当未设置父元素(外围容器)的宽或高时,IE 和 Firefox 对浮动的显示是相同的,均脱离了标准流。

下面我们将 4.7.1 节中的结构代码(4-4.html)修改一下,只保留 Box-1,代码如下:

```
< div class = "father" >
    < div class = "son1" > Box - 1 < br/ > Box - 1 < /div >
< /div >
```

然后设置“.son1”浮动,即“.son1{float:left; }”,此时在 Firefox 和 IE 中的效果如图 4-72 所示。可发现两者效果基本相同。

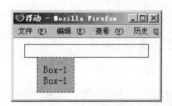

图 4-72　不设置父元素宽度时在 Firefox 和 IE 中的效果

当设置了父元素的宽度或高度后,IE (非标准浏览器)中的浮动元素将占据外围容器空间,Firefox 依然不占据。

接下来,就对父元素“.father”设置宽度,即添加“.father{width:180px; }”,此时在 Firefox 和 IE 中的效果如图 4-73 所示。可发现在 IE 中浮动元素确实占据了外围容器空间,未脱离标准流。如果对父元素不设置宽度而设置高度,也能有类似的效果。从 CSS 标准上来说 IE 的这种显示是错误的。

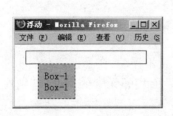

图 4-73　设置父元素宽度时在 Firefox 和 IE 中的效果

2. 扩展外围盒子的高度(4-5.html)

但是有时可能更希望得到图 4-73 中 IE 的这种效果,即让浮动的盒子仍然置于外围容器中。人们把这种需求称为"扩展外围盒子的高度",要做到这一点,对于 IE 来说只需要设置父元素的宽度或高度就可以了。但对于 Firefox 等标准浏览器,就需要在浮动元素的后面增加一个清除浮动的空元素,来把外围盒子撑开。例如把上面的结构代码修改如下:

```
< div class = "father" >
    < div class = "son1" > Box - 1 < br/ > Box - 1 </div >
    < div class = "clear" ></div >
</div >
```

然后为这个 div 设置样式,CSS 代码如下。

```
.father .clear {
    margin: 0; padding: 0; border:0;
    clear: both;
}
```

这时在 Firefox 中的效果如图 4-74 所示,可看到已经实现了 IE 的这种效果。

如果不想添加一个空元素,对于支持伪对象选择器的浏览器来说,也可以利用父元素的:after 伪对象在所有浮动子元素后生成一个伪元素,设置这个伪元素为块级显示,清除浮动,这也能达到同样的效果。代码如下:

图 4-74 对 Firefox 扩展外围盒子高度后

```
div.father:after {
    content:".";                    /*设置伪元素内容,此处可为任意内容*/
    display:block;
    font - size:0; line - height:0; height:0;
                                    /*将伪元素高度等设为 0,使其不占空间*/
    clear:both;                     /*清除浮动*/
    visibility:hidden;              /*隐藏该伪元素的内容*/
}
```

扩展外围盒子高度的第三种方法是设置浮动元素的父元素的 overflow 属性为 hidden,具体请参看 4.8.7 节 overflow 属性用法。

3. 元素浮动但是其后面相邻元素不浮动

如果一个元素浮动,但是它后面相邻的元素不浮动,在不设置后面相邻元素的宽或高时,IE 和 Firefox 显示效果相同。一旦设置了后面相邻元素的宽或高,则在 IE 中,浮动元素将仍然占据它原来的空间,未浮动元素跟在它后面。从本质上来看,这也是 IE 浮动的盒子未脱离标准流的问题。

下面将 4.7.1 节中的结构代码(4-4. html)修改一下,保留 Box-1 和 Box-2,代码如下:

```
< div class = "father" >
```

```
<div class = "son1">Box-1</div>
    <div class = "son2">Box-2<br/>Box-2<br/>Box-2</div>
</div>
```

然后设置".son1"浮动,即".son1{float:left;}",此时在 Firefox 和 IE 6 中的效果如图 4-75 所示。可发现两者效果基本相同。

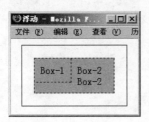

图 4-75　当浮动盒子后面的未浮动盒子未设置宽或高时,IE 6 和 Firefox 显示相同

接下来,对".son2"设置高度,即添加".son2{height:40px;}",此时在 Firefox 和 IE 中的效果如图 4-76 所示。可发现在 IE 中浮动元素确实占据了外围容器空间,未脱离标准流。对".son2"设置宽度也有同样的效果。

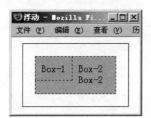

图 4-76　当对未浮动的盒子设置宽或高后 IE 和 Firefox 中显示的差异

经验:为避免出现上述 IE 和 Firefox 显示不一致的情况发生,不要对未浮动盒子设置 width 和 height 值,如果要控制未浮动盒子的宽度,可以对它的外围容器设置宽度。表 4-5 对浮动的浏览器显示问题进行了总结。

表 4-5　浮动的浏览器显示问题总结

情　　况	未浮动的盒子不设宽或高	对未浮动的盒子设置宽或高
盒子浮动,其外层盒子未浮动	IE 和 Firefox 的显示效果一致	IE 浮动盒子将不会脱离标准流,Firefox 浮动盒子仍然是脱离标准流的
盒子浮动,后面相邻盒子未浮动		

4. 浮动的浏览器解释综合例题

下面这段代码中第一个盒子浮动,第二个盒子未浮动,而且对两个盒子都设置了高度和宽度,两个盒子大小相等,代码如下,显示效果如图 4-77 所示,请分别解释在 IE 和 Firefox 中为什么会有这样的效果。

```
<style type = "text/css">
    #a,#b {
```

```
        background - color: #CCCCCC;
        margin: 20px;
        height: 80px; width: 80px;
        border: 5px solid #000099;}
    #a {
        float: left;      }
    body {border: 1px dashed #FF0000;}
</style>
<body>
    <div id = "a">a 的内容</div>
    <div id = "b">b 的内容</div></body>
```

图 4-77   左边是 IE 6 中的显示效果,右边是 Firefox 中的显示效果

答:① 在 IE 中,一个盒子浮动,对它后面未浮动的盒子设置了宽或高时,浮动的盒子将不会脱离标准流,仍然占据原来的空间,因为对未浮动的盒子 b 设置了高度或宽度,所以 a 仍然占据原来的空间,b 就只能排在它后面了。

② 在 Firefox 中,浮动的盒子总是脱离标准流,不占据空间,所以盒子 b 视 a 不存在,移动到了盒子 a 的位置,由于 a、b 大小相等,盒子 b 正好被盒子 a 挡住。而未浮动盒子的内容将环绕浮动的盒子,所以 b 的内容将环绕盒子 a。由于对盒子 b 设置了宽度,“b 的内容”只能到盒子 a 下面去了,“b 的内容”和盒子 a 之间的距离是盒子 a 的 margin 值。在 Firefox 中,对设置了高度的盒子,盒子高度不会自动伸展,所以盒子 b 的内容就跑到它的外面去了。

如果要使该例中的代码在两个浏览器中显示效果相同,可设置 #b{overflow:hidden;},通过溢出属性清除元素 a 浮动对它的影响。

5. IE 6 浮动元素的双倍 margin 错误

在 IE 6 中,只要设置元素浮动,则设置左浮动,盒子的左 margin 会加倍,设置右浮动,盒子的右 margin 会加倍。这是 IE 6 的一个 bug(IE 7 已经修正了这个 bug)。在图 4-75 中 IE 6 与 Firefox 显示效果的差别就是因为这个问题造成的。

由于两个元素的盒子是从 margin 开始对齐的,在 Firefox 中,Box-1 和 Box-2 的 margin 相等,所以它们的左边框也是重合的。而在 IE 6 中,Box-1 由于左浮动导致左 margin 加倍,如图 4-78 所示,所以它的边框就向右偏移了一个 margin 的距离。

如果将 Box-2 的 margin 重新定义为 0(.son2{margin:0;}),则 Box-2 的边框会向左

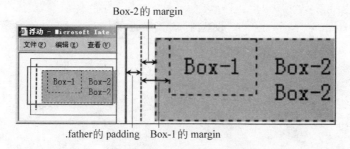

图 4-78　IE 6 双倍 margin 导致的 Box-1 向右偏移

移一个 margin 的距离,这样就可以更清楚地看到 IE 6 中的双倍 margin 错误,在 Firefox 和
IE 6 中如图 4-79 所示。

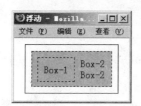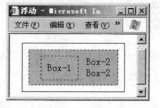

图 4-79　IE 6 双倍 margin 错误

解决 IE 6 双倍 margin 错误的方法很简单,只要对浮动元素设置"display:inline;"就
可以了。代码如下:

```
.son1{float:left; display:inline; }
```

提示:即使对浮动元素设置"display:inline;",它仍然会以块级元素显示,因为设置
元素浮动后元素总是以块级元素显示的。

当然,也可以不设置浮动盒子的 margin,而设置其父元素盒子的 padding 值来避免这
个问题,在实际应用中,可以设置 padding 的地方尽量用 padding,而不要用 margin。

4.7.4　浮动的应用举例

1. 图文混排及首字下沉效果等

(1) 如果将一个盒子浮动,另一个盒子不浮
动,那么浮动的盒子将被未浮动盒子的内容所包
围。如果这个浮动的盒子是图像元素,而未浮动
的盒子是一段文本,那么就实现了图文混排效
果。代码如下,效果如图 4-80 所示。

图 4-80　图文混排效果

```
<style type="text/css">
img{
    border:1px gray dashed;
    margin:10px 10px 10px 0;
```

```
    padding:5px;
    float:left;                /*设置图像元素浮动*/
}
p{  margin:0;
    font-size:14px;
    line-height:1.5;
    text-indent: 2em;
}
</style>
<body><img src="images/sheshou.jpg"/>
<p>在遥远古希腊的大草原中,驰骋着一批半人半兽的族群,这是一个生性凶猛的族群。"半人半兽"代表着理性与非理性、人性与兽性间的矛盾挣扎,这就是"人马族"。</p>
<p>人马族里唯独的一个例外——奇伦。奇伦虽也是人马族的一员,但生性善良,对待朋友尤以坦率著称,所以奇伦在族里十分受人尊敬</p>
</body>
```

（2）在图文混排的基础上让第一个汉字也浮动,同时变大,则出现了首字下沉的效果,关键代码如下,效果如图 4-81 所示。

```
.firstLetter{
    font-size:3em;
    float:left;
}
<p><span class="firstLetter">在</span>遥远的古希腊大草原中…</p>
```

对于 IE 7、Firefox 浏览器来说,还可以使用伪对象选择器 p:first-letter 来选中段落的第一个字符,这时就不需要用 span 标记将段落的第一个字符括起来了。

图 4-81　首字下沉和图文混排效果

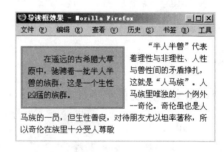

图 4-82　导读框效果

（3）如果将第一个段落浮动,则出现了文章导读框效果,代码如下,效果如图 4-82 所示。

```
p{
    margin:0;
    font-size:14px; line-height:1.5;
```

```
    text - indent: 2em;   }
.p1{
    width:160px;
    float:left;
    margin:10px 10px 0 0;
    padding:10px;
    border:3px gray double;
    background:#9BD;}
<p class = "p1">在遥远的古希腊大草原中,驰骋着一批半人半兽的族群,这是一个生性凶猛
的族群。</p>
    <p>"半人半兽"代表着理性与非理性…</p>
```

从以上三个例子可以看出,网页中无论是图像还是文本,对于任何元素,在排版时都应视为一个盒子,而不必在乎元素的内容是什么。

2. 菜单的竖横转换

在 4.5.3 节中,我们利用元素的盒子模型制作了一个竖直导航条。如果要把这个竖直导航条变为水平导航条,只要对 a 元素添加一条 float:left;的属性就可以了,这是通过对所有盒子浮动,从而实现水平排列的。当然水平导航条一般不需设置宽度,可以把 width 属性去掉。效果如图 4-83 所示。

| 首 页 | 中心简介 | 政策法规 | 常用下载 | 为您服务 | 技术支持和服务 |

图 4-83　水平导航条

它的结构代码如下:

```
<div id = "nav">
    <a href = "#">首 页</a>
    <a href = "#">中心简介</a>
    <a href = "#">政策法规</a>
    <a href = "#">常用下载</a>
    <a href = "#">为您服务</a>
    <a href = "#">技术支持和服务</a></div>
```

CSS 样式代码如下:

```
<style type = "text/css">
#nav{
    font - size: 14px;}
#nav a {
    color: #FF0000;
    background - color: #99CCFF;
    text - align: center;
```

```
    text - decoration: none;
    display: block;
    padding:6px 10px 4px;
    margin:0 2px;                  /*设置了左右边界,使两个 a 元素间有 4px 的水平间距*/
    border: 1px solid #3399FF;
    float:left;                    /*使 a 元素浮动,实现水平排列*/
}
#nav a:hover {
    color: #FFFFFF;
    background - color: #993300; }
</style>
```

3. 制作栏目框标题栏

有时,经常需要制作如图 4-84 所示的栏目框标题栏,标题栏的左端是栏目标题,右端是"more"之类的链接。如何将文字分别放在一个盒子的左右两端呢? 最简单的办法就是设置左边的文字左浮动,右边的文字右浮动。这时由于两个盒子都浮动,不占据外围容器的空间,所以必须设置外围盒子的高度,使它在视觉上能包含住两个浮动的盒子。

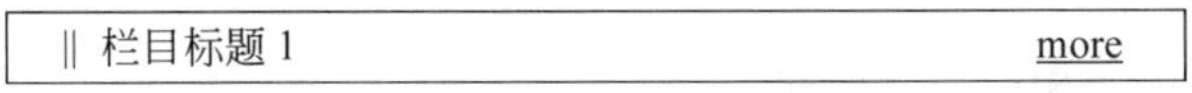

‖ 栏目标题 1	more

图 4-84　栏目框标题栏

结构代码如下:

```
< h3 id = "colframe" >
    < span class = "title" >栏目标题 1 < /span >
    < span class = "more" >more < /span >
< /h3 >
```

CSS 代码如下:

```
#colframe {
    width:300px;
    margin:0 auto;
    border:1px gray solid;
    height:24px;                 /*由于浮动元素脱离了外围容器,必须使外围盒子高度伸展*/
    background - color:#CCCCCC;
    padding - top:10px;       /*使文字垂直居中*/
}
#colframe span.title{
    float:left;
    padding - left:16px;
}
```

```
#colframe span.more{
    float:right;
    padding－right:12px;
}
```

另一种方法是让右边的元素不浮动,而是把它设置为块级元素,这样该元素的盒子就能伸展到整行,而浮动元素位于其左边,再设置它的内容右对齐,则效果一样。更改的代码如下:

```
#colframe span.more{
    display:block;
    text－align:right;
    padding－right:12px;
}
```

4. 1-3-1 固定宽度布局

在默认情况下,div 作为块级元素是占满整行从上到下依次排列的,但在网页的分栏布局中,例如1-3-1 固定宽度布局,我们希望中间三栏(三个 div 盒子)从左到右并列排列,这时就需要将这三个 div 盒子都设置为浮动。

但三个 div 盒子都浮动后,只能浮动到窗口的左边或右边,无法在浏览器中居中,因此需要在三个 div 盒子外面再套一个盒子(container),让 container 居中,这样就实现了三个 div 盒子在浏览器中居中,如图4-85 所示。

注意:对于 Firefox 来说,由于 container 里面的三个盒子都浮动脱离了标准流,所以都没有占据 container 容器的空间,从结构上看应该是 container 位于三个盒子的上方,如图4-86 所示。但这并不妨碍用 container 控制里面的浮动盒子居中。由于 container 占据的高度为0,所以在任何浏览器中都看不到 container 的存在。而对于 IE 来说,container 一般设置了宽度作为网页的宽度,所以在 IE 中 container 会包含住3 个盒子。

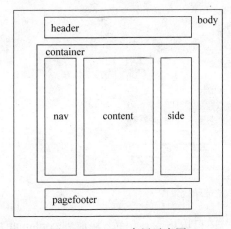

图 4-85　1-3-1 布局示意图

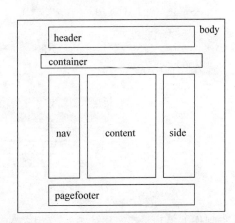

图 4-86　container 在 Firefox 中的位置

下面是 1-3-1 固定宽度布局的参考实现代码。效果如图 4-87 所示。

```
<style type="text/css">
#header,#pagefooter,#container{
    margin:0 auto;                    /*与 width 配合实现水平居中*/
    width:772px;
    border: 1px dashed #FF0000;       /*添加边框为演示需要*/
}
#navi,#content,#side{
border:2px solid #0066FF;             /*添加边框为演示需要*/
}
#navi{
    float:left;
    width:200px;
    }
#content{
    float:left;
    width:360px;
    }
#side{
    float:left;
    width:200px;
    }
#pagefooter{
    clear:both;                       /*清除浮动,防止中间三列不等高时页尾顶上去*/
}
</style>
<body>
<div id="header">id="header"</div>
<div id="container">
<div id="navi">id="navi"</div>
<div id="content">id="content"</div>
<div id="side">id="side"</div>
</div>
<div id="pagefooter">id="pagefooter"</div>
</body>
```

图 4-87   1-3-1 浮动方式布局效果图

制作 1-3-1 浮动布局的方法有很多种,实际上还可以将 pagefooter 块放到 container 块里面,这样设置 pagefooter 清除浮动后,在 IE 6 和 Firefox 中就都是 container 块包含住里面的三列和 pagefooter 块了。

4.8 相对定位和绝对定位

利用浮动属性定位只能使元素浮动形成图文混排或块级元素水平排列的效果,其定位功能仍不够灵活强大。本节介绍的在定位属性下的定位能使元素通过设置偏移量定位到页面或其包含框的任何一个地方,定位功能非常灵活。

4.8.1 定位属性和偏移属性

为了让元素在定位属性下定位,需要对元素设置定位属性 position,position 的取值有四种,即 relative、absolute、fixed 和 static。其中 static 是默认值,表示不使用定位属性定位,也就是盒子按照标准流或浮动方式排列。fixed 称为固定定位,它和绝对定位类似,只是总是以浏览器窗口为基准进行定位,但 IE 6 浏览器不支持该属性值。因此定位属性的取值中用得最多的是相对定位(relative)和绝对定位(absolute),本节主要介绍它们的作用。

偏移属性包括(top、left、bottom、right)四个属性,为了使元素在定位属性定位下从基准位置发生偏移,偏移属性必须和定位属性配合使用,left 指相对于定位基准的左边向右偏移的值,top 指相对于定位基准的上边向下偏移的量。它们的取值可以为像素等绝对单位,也可以是百分比等相对值。如:

```
#mydiv {
    position:fixed;
    left: 50% ;
    top: 30px;
}
```

注意: 偏移属性仅对设置了定位属性的元素有效。

4.8.2 相对定位

使用相对定位的盒子的位置定位依据常以标准流的排版方式为基础,然后使盒子相对于它在原来的标准位置偏移指定的距离。相对定位的盒子仍在标准流中,它后面的盒子仍以标准流方式对待它。

如果对一个元素定义相对定位属性(position:relative;),那么它将保持在原来的位置上不动。如果再对它通过 top、left 等属性值设置垂直或水平偏移量,那么它将"相对于"它原来的位置发生移动。例如图 4-88 中的 em 元素就是通过设置相对定位再设置位移让它"相对于"原来的位置向左下角偏移,同时它原来的位置仍然不会被其他元素占据。代码如下:

```
em {
    background - color: #0099FF;
    position: relative;
```

```
    left: 60px;
    top: 30px;  }
p {
    padding: 25px;
    border: 2px solid #993333; background-color: #DBFDBA;
}
```

<p>在远古时代,<em>人类与神都同样居住在地上</em>,一起过着和平快乐的日子,可是人类愈来愈聪明,不但学会了建房子、铺道路,还学会勾心斗角、欺骗等等不好的恶习,搞得许多神仙都受不了,纷纷离开人类,回到天上居住。</p>

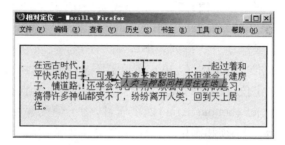

图 4-88　设置 em 元素为相对定位

可以看到元素设置为相对定位后有两点会发生:

(1) 元素原来占据的位置仍然会保留,也就是说相对定位的元素未脱离标准流。

(2) 因为是使用了定位属性的元素,所以会和其他元素发生重叠。

设置元素为相对定位的作用可归纳为两种:一是让元素相对于它原来的位置发生位移,同时不释放它原来占据的位置;二是让元素的子元素以它为定位基准进行定位,同时它的位置保持不变,这时相对定位的元素成为包含框,一般是为了帮助里面的元素进行绝对定位。

4.8.3　相对定位的应用举例

1. 鼠标滑过时向右下偏移的链接

在有些网页中,当鼠标滑动到超链接上方时,超链接的位置会发生细微的移动,如向左下方偏移,让人觉得链接被鼠标拉上来了,如图 4-89 所示。

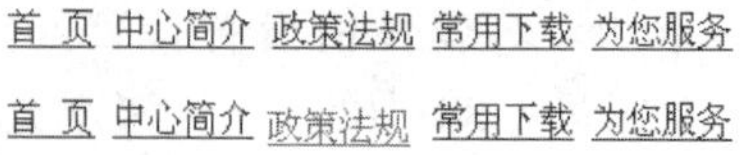

首 页 中心简介 政策法规 常用下载 为您服务

首 页 中心简介 政策法规 常用下载 为您服务

图 4-89　偏移的超链接(上图为默认状态,下图为鼠标滑过时)

这种效果的制作原理其实很简单,主要就是运用了相对定位。在 CSS 中设置超链接元素为相对定位,当鼠标滑过时,就让它相对于原来的位置发生偏移。只要为链接添加下面的 CSS 代码就可以了。

```
a:hover {
    color: #ff0000;
    position: relative;
    right: 2px;
    top: 3px; }
```

还可以给这些链接添加盒子,那么盒子也会按上述效果发生偏移,如图 4-90 所示。

| 首 页 | 中心简介 | 政策法规 | 常用下载 | 为您服务 |

图 4-90　给链接添加盒子,同样会偏移

2. 利用相对定位制作简单的阴影效果

在 4.6.3 节"滑动门技术——背景的高级运用",即使制作图 4-50 的简单阴影效果都需要用到一张左上边的图片。我们可以利用相对定位技术,不用一张图片也能制作出和图 4-50 相同的简单阴影效果。它的原理是在 img 元素外套一个外围容器,将外围容器的背景设置为灰色,作为 img 元素的阴影,同时不设置填充边界等值使外围容器和图片一样大,这时图像就正好把外围容器的背景完全覆盖。再设置图像相对于原来的位置往左上方偏移几个像素,这样图像的右下方就露出了阴影盒子右边和下边部分的背景,看起来就是 img 元素的阴影了。代码如下,效果如图 4-91 所示。

图 4-91　相对定位法制作的阴影

```
img {
    padding: 6px;
    border: 1px solid #465B68;
    background - color: #fff;
    position: relative;
    left: - 5px;
    top: - 5px;
}
div.shadow {
    background - color: #CCCCCC;
    float:left;
}
< div class = "shadow" >< img src = "works.jpg" width = "150" height = "140"/ ></div>
```

3. 固定宽度网页居中的相对定位法

使用相对定位法可以实现固定宽度的网页居中,该方法首先将包含整个网页的包含框 container 进行相对定位使它向右偏移浏览器宽度的 50%,这时左边框位于浏览器中线的位置上,然后使用负边界将它向左拉回整个页面宽度的一半,如图 4-92 所示,从而达到

水平居中的目的。代码如下：

```
#container {
    position:relative;
    width:760px;
    left:50% ;
    margin - left: - 380px;
}
```

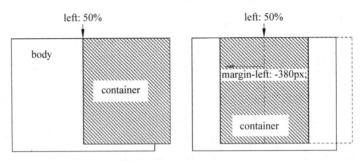

图 4-92　相对定位法实现网页居中示意图

这段代码的意思是，设置 container 的定位是相对于它原来的位置，而它原来默认的位置是在浏览器窗口的最左边，然后将其左边框移动到浏览器的正中央，这是通过"left：50%"实现的，这样就找到了浏览器的中线。再使用负边界法将盒子的一半宽度从中线位置拉回到左边，这样就实现了水平居中。

想一想：如果把 #container 选择器中（left：50%；margin-left：－380px；）改为（right：50%；margin-right：－380px；），还能实现居中吗？

另外，大家知道 div 中的内容默认情况下是顶端对齐的，有时希望 div 中内容垂直居中，如果 div 中只有一行内容，可以设置 div 的高度 height 和行高 line-height 相等。而如果 div 中有多行内容，更一般的方法就是上面这种相对定位的思想，把 div 中的内容放入到一个子 div 中，让子 div 相对于父 div 向下偏移 50%，这样子 div 的顶部就位于父 div 的垂直中线上，然后再设置子 div 的 margin-top 为其高度一半的负值。

4.8.4　绝对定位

绝对定位是指盒子的位置以它的包含框为基准进行定位。绝对定位的元素完全脱离标准流。这意味着它们对其他元素的盒子的定位没有影响，其他的盒子就好像这个盒子完全不存在一样。

注意：绝对定位是以它的包含框的边框内侧为基准进行定位，因此改变包含框的填充值不会对绝对定位元素的位置造成影响。

绝对定位的偏移值是指从它的包含框边框内侧到元素的外边界之间的距离，如果修改元素的 margin 值会影响元素内容的显示位置。

例如：如果将相对定位例子中的 em 的定位属性值由 relative 改为 absolute，那么 em 将按照绝对定位方式进行定位，从图 4-93 中可以看出它将以浏览器左上角为基准定位，配合 left、top 属性值进行偏移,同时 em 元素原来所占据的位置将消失,也就是说它脱离了标准流,其他元素当它不存在了一样。em 选择器的代码如下:

```
em {
    background - color: #0099FF;
    position:absolute;
    left: 60px;
    top: 30px;
    }
```

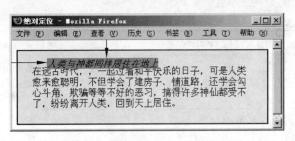

图 4-93　设置 em 元素为绝对定位

但要注意的是,设置为绝对定位(position:absolute;)的元素,并非总是以浏览器窗口为基准进行定位的。实际上,绝对定位元素是以它的包含框为基准进行定位的,所谓包含框是指距离它最近的设置了定位属性的父级元素的盒子。如果它所有的父级元素都没有设置定位属性,那么包含框就是浏览器窗口。

下面,对 em 元素的父级元素 p 设置定位属性,使 p 元素成为 em 元素的包含框,这时,em 元素就不再以浏览器窗口为基准进行定位了,而是以它的包含框 p 元素的盒子为基准进行定位,效果如图 4-94 所示。

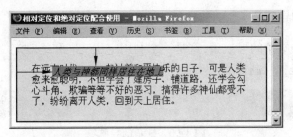

图 4-94　设置 em 为绝对定位同时设置 p 为相对定位

对应的 CSS 代码如下:

```
p {
    background - color: #dbfdba;
    padding: 25px;
    position:relative;
    border: 2px solid #6c4788;
}
```

```
em {
    background-color: #0099FF;
    position:absolute;
    left: 60px;
    top: 40px;}
```

上述代码就是相对定位和绝对定位配合使用的例子,这种方式非常有用,可以让子元素以父元素为定位基准进行定位。

相对定位和绝对定位两种定位方式的特点可归纳为表 4-6 所示。

表 4-6　相对定位和绝对定位的比较

	相对定位 relative	绝对定位 absolute
定位基准	以它自己原来的位置为基准	以距离它最近的设置了定位属性的父级元素为定位基准,若它所有的父级元素都没设置定位属性,则以浏览器窗口为定位基准
原来的位置	还占用着原来的位置,未脱离标准流	不占用其原来的位置,已经脱离标准流,其他元素就当它不存在一样

4.8.5　绝对定位的应用举例

绝对定位元素的特点是完全脱离了标准流,不占据网页中的位置,而是浮在网页上。利用这个特点,绝对定位可以制作漂浮广告,弹出菜单等浮在网页上的元素。如果希望绝对定位元素以它的父元素为定位基准,则需要对它的父元素设置定位属性(一般是设置为相对定位),使它的父元素成为包含框,这就是绝对定位和相对定位的配合使用。这样就可以制作出缺角的导航条、小提示窗口或下拉菜单等。

1. 制作缺角的导航条

图 4-95 是一个缺角的导航条,这是一个利用定位基准和绝对定位技术结合的典型例子,下面来分析它是如何制作的。

图 4-95　缺角的导航条

首先,如果这个导航条没有缺角,那么这个水平导航条完全可以通过盒子在标准流及浮动方式下的排列来实现,不需要使用定位属性。其次,缺的这个角是通过一个元素的盒子叠放在导航选项盒子上实现的,它们之间的位置关系如图 4-96 所示。

图 4-96　缺角的导航条元素盒子之间的关系

形成缺角的盒子实际上是一个空元素,该元素的左边框是 8px 宽的白色边框,下边框是 8px 宽的蓝色边框,它们交汇就形成了斜边效果,如图 4-97 所示。

可以看出,导航项左上角的盒子必须以导航项为基准进行定位,因此必须设置导航项的盒子为相对定位,让它成为一个包含框,然后将左上角的盒子设置为绝对定位,使左上角的盒子以它为基准进行定位,这样还能使左上角盒子不占据标准流的空间。同时由于导航条不需要改变在标准流中的位置,所以应该设置为相对定位无偏移。

图 4-97　缺角处是一个设置左、下边框的空元素

下面将这个实例分解成几步来做:

(1) 首先写出结构代码,直接用 a 元素的盒子做导航条,因为 a 元素里还要包含一个盒子,所以应在 a 元素中添加任意一个行内元素,这里选择 b 元素,它的内容应为空,这样才能利用边框交汇做三角形。结构代码如下:

```
<div id="nav4">
    <a href="#"><b></b>首 页</a>
    <a href="#"><b></b>中心简介</a>
    <a href="#"><b></b>政策法规</a>
    <a href="#"><b></b>常用下载</a>
    <a href="#"><b></b>为您服务</a>
    <a href="#"><b></b>技术支持</a></div>
```

(2) 因为要设置 a 元素的边框填充等值,所以设置 a 元素为块级元素显示,而要让块级元素水平排列,必须设置这些元素为浮动。当然,设置为浮动后元素将自动以块级元素显示,因此也可以将 a 元素的 display:block;去掉。同时,要让 a 元素成为其子元素的包含框,必须设置 a 元素的定位属性,而 a 元素应保持它在标准流中的位置不发生移动,所以 a 元素的定位属性值应为相对定位。因此,a 元素的 CSS 代码如下:

```
#nav4 a {
    background-color: #79bcff;
    font-size: 14px;
    color: #333333;
    text-decoration: none;
    border-bottom:8px solid #99CC00;         /*以上 5 条为普通 CSS 样式设置*/
    display: block;
    float: left;
    padding: 6px 10px 4px 10px;
    margin:0 2px;
    position:relative;                        /*让 b 元素以 a 元素为定位基准*/
}
```

(3) 接下来设置 b 元素为绝对定位,让它以 a 元素为包含框进行定位。由于 b 位于 a 的左上角,必须设置偏移属性 left:0;和 top:0;。由于 b 元素还没有内容,所以此时看不见 b 元素。再设置 b 元素的左边框为白色,下边框为 a 元素的背景色。这样在 Firefox 中就可以看见缺角的导航条效果了。为了在 IE 中也有此效果,需要设置 overflow:hidden;和

height：0px；，因为 IE 默认情况下，设置了边框属性的空元素也有 12px 的高度。所以 b 元素的 CSS 代码如下：

```
#nav4 a b {
    border - bottom: 8px solid #79bcff;
    border - left: 8px solid #ffffff;        /*左边框和下边框交汇形成三角形效果*/
    overflow: hidden;
    height: 0px;                             /*以上2条为兼容 IE 6*/
    position: absolute;
    left:0;                                  /*相对于 a 元素边框内侧的左上角定位*/
    top:0;
}
```

（4）最后为导航条添加交互效果，只需设置鼠标经过时 a 元素的字体、背景色改变，b 元素下边框颜色改变就可以了。

```
#nav4 a:hover {
    color: #CC0000;
    background - color: #CCCCCC;
    border - bottom - color: #CCFF33;
}
#nav4 a:hover b {
    border - bottom - color: #CCCCCC;
}
```

这样，这个缺角的导航条就制作完成了。网上还有很多这种带有三角形的导航条，例如图 4-98 所示就是一个，只是在默认状态时将三角形隐藏，而鼠标滑过时显示三角形罢了。

图 4-98　带有三角形的导航条

2. 制作中英文双语菜单

将缺角的导航条稍作修改就能得到图 4-99 所示的中英文双语导航条。

图 4-99　中英文双语导航条

我们先看看它的结构代码：

```
< div id = "nav4" >
    < a href = "#" > < b >首 页 < /b >Home < /a >
    < a href = "#" > < b >关于我们 < /b >About Us < /a >
```

```
        <a href = "#" ><b>产品展示</b>Products</a>
        <a href = "#" ><b>售后服务</b>Services</a>
        <a href = "#" ><b>联系我们</b>Contact</a>
    </div>
```

可以看到,它是把导航项的中文写在 <b> 标记中,通过在默认状态下隐藏 b 元素,就只能看到英文的文字了。当鼠标滑过时,为了让中文遮盖住英文,必须设置 b 元素为绝对定位,这样 b 元素的盒子就会浮在 a 元素上,挡住了 a 元素且不占据 a 元素的空间。

同样,为了让 b 元素的盒子正好完全遮盖住 a 元素的盒子,b 元素应以 a 元素为定位基准,所以设置 a 元素为相对定位,并且 b 元素应从 a 元素的左上角开始显示,因此设置 b 元素的偏移属性 left,top 都为 0,再设置 b 元素的宽度为 100% ,这样 b 元素就和 a 元素一样大,把 a 元素挡住了。

(1) 在默认状态下时的 CSS 代码如下:

```
#nav4 a {
    font - size: 14px;
    color: #333333;
    text - decoration: none;
    border - bottom:8px solid #99cc00;
    background - color: #79bcff;
    padding: 6px 10px 4px 10px;
    margin:0 2px;                    /*以上 7 条为导航条样式的一般设置*/
    float: left;                     /*使导航项水平排列*/
    width:60px;         /*由于中文字符和对应英文的宽度往往不同,所以要固定盒子宽度*/
    overflow:hidden;                 /*保证在 Firefox 下不溢出*/
    position:relative;
}
#nav4 a b {
    display:none;                    /*默认状态隐藏 b 元素,且不占据空间*/
    position: absolute;
}
```

(2) 当鼠标滑过时,显示 b 元素,并为 b 元素设置背景色,b 元素的盒子不透明才能挡住 a 元素。代码如下:

```
#nav4 a:hover {
    color: #cc0000;
    border - bottom - color: #ccff33;     /*文字和下边框变色*/
}
#nav4 a:hover b {
    display:block;
    left:0;
    top:0;
    padding: 6px 10px 4px;
    width:100% ;                         /*以上两条使 b 的盒子和 a 一样大*/
```

```
background - color: #cccccc;              /*设置背景色,不能在#nav4 a b中设置*/
}
```

这样,这个中英文双语导航条就做好了,但它有个缺点,就是导航项不能自适应宽度。

3. 制作小提示窗口(4-6. html)

几乎所有的 HTML 标记都有一个 title 属性。添加该属性后,当鼠标停留在元素上时,会显示 title 属性里设置的文字,如图 4-100 所示。但用 title 属性设置的提示框不太美观,而且鼠标要停留一秒钟以后才会显示。实际上,可以用绝对定位元素来模拟小提示框,由于这个小提示框必须在其解释的文字旁边出现,所以要把待解释的文字设置为相对定位,作为小提示框的定位基准。

下面是 CSS 小提示框的代码,它的显示效果如图 4-101 所示。

图 4-100　HTML 元素的 title 属性作用

图 4-101　小提示窗口的效果

```
<style type = "text/css">
a.tip{
    color:red;
    text - decoration:none;
    position:relative;                /*设置待解释的文字为定位基准*/
}
a.tip span {display:none;}            /*默认状态下隐藏小提示窗口*/
a.tip:hover {cursor:hand;             /*当鼠标滑过时将鼠标指针设置为手形*/
            z - index:999;}
a.tip:hover .popbox {
    display:block;                    /*当鼠标滑过时显示小提示窗口*/
    position:absolute;
    top:15px;
    left: - 30px;
    width:100px;                      /*以上三条设置小提示窗口的显示位置及大小*/
    background - color:#424242;
    color:#fff;
    padding:10px;
z - index:9999;      /*将提示窗口的层叠值设置得比 a 元素大,防止它被其他 a 元素遮住*/
}
p {font - size: 14px;}
</style>
```

```
<body><p>Web 前台技术： <a href = "#" class = "tip">Ajax<span class = "popbox">
Ajax 是一种浏览器无刷新就能和 web 服务器交换数据的技术</span></a>技术和
<a href = "#" class = "tip">CSS<span class = "popbox">Cascading Style Sheets 层
叠样式表</span></a>的关系</p></body>
```

4. 制作纯 CSS 下拉菜单(4-7. html)

下拉菜单是网页中常见的高级界面元素,过去下拉菜单一般都用 JavaScript 制作,例如使用 Dreamweaver 中的"行为"或在 Fireworks 中"添加弹出菜单"都可以制作下拉菜单,它们是通过自动插入 JavaScript 代码实现的,但这些软件制作的下拉菜单由于存在代码复杂、界面不美观等缺点,因此现在更推荐使用 CSS 来制作下拉菜单,它具有代码简洁、界面美观,占用资源少的特点。

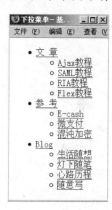

下拉菜单的特点是弹出时浮在网页上的,不占据网页空间,所以放置下拉菜单的元素必须设置为绝对定位元素,而且下拉菜单位置是依据它的导航项来定位的,所以导航项应该设置为相对定位,作为下拉菜单的定位基准,当鼠标滑到导航项时,显示下拉菜单;当鼠标离开时,设置下拉菜单元素的 display 属性为 none,则下拉菜单就被隐藏起来。

制作下拉菜单的步骤比较复杂,下面我们一步步来做:

(1) 下拉菜单采用二级列表结构,第一级放导航项,第二级放下拉菜单项。首先写出它的结构代码,此时显示效果如图 4-102 所示。

图 4-102　下拉菜单基本结构

```
<ul id = "nav">
  <li><a href = "">文 章</a>
    <ul>
      <li><a href = "">Ajax 教程</a> </li>
      <li><a href = "">SAML 教程</a></li>
      <li><a href = "">RIA 教程</a></li>
      <li><a href = "">Flex 教程</a></li>
    </ul>
  </li>
  <li><a href = "">参 考</a>
    <ul>
      <li><a href = "">E - cash</a></li>
      <li><a href = "">微支付</a></li>
      <li><a href = "">混沌加密</a></li>
    </ul>
  </li>
  <li><a href = "">Blog</a>
    <ul>
      <li><a href = "">生活随想</a></li>
```

```
        <li><a href = "">灯下随笔</a></li>
        <li><a href = "">心路历程</a></li>
        <li><a href = "">随意写</a></li>
      </ul>
    </li>
  </ul>
```

可以看到下拉菜单被写在内层的 ul 里,只需控制这个 ul 元素的显示和隐藏就能实现下拉菜单效果。

(2) 设置第一层 li 为左浮动,这样导航项就会水平排列,同时去除列表的小黑点、填充和边界。此时显示效果如图 4-103 所示。再设置导航项 li 为相对定位,让下拉菜单以它为基准定位。代码如下:

```
#nav{
    padding: 0;
    margin: 0;
    list - style: none;}
li {
    float: left;
    width: 160px;
    position:relative;
}
```

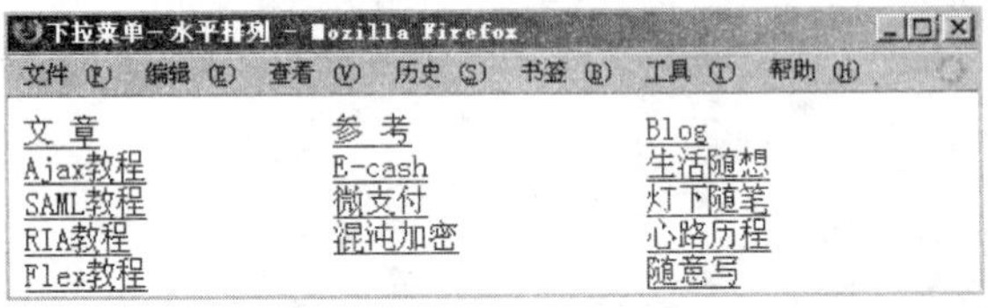

图 4-103　下拉菜单水平排列——设置第一级 li 左浮动

(3) 设置下拉菜单为绝对定位,位于导航项下 21px。默认状态下隐藏下拉菜单 ul,所以 ul 默认值是不显示。

```
li ul {
    display: none;
    position: absolute;
    top: 21px;
}
```

再添加交互,当鼠标滑过时显示下拉菜单 ul。此时在 Firefox 中就可以看到鼠标滑过时弹出下拉菜单的效果了,如图 4-104 所示,只是不太美观。

```
li:hover ul {                    /* IE 6 不支持非 a 元素的伪类,故 IE 6 不显示下拉菜单 */
    display: block;
}
```

图 4-104　添加了交互的下拉菜单——当鼠标滑过时显示下拉菜单项

（4）最后改变下拉菜单的 CSS 样式，使它更美观，并添加交互效果，代码如下。最终在 Firefox 中的效果如图 4-105 所示。

```
ul li a{
    display:block;
    font - size:12px;
    border: 1px solid #ccc;
    padding:3px;
    text - decoration: none;
    color: #777;
    height:1em;                     /* 解决 IE 6 的 bug */
}
ul li a:hover{
    background - color:#f4f4f4;
}
```

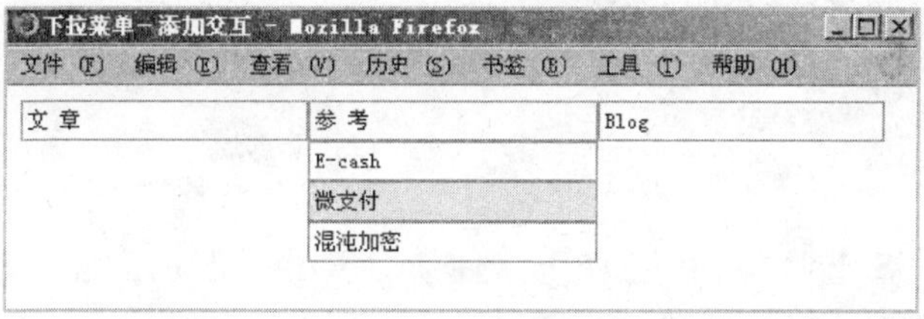

图 4-105　对下拉菜单进行美化后的效果

想一想：如果把上述选择器中的（position：relative；）和（position：absolute；）都去掉还会有上面的下拉菜单效果吗？会出现什么问题呢？

（5）使下拉菜单兼容 IE 6 浏览器的基本思想。由于 IE 6 浏览器不支持 li：hover 伪类，所以无法弹出菜单。解决的办法是，把下拉菜单 ul 元素放在 a 元素中，通过 a：hover ul 来控制下拉菜单的显示和隐藏。虽然把块级元素 ul 放在行内元素 a 中，这在 XHTML 语法中是错误的，但也能实现效果。为此需要把结构代码改成以下形式：

```
< ul id = "nav" >
  < li > < a href = "" > 文 章
    < ul >
      < li > < a href = "" > Ajax 教程 < /li >
      < li > < a href = "" > SAML 教程 < /a > < /li >
```

```
    <li><a href="">RIA 教程</a></li>
    <li><a href="">Flex 教程</a></li>
  </ul> </a>      <!--将 a 的结束标记移动到了 ul 元素后 -->
</li>…
```

这样在理论上就能通过 a:hover ul 控制 ul 的显示和隐藏了,但实际上还需在 ul 元素外再套一层表格标记,否则第二级 a 元素不会有 hover 效果。具体代码可参看本书配套源代码中的"4-7.html"。

另外一种兼容 IE 6 浏览器的方法是在网页中插入下面一段 JavaScript 代码,这段代码的原理希望大家学习完 JavaScript 之后能够理解。代码如下:

```
<script type = "text/javascript">
startList = function() {
    navRoot = document.getElementById("nav");
    for (i = 0; i < navRoot.childNodes.length; i++) {
        node = navRoot.childNodes[i];
        if (node.nodeName == "LI") {
            node.onmouseover = function() {
                this.className += " over";
            }
            node.onmouseout = function() {
    this.className = this.className.replace(" over"," ");    //对 IE 有效
    this.removeAttribute("class");                           //对 Firefox 有效
        }}}}
window.onload = startList;
</script>
```

并添加一条 CSS 选择器,代码如下。使 JavaScript 能动态地为 li 元素添加、移除".over"这个类控制"li ul"的显示和隐藏。

```
li.over ul {
    display: block;
}
```

5. 制作图片放大效果(4-8.html)

在电子商务购物网站中,常常会以缩略图的方式展示商品。当浏览者将鼠标滑动到商品缩略图上时,会把缩略图放大显示成商品的大图,通常还会在大图下显示商品的描述信息。如图 4-106 所示。这种展示商品的图片放大效果非常直观友好,下面分析它是如何制作的。

首先,商品的缩略图的排列可以使用标准流方式排列,但商品的大图要以缩略图为中心进行放大,所以得以缩略图为定位基准,因此商品的缩略图应设置为相对定位。而商品的大图是浮在网页上的,所以是绝对定位元素。在默认情况下,商品的大图是不显示的,

图 4-106　图片放大最终效果

当鼠标滑到缩略图上时,就显示商品的大图。

制作图片放大效果的步骤较复杂,下面分解为几步来制作:

(1)由于有许多张图片,因此采用列表结构来组织这些图片,每个列表项放一张图片。因为图片要响应鼠标悬停,所以在它外面要套一个 a 标记。结构代码如下:

```
< ul id = "lib" >
    < li >< a href = "#" >< img src = "pic1.jpg"/ >< /a >< /li >
    < li >< a href = "#" >< img src = "pic2.jpg"/ >< /a >< /li >
    < li >< a href = "#" >< img src = "pic3.jpg"/ >< /a >< /li >
    < li >< a href = "#" >< img src = "pic4.jpg"/ >< /a >< /li >
< /ul >
```

(2)添加 CSS 代码,主要是清除列表的默认样式,为图片设置边框填充,并设置鼠标滑过时重新定义 img 元素的宽和高。

```
#lib {                              / * 清除列表的默认格式 * /
    margin: 0px;
    padding: 0px;
    list - style - type: none;
}
#lib li {
    float: left;                    / * 如果不希望图片水平排列,可去掉这句 * /
    margin: 4px;
}
#lib img {
    border: 1px solid #333333;
    padding: 6px;
    }
#lib a:hover {
    border:1px solid #CCCCCC;       / * 此处主要为兼容 IE 6 * /
}
#lib a:hover img {
```

```
    width:300px;                    /*当鼠标滑过时重新定义图片的宽和高,实现放大效果 */
    height:280px;

    }
```

（3）这样就有了鼠标经过时图片变大效果，但变大后会使它后面的图片向后偏移，如图 4-107 所示。如果希望后面的图片不发生位移，就需要设置变大后的图片脱离标准流，不占据网页的空间。因此必须将 img 元素设置为绝对定位，将 a 元素设置为相对定位。

图 4-107　图片放大效果（未使用定位属性）

因此在步骤（2）基础上添加和修改的 CSS 代码如下：

```
#lib a {
    position:relative;
}
#lib a:hover {
    border:1px solid #CCCCCC;
    z - index:1000;                 /*防止放大后的图片被小图遮盖 */
}
#lib a:hover img {
    position: absolute;
    left: -50px;
    top: -40px;
    width:300px;
    height:280px;
}
```

要注意因为 a 是 img 的父元素，而父元素的盒子默认会叠放在子元素的下面，所以要设置#lib a:hover 的层叠值（z-index）很大，使放大后的图片不被其他图片所挡住。

（4）这样图片变大之后由于脱离了标准流，因此一变大就不占据原来空间，导致其后面的图片前移占据它原来的位置，如图 4-108 所示。这不是我们想要的效果。

怎样解决这个问题呢？可以给 img 的父元素 li 设置宽度和高度，这样即使 img 元素绝对定位不占据空间后，其父元素 li 由于定义了宽和高，就不会自动收缩，仍然会占据原来的位置。li 元素的宽和高应等于图片的宽和高加它的填充边界距离。这样就正好把图片给包住。下面是完整的 CSS 代码，效果如图 4-109 所示。

图4-108　图片放大效果(放大后绝对定位)

图4-109　图片放大效果(设置了绝对定位元素父元素的宽和高)

```
#lib {
    margin: 0px;
    padding: 0px;
    list - style - type: none;
}
#lib li {
    float: left;
    width:164px;
    height:154px;                    /＊防止 a 元素绝对定位不占据空间后父元素自动收缩＊/
    margin: 4px;
}
#lib img {
    border: 1px solid #333333;
    padding: 6px;
    background - color:#FFFFFF;
}
#lib a {
    position:relative;
}
#lib a:hover {
    border:1px solid #CCCCCC;
    z - index:1000;
}
#lib a:hover img {
```

```
position: absolute; left: - 60px; top: - 50px;
    width:300px; height:280px;
}
```

在图 4-106 的最终效果图中,还给放大后的图片下面添加一些说明文字,这是通过把图片和文字都放入一个块级元素 dt 中,再把它们放入 a 标记中用 a:hover dl 控制下面文字显示和隐藏实现的,具体代码可参看本书配套源代码中的"例 4-8"。显然这样不符合 XHTML 语法。

如果不是对图片本身放大,而是在图片旁边弹出一张大图,则需要在 img 标记旁边插入一个 span 标记,用 span 标记的背景来放置大图,用"a:hover span"来控制大图的显示和隐藏,整体思路和做小提示窗口相似,只是把文字换成图像。

4.8.6 DW 中定位属性面板介绍

在 DW 中,对定位属性的设置在"定位"选项面板中,其中,"宽"和"高"对应 width 和 height 属性,实际上这两项的设置在"方框"面板中也有。"裁切"可用来对图像或其他盒子进行剪切,但仅对绝对定位元素有效。"显示"(visibility)若设置为隐藏,则元素不可见,但元素所占的位置会被留出来。它们对应的 CSS 属性如图 4-110 所示。

图 4-110　DW 中的定位属性面板

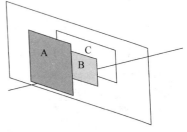

图 4-111　z-index 轴

4.8.7 与 position 属性有关的 CSS 属性

1. z-index 属性

z-index 属性用于调整定位时重叠块之间的上下位置。与它的名称一样,想象页面为 x-y 轴,那么垂直于页面的方向就为 z 轴,z-index 值大的盒子位于值小的盒子的上方,可以通过设置 z-index 值改变盒子之间的重叠次序。默认的 z-index 值为 0,当两个盒子的 z-index 值一样时,则保持原来的高低覆盖关系。如图 4-111 所示为 z-index 轴。

注意:z-index 属性和偏移属性一样,只对设置了定位属性(position 属性值为 relative 或 absolute 或 fixed)的元素有效。下面的代码是用 z-index 属性调整重叠块的位置。

```
<style type="text/css">
#block1,#block2,#block3{
    border:1px dashed #000000;
    padding:10px;
}
#block1{
    background-color:#fff0ac;
    position:absolute;
    left:20px;
    top:30px;
    z-index:1;                              /*高低值1*/
}
#block2{
    background-color:#ffc24c;
    position:absolute;
    left:40px;
    top:50px;
    z-index:0;                              /*高低值0*/
}
#block3{
    background-color:#c7ff9d;
    position:absolute;
    left:60px;
    top:70px;
    z-index:-1;                             /*高低值-1*/
}
</style>
<body>
    <div id="block1">第一个盒子 AA</div>
    <div id="block2">第二个盒子 BB</div>
    <div id="block3">第三个盒子</div>
</body>
```

上述代码对 3 个有重叠关系的块分别设置了 z-index 值,在设置前后的效果如图 4-112 所示。

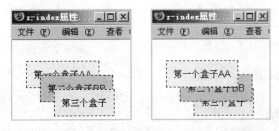

图 4-112　设置 z-index 值前(左)和设置 z-index 值后(右)三个盒子的叠放次序

2. z-index 属性应用——制作动态改变叠放次序的导航条

利用 z-index 属性改变盒子叠放次序的功能,可以制作出图 4-113 所示的导航条来。该导航条由几个导航项和下部的水平条组成。水平条是一个绝对定位元素,通过设置它的位置使它正好叠放在导航项下面的部分。在正常浏览状态下,导航项的下方被水平条覆盖,当鼠标滑过某个导航项时,设置它的 z-index 值很大,这样导航项的块就会遮盖住水平条,形成图 4-113 所示的动态效果来。

图 4-113　动态改变 z-index 属性的导航条

下面分步来讲解如何制作动态改变 z-index 属性的导航条。

(1)首先,因为 z-index 只对设置了定位属性的元素才有效,所以导航项和水平条都要设置定位属性。由于每个导航项的位置应该保持在标准流中的位置不变,所以设置它们为相对定位,不设置偏移属性。而水平条要叠放在导航项的上方,不占据网页空间,因此设置它为绝对定位。而且水平条要以整个导航条为基准进行定位,所以将整个导航条放在一个 div 盒子内,并设置它为相对定位,作为水平条的定位基准。结构代码如下:

```
< div id = "nav" >                   < !-- 主要作用是作为底部水平条的定位基准 -->
    < a href = "#" >< span >首 页 </span ></a >
                                        < !--该导航条使用了滑动门技术 -->
    < a href = "#" >< span >中心简介 </span ></a >
                                        < !--所以每个导航项需要两个盒子 -->
    < a href = "#" >< span >政策法规 </span ></a >
    < a href = "#" >< span >常用下载 </span ></a >
    < a href = "#" >< span >为您服务 </span ></a >
    < a href = "#" >< span >技术支持 </span ></a >
    < div id = "bott" ></div >                < !--底部的水平条 -->
</div >
```

(2)接下来写导航条#nav 和它包含的水平条的 CSS 代码,#nav 只要设置为相对定位就可以了,作为水平条#bott 的定位基准,而#bott 设置为绝对定位后必须向下偏移 28px,这样正好叠放于导航项的下部。

```
#nav {
    position:relative;               /*作为定位基准 */
}
#bott{
    background - color: #999966;
    height:6px;                       /*水平条高度为 6px */
    font - size:0;
                    /*兼容 IE,因为 IE 默认字体高度为 12px,也可用 overflow:hidden 替代 */
    clear:both;                       /*由于导航项(a 元素)都浮动,所以要清除浮动 */
    position:absolute;
```

```
        width:95% ;            /*由于绝对定位元素宽度不会自动伸展,要设置宽度使它占满一行 */
        top:28px;
        }
```

（3）用滑动门技术设置 a 元素和 span 元素的背景，背景图片如图 4-114 所示。其中 span 元素的背景从右往左铺，a 元素的背景从左往右铺，叠加后形成自适应宽度的圆角导航项背景。再设置 a 元素为相对定位，这是为了使 a 元素在鼠标滑过时能设置 z-index 属性。代码如下：

图 4-114 导航条的背景图片
（zindex.gif）

```
#nav a {
position:relative;                         /*设置相对定位,为了应用 z-index 属性 */
    float: left;                           /*使 a 元素水平排列 */
    padding - left: 14px;
    background - image: url(zindex.gif);
    background - position:0 - 42px;        /*取下半部分的圆角图案作背景 */
    height:34px;
    line - height:28px;                    /*行高比高度小,使文字位于中部偏上 */
    color:#FFFFFF;
    text - decoration:none;
}
#nav span {
    padding - right:14px;
    background - image: url(zindex.gif);
    background - position: 100% - 42px;
    font - size:14px;
    float:left;                            /*此处是为兼容 IE 6,防止 span 占满整行 */
}
```

（4）最后设置鼠标滑过时的效果，包括设置 z-index 值改变重叠次序，改变背景显示位置实现图像的翻转等。代码如下：

```
#nav a:hover {
    cursor:hand;                           /*此处为兼容 IE 6,使 IE 6 中光标变为手形 */
    background - position:0 0;             /*取上半部分图像作为背景,实现背景的翻转 */
    z - index:1000;                        /*使鼠标悬停的导航项遮盖住水平条 */
}
#nav a:hover span {
    height:34px;
    background - position:100% 0;
    color:#ff0000;                         /*改变文字颜色 */
}
```

这样动态改变层叠次序的导航条就做好了，如果将导航条的背景图片制作成具有半透明效果的 PNG 格式文件，效果可能会更好。

3. overflow 属性

（1）overflow 属性的基本功能是设置元素盒子中的内容如果溢出是否显示，取值有 visible（可见）、hidden（隐藏）、scroll（出现滚动条）、auto（自动）。如果不设置则默认值为 visible。将下面代码中的 overflow 值依次修改为 visible、hidden、scroll、auto，显示效果如图 4-115 所示。

```
< style type = "text/css" >
#qq {
    border:1px solid #333333;
    height: 100px;
    width: 100px;
    overflow: visible;                  /* 依次修改为 hidden、scroll、auto */}
</style >
< body >
< div id = "qq" >在一个遥远而古老的国度里,国王和王后因为性格不和而离婚,国王再娶了
一位美丽的王后。可惜,这位新后天性善妒 </div>
</body >
```

图 4-115　（从左至右）overflow 属性分别设置为 visible(Firefox)、
visible(IE 6)、hidden、scroll、auto 的效果

由于 IE 对于空元素的默认高度是 12px，所以经常使用（overflow：hidden）使空元素在 IE 浏览器中所占高度为 0。

（2）overflow 属性的另一种功能是用来代替清除浮动的元素。

如果父元素中的子元素都设置成了浮动，那么子元素脱离了标准流，导致父元素高度不会自动伸展包含住子元素，在"扩展外围盒子高度"中说过可以在这些浮动的子元素的后面添加一个清除浮动的元素，来把外围盒子撑开。实际上，通过对父元素设置 overflow 属性也可以扩展外围盒子高度，从而代替了清除浮动元素的作用。例如：

```
< style type = "text/css" >
div{
    padding:10px;     margin:10px;
    border:1px dashed #111111;
    background - color:#90baff; }
.father{
```

```
    background - color:#ffff99;
    border:1px solid #111111;
    overflow:auto;                  /* 图 4-116(左)是未添加这句时的效果 */
}
.son1{
    float:left;
}
</style >
< div class = "father" >
        < div class = "son1" > Box - 1 </div>
    </div >
```

可以看到,对父元素设置 overflow 属性为 auto 或 hidden 时,就能达到在 Firefox 中扩展外围盒子高度的效果,如图 4-116(右)所示,这比专门在浮动元素后添加一个清除浮动的空元素要简单得多。

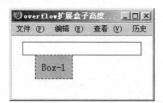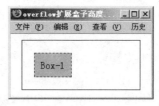

图 4-116　利用 overflow 属性扩展外围盒子高度之前(左)和之后(右)的效果

对于 IE 来说,只要设置浮动元素的父元素的宽或高,那么浮动元素就不会脱离标准流。父元素会自动伸展包含住浮动块,因此不存在扩展外围盒子高度的问题。

但当没有对父元素 box 设置宽或高时,在 IE 中父元素就不会包含住浮动块,而且对 IE 即使按上述方法设置父元素的 overflow 属性也不起作用。这时对 IE 来说,只能对盒子设置宽或高,如果不方便设置宽度,则可以针对 box 设置一个很小的百分比高度,如(height:1%),使 IE 6 中的 box 也能包含住浮动块,这样就兼容了 IE 6 和 Firefox 浏览器。

4. clip 属性

在网页设计中,有时网页上摆放图片的面积不够,此时可以将图片通过设置宽和高属性缩小,也可以通过 clip 属性对图片进行裁切。clip 是裁切属性,用来设置对象的可视区域。它只能用在绝对定位元素上,因此应用此属性时,元素必须设置 position:absolute,例如:

```
img {
    clip: rect(20px,auto,auto,20px);
    position: absolute; }
```

表示从距左边 20px 处和距上边 20px 处开始显示图片,则左边和上边 20px 以内的区域都被裁切掉,即看不见了,但仍然占据网页空间。效果如图 4-117 所示。

图 4-117　裁切前(左)裁切后(右)

用 clip 属性不仅能裁切图像,也能裁切任何网页元素,但是要应用 clip 属性必须将元素设置为绝对定位,这可能影响原来元素在网页中的布局。

实际上,如果对一个元素设置负边界值,那么这个元素会有一部分移出原来的位置不被显示,同时设置它的父元素宽和高,并设置溢出隐藏,这样可以用来模拟裁切属性的作用。

4.8.8　hover 伪类的应用总结*

hover 伪类是通过 CSS 实现与页面交互最主要的一种形式,前面的很多实例中都用到了 hover 伪类,下面总结一下 hover 伪类的作用。

1. hover 伪类的作用

hover 伪类的作用有两种,一是通过 hover 伪类实现元素自身鼠标滑过时的动态效果,这是 hover 伪类的基本用法,如鼠标滑过导航项时让导航项的字体和背景变色等。二是通过 hover 伪类控制元素子元素的动态效果。

用 hover 伪类控制元素的子元素又可分为两种情况:

(1) 解决 IE 6 不支持非 a 元素 hover 伪类的问题。

由于 IE 6 只支持 a:hover 伪类,如果要给其他元素添加动态效果,就可以在该元素外面套一个 a 标记,例如下面的代码就可以实现 img 元素边框的动态变色。

```
< style type = "text/css" >
img {
    padding: 6px;
    border: 1px solid #ffffff;
}
img:hover {                              /* 对于 Firefox 实现动态变色只需要该选择器 */
    border: 1px solid #666666;
}
a:hover img {                            /* IE 6 实现动态变色 */
    border: 1px solid #666666;
}
a:hover {                                /* 解决 IE 6 的 bug */
    color:#FFFFFF;
}
< /style >
< a href = "#" >< img src = "works.jpg" border = "0"/ >< /a >
```

(2) 控制子元素的显示和隐藏。

有时如果子元素隐藏起来了,就没有办法利用子元素自身的 hover 伪类来控制它了,只能使用父元素的 hover 伪类对它进行控制。

2. hover 伪类不能做什么

hover 伪类只能控制元素自身或其子元素在鼠标滑过时的动态效果,而无法控制其他元素实现动态效果,例如 tab 面板由于要用 tab 项(a 元素)控制不属于其包含的 div 元素,就无法使用 hover 伪类实现,而只能通过编写 JavaScript 代码来操纵 a 元素的行为实现。

4.9　CSS + div 布局

对于 CSS 布局而言,本质就是大大小小的盒子在页面上摆放,我们看到的页面中的内容不是文字,也不是图像,而是一堆盒子。我们要考虑的就是盒子与盒子之间的关系,是标准流、并列、上下、嵌套、间隔、背景、浮动、绝对、相对还是定位基准,等等。将盒子之间通过各种定位方式排列使之达到想要的效果就是 CSS 布局基本思想。

如果用 CSS 对整个网页进行布局,那么基本步骤如下:

(1)将页面用 div 分块。

(2)通过 CSS 设计各块的位置和大小,以及相互关系。

(3)在网页的各大 div 块中插入作为各个栏目框的小块。

4.9.1　分栏布局的种类

网页的布局从总体上说可分为固定宽度布局和可变宽度布局两类。所谓固定宽度是指网页的宽度是固定的,如 780px,不会随浏览器大小的改变而改变;而可变宽度是指如果浏览器窗口大小发生变化,网页的宽度也会变化,如将网页宽度设置为 85%,表示它的宽度永远是浏览器宽度的 85%。

固定宽度的好处是网页不会随浏览器大小的改变而发生变形,窗口变小只是网页的一部分被遮盖住,所以固定宽度布局用得更广泛,适合于初学者使用。而可变宽度布局的好处是能适应各种用户的显示器,不会因为用户的显示器过宽而使两边出现很宽的空白区域。

以 1-3-1 式三列布局为例,它具有的布局形式如图 4-118 所示。

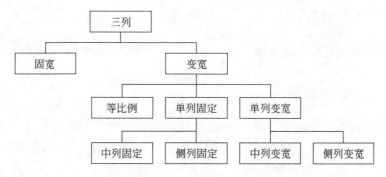

图 4-118　1-3-1 式布局所有的种类

4.9.2　固定宽度布局

1. 固定宽度分栏布局的实现

固定宽度布局的最常用方法是将所有栏都浮动,在 4.7.4 节"浮动的应用举例"中已经介绍了三栏浮动实现 1-3-1 布局的方法,此处不再赘述。

2. 固定宽度网页居中的方法

通常情况下我们都希望制作的网页在浏览器中居中显示,通过 CSS 实现网页居中的方法主要有以下三种:

(1) text-align 法

这种方法设置 body 元素的 text-align 值为 center,这样 body 中的内容(整个网页)就会居中显示。由于 text-align 属性具有继承性,网页中各个元素的内容也会居中显示,这是我们不希望看到的,因此设置包含整个网页的容器#container 的 text-align 值为 left。代码如下:

```
body{text - align: center;mini - width: 790px;}
#container {margin: 0 auto;text - align: left;width: 780px;}
```

(2) margin 法

通过设置包含整个网页的容器#container 的 margin 值为"0 auto",即上下边界为 0,左右边界自动,再配合设置 width 属性为一个固定值或相对值,也可以使网页居中,从代码量上看,这是使网页居中的一种最简单的方法。例如:

```
#container {margin: 0 auto; width: 780px;}
#container {margin: 0 auto; width: 85% ;}
```

注意:如果仅仅设置#container {margin: 0 auto;},而不设置宽度(width)值,网页是不会居中的。

(3) 相对定位法

相对定位法居中在 4.8.3 节"相对定位的应用举例"中已经提到过,它只能使固定宽度的网页居中。代码如下:

```
#container {position: relative; width:780px; left: 50% ; margin - left: - 390px;}
```

4.9.3　可变宽度布局

可变宽度布局在目前正变得流行起来,它比固定宽度布局有更高的技术含量。本节介绍三种最常用的可变宽度布局模式,分别是两列(或多列)等比例布局,一列固定、一列变宽的 1-2-1 式布局,两侧列固定、中间列变宽的 1-3-1 式布局。

1. 两列(或多列)等比例布局

两列(或多列)等比例布局的实现方法很简单,将固定宽度布局中每列的宽由固定的值改为百分比就行了。

```
#header,#pagefooter,#container{
    margin:0 auto;
```

```
        /* width: 760px; 删除原来的固定宽度 */
        width:85% ;                           /* 改为比例宽度 */
    }
#content{
    float:right;
        /* width: 500px; 删除原来的固定宽度 */
        width:66% ;                           /* 改为比例宽度 */
    }
#side{
    float:left;
        /* width: 260px; 删除原来的固定宽度 */
        width:33% ;                           /* 改为比例宽度 */
    }
```

　　这样不论浏览器窗口的宽度怎样变化，两列的宽度总是等比例的，如图 4-119 所示。
　　但是当浏览器变得很窄之后，如图 4-119③所示，网页会变得很难看。如果不希望这样，可以对#container 加一条 CSS 2.0 里面的"mini-width：490px；"属性，即网页的最小宽度是 490px，这样对于支持该属性的 IE 7 或 Firefox 来说，当浏览器的宽度小于 490px 后，网页就不会再变小了，而是在浏览器的下方出现水平滚动条。

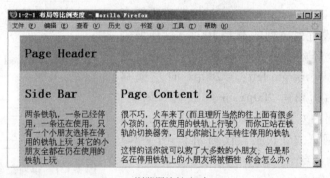

① 浏览器比较宽时

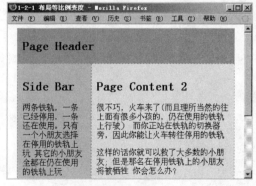

② 浏览器变窄后

③ 浏览器变得很窄之后

图 4-119　浏览器窗口的变化

2. 单列变宽布局——改进浮动法

一列固定、一列变宽的 1-2-1 式布局是一种在博客类网站中很受欢迎的布局形式,这类网站常把侧边的导航栏宽度固定,而主体的内容栏宽度是可变的,如图 4-120 所示。

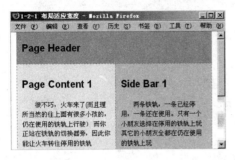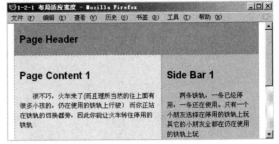

图 4-120　一列固定、一列变宽布局(右边这一列宽度是固定的)

例如网页的宽度是浏览器宽度的 85%,其中一列的宽度是固定值 200px。如果用表格实现这种布局,只需把布局表格宽度设为 85%,把其中一列的宽度设为固定值就可以了。但用 CSS 实现一列固定、一列变宽的布局,就要麻烦一些。首先,把一列 div 的宽度设置为 200px,那么另一列的宽就是(包含整个网页 container 宽的"100% −200px"),而这个宽度不能直接写,因此必须设置另一列的宽是 100%,这样另一列就和 container 等宽,这时会占满整个网页,再把这一列通过负边界 margin-left:−200px 向左偏移 200px,使它的右边留出 200px,正好放置 side 列。最后设置这一列的左填充为 200px,这样它的内容就不会显示在网页的外边去。代码如下,图 4-121 是该布局方法的示意图。

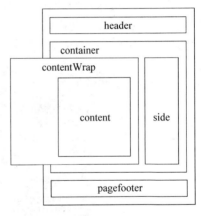

图 4-121　单列变宽布局——改进浮动法示意图

```
#header,#pagefooter,#container{
    margin:0 auto;
    width:85% ;
    }
#contentWrap{
    margin - left:-200px;
    float:left;
    width:100% ;
    }
#content{
    padding - left:200px;
    }
#side{
    float:right;
```

```
    width:200px;
    }
#pagefooter{
    clear:both;
    }
<div id = "header"> … </div>
<div id = "container">
    <div id = "contentWrap">
        <div id = "content"> … </div>
    </div>
    <div id = "side"> … </div>
</div>
<div id = "pagefooter"> … </div>
```

3. 1-3-1 中间列变宽布局——绝对定位法

两侧列固定、中间列变宽的 1-3-1 式布局也是一种常用的布局形式,这种形式的布局通常是把两侧列设置成绝对定位元素,并对它们设置固定宽度。例如左右两列都设置成200px 宽,而中间列不设置宽度,并设置它的左右 margin 都为 200px,使它不被两侧列所遮盖。这样它就会随着网页宽度的改变而改变,因而被形象地称为液态布局。其结构代码和 1-3-1 固定宽度布局一样,代码如下:

```
<div id = "header"><h2> Page Header </h2></div>
    <div id = "container">
        <div id = "navi"><h2>Navi Bar </h2> … </div>
        <div id = "content"><h2> Page Content </h2> … </div>
        <div id = "side"><h2> Side Bar </h2> … </div>
    </div>
<div id = "footer"><h2> Page Footer </h2></div>
```

然后将 container 设置为相对定位,则两侧列以它为定位基准。如果此时对两侧列的盒子设置背景色,那么两侧列就可能和中间列不等高,如图 4-122 所示,这样很不美观。

因此不能对两侧列的盒子设置背景色,而应该对 container 设置背景颜色,再对中间列设置另一种背景颜色,这样两侧列的背景色实际上就是 container 的背景颜色了,而中间列的背景色覆盖在 container 的背景色上面,这样两侧列看起来就和中间列等高了。下面是实现的 CSS 样式代码。

```
#navi {
    width: 200px;
    position: absolute;
    left: 0px;
    top: 0px;
}
#content {
    background - color:white;              /* 设置中间列背景色为白色 */
```

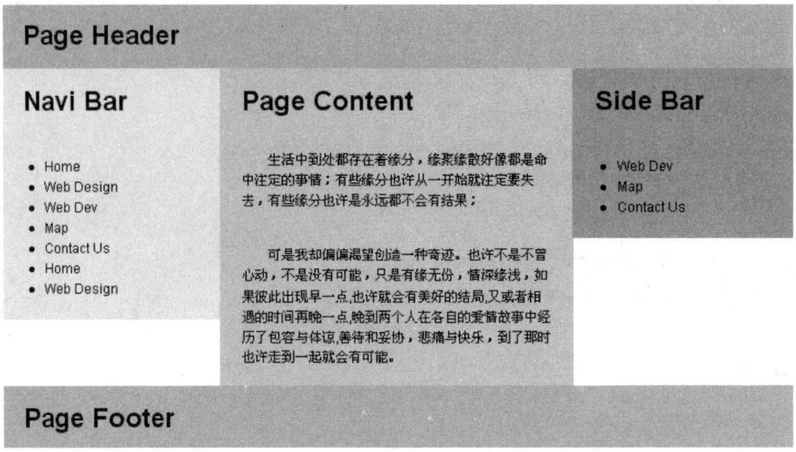

图 4-122　基本的 1-3-1 中间列变宽布局

```
        margin - right: 200px;
        margin - left: 200px;
    }
#side {
    width: 200px;
    position: absolute;
    right: 0px;
    top: 0px;
    }
#container {
    width:85% ;
    margin:0 auto;
    background - color:orchid;        /* 设置容器的背景色为淡紫色 */
    position: relative;               /* 相对定位,使#navi、#side 以它为定位基准 */
    }
```

上面的方法两侧列的背景颜色总是相同的。如果希望两侧列的背景颜色不同,则需要在 container 里面再套一层 innerContainer,给 container 设置一个背景图片从左边开始垂直平铺,给 innerContainer 设置一个背景图片,从右边开始平铺。两个背景图片都只有两列宽,不会覆盖对方。它的结构代码如下,效果如图 4-123 所示。

```
< div id = "container" >
    < div id = "innerContainer" >
        < div id = "navi" > ··· </ div >
        < div id = "content" > ··· </ div >
        < div id = "side" > ··· </ div >
    </ div >
</ div >
```

其 CSS 代码就是在上述基础上修改了#container 选择器并新建了#innerContainer 选择器,代码如下:

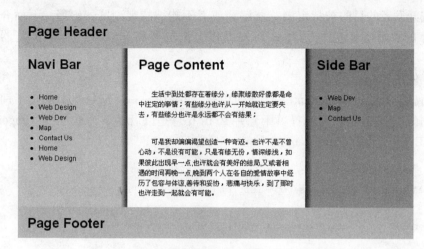

图 4-123　使用带阴影的两个背景图像的页面效果

```
#container {
    width:85% ;
    margin:0 auto;
    background:url(images/background-right.gif) repeat-y top right;
    position: relative;
    }
#innerContainer {
    background:url(images/background-left.gif) repeat-y top left;
    }
```

可以看到,使用这种方式还可以给两个背景色图片设置一些图像效果,例如图 4-123 中的内侧阴影效果。

4.10　解决 CSS 浏览器兼容问题的基本方法^{*}

由于 CSS 样式以及页面各种元素在不同浏览器中的表现不同,所以必须考虑网页代码的浏览器兼容问题。解决兼容性问题一般可以遵循以下两个原则。

1. 尽量使用兼容属性

因为并不是所有的 CSS 属性都存在兼容的问题,所以如果使用所有浏览器都能理解一致的属性,那么兼容的问题也就不存在了。

但是如果要实现这样的兼容就会有一部分 CSS 属性的使用受到限制。也就是说兼容的浏览器越多,能够使用的 CSS 属性就越少。这给网页设计中灵活运用 CSS 属性带来了困难。

2. 使用 CSS hack 技术

CSS hack 技术是通过被某些浏览器支持而其他浏览器不支持的语句,使一个 CSS 样式能够按开发者的目的被特定浏览器解释或者不能被特定浏览器解释。下面介绍几种 CSS hack 的常用技术,它们是针对 IE 6 及以上浏览器和 Firefox 等标准浏览器兼容问题的。

(1) 使用!important 关键字

前面已经介绍过!important 关键字的用途,如果在同一个选择器中定义了两条相冲突的规则(注意是在同一个选择器中),那么 IE 6 总是以后一条为准,不认!important,而 Firefox/IE 7 以定义了!important 的为准。例如:

```
① .shadow div {
    background: url(images/top - left.png) no - repeat !important;
                                            /* Firefox、IE 7 执行这一条 */
      background: url(images/top - left.gif) no - repeat;
                                            /* IE 6 执行这一条 */
        padding: 0 6px 6px 0;
    }
② div{margin:30px !important;                /* Firefox、IE 7 执行这一条 */
    margin:28px;                             /* IE6 执行这一条 */
    }
```

(2) 在属性前添加" + "、"_"号兼容不同浏览器

在属性前添加" + "号可区别 IE 与其他浏览器,例如:

```
#demo div{
    width:50px;                              /* FireFox 有效 */
    + width:60px;                            /* IE 有效 */
}
```

那么如何进一步区分 IE 6 和 IE 7 呢? 由于 IE 7 不支持属性前加下划线"_"的写法,会将整条样式忽略,而 IE 6 却不会忽略,和没加下划线的属性同样解释。例如:

```
#demo div{
    height:50px;                             /* FireFox 有效 */
    + height:60px;                           /* IE 7 有效 */
    _height:70px;                            /* IE 6 有效 */
}
```

(3) 使用子选择器和属性选择器等 IE 6 不支持的选择器

由于 IE 6 不支持子选择器和属性选择器等 CSS 选择器,可以用它们区别 IE 6 和其他浏览器。例如:

```
html body {background - image:(bg.gif)}      /* IE 6 有效 */
html > body {background - image:(bg.png)}     /* FireFox/IE 7 有效 */
```

(4) 使用 IE 条件注释

条件注释是 IE 特有的功能,能够使 IE 浏览器对 XHTML 代码进行单独处理。值得注意的是,条件注释是一种 HTML 的注释,所以只针对 HTML,当然也可以将 CSS 通过行内式

方法引入到 HTML 中,让 CSS 也可以应用到条件注释。IE 条件注释的使用方法如下:

```
<!--[if IE]>此内容只有 IE 可见,其他浏览器会把它当成注释忽略掉<![endif]-->
<!--[if IE 6.0]> 此内容只有 IE 6.0 可见<![endif]-->
<!--[if IE 7.0]> 此内容只有 IE 7.0 可见<![endif]-->
```

条件注释也支持感叹号"!"非操作。例如:

```
<!--[if !IE 6.0]> 此内容除了 IE 6.0 之外都可见<![endif]-->
```

条件注释还可使用 gt 表示 greater than,指当前条件版本的以上版本,不包含当前版本。

gte 表示 greater than or equal,大于或等于当前条件版本,表示当前条件版本和以上的版本。

同样,lt 表示 less than,指当前条件版本的以下版本,不包含当前条件版本。

lte 表示 less than or equal,当前条件版本和它的以下版本。例如:

```
<!--[if lte IE 6]>此内容 IE 6 及其以下版本可见<![endif]-->
<!--[if gte IE 7]>此内容 IE 7 及其以上版本可见<![endif]-->
```

经验:HTML 语言的注释符比较奇怪,它不像编程语言的注释符,只要是注释符中的内容就一定会被忽略。像 < style > 标记中的注释符,只要浏览器支持 CSS 就不会忽略其中的内容,还有上面的条件注释,对于符合条件的 IE 浏览器也不会把注释符中的内容当成注释忽略。

通过以上一些方法就可以让不同浏览器应用不同的样式规则了。有时,页面中某个元素的位置在一种浏览器中显示正常,在另一种浏览器中总是有几像素的错位,但网页代码可能非常复杂,层叠关系也很复杂,在并不知道细节的情况下,很难找到问题的根源。这时使用 CSS hack 修补的方法就很方便(尽管不是最优雅完善的方法),能使各种浏览器都按设计者的意图显示。

当然,最后还是要指出,任何 CSS hack 方法都要慎重使用,最好还是能够按照标准的 CSS 进行设计,这样的代码在可读性、可维护性方面要好很多,也是我们追求的目标。

4.11　CSS 3 新增功能和属性一瞥*

2007 年,W3C 发布了 CSS 3.0 版本,CSS3.0 版本有更好的灵活性,使之前复杂的效果用 CSS 3 制作起来游刃有余,例如在 CSS 3 中制作圆角、阴影效果等都变得很简单。尽管目前只有最新的浏览器(如 Safari 4、Firefox 3.1)能支持 CSS 3 的部分属性。但不久的将来 CSS 3 肯定会得到大多数浏览器的支持。而且可以通过第 7 章介绍的 jQuery 选择器使所有浏览器都支持 CSS 3 的选择器。

1. CSS 3 新增的属性

在 CSS 3 中新增了许多可节省设计时间的属性,例如:

- border-color:控制边框颜色,并且有了更大的灵活性,可以产生渐变效果。

- border-image：控制边框图像。
- border-radius：能产生类似圆角矩形的效果。
- text-shadow：文字投影。
- box-shadow：元素盒子投影。

multiple backgrounds：多重背景图像，可以让一个元素有多个背景图像，例如，下面为一个元素指定了三个背景图像，并使它们的位置不同，从而三个背景图像都能看到。

```
background-image: url(01.png), url(02.png), url(03.png);
background-position: left top, -400px bottom, -800px top;
```

2. CSS 3 选择器应用举例

下面举一个例子来看看应用 CSS 3 各种属性后的效果，代码如下，它在 Safari 4 中的效果如图 4-124 所示。

```
<style type="text/css">
div{
    line-height:60px; text-align:center; font-size:24px; font-weight:bold;
    width:200px; height:60px;
    border:1px solid #000000; background-color:#FFFF00;
    border-radius:20px;                    /*CSS 3 中的圆角矩形,但目前没有任何浏览器支持*/
    -moz-border-radius:20px;               /*mozilla 中的圆角矩形*/
    -webkit-border-radius:20px;            /*Safari 中的圆角矩形*/
    -webkit-box-shadow: 3px 5px 10px #333; /*Safari 中的盒子阴影*/
    text-shadow: 3px 3px 7px #111;         /*CSS 3 中的文字阴影*/
}
</style>
<div>文字阴影效果</div>
```

图 4-124　Safari 4 中的 CSS 3 属性演示效果

习题

1. 作业题

（1）定义 CSS 样式规则的正确形式是（　　）。

    A．body｛color=black｝　　　　　　　　B．body：color=black

    C．body｛color：black｝　　　　　　　　D．｛body；color：black｝

（2）下面不是 CSS 中颜色的表示法的是（　　）。

　　A. #ffffff　　　　　　　　　　　　B. rgb(255,255,255)

　　C. rgb(ff,ff,ff)　　　　　　　　　D. white

（3）关于浮动,下列样式规则不正确的是（　　）。

　　A. img {float：left; margin：20px;}

　　B. img {float：right; right：30px;}

　　C. img {float：right; width：120px; height：80px;}

　　D. img {float：left; margin-bottom：2em;}

（4）关于 CSS 2.0 中的背景属性,下列说法正确的是（　　）。

　　A. 可以通过背景相关属性改变背景图片的原始尺寸大小

　　B. 不可以对一个元素设置两张背景图片

　　C. 不可以对一个元素同时设置背景颜色和背景图片

　　D. 在默认情况下背景图片不会平铺,左上角对齐

（5）CSS 中定义 .outer {background-color：red;} 表示的是（　　）。

　　A. 网页中某一个 id 为 outer 的元素的背景色是红色的

　　B. 网页中含有 class = "outer" 元素的背景色是红色的

　　C. 网页中元素名为 outer 元素的背景色是红色的

　　D. 网页中含有 class = ".outer" 元素的背景色是红色的

（6）插入的内容大于盒子的边距时,如果要使盒子通过延伸来容纳额外的内容。在溢出(overflow)选项中应选择的是（　　）。

　　A. visible　　　B. scroll　　　　　C. hidden　　　D. auto

（7）举例说出 3 个上下边界(margin)的浏览器默认值不为 0 的元素_____、_____、_____。

（8）CSS 中,继承是一种机制,它允许样式不仅可以应用于某个特定的元素,还可以应用于它的_____。

（9）如果要使网页中的背景图片不随网页滚动,应设置的 CSS 声明是_____。

（10）设#title{padding：6px 10px 4px},则 id 为 title 的元素左填充是_____。

（11）下列各项描述的定位方式是什么？（填写 static、relative、aboslute 或 fixed 中的一项或多项）

①元素以它的包含框为定位基准。_____

②元素完全脱离了标准流。_____

③元素相对于它原来的位置为定位基准。_____

④元素在标准流中的位置会被保留。_____

⑤元素在标准流中的位置会被其他元素占据。_____

⑥能够通过 z-index 属性改变元素的层叠次序。_____

（12）简述用 DW 新建一条 CSS 样式规则的过程。

（13）有些网页中,当鼠标滑过时,超链接的下划线是虚线,你认为这是怎么实现的？

（14）写 CSS 代码让一个 id 为"#title"的 div 元素中的文字的大小为 14px，红色，粗体，文字到单元格左边框的距离为 12px，让内容区域文字大小为 12px，行距为文字大小的 1.5 倍，文字与容器四周边框的距离均为 10px，段落前空两格。

（15）简述制作纯 CSS 下拉菜单的原理和主要步骤。

（16）CSS 中的 display 属性和 visibility 属性都可以用于对网页指定对象的隐藏和显示，它们的效果是一样的吗？

2. 上机实践题

（1）分别使用编写代码的方式和 DW 中 CSS 可视化操作方式制作本章中图 4-24 所示的页面。

（2）在 HTML 代码中插入一个 a 元素，然后用 CSS 设置它的盒子属性，要求盒子的填充值为（上：6px，下：4px，左右：10px），边框为 1px 红色实线，背景为淡红色，并使盒子在浏览器中能完全显示。

第 5 章

Fireworks

Fireworks 是用来设计和制作专业化网页图形的图像处理软件,目前最新版本是 Fireworks CS4,它对制作网页效果图提供了良好的支持。设计完成后,如果要在网页设计中使用,可将设计图直接输出成图像文件和 HTML 代码。和 Photoshop(著名的位图处理软件)及 Coreldraw(著名的矢量图形绘制软件)相比,Fireworks 具备编辑矢量图形与位图图像的灵活性,因此有人说 Fireworks = Photoshop + Coreldraw。另外,Fireworks 提供了丰富的纹理和图案素材,但 Fireworks 中的滤镜效果比 Photoshop 要少很多,各种设置选项没有 Photoshop 中那么精细,因此对于网页图像处理来说,Fireworks 和 Photoshop 各有千秋,但一般认为初学者选择学习 Fireworks,在使用上更容易上手。

在图像插入到网页之前,一般需要先对图像进行处理。在 Fireworks 中处理图像一般遵循以下流程:创建图形和图像→创建 Web 对象→优化图像→导出图像。本章按照这个流程来学习 Fireworks。

5.1　Fireworks 基础

5.1.1　矢量图和位图的概念

对于图像处理过程来说,需要区分矢量图和位图。

1. 矢量图

矢量图形使用称为矢量的线条和曲线(包括颜色和位置信息)描述图像。例如,一个椭圆的图像可以使用一系列的点(这些点最终形成椭圆的轮廓)描述;填充的颜色由轮廓的颜色和轮廓所包围的区域(即填充)的颜色决定。图 5-1 所示为一个矢量图形。修改矢量图形大小时修改的是描述其形状的线条和曲线的属性,而不是像素点,所以矢量图在放大后仍然保持清晰。

2. 位图图像

位图图像是用像素点描述图像的,在位图中,图像的细节由每一个像素点的位置和色彩来决定。位图图像的品质与图像生成时采用的分辨率有关,即在一定面积的图像上包

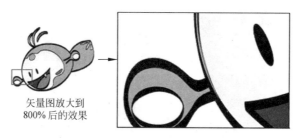

图 5-1　矢量图放大后仍保持清晰

含有固定数量的像素。当图像放大显示时，图像变成马赛克状，显示品质下降，因此放大图像的尺寸，会改变图像的显示品质，如图 5-2 所示。

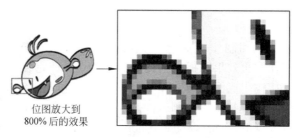

图 5-2　位图放大后变模糊

5.1.2　认识 Fireworks 的界面

Fireworks 8 的工作界面由 4 个部分组成："文档"窗口、"工具箱"、"属性"面板和集成工作面板组，如图 5-3 所示。

图 5-3　Fireworks 8 的界面

1. 工具箱

工具箱是使用 Fireworks 的基础,大部分操作都是从使用工具箱中的工具开始。工具箱中包含了"选择"、"位图"、"矢量"和 Web 等几类工具。

当鼠标停留在工具箱中的某个按钮上时,会弹出对该按钮的提示。如果工具箱中某个按钮右下角有一个箭头,则单击该箭头后可看到它包含了很多同类工具可以相互切换,例如单击"矩形"工具按钮右下角的箭头,就会弹出各种矢量形状供选择切换,如图 5-4 所示。

图 5-4　单击"矩形"工具的
　　　　箭头后显示界面

2. 属性面板

属性面板显示当前选中对象的属性,在属性面板中可对当前对象进行填充、描边、透明度、滤镜等方面的设置。如果没选中任何对象(单击画布),则显示画布的属性。

3. 文档窗口

文档窗口是图像编辑的主要场所,和 DW 相似,Fireworks 的文档窗口也能同时打开几个文件进行编辑,并能在"原始"视图和"预览"视图之间切换。在"原始"视图中可对图像的内容进行编辑,在"预览"视图中可预览图像的效果。文档窗口的主要部分是画布,文档窗口任务栏右下角显示了画布的尺寸,并可设置画布的缩放比例。

4. 面板组

在 Fireworks 界面的右边是浮动面板组,它是很多面板的集合,单击每个面板左上角的三角形或名称,可以展开或收缩该面板。在面板组中,最常用的是"层"面板,它可以显示文档中所有的图层和网页层,并可以对层进行删除、移动、隐藏等操作。另外一个重要的面板是"优化"面板,在这里可以设置 Fireworks 导出的文件类型,选择优化方式等。

5.1.3　新建、打开和导入文件

文档操作是一个应用程序操作的最基本部分。Fireworks 8 的文档操作与其他 Windows 应用程序相似,也有新建和打开文件,作为图像处理软件,它还有导入文档功能。

1. 新建文档

在开始页中单击"新建 Fireworks 文件",或执行菜单命令"文件"→"新建"都能新建文档。此时 Fireworks 会弹出"新建文档"对话框,要求设置画布的大小和颜色,如果暂时不知道设置多大,可以任意设置一下,以后在画布的属性面板中还可再修改。

Fireworks 默认创建的是 PNG 格式的文件,创建完图形之后,可以将其导出为常见的网页图像格式(如 JPEG、GIF、PNG 或 GIF 动画),但原始的 Fireworks PNG 文件建议保存起来,因为它保存了图层、切片等信息,方便以后进行修改。

2. 打开文件

选择"文件"→"打开"菜单项,Fireworks 可打开其可读的任何图像文件格式。包括 Photoshop 格式(psd)和 Freehand、Illustrator、CorelDraw 等大部分图像处理软件创建的文件格式。

打开文件还可以通过将文件拖动到 Fireworks 界面的任意一个区域实现,但不能拖动到其他图像文件的工作区中,那样就是导入文件了。

当打开非 PNG 格式的文件时,将基于所打开的文件创建一个新的 Fireworks PNG 文档,以便可以使用 Fireworks 的所有功能来编辑图像,然后可以选择"另存为"将所编辑的文档保存为新的 PNG 文件。对于某些图像类型,也可以选择将文档以原始格式保存。如果以文档的原始格式保存,那么图像将会拼合成一个图层,这样以后就不方便对该图像进行修改了。

3. 导入文件

导入文件是把一张图片导入到另一张图片里面去,如果要在一张图片里插入其他的图片素材文件,就需要使用导入文件操作了,导入文件的步骤如下:

(1) 选择"文件"→"导入"命令。

(2) 在导入文件对话框中选择需要导入的文件。

(3) 在文档窗口拖动鼠标指针,出现一个虚线矩形框,如图 5-5 所示,虚线矩形框总是等比例放大,保证导入的图片不会变形。松开鼠标,图片就被导入到矩形框中。导入图片大小、位置由拖动产生的矩形框决定,如图 5-6 所示。

图 5-5　拖动导入指针

图 5-6　导入图片后

在步骤(3)中,也可以直接在文档编辑窗口单击鼠标,图片也会被导入。单击的位置即为图片左上角的位置,但图片的大小将保持原有的尺寸不变。

导入文件还可以通过将要导入的文件拖动到图像文件的编辑窗口中实现,图片的大小也会保持原有的尺寸不变。

5.1.4　画布和图像的调整

通过上面的讲解,已经了解到 Fireworks 提供了一个画布,可以在画布上绘制矢量对象或者编辑位图对象。这节的任务是了解画布和图像的相关内容。

1. 修改画布

在新建文档时,画布的大小可以决定图像的大小。在新建文档时只能大概估计一下画布的大小,实际上,Fireworks 允许随时修改画布的大小,方法如下:

(1) 如果画布没有完全被图像所覆盖,可以在没有图像的画布区域上用全选箭头单击画布,这时在属性面板中就会出现"画布"的属性设置,如图 5-7 所示,在这里可以设置"画布颜色"、"画布大小"和"图像大小"等。单击"画布大小",会弹出如图 5-8 所示的对话框。

图 5-7　"画布"属性设置

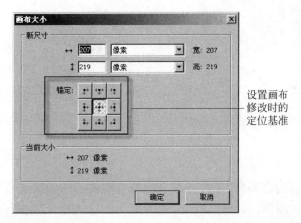

设置画布修改时的定位基准

图 5-8　"画布大小"对话框

(2) 如果画布完全被图像覆盖,可按 Ctrl + D 键取消对画布中对象的选择,或执行菜单命令:"修改"→"画布"→"画布大小",也可打开"画布大小"对话框。

在对话框上面的两个文本框中分别输入新画布的宽和高,然后在下面的 9 个"锚定"按钮中选择一个,单击"确定"按钮,画布的大小就会变化了。"锚定"的作用是画布改变大小时以哪个点作为基准点剪裁或扩展画布,例如选择"锚定"左上角按钮,就表示以左上角为基准,按照设定的新尺寸向右下方延伸画布。而选择"锚定"中心按钮,就表示向四周均匀地剪裁或扩展画布。图 5-10 是图 5-9 的画布在选择"锚定"上中按钮后,向下方和左右方剪裁画布后的效果。

可以看到,调整画布大小后,图像并没有改变显示比例。因此,如果缩小画布,图像也随之被隐藏掉一部分了,如果扩大画布,就会在图像的边缘露出新扩展的画布颜色。

图 5-9　原图

图 5-10　选择"锚定"上中按钮向下方和左右方剪裁画布

2. 符合画布

实际上,调整画布的大小一般是为了使画布符合图像的大小。对于这种情况,可单击属性面板中的"符合画布"按钮,或执行菜单命令:"修改"→"画布"→"符合画布",画布就自动和图像一样大了,例如图 5-11 的画布执行"符合画布"后效果如图 5-12 所示。

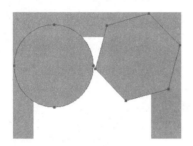

图 5-11　原来的画布

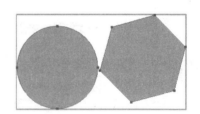

图 5-12　符合画布后

3. 修剪画布

需要注意的是,"符合画布"会使画布区域外被隐藏的图像部分也显示出来。有时可能只想显示画布中的图像,同时又去掉多余的画布空白区域,这时可使用"修剪画布"命令,效果如图 5-13 所示。

4. 改变画布的显示比例

画布具有一定的大小,通常单位是像素,在 Fireworks 中文档以一定的比例被显示。在工作区的右下角显示了画布的大小以及当前的显示比例,如图 5-14 所示。当显示器上一个像素正好显示画布上的一个像素时,显示比例就是 100%。

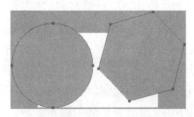

图 5-13　修剪画布

768 x 960　　66%

图 5-14　工作区右下角的画布显示比例

如果要改变画布的显示比例,可单击图 5-14 中的显示比例,在下拉列表中选择合适的显示比例。更快捷的方法是将鼠标指向工作区,按住 Ctrl 键,滚动鼠标的滚轮,这样就可以自由放大或缩小画布的显示比例了。

改变画布的显示比例通常有两种作用,一是图像很大,在工作区只能看到图像的局部,这时可以缩小显示比例,使工作区能显示整个画布,这样能从整体上观看图像;二是要对图像的细微之处进行修改,这时可将画布的显示比例放得很大,就能用鼠标精确地操作要修改之处了。

5. 修改图像大小

下面介绍图像与画布的关系。这里图像是指画布上所有对象的总和,而画布只是一个底板。在 Fireworks 中打开一幅图像之后,图像对象就位于画布的上方。

在画布属性面板中,单击“图像大小”按钮可修改图像大小,修改图像大小会使画布为适应图像也跟着改变大小,如果是位图图像修改图像使它放大后,图像会变模糊。

注意:修改图像大小是对图像本身进行操作,而修改画布大小是对图像的载体——画布进行操作。

6. 裁剪图像

如果只需要图像中的一部分,虽然可以先将画布缩小,再通过“修剪画布”的方式来裁剪图像,但那会使画布的大小也跟着改变,不是很方便。实际上,Fireworks 提供了“裁剪”工具对图像进行裁剪,“裁剪”工具在工具箱中的位置如图 5-15 所示。

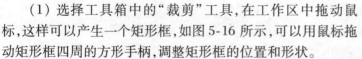
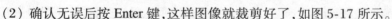

图 5-15　选择“裁剪”工具

打开一幅图像,如图 5-16 所示,我们要把图中的古代建筑给裁剪出来。方法如下:

(1)选择工具箱中的“裁剪”工具,在工作区中拖动鼠标,这样可以产生一个矩形框,如图 5-16 所示,可以用鼠标拖动矩形框四周的方形手柄,调整矩形框的位置和形状。

(2)确认无误后按 Enter 键,这样图像就裁剪好了,如图 5-17 所示。

图 5-16　使用“裁剪”工具拖出一个裁剪框

图 5-17　裁剪后的图像效果

5.1.5　辅助设计工具的使用

1.　标尺

使用标尺可以帮助在图像窗口的水平和垂直方向上精确设置图像位置。不管创建文档时所用的度量单位是什么，Fireworks 中的标尺总是以像素为单位进行度量。

单击"视图"→"显示标尺"或"隐藏标尺"命令，可以显示或隐藏标尺。

2.　辅助线

使用辅助线可以更精确地排列图像，标记图像中的重要区域。常用的辅助线操作有添加、移动、锁定、删除等。

- 在显示标尺的情况下，将光标指向水平标尺，按住鼠标向下拖曳可以添加一条水平辅助线；将光标指向垂直标尺，按住鼠标向右拖曳可以添加一条垂直辅助线。
- 将光标移动到辅助线上，光标会变为双向箭头的形状，此时拖曳鼠标可移动辅助线；如果要将辅助线精确定位，可以双击辅助线，在弹出的对话框中输入辅助线的具体位置。
- 如果将辅助线拖曳到窗口外，则删除了该辅助线。如果要一次删除画布中所有的辅助线，可执行菜单命令："视图"→"辅助线"→"清除辅助线"。
- 执行菜单命令："视图"→"辅助线"→"锁定辅助线"，辅助线将被锁定，不能再移动。
- 执行菜单命令："视图"→"辅助线"→"对齐辅助线"，可以使图像或选择区域自动捕捉距离最近的辅助线，实现对齐操作。
- 重复执行菜单命令："视图"→"辅助线"→"显示辅助线"，可以显示或隐藏辅助线。

在绘制网页效果图之前，通常可以先在画布中添加辅助线，这样做的目的是明确页面布局形式和各个区域所占的面积，如图 5-18 所示。

根据创建好的辅助线，使用矩形工具或者矩形选取框工具，把网页效果图中带有底色的"矩形块"依次绘制出来，在辅助线附近绘制矩形块，矩形块的边缘会自动吸附到辅助线上，形成一个整体布局效果。

3.　网格

网格是文档窗口中纵横交错的直线，通过网格可以精确定位图像对象。

执行菜单命令："视图"→"网格"→"显示网格"，即可在文档编辑窗口中显示网格，网格直线默认的水平间距和垂直间距是 36px，如果要改变网格的默认间距，可执行菜单命令："视图"→"网格"→"编辑网格"，在对话框中设置网格的参数。

执行菜单命令："视图"→"网格"→"对齐网格"，在文档中创建或移动对象时，就会自动对齐距离最近的网格线。

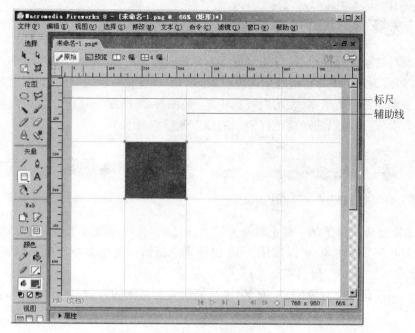

图 5-18　在画布中创建辅助线

5.2　操作对象

5.2.1　对象和图层的概念

在 Fireworks 中,只要向画布中添加内容,例如画一个矩形,插入一段文字,导入一个图像,这些都被看作是添加了一个对象。每插入一个对象,Fireworks 就插入了一个图层,可以在窗口右侧的"层"面板中看到画布中具有的图层。

图层的本质:图层相当于一张在上面绘有图案的透明玻璃纸,绘有图案的地方不透明,而图案没绘制到的地方则是透明的。一幅平面上的图片实际上是由很多图层叠加起来的,例如图 5-19 所示的一张 Fireworks 格式的图片就是由图 5-20 所示的两个图层叠加而成。图层与图层之间相互独立。这使得对图像的修改很方便,如删除一个图层不会影响图像的其他图层,还可以将图层暂时隐藏起来。

图 5-19　一张 Fireworks 格式的图片

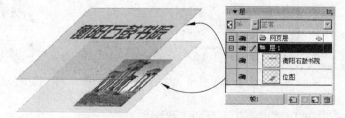

图 5-20　图层示意图

5.2.2　选择、移动和对齐对象

当需要对对象进行操作时,首先要保证对象被选中,在工具箱的选择部分有一个全选箭头(🖐),如图 5-21 所示,它是用来选中对象的。用全选箭头单击对象,此时对象四周会有一个带手柄的蓝色矩形框,表示它被选中了,如图 5-22 所示。选中之后可以拖动对象进行移动等操作,也可以拖动蓝色框四周的顶点调整它的大小。

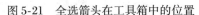

图 5-21　全选箭头在工具箱中的位置

图 5-22　对象被选中后

提示:全选箭头用于选中整个对象,而"部分选定"箭头一般用于选中对象的路径。

如果要对齐多个对象,可以按住 Shift 键使用全选箭头选中多个对象,然后执行菜单命令:"修改"→"对齐",根据需要选择一种对齐方式即可。

当然也可以将多个对象的(X 或 Y)坐标值设置为相同的数值,这样这些对象也就对齐了。

5.2.3　变形和扭曲

1. 变形工具的使用

当选中任意一个对象后,可以使用"缩放"工具、"倾斜"工具或"扭曲"工具对选中的对象进行变形处理,这三个工具的作用介绍如下:

- "缩放"工具:可以放大或缩小图像。
- "倾斜"工具:可以将对象沿指定轴倾斜。
- "扭曲"工具:可以通过拖动选择手柄的方向来移动对象的边或角。

3 种变形工具在工具箱中的位置如图 5-23 所示。

当使用任何变形工具或"变形"菜单命令时,Fireworks 会在所选对象周围显示变形手柄和中心点,如图 5-24 所示。在旋转和缩放对象时,对象将围绕中心点转动或缩放。

图 5-23　变形工具组

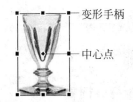

图 5-24　选中对象后使用变形工具时的状态

使用变形操作工具的方法如下。

(1)缩放对象。选择缩放工具后,拖动变换框四条边的中心点可以在水平方向或垂直方向改变对象的大小,如图 5-25 所示;拖动四个角上的控制点,可以同时改变宽度和高度并保持比例不变;如果在缩放时按住 Shift 键,可以约束比例;若要从中心缩放对象,可以按住 Alt 键拖动任何手柄。

提示:也可以在对象的属性面板中通过修改对象的宽和高实现缩放对象操作。

(2)倾斜对象。选择倾斜工具后,拖动变换框四条边的中心点可以在水平方向或垂直方向倾斜对象,使对象变为菱形,如图 5-26 所示;拖动四个角上的控制点,可以将对象倾斜为梯形,如图 5-27 所示。

 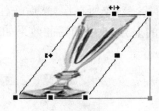 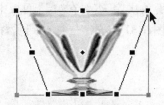

图 5-25 垂直缩放 　　　　图 5-26 菱形倾斜 　　　　图 5-27 梯形倾斜

(3)扭曲对象。扭曲变换集中了缩放和倾斜,并能根据需要任意扭曲对象。拖动变换框四条边的中心点可以缩放对象,拖动四个角上的控制点可以扭曲对象,如图 5-28 所示。

(4)旋转对象。使用变形工具组中的任何一样工具,都可以旋转对象,将鼠标指针移动到变换框之外的区域,指针变成旋转的箭头,拖动鼠标,就可以以中心点为轴旋转对象了,如图 5-29 所示。

 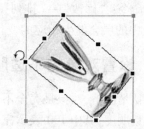

图 5-28 扭曲 　　　　　　　　　　　图 5-29 旋转

变形操作完毕后,按 Enter 键或在对象之外区域双击鼠标,可去除变形框。

2. 数值变形

如果要精确地对对象实行变形操作,可以使用"数值变形"面板来缩放或旋转所选对象,方法如下。

(1)执行菜单命令:"修改"→"变形"→"数值变形",将打开"数值变形"对话框,如图 5-30 所示。

(2)从下拉列表框中可选择变形操作类型:"缩放"、"调整大小"或"旋转"。

(3)选中"缩放属性"复选框,将使对象的填充、笔触和效果连同对象本身一起变形。这在通常

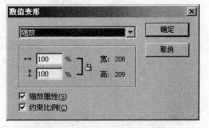

图 5-30 "数值变形"对话框

情况下是需要的。取消该复选框,则只对路径进行变形。

　　(4)选中"约束比例"复选框,在缩放或调整选区大小时将保持水平和垂直等比例变化。

　　(5)输入要使选区变形的精确数值单击"确定"按钮即可。

5.2.4　改变对象的叠放次序

　　在默认情况下,后面绘制的对象总是会叠放在前面绘制的对象的上方,若要改变对象的叠放次序,需要在"层"面板中选中某一对象所在层,然后按住鼠标向上或向下拖动,例如图 5-31 将文字层拖放到了背景层的上方,改变前后的效果如图 5-32 所示。

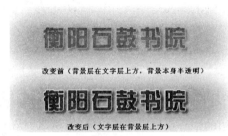

　　图 5-31　改变对象的叠放次序　　　　　　图 5-32　叠放次序改变前后的效果

　　改变对象的叠放次序,还可通过菜单命令实现。方法是选中要改变叠放次序的对象,执行菜单命令:"修改"→"排列",从子菜单中选择一种方式即可。设置完成后可发现"层"面板中的层会发生相应的变化。

5.2.5　设置对象的不透明度

　　在默认情况下,对象是完全不透明的。有时为了让对象有一种若隐若现的效果,可以为它设置透明度,其中 100 表示完全不透明,0 表示完全透明,中间的数值则表示半透明(Alpha 透明)。方法是首先选中对象,然后在图 5-33 所示的属性面板右侧"不透明度"选项中,设置不透明度。

　　例如图 5-34 就是设置花朵所在层的不透明度为 70,使它变得半透明,从而可隐约看见位于其下方的古建筑所在的层。

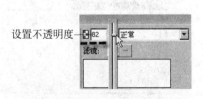

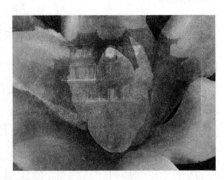

　　图 5-33　设置对象的不透明度　　　　　　图 5-34　设置不透明度为 70 的效果

5.2.6　操作对象的快捷键

（1）当使用全选箭头选中对象后，使用键盘的方向键可以移动对象，每按一次方向键就使对象在该方向上移动一个像素，这在对对象进行精确位置调节时很方便。如果按住 Shift 键不放，再按方向键移动，可每次移动 10px。

（2）如果要选中多个对象，需要按住 Shift 键（多选键），再用全选箭头就可以同时选中多个对象了，此时多个对象外围都会出现选择框，这样可同时对多个对象进行移动等操作。

（3）如果要复制某个对象，可先选中再按住 Alt 键不放拖动某个对象，即可对其进行复制，这比选中对象再用 Ctrl + C 键和 Ctrl + V 键复制快多了。

（4）对于所有形状绘制工具而言，按住 Shift 键不放进行绘制，可以保证其宽高比始终为原始比例。这对于绘制圆形或正方形是必要的。

5.3　编辑位图

综合来说，网页设计中对图像处理的操作可分为两类。一类是找到一些素材，例如照片，对它们进行加工后放置到网页的适当区域；另一类则是需要网页设计师自己绘制一些矢量图形。设计师经常需要对素材进行一些加工，例如把照片中的背景去掉，等等。本节首先解决对素材进行加工的问题，而素材一般都是位图，即对位图进行编辑加工的问题，下一节介绍如何自己绘制图形。

在 Fireworks 中，用户处理的对象主要分为两类，一类是位图图像，另一类是矢量图形。无论是处理位图还是矢量图像，用户都应该了解一个基本原则，就是"先选择，后操作"，就是说要先选中一个对象，这个对象可以是一个多边形对象，也可以是一些像素组成的位图区域，然后才能对它进行操作。

5.3.1　创建和取消选区

位图是由很多像素点组成的图像，因此可以对位图上一部分像素点组成的区域进行操作，而操作之前应先选中它们。这就是创建选区的操作。

在 Fireworks 中一共有 5 种工具可以用于位图图像的选取，它们的功能如下：

- "选取框"工具（□）：在图像中选择一个矩形像素区域。
- "椭圆选取框"工具（○）：在图像中选择一个椭圆形像素区域。
- "套索"工具（ρ）：在图像中选择一个不规则曲线形状像素的区域。
- "多边形套索"工具（ρ）：在图像中选择一个直边的自由变形像素区域。
- "魔术棒"工具（\）：在图像中选择一个像素颜色相似的区域。

上面 5 种位图选择工具，可以绘制要定义所选像素区域的选区选取框。绘制了选区选取框后，可以移动选区，向选区添加内容或在该选区上绘制另一个选区；可以编辑选区内的像素，向像素应用滤镜或者擦除像素而不影响选区外的像素；也可以创建一个可编辑、移动、剪切或复制的浮动像素选区。

1. "选取框"或"椭圆选取框"工具

"选取框"工具和"椭圆选取框"工具位于工具箱的同一个按钮位置,选取框工具用于创建矩形的选区,而"椭圆选取框"工具用于选择"椭圆形"选区。

首先在工具箱中选择选取框工具,然后在画布上按住鼠标左键拖动鼠标就可以绘制一个选取框,选取框中的长方形或椭圆选区就是被选中的位图区域,选取框会以闪烁的黑白虚线表示,如果要绘制多个选区,可以按住 Shift 键绘制。图 5-35 是按住 Shift 键绘制了多个选区的效果。

图 5-35 绘制选区

当绘制了选区后,"属性"面板将显示选区的属性,如图 5-36 所示。

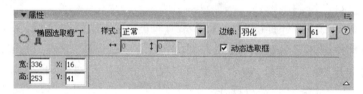

图 5-36 椭圆选取框的属性面板

其中,"边缘"选项有三种选择,它们的功能如下:

- "实边"创建的选取框将严格按照鼠标操作产生区域。
- "消除锯齿"防止选取框中出现锯齿边缘。
- "羽化"可以柔化像素选区的边缘。

下面演示"羽化"的选区效果,首先绘制一个圆形选区(按住 Shift 键可以绘制正圆),然后在属性面板将"羽化"选项调整为 20,再按 Del 键,将选区中的内容删除,这时选区中的像素都变成透明,并且边缘可以看到有明显的羽化效果,如图 5-37 所示。

技巧:在默认情况下,是从左上角开始绘制选取框,如果希望从中心点绘制选取框,可以在绘制时按住 Alt 键。

2. 反向选择

实际上还可以对选区进行反向选择。例如:首先在图片上绘制一个圆形选区,然后在选区内单击右键,执行右键快捷菜单命令:"修改选取框"→"反选",这时就将除这个

圆形外的画布其他区域都选中了。接下来将选取框的边缘调整为"羽化"、"50%"，再按
Del 键,将选区中的内容删除,就得到图 5-38 所示的效果了。

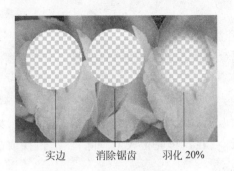

实边　　消除锯齿　　羽化 20%

图 5-37　边缘选项的部分

图 5-38　反向选择羽化效果

3. 取消选取框

如果要取消选取框,可以执行下列操作之一来实现:

- 绘制另一个选取框。
- 用"选取框"工具或"套索"工具在当前选区的外部单击。
- 按 Esc 键。

4. "套索"和"多边形套索"工具

"套索"工具和"多边形套索"工具是两个类似的工具,它们在工具箱的同一位置中,
如图 5-39 所示。"套索"工具用于创建曲线形的选区,而"多边形套索"工具是以直线为
边界的多边形选区。

（1）"套索"工具

选择工具栏中的"套索"工具,在画布中位图上某一点按住鼠标左键拖动,那么沿鼠
标指针移动的路径就会产生一个选区,松开鼠标,选区将闭合。当在起点附近松开鼠标
时,终端将连接到起点,如图 5-40 所示。

图 5-39　"套索"工具和"多边形套索"工具

图 5-40　使用"套索"工具创建的不规则选区

（2）"多边形套索"工具

"多边形套索"工具的使用方法如下:

① 选择"多边形套索"工具。

② 在位图上依次单击鼠标,产生一条闪烁的折线,它就是选区的轮廓。

③ 最后执行下列操作之一闭合多边形选区。

- 将鼠标指针移动到起点附近,如果套索工具光标右下角出现方形黑点,此时可单击鼠标,闭合选区。
- 在工作区双击鼠标,可以在任何位置闭合选区。

技巧:按住 Shift 键可以将"多边形套索"选取框的各边限量为 45°增量。

5. 魔术棒工具

魔术棒工具可以在图像中选择一个像素相似的区域。下面先打开一幅位图图片,如图 5-41 所示。可以看到该图显示的是清晨的天空,在这里先把天空删除,然后再换成夕阳下的天空效果。

首先用"魔术棒"工具创建天空部分的选区,如果一次没选全,可以按住 Shift 键创建多个选区,如图 5-41 所示。

接下来把天空部分的像素删除,这样以后可以更换天空背景。执行下列操作之一删除。

- 按 Del 键或 Backspace 键。
- 选择菜单栏"编辑"→"清除"命令。
- 按 Ctrl + X 键裁剪。

这时可以看到的效果如图 5-42 所示,原来的天空部分变成了灰白交替的格子图案,它的含义就是这个部分没有图像,从而露出了透明的背景色。

图 5-41 用"魔术棒"工具选择天空区域 　　　图 5-42 删除选区中的像素后

技巧:在"魔术棒"工具的属性面板中,可以设置颜色容差,容差可以确定要选中的色相范围。容差越小,选中的颜色范围越小,容差越大,选中的颜色范围也就越大。因此,如果要选择的像素区域颜色相似度不是很高,可以把容差值适当调大一些。

6. 填充选区

"油漆桶"工具是专门用来填充选区的,接下来运用它来填充该选区。步骤如下:

① 在工具栏里选择油漆桶工具(🪣),此时鼠标光标变为油漆桶样式。

② 在图 5-43 所示的属性面板中对油漆桶工具的填充方式进行设置,这里选择线性渐变方式,选中"填充选区"复选框,这样将一次填充整个选区。

图 5-43　"油漆桶"工具的属性面板

③ 将鼠标在选区内单击一下,选区部分就会以油漆桶设定的填充方式和填充颜色进行填充,如图 5-44 所示。

7. 复制和移动选区中的内容

前面介绍的是把一个选区中的内容删除的方法,此外,有时候则需要把画面上的某个区域的内容移动或复制到别的位置。

（1）复制选区中的内容

复制选区中的内容操作原理和复制文字是相同的。也是先使用选取框选中要复制的区域,然后按 Ctrl + C 键(复制)和 Ctrl + V 键(粘贴),这样就复制了一份选区中的内容。

但是由于粘贴的位置和图像原来的位置相同,所以从画面上是看不出变化的。我们可以留意"层"面板,如图 5-45 所示,可以看到只要粘贴一次层面板中就多了一个层。新复制出来的层在原有图层的上方。

图 5-44　用渐变填充色填充选区

图 5-45　复制选区后"层"面板中的变化

如果要移动新复制图层的位置,首先确保在"层"面板中这个新复制出来的图层处于选中位置。这时在画布上可以看到,新复制的位图的四周出现了蓝色的边框,然后用全选箭头拖动新复制的图层就可以移动其位置了,如图 5-46 所示。

技巧：用选区选中某个区域后,这个区域中的内容就成了一个对象。复制选区中内容的快速方法是,按住 Alt 键不放拖动选区就复制了选区中的内容。

（2）移动选区中的内容

有时不需要保留原来的内容,即需要把某个区域的图像移动到画面中的其他位置上。操作方法是：先用选取框选中要移动的图像内容,然后使用全选箭头拖动该选取框即可,如图 5-47 所示,可以看到原来的选区位置会产生一个"空洞",即这部分像素被删除掉了。

图 5-46　复制并移动选区中的内容　　　　　图 5-47　移动选区中的内容

注意：复制、裁剪、粘贴这些操作不仅可以在一个图像文件中使用，也可以在不同图像文件之间使用，也就是说可以把一个图像选区中的内容粘贴到另一个图像文件中去。

5.3.2　编辑选区中的像素区域

1.　"滴管"工具

"滴管"工具是用来拾取颜色的，"滴管"工具不仅在 Fireworks 中有，在 Dreamweaver 等其他很多软件中也有这个工具，有时如果想把选区中的颜色替换成屏幕中的另一种颜色，可以单击填充工具中的颜色选取框，这时鼠标指针会变成"滴管"样式，将"滴管"移动到屏幕任意一个地方，颜色选取框中的颜色就会改变成当前光标位置的颜色，如图 5-48 所示。选择好颜色后，单击鼠标左键，就将这个颜色拾取下来了。接下来使用"油漆桶"工具就能将这个颜色填充到选区。

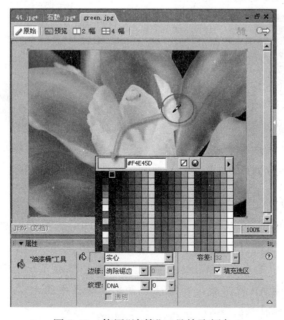

图 5-48　使用"滴管"工具拾取颜色

2.　调整颜色

执行菜单命令："滤镜"→"调整颜色"可对整个位图或选区调整颜色。如果要对选区调整颜色,将像素的颜色变黑白。则首先使用选取框工具将位图区域选中,然后执行菜单命令:"滤镜"→"调整颜色"→"色相/饱和度",则弹出如图 5-49 所示的对话框。将饱和度手柄的值调到"−100",则选区中的像素颜色将完全变黑白。在此基础上如果再将对话框右侧的"彩色化"复选框选中,则图像会呈现出水墨画的效果。

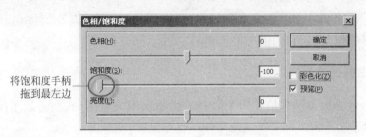

图 5-49　"色相/饱和度"对话框

3. 模糊效果

Fireworks 滤镜中的模糊效果主要有"模糊"、"高斯模糊"、"运动模糊"、"缩放模糊"和"放射状模糊"等几种。其中"模糊"将使图像具有朦胧感,"高斯模糊"主要用来模糊图像边缘,而"运动模糊"、"缩放模糊"和"放射状模糊"将使图像具有动感。

下面以"运动模糊"为例进行说明。首先向画布中导入一张摩托车的图片,如图 5-51(左)所示。然后选中该图层,执行菜单命令:"滤镜"→"模糊"→"运动模糊",则弹出如图 5-50 所示的对话框。为了

图 5-50　"运动模糊"对话框

使该摩托车有向前运动的感觉,将"角度"调整为 180°,"距离"调整为 20,此时摩托车图层的效果如图 5-51(右)所示,如果为其配上背景图层,动感效果会更逼真。

图 5-51　图片(左)执行运动模糊后的效果(右)

5.4　绘制矢量图形

在网页设计中,仅使用现成的图片进行加工是远远不够的,有时还需要自己绘制一些图形,比如制作一个网页标志(Logo)等,这时 Fireworks 的矢量绘图工具就非常有用了。

5.4.1　创建矢量图形

"矢量图形"是使用矢量线条和填充区域来进行描述的图形,它的组成元素是一些点、线、矩形、多边形、圆和弧线等。Fireworks 提供了很多绘制矢量对象的工具,包括"直线"、"钢笔"、"矩形工具组"、"文本"四种矢量图形绘制工具,以及"自由变形"和"刀子"两种矢量图形编辑工具,它们位于工具箱的"矢量"部分中。

1. 矢量图形的基本构成

矢量图形可分为笔触和填充两个部分。而要认识矢量图形,就必须了解另一个几何概念——路径。

图 5-52 显示了路径、笔触和填充的含义。"路径"是用矢量数据来描述的线条,它本身是看不见的,但是在 Fireworks 中,为了便于编辑,将会使用彩色线条来表示它;沿着路径添加某种颜色样式,得到的线状结果就是"笔触";而在路径围成的区域中应用某种颜色样式,得到的块状结果就是"填充"。

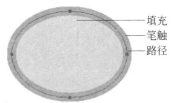

图 5-52　路径、笔触和填充

2. "直线"、"矩形"和"椭圆"工具

使用"直线"工具(✐)、"矩形"工具(☐)或"椭圆"工具(◯),可以快速绘制基本矢量形状。以"矩形"工具为例,从工具箱中选择"矩形"工具,在画布上按住鼠标左键拖动,就可以绘制出一个矩形。

绘制好形状后,可以在属性面板中对它进行进一步设置。先使用"全选箭头"工具选中画布上的矢量形状,就会出现它的属性面板,如图 5-53 所示。

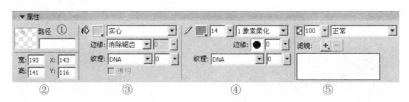

图 5-53　设置矢量图形的属性

从图中可以看出,矢量形状的"属性"面板被划分为 5 个区域,各个区域的功能如下:
① 为矢量形状命名。
② 设置矢量形状的几何属性,包括位置和大小,可以输入数值进行修改。
③ 设置矢量形状的填充内容和形式。
④ 设置矢量形状的笔触内容和形式。
⑤ 设置矢量形状的透明度、混合模式和滤镜效果。
通过对这些属性进行设置,就可以得到各种各样的矢量图形效果了。

3. 填充属性的设置

矢量图形的填充方式主要有三种,即"实心"、"渐变"和"图案",下面分别来介绍:

(1) 实心方式填充

首先在填充类别下拉框中选择"实心",然后单击"颜色选取框"( )按钮设置一种填充颜色,这时整个图形内部都将采用同一种颜色填充。

(2) 渐变方式填充

渐变就是用两种或两种以上的颜色自然过渡进行填充,如果要使用渐变填充,则首先在填充类别下拉框中选择"渐变",然后在弹出菜单中选择一种渐变方式,这里我们选择"线性",此时颜色选取框会变成渐变设置框,单击该按钮( ),将弹出渐变设置面板,如图 5-54 所示。

① 渐变设置面板的使用。

在渐变设置面板中,上面部分的颜色条是渐变控制条,在它的上面和下面各有两个手柄,其中上面的手柄用于调整渐变填充两头的透明度,默认是都不透明,而下面两个手柄用于调整渐变填充两头的颜色。

单击左右两个渐变手柄之间的区域,可以在渐变条上增加渐变手柄,如图 5-55 所示。这样就能实现多种颜色渐变效果了。

图 5-54　渐变设置面板　　　　　　　　图 5-55　增加渐变手柄

如果要删除渐变手柄,只需把它们往左右两边拖,使它们和左右两边的手柄重合就可以了。

② 渐变引导线的使用。

在默认情况下,渐变方向是从左到右的渐变,如果想把渐变方向调整为从上到下渐变或其他方向渐变,则要调节渐变引导线。方法如下:

- 用全选箭头选中矢量图形,这时图形上会自动出现渐变引导线,如图 5-56 所示。
- 如果要旋转渐变引导线,可以单击渐变线一头的方点拖动,或将鼠标移动到渐变线上方,此时光标会变成旋转形状,可按住鼠标拖动旋转,如果按住 Shift 键旋转,可保证渐变引导线以 45°增量为单位旋转。

图 5-56　调节渐变引导线

- 如果要改变渐变线的长度,可以拖动渐变线一头的方点延长或缩短。
- 如果要改变渐变线的位置,则需要拖动另一头的菱形点,渐变线将发生平移。

- 渐变线的长度可以比矢量图形更长。双击菱形点,可使渐变引导线恢复到最初的状态。

（3）使用图案方式进行填充

在 Fireworks 中预置了大量的填充图案素材,可以使用它们对矢量图形进行填充,如图 5-57 所示。

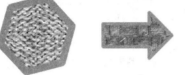

图 5-57　使用图案填充的矢量图形

（4）使用纹理对填充进行修饰

在应用"实心"、"渐变"或"图案"方式中的任意一种对矢量图形进行填充之后,还可以使用纹理效果对填充进行修饰,Fireworks 中预置了大量的纹理效果,可以单击图 5-58 中"纹理"后的下拉框选择需要的纹理样式,"纹理"后的第二个下拉框可以设置纹理的不透明度,默认值是 0,因此在通常情况下看不到填充区域的纹理。

下面绘制一个圆角矩形,然后把其填充选项设置成如图 5-58 所示,其中纹理设置为"DNA",纹理的不透明度设置为 65% ,此时效果如图 5-59 所示。

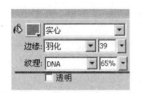 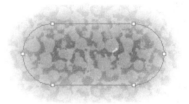

图 5-58　纹理属性设置选项　　　　　图 5-59　圆角矩形设置了纹理后的填充效果

（5）纹理应用举例——用纹理制作电视扫描线效果

扫描线效果可以使用 Fireworks 的纹理来制作,具体步骤如下:

① 在 Fireworks 中打开或导入一幅要处理的图片,如图 5-60 所示。然后绘制一个与图片大小、位置都相同的矩形作为纹理层,并且填充任意一种较深的颜色,这里选择深灰色(#333333)。

② 设置该矩形的纹理为"水平线 3"、不透明度为"100% "。

③ 设置整个矩形所在层的不透明度为 10% ,即实现水平线效果,最终效果如图 5-61 所示。

图 5-60　打开原图　　　　　　　　　图 5-61　添加纹理层后

4. 笔触属性设置

在图 5-53 的属性面板中,可以在区域④中设置笔触。选中需要设置笔触的对象,在属性面板中将显示用于笔触设置的各种属性(见图 5-62),其中用得最多的是描边颜色、描边粗细和描边类型选项。

单击"描边类型"下拉框,可看到共有 13 种笔触类型可供选择。其中"铅笔"笔触是 Fireworks 的默认笔触类型,它没有任何修饰,选择"铅笔"→"1 像素柔化"可以使描边不产生锯齿。其他笔触效果读者可通过实际操作得知。

如果要清除笔触,单击"描边类型"下拉框的最上面一项,选择"无"即可。

"描边类型"下拉框的最下面一项是"笔触选项",选择它将弹出如图 5-63 所示的笔触选项面板,在这里可以对笔触进行更加详细的设置。图 5-63 中"居中于路径"表示笔触以路径为中心进行绘制,在该下拉菜单中还有两个选项是"路径内"和"路径外",表示笔触位于路径之内或路径之外。如果选中"在笔触上方填充",将使路径内的笔触被填充所覆盖,因此一般不需要选中。

图 5-62　笔触属性设置选项

图 5-63　笔触选项面板

5. 自由形状

Fireworks 提供了大量的自由形状,如星形、箭头、螺旋形等,都在"矩形"工具组中,下面以圆角矩形为例,讲解自由形状工具的一般使用方法。

从"矩形"工具的弹出菜单中,选择"圆角矩形"工具,在画布上按住鼠标左键拖动,绘制出圆角矩形。选中画布中的圆角矩形,可以看到有两种辅助点,如图 5-64 所示,一种是青蓝色的实心点,叫做"缩放点",按住它们拖放,可以对形状进行缩放;另一种是黄色填充的点,叫"控制点",将鼠标指针移动到控制点上,如图 5-65 所示,就会出现该控制点的功能提示。

图 5-64　圆角矩形的控制点和缩放点

图 5-65　查看控制点提示

在这里显示的控制点功能是"单击以切换边角",所以按住控制点进行左右拖动,就可以改变圆角的弧度。单击该控制点还可以在圆角、斜角和凹角之间进行切换,如果要对单独一个角进行操作,可以按住 Alt 键对控制点进行调整。图 5-65 就是按住 Alt 键后向外拖动下方两个角的控制点使其变成直角。

6. 钢笔工具

钢笔工具(🖊)可用来绘制各种矢量图形,包括点、直线和曲线等。下面讲述它的使用方法。

(1) 绘制点:使用钢笔工具在画布上单击一下,即绘制了一个点,接下来不要移动鼠标,在这个点附近(光标右下角带有"^"形时)双击鼠标结束或按住 Ctrl 键单击结束。

(2) 绘制直线:使用钢笔工具在画布上单击一下,即放置了第一个点,然后移动鼠标,再单击一下即放置了第二个点,一条直线段会将这两个点连接起来。继续绘制点,直线段将连接每个结点。执行下列操作之一可以结束绘制:在最后一个点处双击完成绘制一条开放路径;在所绘制的第一个点处单击完成绘制一条封闭路径。

(3) 绘制曲线:使用钢笔工具在绘制点按住鼠标并拖动;或者单击绘制第一个点后,移动鼠标,在绘制第二个点时按住鼠标并拖动,继续绘制点,在绘制最后一个点之前松开鼠标,单击绘制最后一个点,接着在最后一个点处双击完成绘制一条曲线,如图 5-66 所示。

(4) 绘制直线和曲线的混合曲线:在直线结点后绘制曲线,单击并拖动鼠标即可。在曲线结点后绘制直线,单击即可,如图 5-67 所示。其中路径上的空心圆点表示曲线结点,空心方形点表示直线结点。将鼠标移动到曲线结点上单击鼠标可将其转换为直线结点;将鼠标移动到直线结点上时,光标右下角会出现"–"号,此时单击可将该直线结点删除。

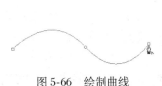

图 5-66　绘制曲线　　　　　　　图 5-67　绘制曲线和直线的混合曲线

(5) 增加结点:将钢笔移动到路径的线条上时,光标右下角将出现"＋"号,如图 5-68 所示,此时单击鼠标可在该处增加一个直线结点。增加结点后,需要再次双击路径上的最后一个结点以结束绘制。

(6) 删除结点:将钢笔工具移动到路径的结点上时,钢笔工具右下角会出现"^"号,此时单击结点可选中该结点,结点变为实心状态,这时不要移动鼠标,可看见钢笔工具右下角会出现"–"号,此时单击可删除结点。

(7) 闭合曲线:如果要闭合的曲线两端都是直线结点,则在开始结点处单击即可用直线闭合;如果要闭合的曲线两端分别是直线结点和曲线结点,则在开始结点处单击只能用曲线闭合,如果希望用直线闭合,可以先用"部分选定"箭头选中曲线,然后使用工具箱中的"直线工具"连接它的两个端点,如图 5-69 所示。

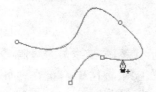 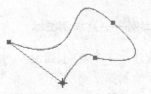

图 5-68　增加结点　　　　　　　图 5-69　用直线闭合曲线

（8）修改路径：对于已经绘制好的路径，可以用"部分选定"箭头单击路径上的某个结点，此时该结点会变为实心，表示被选中，此时按住并拖动鼠标，即可调整路径的形状，也可使用键盘上的方向箭头以 1px 为单位精确移动结点。

提示：

① 钢笔工具可对任何矢量路径进行修改，例如矩形、圆等矢量图形的路径，方法是先用"部分选定"箭头选中路径，再选择钢笔工具就能对路径进行修改了。

② 钢笔工具绘制完路径后一般要使用"部分选定"箭头对路径进行调整。很多路径不一定非得使用钢笔绘制，利用现有的矢量路径（例如矩形、圆等工具）绘制后再调整可能事半功倍。例如要得到一些环状或带缺口的路径，使用打孔可能会更容易一些；对于复杂的大路径，单个画好联合一下可能会降低绘制难度。

5.4.2　调整矢量线条

使用"部分选定"箭头（）可以对矢量图进行进一步的调整。移动矢量线条的控制点可以更改该对象的形状；拖动控制柄可以确定曲线在控制点处的曲率，决定曲线的走向。

1. 矢量图形的调整方法

以椭圆的调整为例，具体调整步骤如下：

（1）首先使用"部分选定"箭头，单击矢量形状，将其选中，可以看到椭圆的笔触内部出现了路径线条，有上下左右 4 个空心的控制点，如图 5-70 所示。

（2）使用"部分选定"箭头，单击位于上方的控制点，可以看到它变成了实心的，而且出现了用于调节曲率的控制柄，如图 5-71 所示。

（3）使用"部分选定"箭头，按住右方的控制点进行拖动，可以看到路径的形状随着控制点的移动而改变，如图 5-72 所示。

  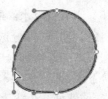

图 5-70　显示路径　　　图 5-71　选中控制点　　　图 5-72　移动控制点

（4）使用"部分选定"箭头，按住控制柄的端点进行拖动，可以改变曲线的走向，如图 5-73 所示。

2. 案例——露水滴图标

下面通过一个实例，绘制一滴露水，如图 5-74 所示，练习矢量线条的调整。

（1）绘制露水滴的原形。在工具箱中选择"椭圆"工具，按住 Shift 键在画布上绘制一个圆形。在属性面板中，将圆形的填充颜色设置为绿色（#6bcc03），笔触设置为"无"，如图 5-75 所示。

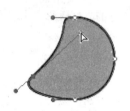

图 5-73　调整曲线走向　　　图 5-74　水滴效果　　　图 5-75　单击圆形的控制点

（2）调节露水滴的外形。保持圆形的选中状态，在工具箱中选择"钢笔"工具。将鼠标指针移动到顶部的控制点，指针就变成了钢笔的形状，单击圆形顶部的控制点，注意单击的时候不要移动鼠标，效果如图 5-76 所示，它变成了一个角点。

（3）调节露水滴顶端的控制点位置。保持顶端控制点的选中状态，按键盘的向上方向键，使控制点的位置向上移动一些，让露水滴更加修长，如图 5-77 所示。

（4）复制露水滴用来做水滴的高光效果。使用全选箭头，选中刚才绘制的露水滴形状，按 Ctrl + C 键和 Ctrl + V 键复制，这时层面板上就多了一个新露水滴的图层。下面将调整新露水滴的形状，因此可以把原来的露水滴图层在"层"面板中先锁定起来，如图 5-78 所示。

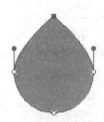

图 5-76　调节控制点　　　图 5-77　调节水滴外形效果　　　图 5-78　复制露水滴图层并锁定原图层

（5）调节新露水滴的控制点。选中复制出来的露水滴，在属性面板中，将填充颜色设置为白色。使用"部分选定"箭头，单击白色露水滴右端的控制点，使用向左方向键将其推动到原来的左半部分中，如图 5-79 所示。

接下来，调整其他 3 个控制点的位置，让各个控制点都向水滴的中心移动一个或者两个像素，使背面绿色露水滴的边缘露出来，如图 5-80 所示，这样露水滴的高光效果就基本做好了。

（6）调节高光控制点，完善效果。首先按住 Alt 键，调整最下方控制点的右侧控制柄，将其旋转到左侧，使其更符合光线的反射效果，形成高光效果，如图 5-81 所示。

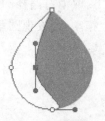
图 5-79　调节右端控制点

图 5-80　调整其他 3 个控制点

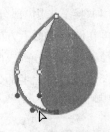
图 5-81　形成高光效果

提示：按住 Alt 键拖动曲线点的控制柄，可以让曲线点的两个控制柄指向不同的方向，形成相互独立的两个控制柄。

（7）添加阴影效果，使用全选箭头选中绿色露水滴，在属性面板右侧的"滤镜"处，单击" + "按钮，在弹出菜单中选择"阴影和光晕"→"投影"。在弹出的对话框中设置投影效果，将阴影颜色设置为水滴的绿颜色，其他设置见图 5-82。这样，一幅简单的露水滴效果图就绘制好了，最终效果如图 5-83 所示。

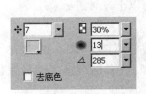
图 5-82　设置投影效果

图 5-83　最终效果

5.4.3　路径的切割和组合

1. 路径切割

"刀子"工具(✎)用于切割矢量图形的路径。下面以"刀子"工具切割圆角矩形为例介绍其使用步骤：

（1）绘制一个圆角矩形，然后用"部分选定"箭头单击圆角矩形的边缘，这样就将圆角矩形的路径选中了，如图 5-84 所示。此时工具箱中的"刀子"工具会变为可用。

提示：刀子工具只能用于切割路径，所以必须先用"部分选定"箭头选中路径。

（2）选择"刀子"工具，在路径上拖动鼠标，会出现一条切割路径，如图 5-85 所示。

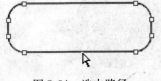
图 5-84　选中路径

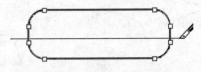
图 5-85　对路径进行切割

（3）松开鼠标后，会发现"刀子"经过的地方多了两个空心的控制点，如图 5-86 所示，这表明路径已经被切割成两部分了。

（4）接下来用"部分选定"箭头在路径外的任意区域单击一下，取消对路径的选定，然后再在圆角矩形上方的路径上单击，选中该路径，这时将它往上拖动，会发现圆角矩形的路径确实已经分割成两部分了，如图 5-87 所示。

（5）最后对上半部分的路径填充颜色，再用"部分选定"箭头选中下半部分路径，按 Del 键删除该路径，最终效果如图 5-88 所示。

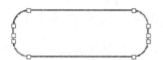 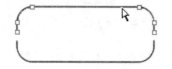 

图 5-86　路径切割之后　　　图 5-87　向上移动切割后的路径　　　图 5-88　对路径进行填充

注意：一定要用"部分选定"箭头选中路径，全选箭头是无法选择路径的。

2. 路径组合

绘制多个路径对象后，可以将这些路径组合成单个路径对象，通过路径组合能制作出一些不规则的图形来。在 Fireworks 中，路径组合主要有以下几种方式：

（1）联合

绘制多个路径对象后，可以将这些路径合并成单个路径对象。图 5-89 展示了联合的效果。联合操作可使两个开口路径联合成单个闭合路径，或者结合多个路径来创建一个复合路径。在执行联合操作后，所有的开放路径都将自动转化为闭合路径。

① 按住 Shift 键用全选箭头选中两个或多个对象。

② 执行菜单命令："修改"→"组合路径"→"联合"，此时，选中的所有对象即会融合成一个对象，如图 5-89 所示。

（2）相交

使用相交操作可以从多个相交对象中提取重叠部分。如果对象应用了笔触或填充效果，则保留位于最底层对象的属性。

① 按住 Shift 键用全选箭头选中两个或多个对象。

② 执行菜单命令："修改"→"组合路径"→"交集"。此时，选中对象的重叠部分将被保留，其他部分则被删除，如图 5-90 所示。

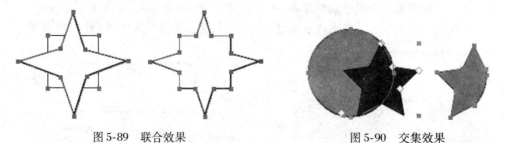

图 5-89　联合效果　　　　　　　　图 5-90　交集效果

（3）打孔

打孔操作可在对象上打出一个具有某种形状的孔。

① 打孔时,孔对象需要放置在需打孔对象的上层。然后用全选箭头选中这两个对象。

② 执行菜单命令:"修改"→"组合路径"→"打孔"。此时,下层对象将会删除与最上层对象重叠的部分,达到打孔的效果,如图 5-91 所示。

(4) 裁切

与打孔操作正好相反,裁切操作可以保留与上层对象重叠的部分。

① 制作一个裁切形状的对象,将其重叠放在需裁切对象的顶层。然后用全选箭头选中这两个对象。

② 执行菜单命令:"修改"→"组合路径"→"裁切"。此时,下层对象将会删除与上层对象不重叠的部分,达到裁切的效果,如图 5-92 所示。

图 5-91　打孔效果　　　　　　　　　图 5-92　裁切效果

3. 路径修改实例——花瓣按钮

① 用椭圆工具在画布上绘制一个椭圆。

② 复制椭圆,并按 Ctrl + V 键两次粘贴两个椭圆。

③ 这时三个椭圆重叠在一起,在画布中不好选中单个。所以在"层"面板中选中任意一个椭圆的图层,执行菜单命令:"修改"→"变形"→"数值变形"。从打开的对话框中设置变形类型为"旋转",角度为 120°。

④ 用同样方式,选中另外一个椭圆,将它旋转 240°。此时效果如图 5-93 所示。

⑤ 用全选箭头按住 Shift 键选中 3 个椭圆,执行"修改"→"组合路径"→"联合",将 3 个椭圆组合成花瓣形的路径,如图 5-94 所示。

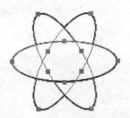　　　　　　　　

图 5-93　复制并旋转椭圆　　　　　　　图 5-94　联合效果

⑥ 选中组合路径,设置它的填充方式为"渐变"→"放射状",渐变颜色为从玫瑰红到淡红的渐变,此时效果如图 5-95 所示。

⑦ 在属性面板中选择"滤镜"→"斜角和浮雕"→"内斜角"命令,设置斜角宽度为 6,其他保持默认。最终效果如图 5-96 所示。

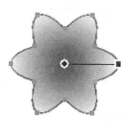

图 5-95　渐变填充效果

图 5-96　最终效果

5.4.4　路径和选区的相互转换

1. 路径转换为选区

路径转换为选区是选择像素的一个非常好的方法。我们知道,使用套索或多边形套索工具可以选择不规则区域的像素,但是用它们创建的选区一旦创建好之后就不能对选区的边缘再进行修改了。如果拖动鼠标时有一点点地方没拖动好,导致选区没选择精确,就必须取消选区后再重新开始绘制。这是个很大的问题,因为有些图形的边缘是很复杂的,想要一次性用套索工具沿着边缘移动准确几乎是不可能的。

对于这种情况比较好的方法就是使用"钢笔"工具绘制路径,绘制完路径后可以用"部分选定"箭头或钢笔工具对路径进行修改,直到该路径准确地围绕不规则图形的边缘为止,然后将路径转换为选区,就可以精确地选中需要的像素范围了。具体操作步骤如下:

(1) 打开一幅位图图像。

(2) 选择矢量工具栏中的"钢笔"工具,在图像中按汽车的轮廓进行绘制,效果如图 5-97 所示。绘制轮廓前可以将画布的显示比例先放大到 400%,以便能更方便地进行绘制。

(3) 然后用"部分选定"箭头单击路径的结点,拖动鼠标对没绘制好的轮廓进行移动修改。如果要增加结点,可以用钢笔工具在路径上单击。

(4) 执行菜单命令:"修改"→"将路径转换为选取框",弹出对话框,要求选择转换后选取框的边缘,这里选择"消除锯齿",单击"确定"按钮,路径即转换为选区,效果如图 5-98 所示。

图 5-97　使用钢笔工具绘制路径

图 5-98　将路径转换为选区后的效果

（5）把选区中的像素复制出来，得到的效果如图 5-99 所示。可以看出这是实现抠图的一种简单方法。

有了路径转换为选区的功能，任何选区都能先用路径绘制再转换为选区。因此绘制选区的工具除"魔术棒"外，均可用绘制矢量路径的工具取代。但用得最多的还是用钢笔工具取代套索工具，因为它除了绘制的路径可以修改外，还能同时绘制曲线和直线边缘的路径。

2. 选区转换为路径

将选区转换为路径刚好是逆向操作，通过使用这个命令，可以快速得到矢量形状，帮助用户进行矢量设计。例如有时希望得到位图图形的轮廓，以便将其放大很多倍后也不会变模糊，这时可以使用选区转换为路径得到它的矢量轮廓。

选区转换为路径的具体操作如下：

（1）打开一幅位图图像，该图像具有很相似的背景颜色。

（2）选择位图工具栏中的"魔术棒"工具，在位图图像中的背景颜色上单击，这样就选中了整个背景颜色区域，效果如图 5-100 所示。

图 5-99　将选区中的内容复制到空白画布中　　　图 5-100　使用魔术棒工具选择背景像素区域

（3）执行菜单命令："选择"→"反选"（快捷键为 Ctrl + Shift + I），选中图像中的树叶，如图 5-101 所示。

（4）执行菜单命令："选择"→"将选取框转换为路径"，选区即可转换为路径，如图 5-102 所示。

图 5-101　反选选区，选择树叶　　　　　图 5-102　将选区转换为路径后的效果

将选区转换为路径后，Fireworks 会新建一个层，用于放置转换后的路径，该层位于位图图层的上方。

5.5　文本对象的使用

在网页的很多地方,如标志(Logo)和栏目框标题等处,都需要使用经过美化的文字做装饰,在 Fireworks 中修饰文本的一般步骤如下:

① 选择合适的字体,有时只要选择一款漂亮的字体,无须太多修饰也能显得很美观。

② 书写文字,并调整间距。

③ 对文本进行填充和描边处理。

④ 对文本应用滤镜效果,如投影、发光等。

5.5.1　文本编辑和修饰的过程举例

下面以使用 Fireworks 制作一款带有描边和阴影效果的文字为例说明美化文本的基本过程。

1. 安装字体

Windows 自带的字体种类较少,而且一般都不具有艺术效果。要使文本看起来美观,首先要选择一款美观的字体。常见的比较流行的中文字体库有“方正字体”、“文鼎字体”、“经典字体”和“汉鼎字体”,在百度上输入字体名进行搜索可以下载到这些字体。

下载完字体后,必须安装才能使用。字体文件的扩展名为 TTF,将该文件复制到 Windows 的字体目录(通常是 C:\WINDOWS\Fonts)下即可自动安装。

本例中要使用的字体是“经典综艺体简”,所以将下载的字体文件“经典综艺体简.TTF”复制到 Windows 的字体目录,重新启动 Fireworks 就能在 Fireworks 中使用该字体了。

2. 添加文字并设置文字水平间距

首先要在画布上书写文字,即在画布中插入文本对象,步骤如下:

(1) 新建一个画布。选择工具箱中的文本工具(🄰)。

(2) 在文本起始处单击,将会弹出一个小文本框;或者拖动鼠标绘制一个宽度固定的文本框。

(3) 在其中输入文本,也可以粘贴文本。

(4) 单击文本框外的任何地方,或在工具面板中选择其他工具,或按下 Esc 键都将结束文本的输入。

如果要修改文本,则首先要使用全选箭头(🄰)选中这个文本对象,此时文本对象周围会出现带顶点的蓝色矩形框,如图 5-103 所示。然后用文本工具(🄰)单击并拖动选中其中的文字,就可以对选中的文字进行修改了,如图 5-104 所示。例如调整大小,水平间距,颜色等。

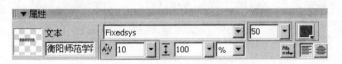

图 5-103　用全选箭头选中文本对象 　　　　　图 5-104　用文本工具选中其中的文本

（5）将文字反选后，在属性面板中改变文字大小、颜色和字体，并修改水平间距（A\V）为 10，如图 5-105 所示。

图 5-105　设置文本的大小、颜色和水平间距

3. 给文字描边

给文字描边要使用"笔触"选项，文本的描边工具位于图 5-105 所示的区域，单击颜色按钮，在这里可以选择描边使用的颜色，并选择"路径外"表示在文字的外面描边。再单击颜色面板中下方的"笔触选项"，如图 5-106 所示。

在弹出的笔触面板中，选择"铅笔"、"1 像素柔化"，笔尖大小选择 2，表示边缘的宽度是 2px。描边颜色选择白色，如图 5-107 所示。

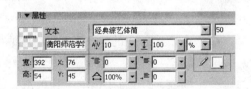

图 5-106　文本属性面板中笔触选项的位置

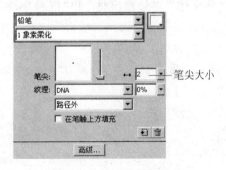

图 5-107　笔触选项面板

4. 添加投影

接下来仍然使用全选箭头选中文本对象，在属性面板右侧的"滤镜"中，单击"＋"按钮，在弹出菜单中选择"阴影和光晕"→"投影"。这时会弹出"投影"效果的设置框，如图 5-108 所示。将投影的颜色设置为文本的颜色，其他选项保持默认就可以了，用鼠标在对话框外单击就能关闭并保存设置的投影选项。如果以后要编辑投影效果，双击"滤镜"下拉框中的"投影"一项就可以了。

图 5-108　投影效果选项面板

5. 插入背景

单击"矩形"工具组右下角的箭头,在其中选择"圆角矩形"工具。插入一个圆角矩形,再在属性面板中设置圆角矩形的填充为"实心"、"蓝色"(#33CCFF),"边缘"为"羽化","羽化总量"设置为 70。效果如图 5-109 所示。

由于"圆角矩形"是在文字之后插入的,因此用"圆角矩形"羽化后制作的背景会覆盖在文字图层之上,必须要改变这两个图层的叠放次序,方法是在"层"面板中选中文字图层,将它拖放到背景图层之上就可以了,最终效果如图 5-110 所示。

图 5-109　边缘羽化后的圆角矩形　　　　　　　图 5-110　最终效果

5.5.2　特殊文字效果制作举例

1. 制作特殊形状的字

在制作 Logo 时,有时需要特殊形状的文字以达到美化的效果,如图 5-111 所示。这是通过将文字转换为路径后再对路径进行调整实现的,具体制作步骤如下:

(1) 使用"文本"工具书写几个文字,将字体设置为粗体,字体大小为 56。

(2) 用全选箭头选中该文本对象,执行菜单命令"文本"→"转换为路径"。文本即转换为路径,以后就不能再对文字内容、字体大小等进行修改了。

(3) 使用"部分选定"箭头单击选中一个文字,可发现文字的轮廓变成环绕的路径了。

(4) 使用"钢笔"工具修改路径。将画布的显示比例放大,然后用钢笔工具单击并拖动"网"字左上角的顶点,如图 5-112 所示,这样就能将直线的轮廓变成曲线轮廓了。

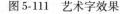

图 5-111　艺术字效果　　　　　　　图 5-112　将直线轮廓变为曲线

(5) 接下来用"部分选定"箭头选中"设"字,用钢笔工具在其右上角的路径上单击,为其增加两个路径点,如图 5-113 所示。再将钢笔工具移动到其右上角的路径点,可发现钢笔工具右下角会出现"－"号,此时单击该路径点即可将其删除,删除路径点后效果如图 5-114 所示,可看见"设"字的直角轮廓变为斜角了。"计"字的右上角也用同样的方法制作。

（6）用"部分选定"箭头选中"设"字，再用"部分选定"箭头拖动其左下角和右下角的路径点，效果如图5-115所示。用全选箭头选中"页"字，将其下移一些即实现了最终的效果。

图 5-113　增加路径点　　　　图 5-114　删除路径点　　　　图 5-115　拖动路径点

2. Fireworks 倒影字

通过对文字进行垂直翻转和渐变填充，可以实现如图5-116的倒影字的效果，制作步骤如下：

（1）使用"文本"工具书写几个文字，将字体设置为粗体，字体大小为56。

（2）用全选箭头选中该文本对象，按住 Alt 键向下拖动复制一个，并将复制的文本对象摆放在它的正下方，作为倒影用。

（3）选中下方的文本对象，执行菜单命令"修改"→"变形"→"垂直翻转"，翻转后效果如图5-117所示。

图 5-116　倒影字效果　　　　　　　　　图 5-117　垂直翻转

（4）设置下方文本对象渐变填充。选中下方的文本对象，单击文本属性面板中的颜色选取框（■），在弹出的颜色面板中选择"填充选项"，在填充面板中选择"渐变"、"线性"。此时，文本对象上会出现渐变引导线，按住 Shift 键旋转渐变引导线，把渐变引导线调整成垂直。然后拖动渐变线下方的方形结点使其长度缩短，再拖动渐变线上方的菱形结点使其向上移动，最后设置渐变颜色为从文字颜色到白色的渐变。调整后效果如图 5-118 所示。

图 5-118　对文字进行渐变填充

（5）选中下方的文本对象，在属性面板右侧调整其不透明度为 40，使倒影文字看起来颜色淡一些。就得到了图5-116中的最终效果。

制作文字效果很多时候还必须依赖渐变填充和蒙板，这些将在下面几节中介绍。它们可以使文字的填充不再是单一的颜色，从而更美观。

5.5.3　将文本附加到路径

在 Fireworks 中将文本附加到路径后，或将文本转换为路径后，就可以像编辑路径一样利用路径修改工具将文本变为任意形状和方向,形成各种特殊效果。

文本附加到路径后仍然可以编辑文本,同时还可以编辑路径的形状。将文本附加到路径的操作步骤如下:

(1)在画布上绘制需要附着的矢量路径,这里为了制作文本环绕效果,绘制了一个椭圆。

(2)创建文本对象,并设置好文本的各项属性值。

(3)按住 Shift 键使用"部分选定"箭头同时选中文本和路径,效果如图 5-119 所示。

(4)执行菜单命令"文本"→"附加到路径",效果如图 5-120 所示。

图 5-119　同时选中文本和路径

图 5-120　执行"附加到路径"命令后

(5)默认情况下,文本附加到路径后的文本方向是"依路径旋转的",如果要调整文本方向,可以选择"文本"→"方向"子菜单中的命令,改变文本在路径上的方向,共有 4 种方向设置,其中图 5-121 是文本方向"垂直"的效果,图 5-122 是文本方向"垂直倾斜"的效果。

图 5-121　文本方向"垂直"的效果　　　　　图 5-122　文本方向"垂直倾斜"的效果

如果要分离附加到路径的文本,可以选中该文本,执行菜单命令"文本"→"从路径分离",即可将文本与路径分离。

5.6　蒙板

蒙板就是能够隐藏或显示对象或图像的某些部分的一幅图片,网页中很多效果创意都离不开蒙板的使用。总的来说,蒙板可分为矢量蒙板和位图蒙板。

5.6.1　使用"粘贴于内部"创建矢量蒙板

矢量蒙板有时也被称为"粘贴于内部",它能将其下方的对象裁剪成其路径的形状,从而产生图像位于形状中的效果,图 5-123 和图 5-124 是两个例子。

图 5-123　心形图像　　　　　　　　　　　图 5-124　图片窗格效果

1. 制作心形图像

图 5-123 所示的心形矢量蒙板效果图具体制作步骤如下：

（1）制作用于轮廓的心形，用椭圆工具绘制一个圆。

（2）用"部分选定"箭头单击圆形上方的控制点，如图 5-125 所示。将其选中后向下拖动，也可按键盘的向下键移动。按照同样的方法选中下方的控制点，也将其向下拖动，得到如图 5-126 所示的形状。

（3）接下来要将心形上方和下方的中间点都变尖，方法是分别选中中间的控制点后，可看见它们的控制柄是一条水平的横线，将控制柄两端的端点往中心拉，当控制柄缩短以后，心形的上方和下方就变尖了。接下来再分别选中左右两端的两个控制点，可看到它们的控制手柄是一条竖直的线，将这条线的上方端点向内拉使控制柄倾斜，并拉长手柄，使左右两边变圆，此时效果如图 5-127 所示。这样一个心形就做好了。

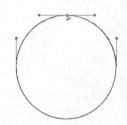 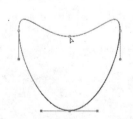 

图 5-125　绘制一个圆形　　　图 5-126　调整圆形的上下控制点　　　图 5-127　调整形状的控制手柄

（4）导入一幅位图，在层面板中将这幅位图所在的层拖动到心形图层的下方，如图 5-128 所示。因为被蒙板层必须要位于蒙板层的下方。然后调整其位置，使其要显示的区域大致位于心形范围内，再用全选箭头选中这幅位图，按 Ctrl + X 键将其裁剪。如果要使用"复制"的方法，必须先将心形的图层隐藏，再用全选箭头选中图片，按 Ctrl + C 键进行复制。

（5）接下来可以把这幅位图所在的层先隐藏起来，然后用全选箭头单击心形的边缘以选中心形。单击鼠标右键，在如图 5-130 所示的右键快捷菜单中选择"编辑"→"粘贴于内部"命令即可,此时效果如图 5-129 所示。

图 5-128　将位图置于心形下方

图 5-129　执行"粘贴于内部"后的效果

图 5-130　粘贴于内部命令

（6）此时如果用全选箭头拖动心形,会发现其中的位图和心形一起移动。如果要使拖动时心形的位置固定,而它下面的位图发生移动,需将"层"面板中蒙板层内两个对象之间的"铁链"图标单击去掉,如图 5-131 所示。

这样我们可以调整心形中显示的位图区域。例如可以把位图中的人物拉到心形的右边一些显示,并将心形的笔触设为无,效果如图 5-132 所示。

单击去掉 "铁链" ——

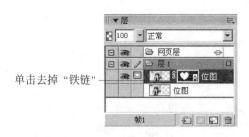

图 5-131　层面板中的蒙板层

图 5-132　去除"铁链"后拖动位图的位置

（7）打开矢量蒙板的属性面板。只要在"层"面板中选中蒙板层,再单击铁链后面的蒙板对象,蒙板对象就被选中,如图 5-131 所示,此时属性面板中将显示蒙板的各种属性设置,如图 5-133 所示。可以给它添加"发光"的滤镜效果,将发光的颜色改为绿色就实现了图 5-134 所示的效果。

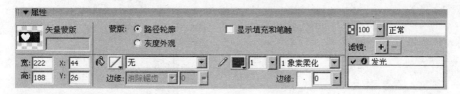

图 5-133 蒙板的属性面板

提示：如果要将蒙板层中的两个对象合并成位图，可以选中铁链后面的蒙板对象，按 Del 键删除，此时会弹出提示框"在删除前，应用蒙板到位图？"，选择"应用"，则蒙板层中的两个对象就合并成位图了。

（8）如果在矢量蒙板的属性面板中选择"灰度外观"单选按钮，这时候蒙板将同时具有矢量蒙板和位图蒙板的效果，再设置填充为放射状渐变，颜色为由白到黑，则效果如图 5-135 所示，可看到心形中的位图出现了减淡的效果。

图 5-134 为蒙板对象添加发光滤镜

图 5-135 为蒙板对象添加灰度外观

提示：如果要取消蒙板，在"层"面板中选中蒙板层，执行菜单命令"修改"→"取消组合"即可。

2. 制作相片撕裂效果

制作相片撕裂效果的思路是首先制作一个相片撕裂后的图形框路径，然后将位图图像粘贴于该图形框内部即得到相片撕裂的效果。

为了制作相片撕裂的图形路径，先使用套索工具手绘一个含有不规则锯齿的选取框，然后将这个选取框转换为路径。复制到另一个工作区的画布中去。接下来反选这个选取框，然后将反选后的选取框也转换为路径，同样复制到另一个工作区画布中去。这样两个撕裂的相片框路径就做好了，然后再微调路径的位置，并将其中一个略微倾斜一点，这样就更逼真了。具体制作步骤如下：

（1）新建一个空白画布，大小建议值：500×350。

（2）使用套索工具从画布的中间开始移动画一条不规则锯齿出来，然后绕画布的左边一周，绕的时候套索工具不需要紧贴画布的边缘，如图 5-136 所示，因为绘制好后，选择框会自动紧挨画布边缘的，如图 5-137 所示。

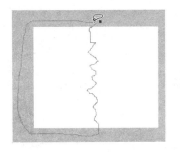

图 5-136　用套索工具绘制选取框

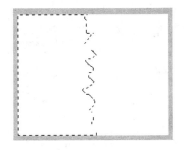

图 5-137　选取框绘制好之后

（3）绘制好选取框后，执行菜单命令"选择"→"将选取框转换为路径"，选取框就转换为矢量路径了，效果如图 5-138 所示。然后按 Ctrl + C 键复制该选取框到另外一个画布中。之所以要将该选取框保存到另一个文档中，是因为接下来要执行撤销操作。

（4）按 Ctrl + Z 键撤销转换为路径的操作，此时回到如图 5-137 所示的选取框状态，然后再执行菜单命令"选择"→"反选"，选取框将选取画布的另一半，如图 5-139 所示。

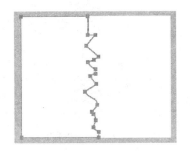

图 5-138　选取框转换为路径

图 5-139　对选取框执行反选操作

（5）同样将这个选取框也转换为路径，并复制到第二个画布中，此时，在第二个画布中就有两个锯齿形的路径了。

（6）将第二个锯齿形路径向右移动 4px，使其和第一路径之间有一点距离，如图 5-140 所示。

（7）将第二个锯齿形路径用缩放工具旋转一点角度，然后再添加投影效果，设置完毕后如图 5-141 所示。

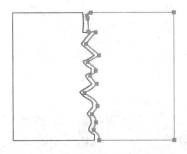

图 5-140　调整第二个选取框位置

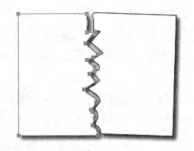

图 5-141　将第二个选取框倾斜并添加投影

（8）在当前画布中导入位图图片，在"层"面板中将它置于底层。然后选中并按 Ctrl + X 键剪切，将它分别粘贴到两个锯齿形矢量图形内部，即得到最终效果，如图 5-142 所示。

（9）如果将该撕裂框与心形路径执行交集操作，则得到心形的撕裂框，将位图粘贴于心形的撕裂框中效果如图 5-143 所示。

图 5-142　最终效果　　　　　　　　　图 5-143　心形撕裂框效果

可以将该撕裂框路径单独保存成一个文件，以后对于任意图像都可以使用该撕裂框为位图添加撕裂效果。

3. 制作图片窗格效果

图片窗格效果就是将一张图片粘贴到很多个圆角矩形组成的路径内部，除了涉及矢量蒙板外，本例需要用到的另一个知识点就是"历史记录"，通过历史记录功能可以快速执行大量重复的操作，本例使用历史记录快速复制和排列圆角矩形。制作图片窗格效果的步骤如下：

（1）首先打开一幅素材图片，如图 5-144 所示。

（2）在上面绘制一个圆角矩形，将它的宽和高均设置为 60，位置 X 和 Y 均为 0，笔触为 1px 灰色（#666666）。

（3）打开窗口右侧的"历史记录"面板，如图 5-145 所示。单击面板右上角的弹出菜单按钮，选择"清除历史记录"命令，这样即可将"历史记录"中存储的所有操作记录全部清空，清除历史记录后就无法执行撤销（Ctrl + Z）操作了。

 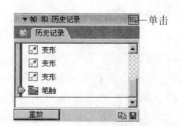

图 5-144　素材图片　　　　　　　　　图 5-145　"历史记录"面板

（4）选中绘制的圆角矩形，按 Ctrl + Shift + D 键执行克隆操作，然后将克隆的圆角矩形使用键盘方向键向右移动 66px。此时"历史记录"面板如图 5-146 所示。

提示："克隆"操作和复制、粘贴操作基本相同，只是复制会将对象保存到剪贴板中，而克隆操作不会，在这里也可以使用复制、粘贴操作复制一个。

（5）按住 Shift 键同时选中"克隆"和"移动"两个步骤，然后单击面板下方的"重放"按钮，可发现又多了一个排列好的圆角矩形，这是因为 Fireworks 重做了我们刚才克隆圆角矩形和移动两步，连续单击"重放"按钮，就迅速生成了一排圆角矩形，如图 5-147 所示。

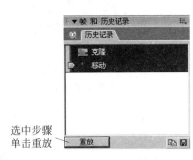

图 5-146　重放历史操作步骤

图 5-147　得到一排圆角矩形

（6）按住 Shift 键将这一排圆角矩形都选中，然后对其执行克隆操作，接着将克隆的一排圆角矩形向下移动 66px。此时"历史记录"面板中又会记录下刚才的"克隆"和"移动"两个步骤。参照第（5）步的方法将这两个操作重放几次，就迅速得到了很多排的圆角矩形。

（7）按 Ctrl + A 键全选画布中所有的层，这样就选中了所有的圆角矩形和素材图片，接下来按住 Shift 键单击素材图片，就取消了对素材图片的选择。执行菜单命令"修改"→"组合"（快捷键 Ctrl + G），将所有的圆角矩形组合成一个矢量图形。

（8）然后选中素材图片和圆角矩形组合，执行菜单命令"修改"→"蒙板"→"组合为蒙板"，即可得到图片窗格效果，接下来可以在"层"面板的蒙板层中选中铁链后面的蒙板对象，在属性面板中为其添加投影特效，最终效果如图 5-124 所示。

4. 制作图像背景的文字

由于文本也是一种矢量，所以也能将位图图像粘贴于文本内部，达到图像背景文字的效果，其制作步骤如下。

（1）导入一幅位图图片，这里导入一幅树叶的图片。

（2）选择文本工具绘制文本，由于需要通过文本的轮廓看到背景，所以文本最好设置为粗体，字体设置得大一些，如图 5-148 所示。

（3）用全选箭头选中位图，按 Ctrl + X 键剪切。

（4）用全选箭头选中文本，单击鼠标右键，在右键快捷菜单中选择"编辑"→"粘贴于内部"命令即可，此时效果如图 5-149 所示。

图 5-148　将文本层放在位图层上方　　　　　　图 5-149　"粘贴于内部"后的效果

5.6.2　创建位图蒙板

位图蒙板主要用来制作从清晰过渡到透明的图像渐隐效果,这样可以使两幅图片融合在一起。位图蒙板通常是用一个由黑到白渐变的图像覆盖在被蒙板对象之上,那么被纯黑色覆盖的区域将变得完全透明而不可见,纯白色覆盖的区域将保持原状(完全不透明),黑白之间过渡色覆盖的区域将变得半透明。

1. 位图蒙板创建的步骤

下面通过制作图像渐隐效果演示位图蒙板的创建过程,具体步骤如下:

(1)打开或导入一幅位图图片,图片如图 5-150 所示。

(2)使用"矩形"工具绘制一个和画布尺寸一样的矩形,设置填充为线性渐变,按住 Shift 键旋转渐变线,将渐变色的方向设置为垂直方向,最上方填充白色,最下方填充黑色,如图 5-151 所示。

　　　　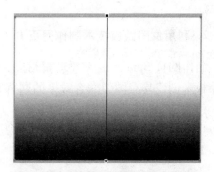

图 5-150　打开准备好的位图素材　　　　图 5-151　绘制矩形,填充线性渐变色

(3)为了使位图上方的图像完全不受影响,可以将渐变填充上方白色的区域增大一些,方法是将渐变控制面板中白色一端的手柄拉到中间一些,如图 5-152 所示。

(4)在"层"面板中按住 Ctrl 键同时选中这个矩形和位图,注意矩形(蒙板层)要位于位图(被蒙板层)的上方,执行菜单命令"修改"→"蒙板"→"组合为蒙板",即可得到如图 5-153 所示的效果。

(5)这时在"层"面板中可以选中蒙板层中铁链后面的蒙板对象,此时属性面板中将显示蒙板的各种属性设置。如果要将"组合为蒙板"后图像的透明区域增大,仍然可以在填充选项中修改渐变手柄的位置,如图 5-152 所示。

图 5-152　将白色渐变手柄向中间拉

图 5-153　"组合为蒙板"后的效果

（6）此时可以在画布中再导入一张如图 5-154 所示的位图，在"层"面板中将它拖动到蒙板层的下方，可看到两幅图片很好地融合在了一起，效果如图 5-155 所示。

图 5-154　导入作为底层的位图

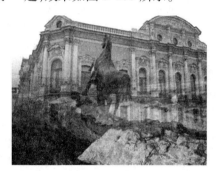

图 5-155　图像融合后的效果

2. 利用位图蒙板技术制作网页 Banner

制作网页 Banner 通常要求素材图片能和网页 Banner 的背景融为一体，下面利用位图蒙板来创建具有图像融合效果的网页 Banner。步骤如下：

（1）在画布上绘制一个 768 × 132px 的矩形，将它的填充颜色设置为蓝色（#9FC6E8），在上面导入一个标志并写两行文本，对文本进行描边和填充后效果如图 5-156 所示。

图 5-156　网页的 Banner

（2）导入一幅素材图片，调整好该图片大小后将素材图片放置在矩形的右边，此时效果如图 5-157 所示。可看见素材图片的边缘很明显，整个 Banner 没有浑然一体从而显得很不美观。

（3）接下来在素材图片的上方绘制一个和它一样大的矩形，设置填充为线性渐变，渐变色的方向为水平方向，可以略微将渐变线旋转一定角度，为了让左边区域变得透明一

图 5-157 导入素材图片到 Banner

些,左边填充黑色,右边填充白色,并在渐变控制面板中拉动白色手柄到中间让白色的区域大一些,如图 5-158 所示。

图 5-158 绘制矩形,填充线性渐变色

(4)在"层"面板中按住 Ctrl 键选中这个矩形和素材图片,执行菜单命令"修改"→"蒙板"→"组合为蒙板",即可得到如图 5-159 所示的效果。可看到素材图片和网页 Banner 图片很好地融合在了一起。

图 5-159 最终完成的效果

3. 用"粘贴为蒙板"制作灰度减淡效果

使用"粘贴为蒙板"能制作另外一种位图蒙板效果,与"组合为蒙板"不同的是,它不光将使被蒙板层某些区域变透明,还会将蒙板层的颜色应用到被蒙板层。

(1)为了演示"粘贴为蒙板"的效果,在上例最终完成的效果图(图 5-159)基础上,在效果图右侧的瞭望塔区域,绘制一个圆形作为蒙板层,将圆形的填充设置为"渐变"、渐变颜色由浅灰(#cccccc)到白,这时效果如图 5-160 所示。

(2)然后在"层"面板中隐藏该圆形,再选中上例的素材图片,按 Ctrl + C 键进行复制。再在"层"面板中单击圆形所在的层以选中该蒙板层,将鼠标移动到画布中圆形所在的区域,单击鼠标右键,在右键快捷菜单中选择"编辑"→"粘贴于蒙板"命令,此时效果如图 5-161 所示。

图 5-160 绘制圆形作为位图蒙板层

图 5-161 "粘贴为蒙板"后的效果

可以看到,如果用灰色或白色的位图作为蒙板层,"粘贴为蒙板"的主要作用是使被蒙板层的颜色减淡。但是这也可通过在图像上放置一个半透明的白色图层实现,因此在实际中,"粘贴为蒙板"操作用得比较少。

如果用其他颜色(例如浅蓝色)的位图作蒙板层,"粘贴为蒙板"后,被蒙板层的颜色不但会减淡,还会染上蒙板层的颜色,可以产生一种印象效果。

5.7　简单 GIF 动画的制作*

GIF 格式允许将多张图片循环播放形成简单的动画效果,此时用于动画的每张图片称为一个帧。在 Fireworks 中,可以通过补间实例自动生成位于两个元件之间的过渡帧,然后将这些帧连续播放形成 GIF 动画。

5.7.1　使用补间实例制作动画

下面通过一个简单的直线运动动画的例子,来讲述通过补间实例制作动画的原理。制作步骤如下:

(1) 选择"直线"工具,按住 Shift 键绘制一条水平直线,将直线的笔触颜色设置为黑色。

(2) 用全选箭头选中直线,执行菜单命令:"修改"→"元件"→"转换为元件"(快捷键为 F8),在弹出的元件属性对话框中保持默认设置即可,此时可发现直线上多了一个箭头,表示它已转换为元件了。

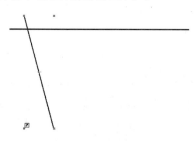

(3) 按 Ctrl + Shift + D 键将直线"克隆"出一个新的,这样就有两个直线元件了。

(4) 选中新克隆出的直线,执行菜单命令:"修改"→"变形"→"数值变形",在数值变形对话框中选择"旋转",输入角度为 255°,再使用缩放工具,将直线缩短一些,然后移动到如图 5-162 所示的位置。

图 5-162　克隆元件并调整新元件的位置

(5) 接下来在"层"面板中同时选中两个元件,执行菜单命令"修改"→"元件"→"补间实例",在图 5-163 所示的对话框中,输入步骤为 15,取消选中"分散到帧"复选框。单击"确定"按钮后效果如图 5-164 所示。

图 5-163　"补间实例"对话框

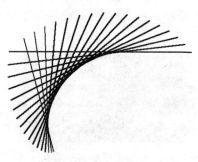

图 5-164　增加补间实例后的效果

（6）可看到补间实例的作用就是根据前后两个元件的形状和位置产生很多个过渡的元件，查看"层"面板可发现新增了 15 个元件。如果把这些补间实例产生的元件分散到帧就会产生动画效果。

接下来按 Ctrl＋Z 键撤销刚才补间实例的操作，然后再执行"补间实例"命令，这一次在补间实例对话框中选中"分散到帧"复选框。这样就形成了很多个帧组成的动画了，单击工作区状态栏中的"播放"按钮（如图 5-165 所示）就能播放动画了，可看见一条直线在旋转。

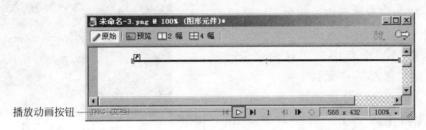

图 5-165　播放动画

（7）导出动画。为了使动画可以在浏览器中播放，必须将它导出为 GIF 动画文件。方法是打开 Fireworks 右侧的"优化"面板，在第一个下拉框中选择"动画 GIF 接近网页 128 色"。然后执行菜单命令"文件"→"导出"，在"导出"对话框中，不要选中"仅当前帧"，单击"导出"按钮就可以了。将导出的 GIF 文件在浏览器中播放就能看到动画效果了。

5.7.2　制作蒙板动画

字幕滚动动画是电视剧结尾经常看到的一种动画效果，表现为一行行文字滚动着逐渐显示又逐渐消失。这种动画效果不光用 Flash 可以做，用 Fireworks 制作 GIF 动画功能也能实现。制作步骤如下：

（1）新建一个文件，将画布背景色设置成黑色。

（2）用文本工具输入一段文字，执行菜单命令"文本"→"编辑器"，在文本编辑器中将文本的方向改为"垂直文本"和"文本自右至左流向"，如图 5-166 所示。

（3）按 F8 键将文本对象转换为图形元件。

（4）在文本上方绘制一个和文本对象一样大的矩形作为蒙板层，设置该矩形的填充方式为"线性渐变"，渐变颜色从左至右为"黑色－白色－黑色"，如图 5-167 所示。

图 5-166　文本编辑器

图 5-167　矩形蒙板层

（5）在"层"面板中选中文本对象和矩形,执行菜单命令"修改"→"蒙板"→"组合为蒙板"。

（6）将蒙板层中间的铁链图标去掉,选中蒙板层左边的文本对象,将其拖动到矩形的左边,使文本均看不见。

（7）在"层"面板中选中蒙板层,按 Ctrl + C 键和 Ctrl + V 键复制一个,这时可以把原来的蒙板层先隐藏。选中新蒙板层左边的文本对象,将其拖动到矩形的右边,使文本均看不见。

（8）文本排列好后将这两个蒙板层的铁链图标都点上。

（9）在"层"面板中选中这两个蒙板层,执行菜单命令"修改"→"元件"→"补间实例",输入步骤为 25,选中"分散到帧"复选框。这样整个实例就制作完毕了。最终效果如图 5-168所示。

图 5-168　最终效果

5.8　切片及导出

切片就是将一幅大图像分割为一些小的图像切片,并将每部分导出为单独的文件。导出时,Fireworks 还可以创建一个包含表格代码的网页文件,该网页文件通过没有间距、边框和填充的表格重新将这些小的图像无缝隙地拼接起来,成为一幅完整的图像。

5.8.1　切片的作用

（1）读者首先要理解为什么要进行切片,切片的基本作用有以下几点:

① 网页中有很多边边角角的小图片,如果对这些小图片一张张单独绘制,不仅很麻烦,而且也很难保证它们可以 1px 不差地拼成一张大图片。而通过切片,只需绘制一张整体的大图片,再将它们按照布局的要求切割成需要的小图片即可,这样开发效率得到很大提高。

② 在过去,切片还有一个作用,就是能通过对网页效果图进行切片,自动生成整张网页的 HTML 文档。但是这种方式生成的 HTML 文档是用表格排版的,而且代码有很多冗余。因此现在不建议采用切片生成的 HTML 文档,设计师一般都是在 DW 中重新制作网页。所以现在切片的唯一目的就是得到制作网页需要的小图片。

③ 有人还喜欢对切片添加链接或交互效果,如添加下拉菜单或图像翻转效果。但这些都可以在 DW 中通过编写 JavaScript 或 CSS 实现,而且代码更简洁,因此不推荐在 Fireworks 中为切片添加交互或链接。

（2）上述基本作用是必须进行切片的原因。实际上,切片还能带来以下一些衍生的好处:

① 当网页上的图片文件较大时,浏览器下载整个图片需要花很长时间,切片使得整个图片分为多个不同的小图片同时开始下载(IE 浏览器可以同时下载 5 个文件),这样下

载的时间就大大缩短了。

②　如果使用 Fireworks 制作整幅的网页效果图,将网页效果图转换为网页的过程中,网页效果图中的很多区域需要丢弃,例如绘制了文本的区域需要用文本替代,网页效果图中单一颜色的区域可以用 HTML 元素的背景色取代,等等,这时必须把这些区域的图片切出来,才能够将它们删除,或者使切片不包含这些区域。

③　优化图像:完整的图像只能使用一种文件格式,应用一种优化方式,而对于作为切片的各幅小图片就可以分别对其优化,并根据各幅小图片的特点还可以存为不同的文件格式。这样既能够保证图片质量,又能够使得图片变小。

切片的原理虽然很简单,但是在实际进行切片时有很多技巧,这些需要在实践中逐渐体会发现。切片还需要对网页布局技术非常了解,对于同一个网页效果图,使用不同的布局方式布局就需要不同的切片方式,因此在切片之前需要先考虑如何对网页布局。

5.8.2　切片的基本操作

1. 创建切片

切片工具位于 Fireworks 工具箱中的 Web 部分,如图 5-169 所示。

在工具箱中单击"切片"工具后,在图片上拖动鼠标就能创建切片,如图 5-170 所示。创建的切片被半透明的绿色所覆盖,切片到图片四周都有红色的连接线,这些线被称为"切片引导线"。因为切片工具就像剪刀,只能从图片的边缘开始把中间一块需要的图形剪出来,而不能对图片进行打孔把中间的图片挖出来,所以会产生切片引导线。

图 5-169　切片工具

图 5-170　创建切片

由于需要最终可以用 HTML 把切片和未切片区域拼成完整的图像,因此切片区域和未切片区域都必须是矩形,Fireworks 以产生矩形最少的方式自动绘制切片引导线。

提示:如果要调整切片的大小,可以先用全选箭头选中切片,然后用"部分选定"箭头拖动切片四个角上的方形点。也可以在切片的属性面板中调整它的大小和位置。

在 Fireworks 中,每一个切片被当作一个网页层放置在"层"面板中,如果要隐藏某个切片,可以单击该切片前的"眼睛",如图 5-171 所示;如果要隐藏所有切片,既可以单击"网页层"前的"眼睛"图标,又可以单击图 5-169 工具箱中的"隐藏切片"按钮。单击"显示切片"按钮可显示切片。

图 5-170 在放置文本的区域创建切片,是为了将这个区域位置的切片图片删除,然后导出时选择导出包括未切片区域,把中间的白色切片图像丢弃以放置文本。对于栏目框

来说一种更常用的切片方法是图 5-172 所示的切片方法,它将这个固定宽度的圆角栏目框切成上、中、下三部分。其中中间一部分只切一小块,只要将这一小块作为背景图片垂直平铺就能还原出中间部分来,而且还能自适应高度。

图 5-171   "层"面板中的网页层

图 5-172   对图形切片的另一种方式

由于没有将栏目框头部的标题隐藏起来,就直接切片,使切出来的图片由于有文字标题在上面而只能用于这个栏目,这样栏目框的圆角图片不具有通用性。为了使这个栏目框能用于网页中所有的栏目,可以将栏目框标题隐藏起来再切。以后在 HTML 中使用文本作栏目标题。

2. 导出切片

切片完成后,就可以导出切片了,导出切片有以下几种方法:

(1)用全选箭头单击切片对象选中它,单击右键,在右键快捷菜单中选择"导出所选切片"命令,如图 5-173 所示。可将当前选中的切片导出,这种方式适合于单独导出一些小图标文件。

(2)执行菜单命令"文件"→"导出",在弹出的图 5-174 所示的"导出"对话框中,可以选择导出切片,如果选中"包括无切片区域",则切片区域的图片和被切片引导线分割的区域都会导出成切片,如果不选中该项,则只有切片区域的图片会被导出。另外,最好选中"将图像放入子文件夹",这样图像就会存放在与网页同级目录的 images 文件夹下。单击导出对话框中的"选项"按钮,将打开"HTML 设置"面板,可以在"文档特定信息"中设置切片文件的命名方式等。

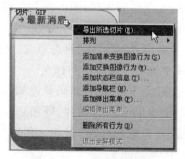

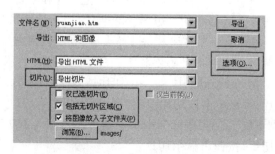

图 5-173   导出所选切片

图 5-174   "导出"对话框中的"切片"设置

3. 切片的基本原则

（1）绘制切片时一定要和所切内容保持同样的尺寸，不能大也不能小。这可以通过选中所切对象后，单击右键，选择右键快捷菜单中的"插入矩形切片"命令实现。

（2）切片不能重叠。

（3）各个切片之间的引导线尽量对齐，特别是要水平方向对齐，这样才容易通过网页代码将这些切片拼起来。

（4）单色区域不需要切片，因为可以写代码生成同样的效果。也就是说，凡是写代码能生成效果的地方都不需要切片。

（5）重复性的图像只需要切一张即可。例如网页中有很多圆角框都是采用的相同的圆角图片，就可以只切一个圆角框。又如导航条中所有导航项的背景图片都是相同的，就只要切一个导航项的背景图片就可以了。

（6）多个素材重叠的时候，需要先后进行切片。例如背景图像上有小图标，就需要先单独把小图标切出来，然后把小图标隐藏，再切背景图像。

如果效果图非常复杂，无法布局，那么最简单的解决办法就是切片成一张大的图片即可。例如效果图中带有曲线的部分就可以这样处理。

5.8.3　切片的实例

下面以图 5-175 所示的网页效果图为例介绍切片的步骤。

1. 隐藏网页效果图中可以用 HTML 文本替换的文本对象

首先把效果图中需要用 HTML 文本替换的文本隐藏起来，隐藏后如图 5-176 所示。

图 5-175　网页效果图

图 5-176　隐藏网页效果图中的普通文本对象

2. 把网页中的小图标先单独切出来

这里以栏目框前的小图标为例,需要对它单独切割,步骤如下:

(1)用切片工具在小图标上绘制一个刚好包含住它的切片,如图 5-177 所示。

(2)设置小图片的背景色透明。我们知道只有 GIF 和 PNG 格式的图片支持透明效果。因此,在导出之前,需要先在"优化"面板中设置,步骤如下:

① 首先在图 5-178 所示的透明效果下拉框中选择"索引色透明"。

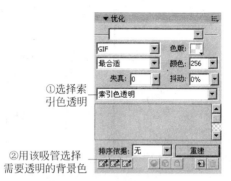

①选择索引色透明

②用该吸管选择需要透明的背景色

图 5-177　在小图标上绘制切片　　　　　图 5-178　设置索引色透明

② 然后单击"优化"面板左下角的"选择透明色"吸管,在小图标附近的背景区域单击一下,这样就将该背景色设置为了索引色,导出后将使该索引色区域透明。

(3)用全选箭头选中小图标上的切片,单击右键,在右键快捷菜单中选择"导出所选切片"命令,这样就将小图标导出成一幅透明的 GIF 图片了。

(4)用同样的方法将网页头部的标题文字也用这种方式切片导出,切片前应先将Banner 图片隐藏,否则会将背景也一起导出,如图 5-179 所示。然后选择"索引色透明",索引色为白色。

图 5-179　对网页标题文字进行切片

提示:使用上述方法制作的背景透明的 GIF 图片,将它插入到网页中时,会发现图像边缘有白色的毛边,如图 5-180 所示,很影响美观。

图 5-180　GIF 透明图像边缘的白边

解决的办法是在对图像进行优化时,在图 5-178 所示的"优化"面板的"色版"选项中,选择和网页背景一样的颜色,这样所有白边的颜色就会转换为网页的背景色,而且仍然能保持背景透明的效果。

3. 重复的图像只切一个

导航部分有很多重复的导航项图片,只切出一个即可。切之前也要将导航条背景的图层隐藏。为了使切片的大小和导航项图片的大小正好一样大,可以选中一个导航项,然后单击右键,选择右键快捷菜单中的"插入矩形切片",这样绘制的矩形切片就会和图片一样大。当然,也可以将画布放大显示比例后按照图像的大小仔细绘制切片。

为了实现导航项背景图片的翻转,可以再选一个导航项图片,将其背景色设为另外一种,把这个导航项也单独切出来,如图 5-181 所示。

4. 重复的图像区域只切一小块

在这个例子中,网页的背景图案可看成是由一个小图案平铺得到的,而导航条的背景是一小块图案水平平铺得到的。对于这些可以用背景平铺实现的大图片,都只要切出大图片的一小块即可。

以导航条的背景为例,只要切出很窄的一块,可在属性面板中设置其宽为 3px。再选中该切片,单独导出成文件即可,如图 5-182 所示,然后通过将该图像作为背景图像水平平铺就还原出导航条的背景了。

图 5-181　导航项背景只切一个

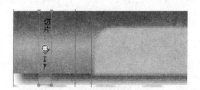

图 5-182　对导航条背景进行切片

5. 对网页整体进行切片

将上述需要单独切片的区域切出来保存好之后,就可以在"层"面板的"网页层"中将这些切片删除掉了。接下来对网页整体进行切片。需要注意两点:

(1) 切片生成的各种图片应分别优化。在这里,由于网页 Banner 的背景图片颜色比较丰富,所以在"优化"面板中,将它导出成"JPEG – 较高品质";而其他切片,例如栏目框的圆角,因为颜色不丰富,所以就导出成默认的 GIF 格式了。

(2) 栏目框的阴影属于栏目框图像的一部分,创建切片时应包含住阴影部分。

切片完成后,执行菜单命令"文件"→"导出",将这些切片一次性导出成图片文件,在导出对话框中,不要选择"包括无切片区域",并且导出的内容可以选择"仅图像",即不需要 Fireworks 自动生成的 HTML 文件。对整体进行切片后的效果如图 5-183

图 5-183　对整体进行切片后的效果

所示。

通过这个实例,可以看出切片的原则是"先局部,后整体",即先把网页中需要特殊处理的地方单独切出来,然后再对整个网页进行切片。

切片完成后,制作网页所需要的图片就都准备好了。接下来可以在 Dreamweaver 中按照网页效果图中的效果编写代码将这些图片都组装到网页中去,并在文本区域添加文字就将网页效果图转化成真实的网页了。

习题

1. 作业题

(1) 在 Fireworks 中,要将鼠标拖动起始点作为圆心画正圆,正确的操作:(　　)。

    A. 拖动鼠标的同时,按下 Shift 键

    B. 拖动鼠标的同时,按下 Shift + Ctrl 键

    C. 拖动鼠标的同时,按下 Alt 键

    D. 拖动鼠标的同时,按下 Shift + Alt 键

(2) 从颜色弹出窗口中采集颜色时:(　　)。

    A. 只能采集文档内的颜色 　　　　 B. 只能采集 Fireworks 窗口中的颜色

    C. 只能采集当前打开的图像的颜色 　 D. 可从屏幕的任何位置采集颜色

(3) 如果将滤镜应用在矢量图像上,则(　　)。

    A. 无法进行

    B. 可以直接使用

    C. 会提示把矢量图像转换为位图对象,然后再进行

    D. 矢量对象的路径和点信息不受影响

(4) 要制作背景透明的卡通图片,则在图像优化输出时,应该要选用(　　)格式。

    A. BMP 　　　　　　 B. GIF 　　　　　　 C. JPEG 　　　　　　 D. PSD

(5) 在 Fireworks 中将一个对象转化为元件之后还可编辑(　　)属性。

    A. 设置笔触 　　　　　　　　　　 B. 设置透明度

    C. 设置填充与渐变 　　　　　　　 D. 应用滤镜

(6) 在 Fireworks 中使用(　　)工具可进入位图编辑模式。

    A. 钢笔 　　　　　 B. 直线 　　　　　 C. 套索 　　　　　 D. 文本

(7) 下面关于将文本转化为路径的叙述,错误的是(　　)。

    A. 除非使用撤销命令,否则不能撤销

    B. 会保留其原来的外观

    C. 可以和普通的路径一样进行编辑

    D. 可以重新设置字体、字型、颜色等文本属性

(8) 下面对切片说法正确的是(　　)。

    A. 切片技术的应用不能改变图像的下载时间

    B. 在导出的时候,只能对切片对象生成图像文件

C. 能对切片对象进行自动命名

D. 不能在切片对象上添加弹出菜单

（9）图像的变形包括对图像进行_____、_____、_____和扭曲操作,如果要对图像进行精确变形,可以使用_____。

（10）使用滤镜时,如果要对图层的某一部分应用滤镜,则应选择_____;如果要对整个图层应用滤镜,则选择_____。

2. 上机实践题

（1）启动 Fireworks 8,认识界面组成,并练习工具箱中的矢量和位图工具的使用。

（2）练习对文本进行描边、渐变填充和添加投影效果。

（3）用"部分选定"箭头和钢笔工具练习绘制书的翻页效果。

（4）使用位图蒙板将两张图片融合在一起。

（5）绘制一张网页效果图,再用切片工具对该效果图进行切片。

第6章

网站开发和网页设计的过程

学习网页设计最终是为了能够制作网站。而在网站的具体建设之前,需要对网站进行一系列的构思和分析,然后根据分析的结果提出合理的建设方案,这就是网站的规划与设计。规划与设计非常重要,它不仅仅是后续建设步骤的指导纲领,也是直接影响网站发布后能否成功运营的关键因素。

6.1 网站开发的过程

与传统的软件开发过程类似,为了加快网站建设的速度和减少失误,应该采用一定的制作流程来策划、设计和制作网站。通过使用制作流程确定制作步骤,以确保每一步顺利完成。好的制作流程能帮助设计者解决策划网站的繁琐性,减小网站开发项目失败的风险,同时又能保证网站的科学性、严谨性。

开发流程的第一阶段是规划项目和采集信息,接着是网站规划和设计网页,最后是上传和维护网站阶段。在实际的商业网站开发中,网站的开发过程大致可分为策划与定义、设计、开发、测试和发布 5 个阶段。在网站开发过程中需明确以下几个概念。

6.1.1 基本任务和角色

在网站开发的每一个阶段,都需要相关各方人员的共同合作,包括客户、设计师和编程开发人员等不同角色,如图 6-1 所示。每个角色在不同的阶段有各自承担的任务。

图 6-1　网站开发过程中的人员角色:客户(Client)、设计师(Designer)
　　　　和程序开发员(Programmer)

表6-1 所示为网站建设与网页设计中各个阶段需要参与的人员角色。

表6-1　网站开发过程中的人员角色分工

策划与分析	设计	开发	测试	发布
客户 设计师	设计师	设计师 程序开发员	客户 设计师 程序开发员	设计师 程序开发员

（1）在策划和分析阶段,需要客户和设计师共同完成。通常,客户会提出他们对网站的要求,并提供要在网站中呈现的具体内容。设计师应和客户充分交流,在全面理解客户的想法之后,和客户一起协商确定网站的整体风格、网站的主要栏目和主要功能。

由于客户一般是网站制作的外行,对网站应具有某些栏目和功能可能连他自己都没有想到,也可能客户的美术鉴赏水平比较低,提出的网站风格方案明显不合时宜。设计师此时既应该充分尊重客户的意见,又应该想到客户的潜在需要,理解客户的真实想法,提出一些有价值的意见,或提供一些同类型的网站供客户进行参考,引导客户正确表达对网站的真实需求。因为根据客户关系理论,只有客户的潜在需求得到满足后客户才能高度满意。

（2）在设计阶段,由设计师负责进行页面的设计,并构建网站。

（3）在开发阶段,设计师负责开发网页的整体页面效果图,并和程序开发员交流网站使用的技术方案,程序开发员开发程序并添加动态功能。

（4）在测试阶段,需要客户、设计师和程序开发员共同配合,寻找不完善的地方,并加以改进,各方人员满意后再把网站发布到互联网上。

（5）在发布阶段,由程序开发员将网站上传到服务器上,并和设计师一起通过各种途径进行网站推广,使网站迅速被目标人群知晓。

经过 10 余年的发展,互联网已经深入到社会的各个领域,伴随着这个发展过程,网站开发已经成为一个拥有大量从业人员的行业,从而整个工作流程也日趋成熟和完善。通常开发网站需要经过图 6-2 所示的流程,下面对其中的每一个环节进行介绍。

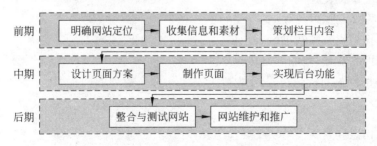

图 6-2　网站开发的工作流程

6.1.2　网站开发过程的各环节

1. 明确网站定位

在动手制作网站之前一定要给网站找到一个准确的定位,明确建站的目的是什么。

谁能决定网站的定位呢？如果网站是做给自己的，例如一个个人网站，那么你主要想表达哪一方面的内容给大家就是网站的定位；如果是为客户建立网站，那么一定要与客户的决策层人士共同讨论，要理解他们的想法，他们真正的想法才是网站的定位。

在进行网站目标定位之前，先要问自己三个问题：

- 建设这个网站的目的是什么？
- 哪些人可能会访问这个网站？
- 这个网站是为哪些人提供服务的？

网站目标定位是指确定网站主题、服务行业、用户群体等实质内容。综合体现在网站为用户提供有价值信息、内容，符合用户体验标准，这样网站才能得以长期发展。

（1）网站行业定位

网站的实质不但要好看，符合用户的视觉品位，而且还要考虑用户需要哪些内容，满足大部分用户需求，提高用户转化率，网站也不是吃软饭的，要给用户带来实际信息与用户想了解的内容。

（2）网站用户定位

不管你把网站定位成娱乐站、新闻站、知识站、小说站、音乐站等哪类网站，请不要把网站做得很广泛，因为目前互联网网站与信息不计其数，想把网站做得很广，不是靠"采集＋复制＋粘贴"能完成的，你要考虑是否有足够的实力与人员。不如把网站目标用户精细化，主要为某类用户服务，定位好市场群体，把网站做精做强大。

（3）网站设计定位

网站设计是网站与用户首先的接触沟通，要组织性地对网页进行架构，排列对齐，使其清晰简洁。合理搭配广告与内容，树立网站形象。最好网站生成静态网页，页面符合搜索引擎友好性标准，网站从颜色到布局再到用户群体，逐一在网站设计中完善，可以适当先调查网站目标群体对网站的评价与建议。

（4）网站推广定位

推广网站的方法有很多种，各式多样，按照怎么利用资源，初步分为以下 4 个阶段：

- 搜索引擎提交收录。
- 定位网站与栏目关键词。
- 提高搜索引擎网站排名。
- 提高网站流量，增加网站转化率。

综上所述，网站目标定位是网站制作成功和推广策划的前提，也是提高网站流量的法宝。

2. 收集信息和素材

在明确建站目的和网站定位以后，开始收集相关的意见，要结合客户各方面的实际情况，这样可以发挥网站的最大作用。

这一步实际上是前期策划中最为关键的一步，因为网站是为客户服务的，所以全面收集相关的意见和想法可以使网站的信息和功能趋于完善。收集来的信息需要整理成文档，为了保证这个工作的顺利进行，可以让客户相关部门配合提交一份本部门需要在网站上开辟的栏目的计划书。这份计划书一定要考虑充分，因为如果把网站作为一个正式的站点来运营的话,那么每个栏目的设置都应该是有规划的。如果考虑不充分,会导致以后突如其来的新加内容破坏网站的整体规划和风格。当然,这并不意味着网站成形之后不允许添加栏目,只是在添加的过程中需要结合网站的具体情况,过程更加复杂,所以最好是当初策划时尽可能地考虑全面。

3. 策划栏目内容

对收集的相关信息进行整理后,要找出重点,根据重点以及客户公司业务的侧重点,结合网站定位来确定网站的栏目。开始时可能会因为栏目较多而难以确定最终需要的栏目,这就需要展开另一轮讨论,需要所有的设计和开发人员在一起阐述自己的意见,一起反复比较,将确定下来的内容进行归类,形成网站栏目的树状列表结构用以清晰表达站点结构。

对于比较大型的网站,可能还需要讨论和确定二级栏目以下的子栏目,对它们进行归类,并逐一确定每个二级栏目的栏目主页需要放哪些具体的内容,二级栏目下面的每个小栏目需要放哪些内容,让栏目负责人能够很清楚地了解本栏目的细节。讨论完成后,就应由栏目负责人按照讨论过的结果写栏目规划书。栏目规划书要求写得详细具体,并有统一的格式,以便网站留档。这次的策划书只是第一版本,以后在制作的过程中如果出现问题应及时修改策划书,并且也需要留档。

4. 设计页面方案

接下来需要做的就是让美术设计师(也称为美工)根据每个栏目的策划书来设计页面。这里需要强调的是,在设计之前,应该让栏目负责人把需要特殊处理的地方跟设计人员说明,让网站的项目负责人把需要重点推介的栏目告诉设计人员。在设计页面时设计师要根据网站策划书把每个栏目的具体位置和网站的整体风格确定下来。在这个阶段设计师也可通过百度搜索同主题的网站或同类型的页面以做设计上的参考。

为了让网站有整体感,应该在页面中放置一些贯穿性的元素,即在网站中所有页面中都出现的元素。最终要拿出至少3种不同风格的方案。每种方案都应该考虑到公司的整体形象,与公司的企业文化相结合。确定设计方案后,经讨论后定稿。最后挑选出2种方案给客户选择,由客户确定最终的方案。

5. 制作页面

方案设计完成后,下一步就是制作静态页面,由程序开发员根据设计师给出的设计方案制作出网页,并制作成模板。在这个过程中需要特别注意网站的页面之间的逻辑,并区分静态页面部分和需要服务器端实现的动态页面部分。

在制作页面的同时,栏目负责人应该开始收集每个栏目的具体内容并进行整理。然后制作网站中各种典型页面的模板页,一般包括首页、栏目首页、内页等几种典型页的模板。图6-3是一个网站的各种典型页。

(1)首页:首页是网站中最重要的页面,也是所有页面中最复杂的、需要耗费最多制作时间的页面。首页主要考虑整体页面风格、导航设计、各栏目的位置和主次关系等。

(a) 网站首页　　　　　　　　　　　(b) 客户服务栏目首页

(c) 客户服务内页

图 6-3　各种典型网页

（2）各栏目的首页（也称为框架页）：当在导航条上单击一个导航项或单击一个栏目框的标题时，就会进入各栏目的首页，各栏目的首页风格应既统一又有各个栏目的特色，小型网站的各个栏目首页也可以采用一个相同的模板页，各栏目的首页所有图片占的网页面积一般应比首页要小，否则就有喧宾夺主的味道了。

（3）内页：内页就是网站中最多的显示新闻或其他文字内容的页面，内页的内容以文字为主，但也应搭配适当的小图片，内页应能方便地链接到首页和分栏目首页，及和内页相关的页面。

当模板页制作完成后，由栏目负责人向每个栏目里面添加具体内容。对于静态页面，将内容添加到页面中即可；对于需要服务器端编程实现的页面，应交由编程人员继续完成。

6. 实现后台功能

商业网站一般都需要采用动态页面，这样能方便地添加和修改网页中的栏目和文字。将静态模板页制作完成后，接下来需要完成网站的程序部分了。在这一步中，可以由程序员根据功能需求来编写网站管理的后台程序，实现后台管理等动态功能。由于完全自己编写后台程序的工作量很大，现在更流行将静态页面套用一个后台管理系统（也称为CMS，内容管理系统），这样开发程序的工作量就小多了。

7．整合与测试网站

当制作和编程工作都完成以后，就需要把实现各种功能的程序(如留言板、论坛、访问统计系统)和页面进行整合。整合完成后，需要进行内部测试，测试成功后即可上传到服务器上，交由客户检验。通常客户会提出一些修改意见，这时根据客户的要求修改完善即可。

如果这时客户提出会导致结构性调整的问题，修改的工作量就会很大。客户并不了解网站建设的流程，很容易与网站开发人员产生分歧。因此最好在开发的前期准备阶段就充分理解客户的想法和需求，同时将一些可能发生的情况提前告诉客户，这样就容易与客户保持愉快的合作关系。

8．网站维护和推广

网站制作完成后，要经常进行页面内容的更新，如果一个网站的内容长时间没有更新，那么浏览者通常就不会再访问。同时要不断对网站进行推广，主要方式是使各大搜索引擎能搜索到网站，并且在搜索结果中的排名尽量靠前，和其他网站交换链接及在论坛上宣传网站。

以上谈论的是商业化的网站开发，对于初学者来说，更多情况下是要由个人独立开发一个网站。独立开发网站和商业化的网站开发有很多相同之处，也需要进行需求分析、思考网站定位、收集信息和素材、策划栏目内容等前期工作。不同的是，这些工作大部分由开发者一个人完成，因此，开发者在每一步应充分思考，将每一步的结果用说明书的形式写在纸上，这样可防止以后忘记或遗漏，为后续开发工作带来很多便利。

6.2　遵循 Web 标准的网页设计步骤

6.2.1　网页设计步骤概述

网页设计是网站开发中耗时最多，也是最为关键的一个环节，下面介绍的是从零开始遵循 Web 标准的理念设计一个页面的过程，可以把一个页面的完整设计过程分为 7 个步骤，如图 6-4 所示。

图 6-4　遵循 Web 标准的网页设计步骤

（1）内容分析：仔细研究需要在网页中展现的内容，梳理其中的逻辑关系，分清层次，以及重要程度。

（2）结构设计：根据内容分析的成果，搭建出合理的 HTML 结构，保证在没有任何 CSS 样式的情况下，在浏览器中保持高度可读性。

（3）原型设计：根据网页的结构，绘制出原型线框图，对页面进行合理的分区布局，原型线框图是设计负责人与客户交流的最佳媒介。

（4）效果图设计：在确定的原型线框图基础上，使用美工软件，设计出具有良好视觉效果的页面设计方法。

（5）布局设计：使用 HTML 和 CSS 对页面进行布局。

（6）视觉设计：使用 CSS 并配合美工设计元素，完成由设计方法到网页的转化。

（7）交互设计：为网页增添交互效果，如鼠标指针经过和单击时的一些特效等。

下面以某大学"信息与网络中心"为案例来介绍其完整的开发过程，该网站首页的效果图如图 6-5 所示。需要说明的是，除了描述技术细节，还会讲解遵循 Web 标准的网页设计流程。请读者最好能够按照这个案例自己动手制作一遍。

图 6-5　完成后的首页

6.2.2　内容分析

设计一个网页的第一步是明确这个网页的内容，如网页需要传递给浏览者的信息，各种信息的重要性，各种信息的组织架构等。以"信息与网络中心"首页为例进行说明。

对于这个页面,首先要有明确的网站名称和标志(Logo),此外,要使浏览者能方便地了解这个网站所有者的信息,包括指向自身的介绍("关于我们")、联系方式等内容的链接。然后再思考制作这个网站的目的是什么,因为这个网站的根本目的是对外宣传网络中心这个部门,给全校师生员工提供更便捷的网络和信息化服务,实现数字化校园,信息化教学。那么这些目的就是该网站的定位。

接下来可以根据网站的定位确定该网站具有的栏目结构,并把每个第一级栏目的标题作为导航条的导航项。对于网络中心来说,栏目通常都是以类别方式组织的,可以分成"中心简介"、"网站建设"、"政策法规"、"常用下载"和"技术支持"几大类,为了使浏览者能注意到最新的工作动态或通知,应该设置"最新动态"栏目,并将它配合图片放置在首页中间的醒目位置,这样还能使浏览者更容易发现网站的更新。同时,在网站上设置站内信息搜索框,使浏览者可以快速找到他们需要了解的信息。

因此,这一网站要展示的内容大致应包括下面几项:

* 标题
* 标志
* 主导航条
* 次导航条
* 最新动态
* 各种栏目:"中心简介"、"网站建设"、"政策法规"、"常用下载"和"技术支持"
* 站内信息搜索框
* 常用下载
* 特别提示信息
* 版权信息

对于一个网站而言,最重要的核心不是形式,而是内容,作为网页设计师,在设计各网站之前,一定要先问一问自己是不是已经真正理解了这个网站的目的,只有真正理解了这一点才有可能做出成功的网站,否则无论网站的外观多漂亮和花哨,都不能算作成功的作品。

因此要强调的是,制作网站的第一步应该明确的是这个网站的内容,而不是网站的外观。确定内容后,就可以根据以上要展示的内容进行 HTML 结构设计了。

6.2.3　HTML 结构设计

在上一节充分理解了网站目的的基础上,可以开始构建网站的内容结构。因为要实现结构和表现相分离,所以现在完全不要管 CSS,而是完全从网页的内容出发,根据上面列出的要点,通过 HTML 搭建出网页的内容结构。

图 6-6 所示的是搭建的 HTML 在完全没有使用任何 CSS 设置的情况下,使用浏览器观察的效果,图中左侧使用线条表示了各个项目的构成。实际上图中显示的就是图 6-5 的网页在删除所有 CSS 样式时的样子。

对于任何一个页面,应该尽可能保证在不使用 CSS 的情况下,依然保持良好结构和可读性。这不仅仅对访问者很有帮助,而且有助于网站被 Google、百度这样的搜索引擎了解和收录,这对于提升网站的访问量是至关重要的。

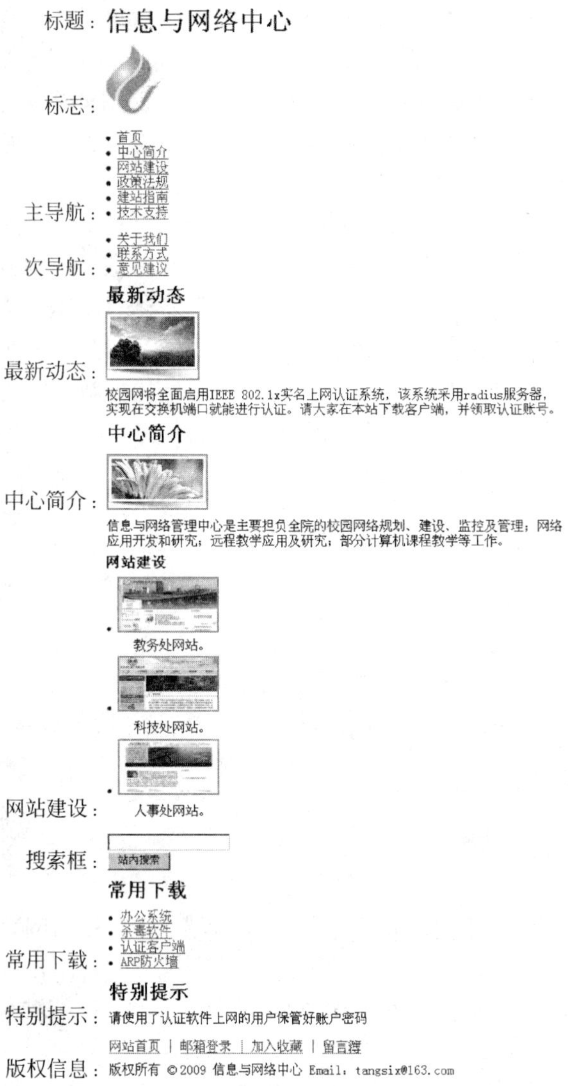

标题：信息与网络中心

标志：

主导航：
- 首页
- 中心简介
- 网站建设
- 政策法规
- 建站指南
- 技术支持

次导航：
- 关于我们
- 联系方式
- 意见建议

最新动态

最新动态：校园网将全面启用IEEE 802.1x实名上网认证系统，该系统采用radius服务器，实现在交换机端口就能进行认证。请大家在本站下载客户端，并领取认证账号。

中心简介

中心简介：信息与网络管理中心是主要担负全院的校园网络规划、建设、监控及管理；网络应用开发和研究；远程教学应用及研究；部分计算机课程教学等工作。

网站建设

教务处网站。

科技处网站。

网站建设：人事处网站。

搜索框：[站内搜索]

常用下载

- 办公系统
- 杀毒软件
- 认证客户端
- ARP防火墙

常用下载：

特别提示

特别提示：请使用了认证软件上网的用户保管好账户密码

网站首页 | 邮箱登录 | 加入收藏 | 留言簿

版权信息：版权所有 ©2009 信息与网络中心 Email：tangsix@163.com

图 6-6　HTML 结构

图 6-6 对应的 HTML 代码如下：

```
<body >

<h1 >信息与网络中心 </h1 >
< img src ="images/logo.jpg" alt ="信息与网络中心"/ >
<ul >
<li ><a href ="#" >首页 </a ></li >
<li ><a href ="#" >中心简介 </a ></li >
<li ><a href ="#" >网站建设 </a ></li >
<li ><a href ="#" >政策法规 </a ></li >
<li ><a href ="#" >常用下载 </a ></li >
<li ><a href ="#" >技术支持 </a ></li >
```

```
</ul>
<ul>
<li><a href="#">关于我们</a></li>
<li><a href="#">联系方式</a></li>
<li><a href="#">意见建议</a></li>
</ul>
</div>

<h2>最新动态</h2>
<a href="#"><img src="images/pix1.jpg"/></a>
<p>校园网将全面启用 IEEE 802.1x……</p>
<h2>中心简介</h2>
<a href="#"><img src="images/pix2.jpg" width="121" height="63"/></a>
<p>信息与网络管理中心是主要担负全院的校园网络规划……</p>
<h2>网站建设</h2>
<ul>
<li><a href="#"><img src="images/wz1.jpg" width="121" height="63"/>
</a>
<p>教务处网站……</p></li>
<li><a href="#"><img src="images/wz2.jpg" width="121" height="63"/>
</a>
<p>科技处网站……</p></li>
<li><a href="#"><img src="images/wz3.jpg" width="121" height="63"/>
</a>
<p>人事处网站……</p></li>
</ul>
<form action="" method="get"><input type="text" size="20"/>
<input type="submit" name="Submit" value="站内搜索"/>
</form>
<h2>常用下载</h2>
<ul><li><a href="#">办公系统</a></li>
<li><a href="#">杀毒软件</a></li>
<li><a href="#">认证客户端</a></li>
<li><a href="#">ARP 防火墙</a></li>

</ul>
<h2>特别提示</h2>
<p>请使用了认证软件上网的用户保管好账户密码</p>
<p><a href="#">网站首页</a>|<a href="#">邮箱登录|<a href="#">加入收
藏</a>|<a href="#">留言簿</a></p>
<p>版权所有 &copy; 2009 信息与网络中心 Email: tangsix@163.com</p>

</body>
```

可以看到，这些 HTML 代码非常简单，使用的都是最基本的 HTML 标记，包括 ＜h1＞、＜h2＞、＜p＞、＜ul＞、＜li＞、＜form＞、＜a＞、＜img＞。这些标记都是具有一定含义的 HTML 标记，也就是具有一定的语义。例如 ＜h1＞ 表示 1 级标题，对于一个网页来说，这是最重要的内容，而在下面具体某一项的内容，比如"最新动态"中，标题则用 ＜h2＞ 标记，表示次一级的标题。这类似于在 Word 软件中写文档，可以把文章的不同内容设置为不同的样式，比如"标题 1"、"标题 2"等，通过这样的设置使搜索引擎能明白网页中各部分内容的含义，对搜索引擎和一些只能显示文本的浏览器更友好。

而在代码中没有出现任何 ＜div＞ 标记。因为 ＜div＞ 是不具有语义的标记，在最初搭建 HTML 的时候，只要考虑语义相关的内容，而不需要 ＜div＞ 这样的标记。

此外，＜ul＞ 列表在代码中出现了多次，当有若干个项目是并列关系时，＜ul＞ 是一个很好的选择。如果仔细研究一些做得好的网页，会发现它们都有很多 ＜ul＞ 标记，它可以使页面的逻辑关系非常清晰。

从本节可以看出，在完全没有考虑网页外观的前提下，就已经将 HTML 代码写出来了，这是 Web 标准带来的网页设计流程的变革。接下来，我们要考虑如何把这些内容合理地放置在网页上。

6.2.4　原型设计

首先，在设计任何一个网页的版面布局之前，都应该有一个构思的过程。对网页的版面布局，内容排列进行全面的分析。如果有条件，应该制作出线框（Wireframe）图，线框图通俗地说就是设计草图，这个过程专业上称为"原型设计"。例如，在上节将首页的内容放置在 HTML 结构代码之后，就可以先画一个如图 6-7 所示的网页线框图（草图），以后再按照这个草图绘制具体的网页效果图。

网页原型设计也是分步骤实现的。例如，首先可以考虑把一个页面从上至下依次分为 3 个部分，如图 6-8 所示。

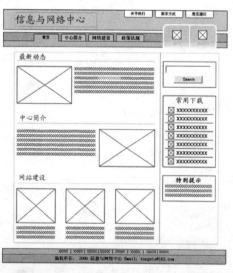

图 6-7　信息与网络中心首页的原型线框图

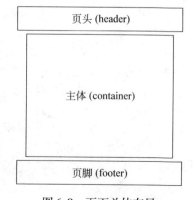

图 6-8　页面总体布局

然后再将每个部分逐步细化,例如页头部分,如图 6-9 所示。

图 6-9 细化页头部分

中间的部分分为左右两列,如图 6-10 所示,然后再进一步细化成图 6-11 所示的样子。

图 6-10 对主体部分进行分列

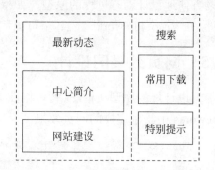

图 6-11 对每列进一步细化

页脚部分比较简单,不需要再细化了。这时把三个部分组合在一起,再确定每个栏目中图片或标题的位置,就形成了图 6-7 所示的样子了。

设计完首页的原型框线图后,接下来可以设计分栏目首页的原型框线图和内页的原型框线图。

分栏目首页用来显示一个栏目的所有内容,因此比首页要简单得多,如果一个栏目下还有多个二级子栏目,则可以在分栏目首页里设置几个栏目框,分栏目首页还应具有搜索功能和路径导航功能。图 6-12 是"信息与网络中心"的分栏目首页。

内页主要用来显示文章内容,同时也应具有路径导航功能,图 6-13 是"信息与网络中心"的内页。

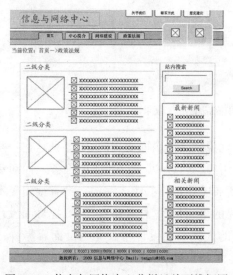

图 6-12 信息与网络中心分栏目首页线框图

图 6-13 信息与网络中心的内页

注意：如果是为客户设计的网页，那么使用原型线框图与客户交流沟通是最合适的方式。既可以清晰地表明设计思路，又不用花费大量的绘制时间，因为原型设计阶段往往要经过反复修改，如果每次都使用完成以后的网页效果图交流，反复修改就需要花费大量的时间和工作量，而且在设计的开始阶段，往往交流沟通的中心并不是设计的细节，而是结构、功能等策略性的问题，因此使用这种线框图是非常合适的。

绘制原型线框图可以使用叫做 Axure RP 的软件，这个软件专门用来做原型设计，而且可以方便地设计动态过程的原型。如果没有 Axure RP 这个软件，也可以使用一般的绘图软件，如 Visio、Fireworks 等，甚至可以用手工的方式在纸上绘制。

6.2.5　网页效果图设计

根据设计好的原型线框图，就可以在 Fireworks 中设计真正的页面方案了，图 6-14 是在 Fireworks 中绘制完成的网页效果图。

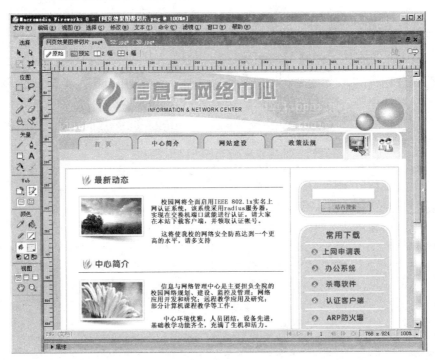

图 6-14　在 Fireworks 中完成的网页效果图

这一步的设计核心任务是美术设计，通俗地说就是让页面更美观、更漂亮。在一些比较大的网页开发项目中，通常都会有专业的美工参与，这一步就是美工的任务。而对于一些小规模的项目，可能往往没有明确的分工，所有工作都由一个人完成。没有很强美术功底的人要设计出漂亮的页面并不是一件很容易的事，对于这样的情况，一般把页面设计得简洁些也许更好些，因为对美术没有太多了解的人把页面设计得太花哨反而容易弄巧成拙，当然也可以适当学习网页配色等方面的美术知识，要掌握这些方面的知识其实并不难，然后要培养自己良好的美术鉴赏能力。

下面简单讲解效果图中各部分的制作过程：

1. 导航条的设计

在这个网页中，导航部分采用圆角导航项形式，这样既美观又简洁，如图 6-15 所示。它的制作过程是：

图 6-15　导航部分的图层对象

① 首先绘制一个圆角矩形，选中圆角矩形，将这个圆角矩形复制 3 次（可按住 Alt 键用全选箭头拖动对象实现快速复制），就得到 4 个圆角矩形。然后分别选中每个圆角矩形在属性面板中观察它们的 X、Y 坐标位置，确保它们在同一水平位置上，并且它们之间的间距相等。

② 接下来分别对每个圆角矩形进行填充和描边。填充选择"实心"填充方式，第一个圆角矩形的填充颜色为土黄色（#FFCC66），其他圆角矩形的填充颜色为淡蓝色（#B9E1F2）。然后再使用"笔触"工具为圆角矩形描边，描边颜色选择深灰色（#333333），笔尖大小选择"1"，表示描出来的边线宽度是 1px，描边种类选择"铅笔"中的"1 像素柔化"。所有填充和描边在属性面板中的设置如图 6-16 所示。

图 6-16　属性面板中的填充和描边选项

③ 在圆角矩形上添加文本。这一步很简单，使用"文本"工具在圆角矩形区域插入一个文本框添加文本即可，文本大小设置为 14px，字的水平间距（A\V）设置为 12。文本对象将作为一个图层覆盖在圆角矩形上，接下来，同样可以选中该文本对象，按住 Alt 键拖动鼠标将该文本对象复制 3 次，分别放置在其他 3 个导航项上，将它们的位置排列整齐。

④ 绘制导航项下方的支撑条。选择"矩形"工具绘制一个高为 24，宽为网页宽的矩形，填充颜色设置为"首页"导航项的颜色，调整该矩形的位置使它遮盖住圆角导航项的下半部分，使圆角导航项只能看到上面的圆角部分和文字。

⑤ 最后再绘制导航条右侧的导航图标。绘制一个圆角矩形，将它的填充方式设置为"渐变"，调整渐变手柄使渐变形式为从上到下由蓝往白的渐变，按住 Alt 键用鼠标拖动下方的黄色顶点，将它下方的两个圆角拖动成直角。再对圆角矩形进行描边，将它的边缘设置为 4px 宽的白色边。最后选择"直线"工具，按住 Shift 键在它的中央绘制一条垂直的直线，设置该直线的边缘也为 4px 宽白色。最后在圆角矩形左右分别导入两个小图标即可。

2. 右侧圆角框的设计

为了搭配网页中的圆角导航项，这个网页侧边栏里的栏目框采用了圆角栏目框形式，如图 6-17 所示，它们的制作方法如下。

图 6-17　圆角栏目框

① 首先绘制一个圆角矩形,将该圆角矩形的填充设为实心,淡红色(#ffeeee)。然后对它进行描边,使它具有 1px 宽蓝色的边。

② 接下来将该圆角矩形复制一份,选中复制的圆角矩形,在属性面板中将它的宽和高设置为比原来的圆角矩形小 8px,并调整它的位置使它位于原来那个圆角矩形的中央,再调整它的颜色为土黄色,这样就得到了内侧的圆角栏目框。

③ 最后可以按住 Shift 键,用全选箭头将这两个圆角矩形都选中,单击右键快捷菜单中的"平面化所选"就可以合并这两个图层。这样可以方便以后对该栏目框进行移动等操作。

3. 页脚部分的设计

精心设计的页脚是有很大作用的,不要将页脚想象成一条多出来的"尾巴",而应该将它看做是一个支撑点,支撑着上述所有内容。页脚区域中放置的内容一般也比较固定,如链接、联系信息及标志等。

在网页的整体设计中,层次感是非常重要的,如果将页脚和页头设计成相同的比重,给人的感觉就没有主次,它会分散读者的注意力,弱化了版面的力量感,因此网页的页脚部分面积一般应比页头部分小,颜色应比页头部分浅,字体应比较小。

因为浏览者的眼睛永远会集中在中心区域内,所以这里要放置最重要的信息,而页脚处于周边位置,因此它主要放置的是支持性的内容。

这个网页的页脚比较简单,只放置了两行文字,而没有在页脚的右方放置网站的标志,如图 6-18 所示。其中第一行采用了带有水平条纹的背景图案。它的制作过程是:

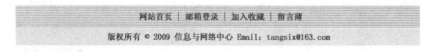

图 6-18　页脚部分

首先绘制一个高为 38,宽度和网页等宽的矩形,将填充颜色设置为土黄色,然后将填充选项下的纹理设置为"水平线 3",纹理图案的透明度设置为 50% 即可,如图 6-19 所示。

网页左侧的主要内容栏中的栏目制作比较简单,主要是插入文字和图片,只要精心调整好它们的位置就实现了网页效果图中的样子,要注意的是在制作过程中应善于利用复制命令复制文本框或相同的图形,这样可以大大加快绘制效果图的速度。

图 6-19　在属性面板中设置"纹理"

6.2.6　布局设计

在这一步中,任务是把各种元素通过 CSS 布局放到适当的位置,而暂时不涉及对页面元素美化这样细节的因素。

1. 整体样式设计

首先对整个页面的共有属性进行一些设置,例如字体、margin、padding 等属性都进行初始设置,以保证这些内容在各个浏览器中有相同的表现。

```
body{
    margin:0;
    padding:0;
    background: white url(images/bg.gif) repeat-x;   /*设置页面背景*/
    font:12px/1.6 Arial
    }
ul{  margin: 0px;                                    /*列表的标准化设置*/
     padding: 0px;
     list-style-type: none;
    }
a {  color: #999900;
     text-decoration: none;
    }
p {text-indent:2em;                                  /*段落首行缩进2个字符宽*/
    }
```

在 body 中设置了该网页的背景图像,这是利用一个很窄的图片进行水平平铺实现的,而且还设置了背景颜色为白色,这使得背景图片可以很自然地过渡到背景颜色。

2. 页头部分

下面开始对页头部分的设计进行讲解,现在我们一共有 3 种资源:"HTML 代码"、"原型线框图"和"网页效果图"。首先根据原型线框图中设定的各个部分,对 HTML 进行加工,代码如下,其中粗体的内容是在原 HTML 代码的基础上新增加的内容。

```
<div id="header">
<h1>信息与网络中心</h1>
<div id="logo"><img src="images/logo.jpg" alt="信息与网络中心"/></div>

<ul id="nav">
<li class="current"><a href="#">首页</a></li>
<li><a href="#">中心简介</a></li>
<li><a href="#">网站建设</a></li>
<li><a href="#">政策法规</a></li>
<li class="icon"><a href="#">常用下载</a></li>
<li class="icon"><a href="#">技术支持</a></li>
</ul>

<ul id="topnav">
<li><a href="#">关于我们</a></li>
<li><a href="#">联系方式</a></li>
<li><a href="#">意见建议</a></li>
</ul>
</div>
```

和前面的代码相比,可以看到增加了如下一些设置。

- 将整个页头部分放入一个 div 中,为该 div 设定 id 名称为"header"。
- 将标志图像放入一个 div 中,为该 div 设定 id 名称为"logo"。
- 为主导航条的列表设定类别名称为"nav"。
- 为主导航条的第一个项目设定类别名为"current"。
- 为顶部部门介绍的链接列表设定类别名为"topnav"。

增加这些 div 和类别名称是为了给它们设定相应的 CSS 样式。

(1) 下面为整个页头部分设定样式,代码如下:

```
#header {
    position: relative;
    width:768px;
    background:url(images/header.gif) no-repeat;
}
```

header 部分的代码中,将 position 属性设置为 relative,目的是使其包含的子元素使用绝对定位时,以页头而不是浏览器窗口为定位基准,然后设定它的宽度 width 等于网页的宽。页头 header 部分的背景图片如图 6-20 所示。

图 6-20　#header 元素的背景图片

(2) 然后设置 h1 标题,将 margin 设置为 0 即可。

```
h1{
    margin: 0px;
}
```

(3) 接着将标志(Logo)图片所在的 div 位置设置为绝对定位,这样它就能浮在页头部分图片的上方。

```
#header #logo {
    position: absolute;
    top: 10px;
    right: 85px;
}
```

(4) 将次导航的列表也设置为绝对定位,右上角对齐到 header 的右上角。

```
#header #topnav {
    position: absolute;
    top:10px;
```

```
   right:40px;
}
```

（5）将主导航条的列表项设置为左浮动，从而使它们水平排列，并使得列表项之间有一定的间隔。

```
#header #topnav li {
   float: left;
   padding:4px 10px 2px;
   margin:0 4px;
}
```

这时的效果如图 6-21 所示，可以看到各个部分基本上已经按照原型设计的要求放到了适当的位置，当然还有许多具体的设置需要细化，但是从布局的角度来说，已经实现了原型设计的要求。

图 6-21　页头部分布局设计完成后的效果

3. 内容部分

在原型线框图中，内容部分为左右两列，下面首先对 HTML 代码进行改造，然后设置相应的 CSS 代码，实现左右分栏的要求。代码如下（粗体部分为新增代码）。

```
<div id="content">
   <div id="maincontent">      <!--左边主要内容栏-->
      <div class="recom">      <!--左边栏目框1-->
<h2>最新动态</h2>
<a href="#"><img src="images/pix1.jpg"/></a>
<p>校园网将全面启用 IEEE 802.1x……</p>
      </div>
      <div class="recom">      <!--左边栏目框2-->
<h2>中心简介</h2>
<a href="#"><img src="images/pix2.jpg" width="121" height="63"/></a>
<p>信息与网络管理中心是主要担负全院的校园网络规划……</p>
      </div>
      <div class="recom">      <!--左边栏目框3-->
<h2>网站建设</h2>
<ul>
<li><a href="#"><img src="images/wz1.jpg" width="121" height="63"/>
</a>
```

```
<p>教务处网站……</p></li>
<li><a href="#"><img src="images/wz2.jpg" width="121" height="63"/>
</a>
<p>科技处网站……</p></li>
<li><a href="#"><img src="images/wz3.jpg" width="121" height="63"/>
</a>
<p>人事处网站……</p></li>
</ul>
    </div>
  </div>

  <div id="sidebar">              <!--右边侧栏-->
    <div class="search">          <!--右边搜索框-->
<form action="" method="get"><input type="text" size="20"/>
<input type="submit" name="Submit" value="站内搜索"/>
</form>
    </div>
    <div class="down">            <!--右边常用下载栏目-->
<h2>常用下载</h2>
<ul>
<li><a href="#">上网申请表</a></li>
<li><a href="#">办公系统</a></li>
<li><a href="#">杀毒软件</a></li>
<li><a href="#">认证客户端</a></li>
<li><a href="#">ARP 防火墙</a></li>
</ul>
    </div>
    <div class="extxa">           <!--右边特别提示栏目-->
<h2>特别提示</h2>
<p>请使用了认证软件上网的用户保管好账户密码</p>
    </div>
  </div>
</div>
```

接下来进行 CSS 布局设计,这里采用两栏浮动的方式实现固定宽度的两列布局。

```
#content{
    width:760px;
    margin:0 auto;
}
#maincontent{
    float:left;
    width:540px;
    }
```

```
#sidebar{
    float:right;
    width:200px;
    margin:20px 10px 0 0;
    display:inline;                           /*解决 IE 6bug*/
    }
```

外层的 content 这个 div 宽度固定为 760px，居中对齐。里面的两列分别为 maincontent 和 sidebar，两列都设置了固定宽度，并分别左右浮动，从而实现 1-2-1 式固定宽度布局。由于侧列 sidebar 设置了右 margin，为了解决 IE 6 中浮动盒子的 margin 加倍错误，设置其 display 属性为 inline。

这时内容区域就已经实现了左右两列布局，此时的效果如图 6-22 所示。同样样式的细节还没有设置完成，但是初步的布局已基本完成。

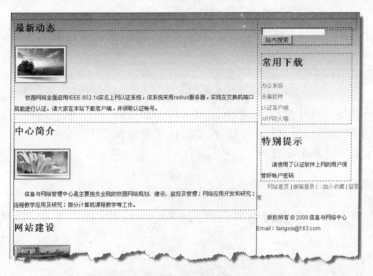

图 6-22　内容部分的两列布局

4. 页脚部分

最后设置页脚部分，为页脚部分增加一个 div，并将其 id 名称设置为"footer"。

```
<div id="footer">
    <p><a href="#">网站首页</a>|<a href="#">邮箱登录|<a href="#">加入
收藏</a>|<a href="#">留言簿</a></p>
    <p>版权所有 &copy; 2009 信息与网络中心 Email：tangsix@163.com</p>
</div>
```

设置相应的 CSS 样式如下：

```
#footer {
    clear: both;
    height:58px;
```

```
    margin:0;
    background: #ddf0f9 url(images/footer.png) repeat - x;
    text - indent: 0;                    /* 覆盖 p 元素的首行缩进设置 */
    text - align: center;
    }
#footer p {
    margin: 10px 0;
}
```

这里要特别注意的是不要忘记设置 clear 属性,以保证页脚内容在页面的下端。此外,这里也同样通过背景图像横向平铺设置了页脚的背景,效果如图 6-23 所示。

图 6-23　页脚部分及其背景图片

至此,布局设计就完成了,这是一个典型的固定宽度的"1-2-1"布局。

6.2.7　视觉设计

页面总体的布局设计完成后,就要开始对细节进行设计了,整个设计过程是按照从内容到形式,逐步细化的思想来进行的。视觉设计主要是使用 Fireworks 切图再把切好的图放置到页面元素的背景中实现的。

1. 页头部分

下面首先对页头部分进行细节设计,在 Fireworks 中,把需要的部分切割出来,如图 6-24 所示。

图 6-24　在 Fireworks 中对页头部分进行切片

① 首先,对 h1 标题的文字进行图像替换,由 Fireworks 切片生成的标题图像如图 6-25 所示。

图 6-25　用于替换 h1 标题的图像

为页头部分的 h1 标题设置 CSS 样式。这里设置的代码如下:

```
#header h1{
    background: url(images/title.png) no-repeat;
    height:46px;
    margin:20px 0 0 160px;
}
```

这里设置的高度就是背景图像的高度,并设置了左边界和上边界使 h1 元素出现在标志右侧。这时的效果如图 6-26 所示。

图 6-26　对 h1 元素设置了背景图像

可以看到图像已经出现在正确的位置,但是原来的标题文字还在上面,这时为了隐藏原来的文字,需要在 HTML 中为文字套一层 < span > 标记,代码如下:

```
< h1 >< span >信息与网络中心 < /span >< /h1 >
```

然后在 CSS 中通过 display 属性将它隐藏起来,代码如下:

```
#header h1 span { display: none; }
```

这样标题部分的视觉设计就设置完成了。对标题文字进行图像替换最核心的作用就是在 HTML 代码中仍然保留 h1 元素的文字信息,这样对于网页的维护和结构完整都有很大好处,同时对搜索引擎的优化也有很大的意义。

② 接下来对导航条部分进行设置。首先使用 Fireworks 将导航项的圆角背景图片切出来。由于导航项上的文字是在 HTML 代码中添加进去的,所以要把效果图上的文字隐藏起来再切。方法是用全选箭头选中文本图层,再在右侧的"层"面板中将选中层前面的"眼睛"图标单击去掉,如图 6-27 所示。

而且除了首页一项的背景图片不同外,其他导航项的背景图片都完全相同。因此只需要切出两个导航项的背景图片即可,注意两个导航项图片要切成一样大小,如图 6-24 所示。

当然最好将这两张导航项图片拼接成一张图片,这样就能使用背景翻转方式做导航条的翻转效果了;而且应该将导航项图片的中间部分延长一些,如图 6-28 所示。就可以使用滑动门技术制作可变宽度的导航项了。

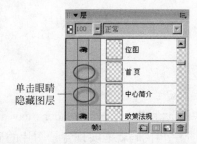

单击眼睛
隐藏图层

图 6-27　在层面板中将文本图层隐藏

图 6-28　Fireworks 中导出的圆角导航项图片

下面将使用背景翻转和滑动门技术为导航项添加圆角背景。为了实现滑动门,就需要为文字再增加一个<span>标记,以使得<a>标记和<span>标记分别设置左右侧的背景图像。HTML 代码如下:

```
<ul id="nav">
    <li class="current"><a href="#"><span>首页</span></a></li>
    <li><a href="#"><span>中心简介</span></a></li>
    …
</ul>
```

a 元素的 CSS 代码如下:

```
#header #nav a{
    display: block;
    line-height: 28px;
    padding: 0 0 0 14px;
    background: url(images/hover.png) no-repeat;
    float: left;                          /*解决 IE 6 的错误*/
    }
```

上面代码中的要点是将 a 元素由行内元素变为块级元素,设置行高的目的是使文字能垂直居中显示。设置左侧 padding 为 14px,可以保证露出左侧的圆角,将上面做好的图像设置为 a 元素的背景图像。最后一条是为了解决在 IE 6 中,即使设置成了块级元素,仍不能在元素盒子范围内触发链接的错误。

接下来,设置 a 元素里面的 span 元素的样式,代码如下:

```
#header #nav a span{
    display: block;
    padding: 0 14px 0 0;
    background: url(images/hover.png) no-repeat right;
    }
```

将 span 元素由行内元素变为块级元素,然后将右侧的 padding 设置为 14px,这样可以不让文字遮住右侧的圆角。此外,为 span 元素设置背景图像,使用的是和 a 元素相同的图像,区别是从右端开始显示,这样就会露出右侧的圆角了。

接下来对 current 类别 li 中的 a 元素和 span 元素设置背景图像,代码如下:

```
#header #nav .current a{
    background-position:0 -28px;
    }
#header #nav .current a span {
    background-position:100% -28px;
    }
```

由于 current 类别 li 中的 a 元素也会像普通 li 中的 a 元素一样被"#header #nav a"选择器选中,所以它将应用前面的所有样式,而只需补充一句代码就能实现背景图片的显示位置向上方偏移 28px,使下半部分的背景图片正好显示在 a 元素中,从而实现了背景图片的翻转,对于 span 元素也类似,区别是它是从右端开始显示的。这样整个页头部分就完全设计好了,在浏览器中预览的效果如图 6-29 所示。

图 6-29　页头部分的视觉设计完毕

2. 左侧主要内容列

下面开始设计网页中间的内容区域。前面已经完成了基本的布局设计,现在就在此基础上继续细化视觉设计。

① 首先为图片设置边框样式,这样可以使图像看起来更精致。代码如下:

```
#content a img{
    padding: 5px;
    background: white;
    border: 1px #deaf50 solid;
}
```

② 然后对左侧主要内容栏进行设置,从最终的效果可以看出,左侧列分为上、中、下三部分。它们都各有特点:

- 上面的“最新动态”栏目中,图像居左,文字居右。
- 中间的“中心简介”栏目中,图像居右,文字居左。
- 下面的“网站建设”中,内容又分为 3 列,每一列中图像居上,文字居下。

因此,可以考虑为这 3 种栏目分别设置一个类别,结构代码修改如下:

```
< div id = "maincontent" >
    < div class = "recom img - left" >
<h2 >最新动态 </h2 >
< a href = "#" >< img src = "images/pix1.jpg"/ ></a >
<p >校园网将全面启用……认证账号。 </p >
    </div >
    < div class = "recom img - right" >
<h2 >中心简介 </h2 >
< a href = "#" >< img src = "images/pix2.jpg" width = "121" height = "63"/ >
</a >
<p >信息与网络管理中心是……课程教学等工作。 </p >
    </div >
    < div class = "recom multiColumn" >
```

```
<h2>网站建设</h2>
<ul>
<li><a href="#"><img src="images/wz1.jpg" width="121" height="63"/>
</a>
<p>教务处网站……</p></li>
<li><a href="#"><img src="images/wz2.jpg" width="121" height="63"/>
</a>
<p>科技处网站……</p></li>
<li><a href="#"><img src="images/wz3.jpg" width="121" height="63"/>
</a>
<p>人事处网站……</p></li>
</ul>
    </div>
</div>
```

可以看到,3 种栏目分别增加了一个类别名,依次为"img-left"、"img-right"和"multiColumn",同时并没删除原来的类别名"recom",这样能精简很多代码。

下面开始设定每种类的样式,对于"img-left",即图像居左的栏目,要使里面的图像向左浮动,并使图像和文字之间的间隔是 12px,实现图文混排的效果。代码如下:

```
.img-left img {
    float: left;
    margin-right:12px;
}
```

对于"img-right",即图像居右的栏目,要使里面的图像向右浮动,并使图像和文字之间的间隔是 12px。代码如下:

```
.img-right img {
    float: right;
    margin-left:12px;
}
```

对于"multiColumn",即分为 3 列的栏目,要设定每个列表项(li 元素)具有固定宽度,然后使用浮动方式实现并列排列。代码如下:

```
.multiColumn li {
    text-align: center;
    float: left;
    width: 160px;
    margin:0 10px;
    display:inline;                /*解决 IE 6 浮动元素双倍 margin 错误*/
}
```

可以看到,上述代码设定了 3 个栏目中的 img 元素浮动,那么 img 元素将不占据栏目框 div 元素的空间,div 元素的高度以能容纳其中文本的最小高度为准。若 img 元素的高度大于 div 元素的高度,那么下面的 div 元素会位于 img 元素的右侧。因此需要在

"recom"中设置 3 个栏目的清除浮动属性。为了使读者看清楚清除浮动前后每个栏目框 div 的位置,这里还设置了边框属性,它仅作为测试用。代码如下:

```
.recom {
    clear: both;
    border: 2px dashed red;          /*仅作测试用,测试完后应删除这条*/
}
```

清除浮动前和清除浮动后的效果分别如图 6-30 和图 6-31 所示。

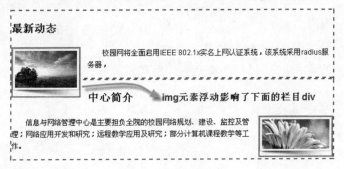

图 6-30　清除浮动前

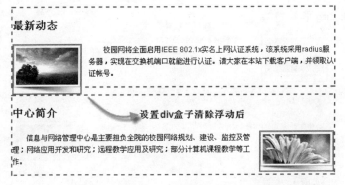

图 6-31　清除浮动后

可以看到,这时栏目框中内容的排列已基本正确了。只要去掉图 6-31 中的红色边框就和网页效果图中的样子差不多了。

③ 接下来对栏目框中 h2 标题的样式进行设置,需要按照效果图中的效果为它添加左侧的小图标和下划线。使它显得更精致一些。代码如下:

```
.recom h2 {
    padding: 20px 0 1px 26px;          /*设置左填充是为了给装饰性图标留出位置*/
    color: #069;
    border-bottom: 1px #deaf50 solid;          /*设置下划线*/
    font: bold 22px/24px "楷体_GB2312";
    background: transparent url(images/rose.png) no-repeat left bottom;
                                    /*设置装饰性图标*/
}
```

在上面的代码中,主要设置了字体大小、字体颜色,增加了下划线(下边框),以及左侧的一个装饰花图标。效果如图 6-32 所示。

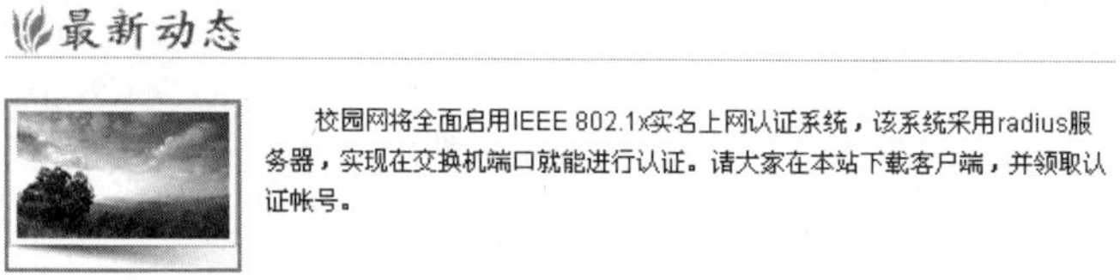

图 6-32　设置了 h2 标题后的效果

注意装饰花图标应该在 Fireworks 中导出为背景透明的形式。具体方法参看 Fireworks 一章中的 5.8.2 节"切片的基本操作"。

④ 然后再对"网站建设"栏目中文字的间距和对齐方式进行微调。代码如下:

```
.multiColumn li p {
    margin: 0 0 10px 0;
    text - align:left;
}
```

这时的效果如图 6-33 所示。可以看出左侧主要内容列的视觉设计已经全部完成。

教务处网站 教务处是负责　　科技处网站。负责对全校　　人事处网站。人事处是负
学校教育教学管理的职能部　科学研究和科技开发工作使　责全校人事、编制、劳资、师
门。　　　　　　　　　　校级组织管理的职能机构　　资、职称等工作的职能部门

图 6-33　左侧主要内容列的视觉设计完成后的效果

3. 右边栏

接下来对右边栏的样式进行设计,要点是一组圆角框的实现方法。

① 在 Fireworks 中对圆角框进行切图。首先在 Fireworks 中,将"常用下载"栏目框中的文字和线条都先隐藏起来,然后将该圆角框切割成上、下两个部分,如图 6-34 所示。再分别导出这两张圆角图片(选中切片,在右键快捷菜单中选择"导出所选切片"命令),导出后的两张图片如图 6-35 所示。

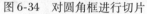

图 6-34 对圆角框进行切片

图 6-35 导出后的圆角框图片

通过切图导出的两张图片,它们的宽度应等于#sidebar 的宽度 200px。实际上就是将圆角框的上下部分完整地切出来。这里选择切"常用下载"栏目框是因为这个栏目框最高,方便接下来使用滑动门技术实现自适应高度的圆角框。

需要指出的是,以上只是制作固定宽度圆角框的一种方式,实际上还可以使用三个图像或一个图像通过滑动门技术制作固定宽度的圆角框。具体方法参考 4.6.5 节"CSS 圆角设计"。

接下来改造 HTML 代码。在右边栏包括 3 个部分:"搜索框"、"常用下载"和"特别提示"。每个部分都放在一个圆角框中。因此,为每一个部分增加一个 < div > 标记,并设置 3 个栏目各自的类名和一个公共的类名"side"。

此外,为了使用滑动门技术使圆角框能够灵活地自适应内容的长度,自动伸缩,需要为每一部分再增加一层 < div > 标记。修改后的代码如下:

```
< div id = "sidebar" >
< div class = "side search" >
< div >
< form action = "" method = "get" >< input type = "text" size = "20"/ >
< input type = "submit" name = "Submit" value = "站内搜索"/ >
< /form >
< /div >
< /div >


< div class = "side downbox" >
< div >
<h2 >常用下载 </h2 >
<ul >
<li >< a href = "#" >上网申请表 </a ></li >
<li >< a href = "#" >办公系统 </a ></li >
<li >< a href = "#" >杀毒软件 </a ></li >
<li >< a href = "#" >认证客户端 </a ></li >
<li >< a href = "#" >ARP 防火墙 </a ></li >
</ul >
</div >
```

```
</div>

<div class = "side extxa">
<div>
<h2>特别提示</h2>
<p>请使用了认证软件上网的用户保管好账户密码</p>
</div>
</div>
</div>
```

下面开始设置 CSS 样式。

```
.side {
margin - top:20px;
background:transparent url(images/bottombox.png) no - repeat bottom;
}
.side div {
padding:10px;
background:transparent url(images/topbox.png) no - repeat;
}
```

可以看到代码很简单,就是两个 div 元素,分别设定一个背景元素。外面 div 使用的是下半部分的背景图像,里面 div 使用的是上半部分的背景图像,因为.side div 在.side 里面,所以.side div 的背景图像就在.side 背景图像的上面,因此它就遮盖住了顶部,从而实现了圆角框的效果。这时右边栏的效果如图 6-36 所示。

图 6-36　右边栏设置了圆角框后的效果

② 圆角框内部样式设计。接下来具体设置每一个圆角框中的样式。首先对侧边栏的 h2 标题进行统一设置,代码如下:

```
#sidebar h2 {
    margin:0px;
    font:bold 22px/24px "楷体_GB2312";
    color:#069;
    text - align:center;
}
```

然后对搜索框进行设置,使文本输入框和按钮都居中对齐,并设置上下间距,改变边框和背景颜色,使其显得精致。代码如下:

```
#sidebar .search {
    text-align: center;
}
#sidebar form {                    /*使 IE 和 Firefox 中 form 元素的边界值一致*/
    margin:5px 0;
}
#sidebar input {
    margin:5px 0;
    border:1px solid #069;
    background-color:#FFeeee;
}
```

再设置"常用下载"栏目框的列表样式。

```
#sidebar .downbox li {
    font:14px "宋体";
    height:25px;
    line-height:25px;
    border-top:1px solid white;              /*设置列表项之间的水平线*/
}
#sidebar .downbox li a{
    display:block;
    padding-left:35px;                       /*为装饰性图标留出位置*/
    background:transparent url(images/bullet.gif) no-repeat 10px center;
                                             /*设置装饰性图标*/
    height:25px;
}
```

这时效果如图 6-37 所示。

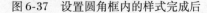

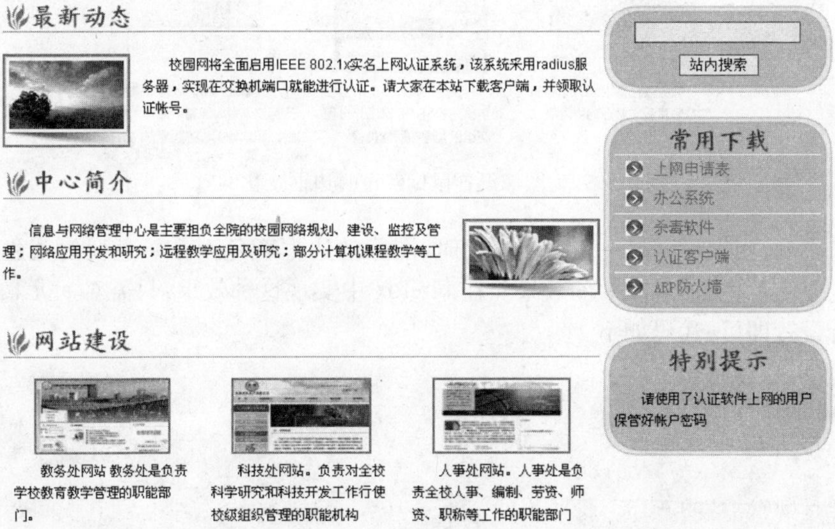

图 6-37　设置圆角框内的样式完成后

到这里,整个页面的视觉设计就完成了。可以看出,在这个过程中反复运用的都是一些常用方法,比如滑动门、列表的背景等,只是它们在不同的地方产生了不同的效果。只要把这一些基本的方法掌握熟练,就可以灵活运用到各种页面的设计中去。

6.2.8　交互效果设计

最后进行一些交互效果的设计,这里主要是为网页元素增加鼠标指针经过时的效果,这些简单的交互效果可以用 CSS 的伪类完成,而不需要使用 JavaScript。例如在鼠标经过导航项的时候,导航项的背景图案会改变,这是通过背景的翻转实现的。背景的翻转在 4.6 节中已详细介绍过,这里不再赘述。

图 6-38　为"常用下载"中项目设置鼠标经过时效果

1. 为"常用下载"中项目设置鼠标经过时效果

在鼠标指针经过"常用下载"栏目某一项时,这一项的图标和背景颜色都会改变,如图 6-38 所示。

在它的 hover 伪类中同时改变背景图标和背景颜色就可以实现这种效果。代码如下:

```
#sidebar .downbox li a:hover{
    background: #ffeeee url(images/bullet2.gif) no-repeat 10px center;
                            /* 注意同时改变了背景颜色和作为小图标的背景图像 */
    color:#CC6633;          /* 改变文字颜色 */
}
```

2. 图像边框动态改变

接下来实现当鼠标经过某个展示的图像时,边框发生变化效果,如图 6-39 所示。

图 6-39　为图像设置鼠标经过时边框变化的效果

可以看到,当鼠标经过一张展示图片时,图像的边框颜色由土黄色变为蓝色,背景色也由白色变为蓝色,形成图中的效果。在 Firefox 中实现这种效果,只需对 a 元素的 hover 属性进行设置即可,代码如下:

```
#content a:hover img{
    padding: 5px;
    background: #3d81b4;
    border: 1px #3d81b4 solid;
}
```

但测试一下会发现,上述代码在 Firefox 中效果正常,在 IE 6 中却没有效果,这是因为 IE 6 的 hover 伪类需要某些 CSS 属性触发才能生效,这是 IE 6 的一个 bug。解决的办法是增加如下代码:

```
#content a:hover{                    /*解决 IE 6 bug*/
    color:#fff;
}
```

这时,在 IE 6 中下面“网站建设”中 3 个图像可以实现鼠标经过时边框变化的效果了,但对于上面两个图像,还是没有效果。这其中的区别是上面的两个图像使用了浮动。在 IE 6 中当 img 元素使用了浮动属性后就不能触发 hover 效果了。解决的办法是在图像外再套一层 div,然后让这个 div 浮动,那么图像就不用使用浮动了。这样就可以实现我们希望的效果。

例如: 对于“中心简介”栏目的图像,原来的 HTML 代码是:

```
<div class="recom img-right">
    <h2>中心简介</h2>
    <a href="#"><img src="images/pix2.jpg" width="121" height="63"/>
</a>
    <p>信息与网络管理中心是主……</p>
</div>
```

现在修改为:

```
<div class="recom">
    <h2>中心简介</h2>
    <div class="img-right">
    <a href="#"><img src="images/pix2.jpg" width="121" height="63"/>
</a>
    </div>
    <p>信息与网络管理中心是主……</p>
</div>
```

请读者对比两者的区别,然后将原来的 CSS 代码:

```
.img-right img {
    float: right;
    margin-left:12px;
}
```

修改为:

```
.img-right {
    float: right;
    margin-left:12px;
}
```

这时在 IE 6 中,"中心简介"栏目的图像也可以实现鼠标经过时变化边框的效果了。

6.2.9 总结 CSS 布局的优点

使用 CSS 进行布局的最大优点是非常灵活,可以方便地扩展和调整。例如,当网站随着业务的发展,需要在页面中增加一些内容,那么不需要修改 CSS 样式,只需要简单地在 HTML 中增加相应的结构模块就可以了。

图 6-40 所示的就是对页面扩展了内容以后的效果,在前面的页面基础上,增加这些内容很容易。

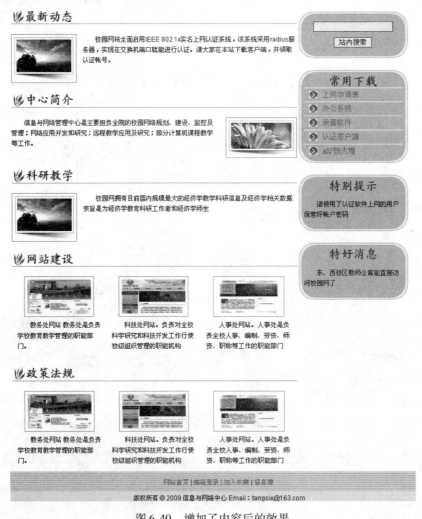

图 6-40 增加了内容后的效果

不但如此,设计得足够合理的页面可以非常灵活地修改样式。例如,只需要将两列布局的浮动方向交换,就可以立即得到一个新的页面,如图 6-41 所示。可以看到左右两列交换了位置。

试想如果没有从一开始良好的结构设计,那么稍微修改一下内容都是非常复杂的事。这类布局的优点是表格布局的网页所无法做到的。

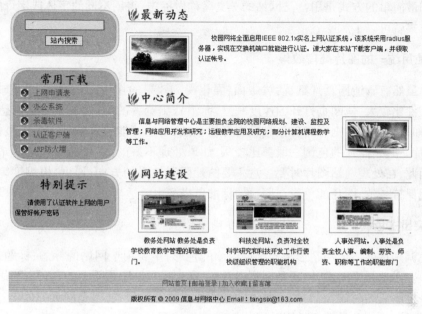

图 6-41　左右两列调换后的效果

6.3　网站的风格设计

　　所谓网站风格,就是指某一网站的整体形象给浏览者的综合感受,是站点与众不同的特色,它能透露出设计者与企业的文化品位。这个整体形象包括网站的 CI(Corporate Identity,企业形象,包括标志、色彩、字体、标语)、版面布局、浏览方式、交互性、文字、语气、内容价值、存在意义、站点荣誉等诸多因素。

　　风格是有人性的,通过网站的外表、内容、文字、交流可以概括出一个站点的个性、情绪。是温文儒雅,是执著热情,是活泼易变,是放任不羁。像诗词中的"豪放派"和"婉约派",你可以用人的性格来比喻站点。

　　风格的形成需要在开发中不断强化、调整和修饰,也需要不断向优秀网站学习。具体设计时,对于不同性质的行业,应体现出不同的网站风格。一般情况下,政府部门的网站风格应比较庄重沉稳,文化教育部门的网站应该高雅大方,娱乐行业的网站可以活泼生动一些,商务网站可以贴近民俗,而个人网站则可以不拘一格,更多地结合内容和设计者的兴趣,充分彰显个性。

6.3.1　网站风格设计的基本原则

1. 尽可能地将网站标志(Logo)放在每个页面最突出的位置

　　网站标志可以是英文字母、汉字,也可以是符号、图案等。标志的设计创意应当来自网站的名称和内容。如果网站内有代表性的人物、植物或是小动物等,则可以用它们作为设计的蓝本,加以艺术化;专业性较强的网站可以选择本专业有代表的物品作为标志等。

最常用和最简单的方式是用自己网站的英文名称做标志,采用不同的字体或字母的变形、组合等方式就可以了。

2. 使用统一的图片处理效果

图片虽然有营造网页气氛、活泼版面、强化视觉效果的作用,但也存在以下缺点:一是图片文件比较大,使网页打开的速度减慢,而浪费浏览者的时间,甚至使他们感到不耐烦;二是如果图片太多则意味着信息量有可能会减少,还可能会影响到网页的整体效果;另外,图片尤其是照片的色调一般都比较深,如果处理不好的话,可能会破坏网站的整体风格。因此,在处理网站图片时要注意主要图片阴影效果的方向、厚度、模糊度等都必须尽可能地保持一致,图片的色彩与网页的标准色搭配也要适当。

3. 突出主色调

主色调是指能体现网站形象和延伸内涵的色彩,主要用于网站的标志、标题、主菜单和主色块。无论是平面设计,还是网页设计,色彩永远是其中最重要的一环。当用户离显示器有一定距离的时候,看到的不是美丽的图片或优美的版式,而是网页的色彩。色彩简洁明快、保持统一、独具特色的网站能让用户产生较深的印象,从而不断前来访问。一般来说,一个网站的主色调不宜超过三种,太多则让人眼花缭乱。

4. 使用标准字体

和主色调一样,标准字体是指用于标志、标题、主菜单的特有字体。一般网页默认的字体是宋体。为了体现网站的独特风格和与众不同,在标题和标志等关键部位,可以根据需要,选择一些特别的字体,而普通文本一般都使用默认的字体。

风格设计包含的内容很多,其中影响网站风格最重要的两个因素是网页色彩的搭配和网页版式的布局设计。下面两节就分别来讨论这两个方面。

6.3.2 网页色彩的搭配

网页不只是传递信息的媒介,同时也是网络上的艺术品。如何让浏览者以轻松惬意的心态吸收网页传递的信息,是一个值得设计师思考的问题。

任何网页创意使用的视觉元素总的归纳起来不外乎三种:文字、图像、色彩。三者选用搭配的适当,编排组合的合理,将对网页的美化起到直接的效果。

在这三者中,色彩的作用不可小觑。色彩决定印象,当浏览者观看网页时,首先看到的就是网页的色彩搭配。在这一瞬间,对网页的整体印象就已经确定下来了,色彩形成的印象非常稳固,不知不觉间,就像被牢牢锁定了一样。

1. 色彩的基本知识

在实用美术中,常有"远看色彩近看花,先看颜色后看花,七分颜色三分花"的说法。这就是说,在任何设计中,色彩对视觉的刺激起到第一信息传达的作用。因此,对色彩的基础知识有良好的掌控,在网页设计中才能做到游刃有余。

为了使对网页配色分析更易于理解,我们先来了解色彩的 RGB 模式和 HSB 模式。

（1）RGB 模式

RGB 表示红色、绿色和蓝色。又称为三原色光，英文为 R（Red）、G（Green）、B（Blue），在计算机中，RGB 的所谓"多少"就是指亮度，并使用整数来表示。

提示：不能用其他色混合而成的色彩叫做原色。用原色可以混合出其他色彩。

原色有两种，一种是色光方面的，即光的三原色，指红、绿、蓝，还有一种是色素方面的，即色素三原色，它是指红、黄、蓝。这两种三原色都可以通过混合产生各种不同的颜色，因此都可以称为原色。对于计算机来说，三原色总是指红、绿、蓝。而在美术学中，三原色是指红、黄、蓝。

由于通过红色、绿色、蓝色的多少可以形成各种颜色，所以在计算机中用 RGB 的数值可以表示任意一种颜色。下面举几个 RGB 表示颜色的例子。

① 只要绿色和蓝色光的分量为 0，就表示红色，所以 rgb（255，0，0）（十六进制表示为 #ff0000）和 rgb（173，0，0）（十六进制表示为#ac0000）都表示红色，只是后面一种红色要暗一些。

② 由于红色和绿色混合可产生黄色，所以 rgb（255，255，0）（十六进制表示为#ffff00）表示纯黄色，而 rgb（160，160，0）表示暗黄色，可以看成是黄色中掺了一些黑色。rgb（255，111，0）表示红色光的分量比绿色光要强，也可看成黄色中掺了一些红色，所以是一种橙色。

③ 如果三种颜色的分量相等，则表示无彩色，所以 rgb（255，255，255）（十六进制表示为#ffffff）表示白色，而 rgb（160，160，160）表示灰白色，rgb（60，60，60）表示灰黑色，rgb（0，0，0）表示纯黑色。

（2）HSB 模式

HSB 是指颜色分为色相、饱和度、明度三个要素。英文为 H（Hue）、S（Saturation）、B（Brightness）。饱和度高的色彩较艳丽；饱和度低的色彩就接近灰色。明度高色彩明亮，明度低色彩暗淡，明度最高得到纯白，最低得到纯黑。一般浅色的饱和度较低，明度较高，而深色的饱和度高而明度低。

① 色相（Hue）

色相是指色彩的相貌，也称色调。基本色相为：红、橙、黄、绿、蓝、紫六色。在各色中间加插一两个中间色，按光谱顺序为：红、橙红、黄橙、黄、黄绿、绿、绿蓝、蓝绿、蓝、蓝紫、紫、红紫，形成十二基本色相。

要理解色相的数值表示方法，就离不开色相环的概念。图 6-42 是计算机系统中采用的色相环。色相的数值其实是代表这种颜色在色相环上的弧度数。

我们规定红色在色相环上的度数为 0°，所以用色相值 H=0 表示红色。从这个色相环上可看出，橙色在色相环上的度数为 30°，所以用色相值 H=30 表示橙色。类似地，可看出黄色的色相值为 60，绿色的色相值为 120。色相环度数可以从 0°～360°，所以色相值的取值范围可以是 0～360。

但是在计算机中是用八位二进制数表示色相值

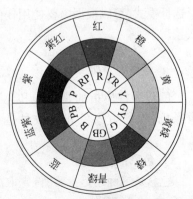

图 6-42　计算机颜色模式的色相环

的,八位二进制数的取值范围只能是 0 ~ 255,这样为了能用八位二进制数表示色相值,还要把原来的色相值乘以 2/3。即色相值的取值范围只能是 0 ~ 240。那么橙色的色相值为 $30 \times 2/3 = 20$,黄色的色相值就为 40 了。表 6-2 列出了几种常见颜色的色相值和在计算机中的色相值。

表 6-2　常见颜色的色相值及其在计算机中的色相值

颜色	色相值	在计算机中的色相值	颜色	色相值	在计算机中的色相值
红色	0	0	绿色	120	80
橙色	30	20	蓝色	240	160
黄色	60	40			

在色相环中,各种颜色实际上是渐变的,如图 6-43 所示。两者距离小于 30°的颜色称为同类色,距离在 30° ~ 60°之间的颜色称为类似色。与某种颜色距离在 180°的颜色称为该颜色的对比色,即它们正好位于色相环的两端;在对比色左右两边的颜色称为该颜色的补色。若在色环上三种颜色之间的距离相等,均为 120°,这样的三种颜色称为组色。使用组色搭配会对浏览者造成紧张的情绪。一般在商业网站中,不采用组色的搭配。

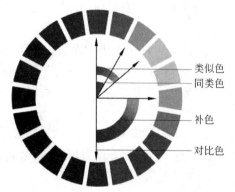

图 6-43　同类色、类似色、对比色和补色

② 明度(Brightness)

明度是色彩的第二属性。是指色彩的明暗程度,也叫亮度,体现颜色的深浅。是全部色彩都具有的属性,明度越大,颜色越亮;明度越低,颜色越暗。

③ 饱和度(Saturation)

饱和度也叫纯度,是指色彩的鲜艳程度。原色最纯,颜色的混合越多则纯度逐渐减低。如某一鲜亮的颜色,加入了白色、黑色或灰色,使得它的纯度低,颜色趋于柔和、沉稳。无彩色由于没有颜色,所以饱和度为 0,它们只能通过明度相区别。

在图 6-44 所示的 DW 或 Fireworks 的颜色选择面板中,提供了 RGB 和 HSB 两种色彩选择模式,可以根据需要使用任何一种色彩模式选色,还可以观察两种色彩模式之间的联系。

2. 色彩的特质

色彩的特质指的是色彩和色彩组合所能引发的特定情绪反应。我们依靠光来分辨颜色,再利用颜色和无数种色彩的组合来表达思想和情绪。色彩具有以下几种特质。

① 色彩的艳素感

色彩是艳丽还是素雅,首先取决于明度,其次是饱和度。明度高、饱和度高,色彩就艳丽,反之,色彩素雅。

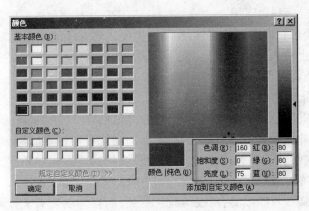

图 6-44　颜色选择面板

② 色彩的冷暖感

红、橙、黄等色都给人以温暖感,称为暖色,而蓝、绿、青给人以凉爽感,称为冷色。暖色的色彩饱和度越高,其暖的特性越明显,冷色的色彩亮度越高,冷的感觉更甚。

在制作网站时,如果公司希望展现给客户的是一个温暖、温馨的形象,那么可以考虑选择暖色制作公司的网站。例如一家以经营沙发、家具为主的公司(http://www.ory.cn),在制作网站时,选择了温馨的暖色,客户浏览网站的时候感到了一种深切的温暖,给人一种家的感觉。

如果公司希望给客户一种沉稳、专业的印象,那么可以选择使用冷色系作为网站的主要颜色。例如 IBM 公司的网站(http://www.ibm.com)选择使用冷色系的蓝色作为网站的主要颜色。

冷与暖是对立统一的,没有暖便没有冷,没有冷便无所谓暖,但色彩中的冷暖并不是绝对的,而是相对的。色彩的冷暖是在画面上比较出来的,有时黄颜色对于青是暖色的,而它和朱红相比,又成了偏冷的色,在实际的色彩搭配中,一定要灵活运用冷暖变化规律,而不是机械、简单地套用一些模式。

③ 色彩的轻重感

物体表面的色彩不同,看上去也有轻重不同的感觉,这种与实际重量不相符的视觉效果,称之为色彩的轻重感。感觉轻的色彩称为轻感色,如白、浅绿、浅蓝、浅黄色等;感觉重的色彩称重感色,如藏蓝、黑、棕黑、深红、土黄色等。色彩的轻重感既与色彩的色相有关,也与色彩的浓淡有关,浅淡的颜色给人以轻快飘逸之感,浓重的颜色给人以沉重稳妥之感。色相不同的颜色在视觉上由重到轻的次序为:红、橙、蓝、绿、黄、白。

色彩给人的轻重感觉在不同行业的网页设计中有着不同的表现。例如,工业、钢铁等重工业领域可以用重一点的色彩;纺织、文化等科学教育领域可以用轻一点的色彩。

色彩的轻重感主要取决于明度上的对比,明度高的亮色感觉轻,明度低的暗色感觉重。另外,物体表面的质感效果对轻重感也有较大影响。

在网站设计中,应注意色彩轻重感带来的心理效应,如网站上灰下艳、上白下黑、上素下艳,就有一种稳重沉静之感;相反上黑下白、上艳下素,则会使人感到轻盈、失重、不安的感觉。

④ 色彩的前进感和后退感

红、橙、黄等暖色有向前冲的特性,在画面上使人感觉距离近,蓝、绿、青等冷色有向后退的倾向,在画面上使人感觉距离远。在网页配色时,合理利用色彩的进退特性可有效地在平面的画面上造就纵深感。

⑤ 色彩的膨胀感和收缩感

首先,光波长的暖色具有膨胀感;光波短的冷色具有一种收缩感,就比较清晰。例如:红色刺激强烈,脉冲波动大,自然有一种膨胀感。而绿色脉冲弱,波动小,自然有收缩感。所以我们平时注视红、橙、黄等颜色时,时间一长就感到边缘模糊不清,有眩晕感;当我们看青、绿色时感到冷静、舒适、清晰,眼睛特别适应。

其次,色彩的膨胀与收缩感,不仅与波长有关,而且与明度有关。同样粗细的黑白条纹,其感觉上白条纹要比黑条纹粗;同样大小的方块,黄方块看上去要比蓝方块大些。设计一个网页的字体,在白底上的黑字需大些,看上去醒目,过小了就太单薄,看不清。如果是在黑底上的白字,那么白字就要比刚才那种黑字要小些,或笔画细些,这样显得清晰可辨,如果与前面那种黑字同样大,笔画同样粗,则含混不清。

3. 色彩的心理感觉

自然界每种色彩带给我们的心理感觉是不同的,只是我们平时可能没有太在意这些。下面分析各种常见颜色给人带来的心理感觉。

① 红色

红色是一种激奋的色彩,刺激效果强,它能使人产生冲动、愤怒、热情、活力的感觉。

在众多颜色里,红色是最鲜明生动的、最热烈的颜色。因此红色也是代表热情的情感之色。鲜明红色极容易吸引人们的目光。

红色在不同的明度、纯度的状态(粉红、鲜红、深红)下,给人表达的情感是不一样的。例如:深红色比较容易制造深邃、幽怨的故事气氛,传达的是稳重、成熟、高贵、消极的心理感受。粉红色鲜嫩而充满诱惑,传达着柔情、娇媚、温柔、甜蜜、纯真、诱惑的心理感受,多用于女性主题,例如:化妆品、服装等。

在网页颜色的应用几率中,根据网页主题内容的需求,纯粹使用红色为主色调的网站相对较少,多用于辅助色、点睛色,达到陪衬、醒目的效果,通常都配以其他颜色调和。

② 绿色

绿色在黄色和蓝色(冷暖)之间,属于较中庸的颜色,这样使得绿色的性格最为平和、安稳、大度、宽容。是一种柔顺、恬静、满足、优美、受欢迎之色。也是网页中使用最为广泛的颜色之一,它和金黄、淡白搭配,可以产生优雅、舒适的气氛。

绿色与人类息息相关,是永恒的欣欣向荣的自然之色,代表了生命与希望,也充满了青春活力,绿色象征着和平与安全、发展与生机、舒适与安宁、松弛与休息,有缓解眼部疲劳的作用。

绿色本身具有一定的与自然、健康相关的感觉,所以也经常用于与自然、健康相关的站点。绿色还经常用于一些公司的公关站点或教育站点。

绿色能使我们的心情变得格外明朗。黄绿色代表清新、平静、安逸、和平、柔和、春天、青春、升级的心理感受。

③ 橙色

橙色具有轻快、欢欣、收获、温馨、时尚的效果,是快乐、喜悦、能量的色彩。

在整个色谱里,橙色具有兴奋度,是最耀眼的色彩。给人以华贵而温暖,兴奋而热烈的感觉,也是令人振奋的颜色。具有健康、富有活力、勇敢自由等象征意义,能给人以庄严、尊贵、神秘等感觉。橙色在空气中的穿透力仅次于红色,也是容易造成视觉疲劳的颜色。

在网页颜色里,橙色适用于视觉要求较高的时尚网站,属于注目、芳香的颜色,也常被用于味觉较高的食品网站,是容易引起食欲的颜色。

④ 黄色

黄色具有快乐、希望、智慧和轻快的个性,它的明度最高。

黄色是阳光的色彩,具有活泼与轻快的特点,给人十分年轻的感觉。象征光明、希望、高贵、愉快。浅黄色表示柔弱,灰黄色表示病态。黄色和其他颜色配合很活泼,有温暖感,具有快乐、希望、智慧和轻快的个性,有希望与功名等象征意义。黄色也代表着土地,象征着权力,并且还具有神秘的宗教色彩。

纯黄色的性格冷漠、高傲、敏感,具有扩张和不安宁的视觉印象。

浅黄色系明朗、愉快、希望、发展,它的雅致、清爽属性,较适合用于女性及化妆品类网站。

中黄色有崇高、尊贵、辉煌、注意、扩张的心理感受。

深黄色给人高贵、温和、内敛、稳重的心理感受。

⑤ 蓝色

蓝色是最具凉爽、清新、专业的色彩。它和白色混合,能体现柔顺、淡雅、浪漫的气氛,让人联想到天空。

蓝色是色彩中比较沉静的颜色。象征着永恒与深邃、高远与博大、壮阔与浩渺,是令人心境畅快的颜色。

蓝色的朴实、稳重、内向性格,衬托那些性格活跃、具有较强扩张力的色彩,运用对比手法,同时也活跃页面。另一方面又有消极、冷淡、保守等意味。蓝色与红、黄等色运用得当,能构成和谐的对比调和关系。

蓝色是冷色调最典型的代表色,是网站设计中运用得最多的颜色,也是许多人钟爱的颜色。

蓝色表达着深远、永恒、沉静、无限、理智、诚实、寒冷等多种感觉。蓝色会给人很强烈的安稳感,同时蓝色还能够表现出和平、淡雅、洁净、可靠等特性。

⑥ 紫色

紫色是一种在自然界中比较少见的颜色。象征着女性化,代表着高贵和奢华、优雅与魅力,也象征着神秘与庄重、神圣和浪漫。另一方面又有孤独等意味。紫色在西方宗教世界中是一种代表尊贵的颜色,大主教身穿的教袍便采用了紫色。

紫色的明度在有彩色的色度中是最低的。紫色的低明度给人一种沉闷、神秘的感觉。在紫色中红的成分较多时,显得华丽和谐。紫色中加入少量的黑,给人沉重、伤感、恐怖、庄严的感觉。紫色中加入白,变得优雅、娇气,并充满女性的魅力。

紫色通常用于以女性为对象或以艺术作品介绍为主的站点,但很多大公司的站点中也喜欢使用包含神秘色彩的紫色,但都很少做大面积使用。

不同色调的紫色可以营造非常浓郁的女性化气息,在白色的背景色和灰色的突出颜色的衬托下,紫色可以显示出更大的魅力。

⑦ 灰色

灰色是一种中立色,具有中庸、平凡、温和、谦让、中立和高雅的心理感受,在灰色中掺入少许彩色也被称为高级灰,是经久不衰、最经看的颜色。它可以和任何一种颜色进行搭配,因此是网页中用得最多的一种颜色。

灰色介于黑色和白色之间,中性色、中等明度、无色彩、极低色彩的颜色。灰色能够吸收其他色彩的活力,削弱色彩的对立面,而制造出融合的作用。

任何色彩加入灰色都能显得含蓄而柔和。但是灰色在给人高品位、含蓄、精致、雅致耐人寻味的同时,也容易给人颓废、苍凉、消极、沮丧、沉闷的感受,如果搭配不好页面容易显得灰暗、脏。

从色彩学上来说,灰色调又泛指所有含灰色度的复合色,而复合色又是三种以上颜色的调和色。色彩可以有红灰、黄灰、蓝灰等上万种彩色灰,这都是灰色调,而并不单指纯正的灰色。

⑧ 黑色

具有深沉、神秘、寂静、悲哀和压抑的感受。

黑色是暗色,是纯度、色相、明度最低的非彩色。象征着力量,有时感觉沉默虚空,有时感觉庄严肃穆,有时又意味着不吉祥和罪恶。自古以来,世界各族都公认黑色代表死亡、悲哀,黑色具有吸收光线的特性,别有一种变幻无常的感觉。

黑色能和许多色彩构成良好的对比调和关系,运用范围很广。因此黑色是最有力的搭配色。

每种色彩在饱和度、透明度上略微变化就会产生不同的感觉。以绿色为例,黄绿色有青春、旺盛的视觉意境,而蓝绿色则显得幽宁、阴深。

⑨ 白色

给人以洁白、明快、纯真、清洁的感受。

白色是表达到最完美平衡的颜色;白色经常会同上帝、天使联系起来。白色给人们带来的正面联想:清洁、神圣、洁白、纯洁、纯真、完美、美德、柔软、庄严、简洁、真实、婚礼。白色给人们带来的负面联想:虚弱、孤立。

黑、白色:这两种色我有时会觉得很奇怪,它们在不同时候给人的感觉是不同的,黑色有时给人沉默虚空的感觉,但有时也给人一种庄严肃穆的感觉。白色也是同样,有时给人无尽希望的感觉,但有时也给人一种恐惧和悲哀的感受。具体还是要看与哪种色配在一块。

还有一些纯度不同的色,我自己较为喜欢的,例如含灰色的绿会使人联想到淡雾中的森林,天蓝会令人心境畅快,淡红会给人一种向上的感觉。

需要注意的是,色彩的细微变化有时能给人带来完全不一样的感觉。

在网页选色时,除了考虑色彩的上述特性和心理感觉之外,还应注意的一个问题是:由于国家和种族的不同,宗教信仰的不同,地理位置和文化修养的差异,不同的人群对色彩的偏好也有很大差异。例如,一般生活在草原上的人喜欢红色,生活在都市中的人喜欢淡雅的颜色,生活在沙漠中的人喜欢绿色等,在设计时应考虑主要对象群的背景和构成。

4. 色彩的四种角色

在戏剧和电影中,角色分为主角和配角。在网页设计中不同的色彩也有不同的作用。根据色彩所起的作用不同,可将色彩分为主色调、辅色调、点睛色和背景色。

① 主色调

主色调是指页面色彩的主要色调、总趋势,其他配色不能超过该主要色调的视觉影响。

在舞台上,主角站在聚光灯下,配角们退后以衬托他。网页配色上的主角也是一样,其配色要比配角更清楚、更强烈,让人一看就知道是主角,从而使视线固定下来。画面结构的整体统一,也可以稳定观众的情绪。将主角从背景色中分离出来,达到突出而鲜明的效果,从而能很好地表达主题。

② 辅色调

仅次于主色调的视觉面积的辅助色,是烘托主色调、支持主色调、起到融合主色调效果的辅助色调。

③ 点睛色

在小范围内点上强烈的颜色来突出主题效果,使页面更加鲜明生动,对整个页面起到画龙点睛的作用。

④ 背景色

舞台的中心是主角,但是决定整体印象的却是背景。因此背景色起到衬托环抱整体的色调,协调、支配整体的作用。在决定网页配色时,如果背景色十分素雅,那么整体也会变得素雅;背景色如果明亮,那么整体也会给人明亮的印象。

注意:当使用花纹或具体图案作为网页背景时,效果类似于使用背景色。色彩运用合理也能够表现出稳重的格调。运用细花纹可表现出安静和沉稳的效果,运用对比强烈的色调则会产生传统和信心十足的感觉。使用图案作为背景,对希望表现出趣味性、高格调的网站比较合适,但对于商业网站来说便不太匹配了,因为图案背景一般会冲淡商业性的印象。

我们在设计网页时,一定要首先确定页面的主色调,再根据主色调找与之相配的各种颜色作为其他颜色角色,在配色过程中,要做到主色突出、背景色较为宁静,辅色调与主色调对比感觉协调的效果。

需要注意的是,色彩的四种角色理论并不是说网页中一定要具有四种颜色分别充当这四种角色。网页中使用的颜色数和色彩的角色理论是没有关联的。例如,有时网页中的辅色调和背景色可能采用同一种色,或者网页中的辅色调有几种,还可以是点睛色由几种颜色组成,这都使得网页的颜色数并不局限于四种。

5. 色彩的对比与调和

在日常生活中能看到"万绿丛中一点红"这样强烈对比的颜色,也能看到同类或邻近的颜色,如晴朗的天空与蔚蓝的大海。网页页面中总是由具有某种内在联系的各种色彩,组成一个完整统一的整体,形成画面色彩总的趋向,通过不同颜色的组合产生对比或调和的效果就是形式美的变化与统一规律。

色彩的对比与调和理论是深入理解色彩搭配方法的前提。通过色彩的对比可以使页面更加鲜明生动,而通过色彩的调和使页面中的颜色有一种稳定协调的感觉。

(1) 色彩的对比

两种以上的色彩,以空间或时间关系相比较,能比较出明显的差别,并产生比较作用,被称为色彩对比。色彩的对比规律大致有以下几点。

① 色相对比:因色相之间的差别形成的对比。当主色相确定后,必须考虑其他色彩与主色相是什么关系,要表现什么内容及效果等,这样才能增强其表现力。

明度对比:因明度之间的差别形成的对比(柠檬黄明度高,蓝紫色明度低,橙色和绿色属中明度,红色与蓝色属中低明度)。

② 纯度对比:一种颜色与另一种更鲜艳的颜色相比时,会感觉不太鲜明,但与不鲜艳的颜色相比时,则显得鲜明,这种色彩的对比便称为纯度对比。

③ 补色对比:将红与绿、黄与紫、蓝与橙等具有补色关系的色彩彼此并置,使色彩感觉更为鲜明,即产生红的更红,绿的更绿的感觉。纯度增加,称为补色对比(视觉的残像现象明显)。

④ 冷暖对比:由于色彩感觉的冷暖差别而形成的色彩对比,称为冷暖对比(红、橙、黄使人感觉温暖;蓝、蓝绿、蓝紫使人感觉寒冷;绿与紫介于其间),另外,色彩的冷暖对比还受明度与纯度的影响,白光反射高而感觉冷,黑色吸收率高而感觉暖。

(2) 色彩的调和

两种或两种以上的色彩合理搭配,产生统一和谐的效果,称为色彩调和。色彩调和是求得视觉统一,达到人们心理平衡的重要手段。调和就是统一,下面介绍的四种方法能够达到调和页面色彩的目的。

① 同类色的调和

相同色相、不同明度和纯度的色彩调和。使之产生秩序的渐进,在明度、纯度的变化上,弥补同种色相的单调感。

同类色给人的感觉是相当协调的。它们通常在同一个色相里,通过明度的黑白灰或者纯度的不同来稍微加以区别的,产生了极其微妙的韵律美。为了不至于让整个页面呈现过于单调平淡,有些页面则是加入极其小的其他颜色做点缀。

例如,以黄色为主色调的页面,采用同类色调和,就使用了淡黄、柠檬黄、中黄,通过明度、纯度的微妙变化产生缓和的节奏美感。因此,同类色被称为最稳妥的色彩搭配方法。

② 类似色的调和

在色环中,色相越靠近越调和。这主要是靠类似色之间的共同色来产生作用的。类似色的调和是指以色相接近的某类色彩,如红与橙、蓝与紫等的调和,称为类似色的调和。类似色相较于同类色色彩之间的可搭配度要大些,颜色丰富、富于变化。

③ 对比色的调和

对比色的调和是指以色相相对或色性相对的某类色彩,如红与绿、黄与紫、蓝与橙的调和。对比色调和主要有以下方法：

- 提高或降低对比色的纯度。
- 在对比色之间插入分割色（金、银、黑、白、灰等）。
- 采用双方面积大小不等的处理方法，以达到对比中的和谐。
- 对比色之间加入相近的类似色，也可起到调和的作用。

6. 网页中色彩的搭配

（1）色彩搭配的总体原则

色彩总的应用原则应该是"总体协调，局部对比"，也就是：主页的整体色彩效果应该是和谐的，只有局部的、小范围的地方可以有一些强烈色彩的对比。

打个比喻，网页中不同的色彩可以看成是不同的人物，要让他们协调地在一起工作就必须考虑这些人各自的特点，纯色好比是个性非常鲜明的人，因为个性太鲜明了所以不容易把各种纯色组织在一起工作，而灰色好比是性格中庸的人，所以能和任何人协调工作，但一个团队中一般又需要有1至2个个性鲜明的人，这样才能增添活力。

同样，网页中的色彩种类不能太多，就好像太多人不好组织在一起工作一样。而且相似的色彩比色彩相差太远要容易搭配一些，这就好比是同类型的人或相似的人更加容易相处在一起。

又如在色彩对比中，两种对比色的面积大小不能相当，这就好比两类对立的人不能势均力敌，要一强一弱，才能保持稳定。

（2）色彩搭配的最简单原则

如果不能够深入理解色彩的对比和调和理论，也有一些最简单的原则供初学者使用，使用这些原则可以保证色彩搭配出的效果不会差，但也不会设计出让人惊艳的效果。

① 用一种色彩。这里是指先选定一种色彩，然后调整透明度或者饱和度（说得通俗些就是将色彩变淡或加深），产生新的色彩，用于网页。这样的页面看起来色彩统一，有层次感。

② 用两种色彩。先选定一种色彩，然后选择它的对比色。但要注意这两种颜色面积不能相当，应以一种为主，另一种做点缀，或在它们之间插入分割色。这样整个页面色彩显得丰富但不花哨。

③ 用一个色系。简单地说就是用一个感觉的色彩，例如淡蓝、淡黄、淡绿；或者土黄、土灰、土蓝，因为这些色彩中都掺入了一些共同的颜色，可以起到调和的作用。

④ 边框和背景的颜色应相似，且边框的颜色较深，背景的颜色较浅。

（3）网页配色的忌讳

① 不要将所有颜色都用到，尽量控制在三种色彩以内。

② 一般不要用两种或多种纯色，大部分网站的颜色都不是纯色。

③ 背景和前文的对比尽量要大（绝对不要用花纹繁复的图案作背景），以便突出主要文字内容。

7. 网页配色软件和配色方案表的使用

对于美术基础不好的人,还有一些网页配色软件可以自动产生配色方案。如PlayColor、ColorSchemer 等。这些软件在选择一种颜色后,会给出适合与这种颜色搭配的一组颜色(通常是 3 种),但是仍然需要自己分析用哪种颜色做主色,哪种颜色做辅助色和背景色等。

6.3.3　网页版式设计

网页版式设计是指如何合理美观地将网页中各种元素安排在网页上,网页版式设计和平面设计既有相同点,也有自己的一些特点。网页版式设计的基本原则有以下几条:

- 网页中的文字应采用合理的字体大小和字形。
- 确保在所有的页面中导航条位于相同的位置。
- 确保页头和页尾部分在所有的页面中都相同。
- 不要使网页太长,特别是首页。
- 确保浏览器在满屏显示时网页不出现水平滚动条。
- 要在网页中适当留出空白,当浏览一个没有空白的页面时,用户会感到页面很拥挤,而造成心理的紧张,"空白"元素实际上与其他页面布局元素有紧密关联,甚至是其他元素的一部分,如行间距等。空白在网页设计中非常重要,它能够使网页看起来简洁、明快,阅读舒畅,是网页设计中必不可少的元素。

总的来说,网页版式设计应从整体上考虑,达到整个页面和谐统一的效果,使得网页上的内容主次分明,中心突出。内容的排列疏密有度,错落有致,并且图文并茂,相得益彰。

1. 页面大小的考虑

网页设计者应考虑的第一个问题是网页应在不同分辨率的屏幕上都能有良好的表现。目前我国大部分用户计算机的屏幕分辨率是 1024×768 或 800×600,适合它们的网页宽度分别是 1000 或 770。随着宽屏幕显示器的普及,用户的屏幕分辨率正在变得越来越大,因此在实际中制作适合 1024×768 宽度的网页更加合理些。

2. 网页的版式种类

(1) T 型布局

T 型布局是指页面顶部为横条网站标志和广告条,下方左半部分为导航栏,即导航栏纵向排列的网页,右半部分为显示内容的布局。因为菜单背景较深,整体效果类似英文字母 T,所以称为 T 型布局,T 型布局根据导航栏在左边还是在右边,又分为左 T 型布局(图6-45)和右 T 型布局(图 6-46)。T 型布局是网页设计中使用最广泛的一种布局方式。其优点是页面结构清晰,主次分明,是初学者最容易学习的布局方法;缺点是规矩呆板,如果把握不好,在细节和色彩搭配上不注意,容易让人看了之后感到乏味。

图 6-45　左 T 型布局

图 6-46　右 T 型布局

（2）"口"型布局

"口"型布局是页面上方有一个广告条,下方有一个色块,左边是主菜单,右边是友情链接等内容,中间是主要内容,如图 6-47 所示。其优点是充分利用了版面,信息量大;缺点是页面拥挤,不够灵活。

（3）"三"型布局

"三"型布局具有简洁明快的艺术效果,适合于艺术类、收藏类、展示类网站。这种布局往往采用简单的图像和线条代替拥挤的文字,给浏览者以强烈的视觉冲击,使其感觉进

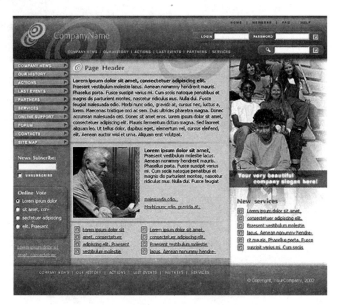

图 6-47　"口"型布局

入了一幅完整的画面,而不是一个分门别类的超市,如图 6-48 所示。它的一级页面和二级页面的链接都按行水平排列在页面的中部,网站标志非常醒目。需要注意的是,有时"三"型布局和"口"型布局之间的区别并不明显。

图 6-48　"三"型布局

（4）"二"型布局

"二"型布局是通过不同的色彩将页面分割成左右两列,这种布局在色彩上更加简洁明快,适合于公司类网站,如图 6-49 所示。

图 6-49　"二"型布局

（5）POP 布局

POP 布局就像一张宣传海报，以一张精美图片作为页面的设计中心，在适当位置放置主菜单，常用于时尚类站点，如图 6-50 所示。这种布局方式不讲究上下和左右的对称，但要求平衡有韵律，能达到动感的效果，其优点是漂亮吸引人，缺点是速度慢。

图 6-50　POP 布局

（6）变化型布局

采用上述几种布局的结合与变化，布局采用上、下、左、右结合的综合型框架，再结合 Flash 动画，使页面形式更加多样，视觉冲击力更强。

在实际的网页版式布局中，可以参考上述几种常见的版式布局，但又不必过于拘泥于某种版式。

6.4　网站的栏目规划和目录结构设计

网站中的内容是根据网站的栏目组织起来的，所以网站栏目相当于网站的逻辑结构，而通常都要将网站每个栏目中的网页分门别类地放在不同的网站子目录中，所以网站的目录结构可看成是网站的物理结构。本节将分别讨论网站的栏目规划和目录结构设计。

6.4.1　网站的栏目规划

栏目规划的主要任务是对所收集的大量内容进行有效筛选，并将它们组织成一个合理的易于理解的逻辑结构。成功的栏目规划不仅能给用户的访问带来极大的便利，帮助用户准确地了解网站所提供的内容和服务，以及快速找到自己所感兴趣的网页，还能帮助网站管理员对网站进行更为高效的管理。

1. 建立层次型结构

网站通常都采用层次型的栏目结构，即从上到下逐级确定每一层的栏目。首先是确定第一层，即网站分为哪几个主栏目，然后对其中的重点栏目进行进一步规划，确定它们所必需的子栏目，即二级栏目。以此类推直至栏目不需要再细分为止。将所有的栏目及其子栏目连在一起就形成了网站的层次型结构。

例如 6.2 节中的"信息与网络中心"网站，它在第一层设置了"中心简介"、"政策法规"、"常用下载"三个重点栏目和"技术支持"、"联系我们"和"办公系统"三个其他栏目，然后对每一个重点栏目又进行了更细的规划，比如"中心简介"又分为"部门简介"、"机构设置"和"人员简介"三个二级栏目。将这些栏目及其子栏目连在一起，就可以清楚地看到这个网站的层次型结构，如图 6-51 所示。

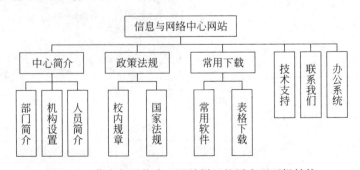

图 6-51　信息与网络中心网站栏目的层次型逻辑结构

2. 设计每一个栏目

层次型逻辑结构的建立只是对网站的栏目进行了总体的规划,接下来要做的是对每个栏目或者子栏目进行更细致的设计。设计一个栏目通常需要做以下三件事情:

首先是描述这个栏目的目的、服务对象、内容、资料来源等。

其次是设计这个栏目的实现方法,即设计这个栏目的网页构成。各个网页之间的逻辑关系等。

最后还要设计这个栏目和其他栏目之间的关系,虽然网站分为不同的栏目,栏目与栏目之间相对独立,但有时各个层次之间的栏目还存在着某种关联,比如"技术支持"栏目中的某些内容是告诉浏览者怎样使用某个软件的,这时可以在该页中放置"常用软件"栏目中提供的相关软件供浏览者下载;又如最好让"中心简介"下的各个栏目页打开都能看到"联系我们"栏目中的联系方式,使浏览者在了解网络中心的同时就能知道它的联系方式。所以设计栏目之间关联的工作,就是找出各个栏目之间可以共享的内容,并确定采用什么样的方式将它们串联起来。

6.4.2　网站的目录结构设计

目录结构也可称为网站的物理结构,它是解决如何在硬盘上更好地存放包括网页、图片、Flash 动画、视音频文件、脚本文件、数据库等各种资源在内的所有网站资源。

目录结构是否合理,对网站的创建效率会产生较大的影响,但更主要的是会对未来网站的性能、网站的维护及扩展产生很大的影响。例如:如果将所有的网页文件和资源文件都放在同一个目录下,那么当文件很多时,WWW 服务器的性能会急剧下降,因为文件很多时查找一个文件需要很长的时间,而且网站管理员在区分不同性质的文件和查找某个特定的文件时也会变得非常麻烦,这不利于网站的维护。

1. 目录结构设计的原则

目录结构对用户来说是不可见的,它只针对网站管理员,所以它的设计是为了让网站管理员能从文件的角度更好地管理网站的所有资源。目录结构的设计需要遵循以下原则:

(1) 网站应有一个主目录

每一个网站都有一个主目录(也叫网站根目录),网站里的所有内容都要存放在该主目录以及它的子目录下。

(2) 不要将所有的文件都直接存放在网站根目录下

有的网站设计人员为了贪图刚创建网站时的方便,将所有的文件都直接放在网站根目录下。这样做首先很容易造成文件管理混乱,因为网站里的文件都不能用中文命名,文件增多后很容易连自己都搞不清每个文件的用途;其次还会对 WWW 服务器的性能造成非常大的影响。

(3) 根据栏目规划来设计目录结构

一般情况下,可以按照网站的栏目规划来设计网站的目录结构,使两者具有一一对应的关系。

（4）每个目录下都建立独立的 images 子目录

将图片文件都放在一个独立的 images 目录下，可以使目录结构更加清晰。如果很多网页都需要用到同一图片，比如网站标志图片，那么将这个图片放到网站根目录下的 images 子目录下。

（5）目录的层次不要太深

网站的目录层次以三四层为宜。

（6）不要使用中文文件名或中文目录名

很多时候，使用中文文件名或中文目录名会导致各种各样的错误，特别是使用了动态服务器技术的网站。虽然有时用中文命名的网页在本机上预览不会有问题，但上传到服务器后就会出问题。所以网站的所有目录名和文件名，都必须使用半角英文命名。

（7）将可执行文件和不可执行文件分开放置

将可执行的动态服务器网页文件（如 ASP 文件）和不可执行的静态网页文件分别放在不同的目录下，然后将存放不可执行文件所在的目录的执行权限在 Web 服务器中设置为"无"，这样可提高网站抗攻击的能力。

（8）数据库文件单独放置

对于动态网站来说，最好将它的数据库文件单独存放在一个目录下。

2. 站点结构图

站点结构图是一种有关站点结构、组织方式的示意图。如果新建了网站，则在 DW 窗口右侧的"文件"面板中，可显示网站的目录结构，单击"文件"面板右侧的图标"展开以显示本地和远端站点"（![icon]），会弹出如图 6-52 所示的"站点结构图"。在该图右侧的窗口选择一个文件作为首页文件，然后执行菜单命令"站点"→"设成首页"，就把该文件在 DW 中标记为首页了，然后单击"站点地图"按钮，就能在左侧窗口显示该站点文件之间的链接结构，对于一个严格按照层次目录结构建立的网站来说，可看出文件的链接结构也是分层的。

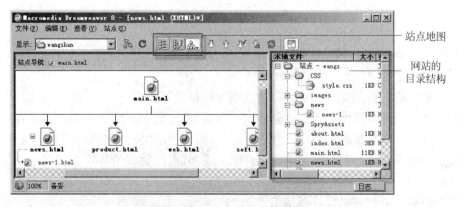

图 6-52　DW 中的站点结构图

6.5　网站的导航设计 *

在现实生活中,我们到一个大型商场购物,总是希望能以最短、最快、最舒适的路线找到所需要的东西,而不在商场中迷失方向。这就需要导航,导航就是帮助我们找到最快到达目的地的路径。

在访问网站的时候也一样,用户期望在任何一个网页上都能清楚地知道目前所处的位置,并且能快速地从这个网页切换到想要访问的网页。但访问网站的时候,经常会因为单击过多的网页而迷失方向。因此网站的导航设计对于一个网站来说非常的必要和重要,它是衡量一个网站是否优秀的重要标志。

6.5.1　导航的实现方法

1. 导航条

导航最常用的实现方法就是"导航条",导航条应该出现在网站每一个页面的相同位置。导航条由一组导航项组成,它的作用是引导浏览者快速浏览网站中重要的栏目和内容,或确定自己当前所处的位置。导航条中的导航项应该包括主页、联系方式、反馈信息及其他一些用户感兴趣的内容,这些内容应该是与站点的主要栏目相关联的。

导航条在设计上应注意以下几点:

(1)导航条应使用醒目的颜色,例如可以使用网站的主色调,导航条好比是网页的"眼睛",它要能牢牢抓住浏览者的目光,使浏览者目光在第一时间就集中在导航条上。

(2)使用图片的导航条比单纯使用文字的导航条效果更佳,所以可以为导航条添加背景图片或背景颜色。

(3)当前页面所对应的导航项应该相应地变色、突出显示或以其他方式表示出来。

(4)导航条可以采用横向或纵向方式,对于导航项比较多的导航条采用横向方式更为合理。

2. 路径导航

路径导航就是在网页上显示这个网页在网站层次型结构上的位置,比如"首页 > 产品 > 多媒体产品 > LCD 液晶电视 > P10 系列"。通过路径导航,用户不仅能了解当前所在的位置,还可以迅速地返回到当前网页以上的任何一层网页,比如单击"新闻中心",就会回到新闻中心网页。图 6-53 是一家家电公司网站的路径导航。

图 6-53　路径导航

在国外,路径导航常常被形象地称为面包屑(crumb)导航,就像那个著名的童话故事中讲述的一样,用户能够通过面包屑找到自己回去的路。

3. 其他导航方式

除了使用上述"导航条"和"路径导航"实现导航外,导航还有其他一些实现方法,如重点导航和相关导航,这些导航在形式上看就是普通链接。例如很多新闻网站在每个新闻内容网页的底部都有一个区域,里面罗列着与这个新闻相关的新闻超链接,这就是"相关导航",有些网页上还有"重点导航",即在网页醒目的地方用一个图案或按钮链接到重要的网页中去。

4. 搜索——没有导航的导航

导航的根源在于分类,当有几十条信息的时候,可以分类导航;当有上万条信息的时候,无论怎么分类有时还是难以寻找。这时,对于使用了数据库技术的网站来说,可以考虑设置搜索框,使用户能对站内信息进行搜索,如图6-54所示。所以搜索是对于导航的合理补充。

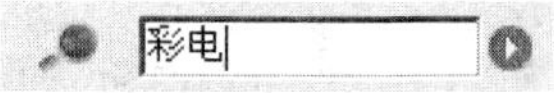

图 6-54　网页上的搜索框

6.5.2　导航的设计策略

虽然导航有以上几种实现方法,但并不是所有的网站都要使用这些方法,这通常取决于网站的规模。下面就是在设计网站导航时,可以采用的一些基本策略。

首先,任何网站都要有一个主导航条。如果主栏目下面还有很多内容,可以分很多子栏目的话,那么可以进一步设计栏目下的导航条,例如采用下拉菜单形式或侧边栏导航形式放二级导航条。

其次,如果网站的层次很深,比如四层以上(主页作为第一层),最好要有路径导航。路径导航可以从第三层的网页开始出现。如果网站的层次只有两层或三层,可以不使用路径导航。

其他方式的导航只是作为辅助的导航手段,视实际需要而定。

6.6　网站的环境准备*

网站环境准备是指为网站的运行准备必要的软、硬件环境,主要包括运行空间的准备、网络接入条件准备、域名及 IP 地址的申请等。对于中小型网站来说,主要是指主机空间准备和域名申请两项。

6.6.1　架设网站的基本条件

在网站制作完成之后,接下来需要把网站发布到互联网上,让世界各地的浏览者都可以通过 Internet 访问。

要使网站能在 Internet 上被浏览者访问,必须满足以下两个基本条件:

1. 要有主机或主机空间

所谓主机在这里是指 Web 服务器。我们知道用户能浏览网站上的网页实际上是从远程的 Web 服务器上读取了一些内容,然后显示在本地计算机上的过程。因此如果要使网站能被访问就必须把网站的所有文件放到 Web 服务器上。把网站放到 Web 服务器上又可分为两种情况。

① 使用本机作为 Web 服务器。Web 服务器实际上就是安装有 Web 服务器软件(如 IIS)的计算机,我们完全可以在自己的计算机上安装 IIS 使它成为一台 Web 服务器。实际上,Web 服务器还必须有一个固定的公网 IP 地址,这样浏览者才能通过这个固定的 IP 地址访问到这台服务器。我们一般使用的宽带拨号上网的 IP 地址都是动态分配的,而不是固定的,而在校园网上网的 IP 都是内网的 IP,因此如果把自己的计算机当成 Web 服务器用就会因为缺少固定的公网 IP 地址而不可行。另外,Web 服务器还必须 24 小时不间断开机运行,这对于个人计算机来说也是很难做到的。所以通常使用下面一种方法。

② 将网站上传到专门的 Web 服务器上。在 Internet 上,有很多主机服务提供商专门为中小网站提供服务器空间。只要将网站上传到这样的 Web 服务器上,就能够被浏览者访问了。由于主机服务提供商的每一台 Web 服务器上通常都放置了很多个网站,但是这对于浏览者来说是感觉不到的。所以这些网站的存放方式被称为"虚拟主机"。

2. 要有域名

由于使用"虚拟主机"方式存放的网站是不能通过 IP 地址访问到的(因为一个 IP 地址对应有很多个网站,输入 IP 地址后 Web 服务器并不知道你要请求的是哪个网站),所以必须要申请一个域名,Web 服务器就可以通过域名信息来辨别请求的是哪个网站。而且有了域名后浏览者只要输入域名就可以访问到你的网站了,也便于浏览者记忆。

6.6.2　购买主机空间和域名

1. 购买主机空间

如果要将网站上传到主机服务提供商的 Web 服务器上去,就必须先购买主机空间。一种比较好的方法是在淘宝网(http://www.taobao.com)上搜索"虚拟主机",就会列出很多"虚拟主机"的产品及其价格,在选择"虚拟主机"产品时,要考虑它们的性价比、空间大小、支持的动态服务器技术是否能满足网站的要求,还要看提供"虚拟主机"服务的 Web 服务器是位于我国南方还是北方,如果网站主要是为南方客户服务的,就选择位于南方的服务器这样他们访问的速度会快一些。购买了主机空间后一般会提供一个免费的二级域名供测试访问。

以学习为目的购买主机空间,可以选择尽可能便宜的产品,但很便宜的产品一般性能都不是很好,也可以在网上搜索看是否有免费的主机空间申请。

2. 选择和购买域名

网站制作好之后,就可以申请一个域名,目前域名有英文域名和中文域名,由于 IE 6

浏览器对中文域名支持不好,也不符合大多数人的上网习惯,所以不建议申请。通常情况下都是选择一个英文域名,申请的过程是:首先可以先想一个好记又有意义的域名,即域名尽量短些,而且有意义,例如域名是网站名的英文或拼音的第一个字母,或者有特色,这样便于浏览者记住该域名。然后到提供域名服务的网站,例如在万维网(http://www.net.cn)查询这个域名有没有被注册,如果没有被注册,就说明还可以申请。

为了以更加实惠的方式注册域名,比较好的方法还是在淘宝网上搜索"域名注册",就会列出很多"域名"的产品及其价格,可以将要申请的域名告诉卖家并购买开通,需要注意的是,同一个域名只要没注册就可以在任何提供域名注册的卖家处购买。

6.6.3　配置主机空间和域名

在购买了主机空间后,服务提供商会告知该主机空间管理的入口地址(就是一个网址),以及用户名和密码,使用该用户名和密码可以登录进入主机空间的控制面板。在控制面板中,需要"绑定域名",输入要存放在该主机空间中网站对应的域名即可,通常一个主机空间可以绑定多个域名,使用任何一个绑定的域名都可以访问该网站,接下来还可以设置"修改默认首页",把首页名修改成你的网站设定的首页名即可。有些主机空间还提供了"网站打包/还原"功能,在上传网站时可以上传整个网站的压缩包,然后再利用这个功能解压缩网站,这样比一个个文件上传要快得多。

主机空间配置好后,接下来要配置域名控制面板了,在购买了域名后,域名提供商会告知该域名管理的入口地址以及登录密码,使用域名和密码可以登录进入域名控制面板。在域名控制面板中需要设置 A 记录,即设置域名解析。所谓 A 记录就是域名到 IP 地址转换的记录。以万维网(http://diy.hichina.com)的域名控制面板为例,在域名控制面板左侧选择"设置 DNS 解析"后,就会出现图 6-55 所示的 A 记录设置区域。

只要在域名(图 6-55 中的 gptyn.cn)前的文本框中输入主机名,再在 IP 地址一栏中输入域名对应的 IP 地址,单击"创建"按钮就创建了一条 A 记录(DNS 解析记录),图 6-55 中创建了三条 A 记录,主机名分别是"www"、空格和"ec",这样浏览者就可以分别使用这三个带主机名的域名访问其对应的网站了。域名控制面板中的 TTL 称为"生存时间"(Time To Live),它表示 DNS 记录在 DNS 服务器上的缓存时间,一般保持其默认值(3600s)即可。

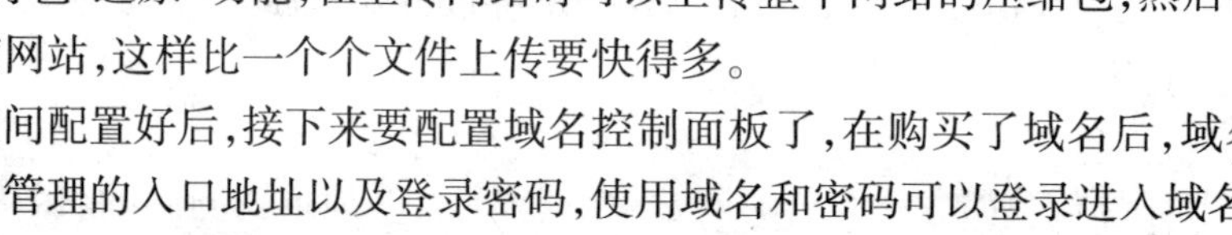

A 记录	A (IPv4主机)			
主机名	TTL	IP地址		
www.gptyn.cn	3600	202.104.236.212	改	删
gptyn.cn	3600	202.104.236.212	改	删
ec.gptyn.cn	3600	202.104.236.212	改	删
主机名 ___.gptyn.cn	3600		创建	IP地址

图 6-55　在域名控制面板中创建 A 记录

注意:对于 DNS 解析设置的修改并不会立即生效,创建一条 A 记录或删除一条 A记录的操作有时需要等两三个小时以后才会生效。这时不要以为是系统出故障了,只需过几个小时再测试看是否生效。

6.6.4　上传网站

最后需要将网站所有的文件上传到服务器上去,目前一般采用 FTP 协议上传文件。在购买了主机空间后,主机服务提供商会告知一个 FTP 的地址及登录的用户名和密码。通过这些就可以用 FTP 方式登录到主机空间并上传或下载文件了。

上传的方法很简单,以 IE 6 浏览器上传为例,在浏览器的地址栏中输入 FTP 地址,例如图 6-56 中的(ftp://011. seavip. cn),这时会弹出"登录身份"对话框要求输入用户名和密码,输入正确后,就会显示如图 6-56 所示的资源管理器界面,把本机中的网站文件复制到该窗口中的 web 文件夹下就可以了。还可以对文件或文件夹进行删除、新建等操作,方法和 Windows 资源管理器的操作方法完全相同。

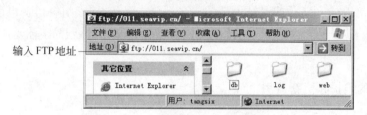

图 6-56　用 IE 6 登录 FTP 服务器

如果不喜欢用 IE 浏览器上传,上传文件还可以用专业的 FTP 软件上传,如 CuteFtp、Flashfxp 或 DW 上传等,它们的功能更强大。

通过以上几步之后,浏览者就能通过 Internet 访问到你架设的网站了。网站架设好之后还需要做大量的网站维护和推广工作,例如经常更新网页,向各大搜索引擎提交网站信息等。如果网站的服务器位于中国境内,则需要在工业和信息化部的备案管理系统上对网站进行备案,备案系统的网址是 http://www. miibeian. gov. cn,否则网站可能会被关闭甚至遭到处罚。

6.7　网站费用估算 *

网站费用估算也是网站运营者比较关心的问题。从某种意义上说,合理的费用估算直接影响到企业的决策,并关系到网站建设进度能够有效控制。一般网站的建设费用包括以下几项:

1. 网站的前期准备费用

网站前期准备费用包括市场调查费、域名注册费、资料素材收集费、网站初步设计(规划)费、硬件购置费或主机空间租用费、软件购置费等。

2. 网站开发费用

网站开发费用主要是网站开发的人力成本,是任何网站都必须支付的。网站开发可采取自行开发或外包的方式。

自行开发的优点是对于网站的需求比较清晰,且后续维护与更新有保障,缺点是企业需要配备专业的开发人员。因此,这种方式比较适合于网站有连续性的发展规划,需要一批长期固定开发人员的情况。

外包开发的优点是比较方便,网站所有者可集中精力于网站的需求控制,而不必考虑开发组织问题,缺点是日后的升级维护受到一定的限制,且费用一般较高。因此,这种情况适用于相当长一段时间内功能比较固定的中小型网站。

3. 网站宣传费用

网站宣传费用除了包括一般的广告宣传费外,还可以采用向搜索引擎付费的方式提高网站的知名度。例如,百度推出了"竞价排名"网站付费排名模式,只要向百度支付一定的费用,就可以使网站在搜索结果中的排名靠前。因此,搜索引擎付费也可能是网站宣传费用的组成部分。当然,如果估计网站的知名度会很高,就没有必要向搜索引擎付费了。

4. 网站的维护和更新费用

网站维护和更新费用可包括如下几项。

(1) 内容维护费用

无论何种网站,其日常内容的更新和维护都是必不可少的,否则网站就失去了活力,因此网站必须配备专业人员来进行这项工作,相关人员的劳务费及资料费是网站维护费用的重要组成部分。

(2) 网站软硬件维护费用

如果采用服务器自管的方式,还要配备专业人员从事日常服务器及网络相关软硬件的维护工作,以保障网站的正常运行,这也需要一定的费用。

(3) 网站功能更新维护费用

网站的部分功能可能会根据实际运行情况而进行更改,同时,在网站运行过程中出现的部分系统错误也需要随时修改。上述工作所需的费用也是网站维护和更新费用的一部分。

习题

1. 作业题

(1) 进行网站设计的第一件事是(　　　)。

    A. 进行网站的需求分析　　　　　　B. 网站的外观设计

    C. 网站内容设计　　　　　　　　　D. 网站功能设计

(2) 在建立网站的目录结构时,最好的做法是(　　　)。

    A. 将所有的文件最好都放在根目录下　　B. 目录层次选在三四层

    C. 按栏目内容建立子目录　　　　　　　D. 最好使用中文目录

（3）某小型企业建设公司网站,考虑到经济性及稳定性,应该选择的接入方式:（　　）

　　A. 专线接入　　　　B. ADSL 接入　　　　C. 主机托管　　　　D. 虚拟主机

（4）在网站内容的结构安排上,第一步需要确定的是:（　　）

　　A. 设计思想　　　　B. 设计手段　　　　C. 设计目的　　　　D. 设计形式

（5）网站规划(网站目录设置、链接结构和网页文件命名)时应注意哪些问题?

2. 上机实践题

XXX 系的网站规划与设计。

要求:① 确定该网站的主题;

　　　② 规划该网站的内容和栏目(分层设计);

　　　③ 规划该网站的目录结构;

　　　④ 规划该网站的风格(色彩搭配、版面布局),并绘制效果图;

　　　⑤ 规划该网站的导航设计;

　　　⑥ 用 CSS 布局制作该网站。

第 7 章

JavaScript

JavaScript 是一种脚本语言,所谓脚本(Script)实际上是一段可以嵌入到其他文档中的程序,用来完成某些特殊的功能。脚本程序既可以运行在服务器端(称为服务器端脚本),也可以运行在浏览器端(称为客户端脚本)。本章以 JavaScript 语言为基础介绍客户端脚本编程,客户端脚本编程又称为网页前台编程。JavaScript 是网页前台编程的基础语言,随着 Ajax 技术的兴起并受到广泛好评,作为 Ajax 技术基础之一的 JavaScript 变得越来越受到重视。

7.1　JavaScript 简介

客户端脚本经常用来检测浏览器,响应用户动作、验证表单数据及动态改变元素的 HTML 属性或 CSS 属性等,由浏览器对客户端脚本进行解释执行。由于脚本程序驻留在客户机上,因此响应用户动作时无须与 Web 服务器进行通信,从而降低了网络的传输量和 Web 服务器的负荷,目前的 RIA(Rich Internet Application,富集网络应用程序)技术提倡可以在客户端完成的程序尽量都放在客户端运行。

目前使用最广泛的两种脚本语言是 JavaScript 和 VBScript。需要说明的是,这两种语言都既可以作为客户端脚本也可以作为服务器端脚本。但 JavaScript 对于浏览器的兼容性比 VBScript 要好,所以已经成为客户端脚本事实上的标准。而 VBScript 由于是微软 ASP 默认的服务器端脚本语言,所以 VBScript 作为服务器端脚本语言使用得更广泛一些。

7.1.1　JavaScript 的特点

JavaScript 是一种基于对象的语言,基于对象的语言含有面向对象语言的编程思想,但比面向对象语言更简单。

面向对象程序设计力图将程序设计为一些可以完成不同功能的独立部分(对象)的组合体。相同类型的对象作为一个类(class)被组合在一起(例如:"小汽车"对象属于"汽车"类)。基于对象的语言与面向对象语言的不同之处在于,它自身已包含一些已创建完成的对象,通常情况下都是使用这些已创建好的对象,而不需要创建新的对象类型——"类"来创建新对象。因此没有提供创建类的关键字"class",虽然通过其他非标准方法也能创建类。

JavaScript 是事件驱动的语言。当用户在网页中进行某种操作时,就产生了一个"事件"(event)。事件几乎可以是任何事情:单击一个网页元素、拖动鼠标等均可视为事件。JavaScript 是事件驱动的,当事件发生时,它可以对之做出响应。具体如何响应某个事件由编写的事件响应处理程序完成。

JavaScript 是一门重要的语言,因为它是 Web 浏览器的语言。它与浏览器的结合使它成为世界上最流行的编程语言之一。同时,它也是世界上最被轻视的编程语言之一,因为它不是所谓的主流语言,在对这门语言没有太多了解,甚至对编程都没有太多了解的情况下,你也能用它来完成工作。

需要注意的是,虽然 JavaScript 在语言名称上包含了"Java"一词,但它和 Java 语言或 JSP(Java Server Pages)并没有什么直接的关系。也不是 Sun 公司开发的产品,而是 Netscape 公司为了扩充 Netscape Navigator 浏览器的功能而开发的一种嵌入 Web 页面的编程语言,早期称为 LiveScript,后来为了利用 Java 的功能同时借用它的流行性,改名为了 JavaScript。

7.1.2 JavaScript 的用途

本书仅讨论浏览器中的 JavaScript,即 JavaScript 作为客户端脚本使用,为了让读者对 JavaScript 的用途有个总体性认识,下面来讨论 JavaScript 可以做什么和不能做什么。

1. JavaScript 可以用来做什么

JavaScript 可以完成以下任务:

(1) JavaScript 为 HTML 提供了一种程序工具,HTML 能够实现把资源链接,但却不具备程序功能,只能够把网页的内容通过标记把它们组织和显示出来。JavaScript 为其提供了实现程序的一种途径,它可以和 HTML 很好地结合在一起。

(2) JavaScript 可以为 HTML 页面添加动态内容,例如:document. write(" < hl >" + name +" </hl >"),这条 JavaScript 可以向一个 HTML 页面写入一个动态的内容。其中 document 是 JavaScript 的内部对象,write 是方法,向其写入内容。

(3) JavaScript 能响应一定的事件,因为 JavaScript 是基于事件驱动机制的,所以若浏览器或用户的操作发生一定的变化,触发了事件,JavaScript 都可以做出相应的响应。

(4) JavaScript 可以动态地获取和改变 HTML 的元素属性或 CSS 属性,从而动态地创建内容和改变内容的显示,实现 DHTML。

(5) JavaScript 可以检验数据,这在验证表单时候特别有用,在用户的浏览器里就能够实现对提交数据的格式进行验证,减少了服务器的压力,而且使用户也有了比较好的体验。

(6) JavaScript 可以检验用户的浏览器,从而为用户提供合适的页面。

浏览器的发展和格式的不统一,对相同的内容在不同的浏览器中进行浏览时有可能会有差异,例如有些 HTML 或 CSS 属性能被这种浏览器识别,另一种却不能识别,使用这种方法,可以从一定程度上解决这种问题。当然最好的方法,还是统一制定 HTML 和

CSS 的新标准,以从根本上解决这些问题。

（7）JavaScript 可以创建和读取 Cookie,从而为浏览者提供更加个性化的服务。

2. JavaScript 不能做什么

JavaScript 作为客户端语言使用时,设计它的目的是在用户的机器上执行任务,而不是在服务器上。因此,JavaScript 有一些固有的限制,这些限制主要出于安全原因:

（1）JavaScript 不允许读写客户机上的文件。这是有好处的,因为你肯定不希望网页能够读取自己硬盘上的文件,或者能够将病毒写入硬盘,或者能够操作你计算机上的文件。唯一的例外是,JavaScript 可以写到浏览器的 Cookie 文件,但是也有一些限制。

（2）JavaScript 不允许写服务器上的文件。尽管写服务器上的文件在许多方面是很方便的(比如存储页面单击数或用户填写的表单数据),但是 JavaScript 不允许这么做。相反,需要用服务器上的一个程序处理和存储这些数据。这个程序可以是用 Perl 或 PHP 等语言编写的 CGI 或 Java 程序。它也不能访问本网站所在域外的脚本和资源。

（3）JavaScript 不能从来自另一个服务器的已经打开的网页中读取信息。换句话说,网页不能读取已经打开的其他窗口中的信息,因此无法探察访问这个站点的浏览者还在访问哪些其他站点。

（4）JavaScript 不能操纵不是由它自己打开的窗口。这是为了避免一个站点关闭其他任何站点的窗口,从而独占浏览器。

（5）JavaScript 调整浏览器窗口大小和位置时也有一些限制,不能将浏览器窗口设置得过小或将窗口移出屏幕之外。

7.1.3 网页中插入 JavaScript 脚本的方法

JavaScript 的最大特点便是和 HTML 结合,JavaScript 需要被嵌入到 HTML 中才能对网页产生作用。就像网页中嵌入 CSS 一样,必须通过适当的方法将 JavaScript 引入到 HTML 中才能使 JavaScript 脚本正常地工作。在 HTML 语言中插入 JavaScript 脚本的方法有三种,即:

- 使用 < script > 标记对将脚本嵌入到网页中(嵌入式)。
- 直接将脚本嵌入到 HTML 标记的事件中(行内式)。
- 通过 script 标记的 src 属性链接外部脚本文件(链接式)。

1. 使用 < script > 标记对将脚本嵌入到网页中(嵌入式)

< script > 是 HTML 语言为引入脚本程序而定义的一个双标记。在网页中最常用的一种插入脚本的方法是使用 < script ></ script > 标记对。插入脚本的具体方法是:把脚本标记对 < script ></ script > 置于网页的 head 部分或 body 部分中,然后在其中加入脚本程序。

虽然 < script ></ script > 标记既可以位于 head 中也可以位于 body 中,而且大部分时候无论将脚本放在 body 中还是放在 head 中都不会出错。但比较好的做法是将所有包含预定义函数的脚本放在 head 部分。

因为 HTML 中的内容在浏览器中是从上到下解释的。放在 head 部分的脚本比插入到 body 中的脚本先处理。这样,浏览器在未载入页面主体之前就先载入了这些函数,确保 body 中的元素能够调用这些函数。

同样的道理,有一些网页装载到浏览器中就会执行的脚本(比如 body 元素 onload 事件关联的脚本代码),如果这些脚本要访问 HTML 标记所定义的对象,那么要确保这些对象先于脚本执行,否则会发生"对象不存在"的错误。

使用 < script > 标记对时,一般同时使用该标记的 language 属性和 type 属性明确规定脚本的类型,以适应不同的浏览器。使用 JavaScript 编写脚本的语法如下:

```
< script language = "JavaScript" type = "text/JavaScript" >
这里写 JavaScript 脚本
</script >
```

在 DW 中可以自动插入 < script > 标记对,方法是执行菜单命令"插入"→HTML→"脚本对象"→"脚本",在弹出的"脚本"对话框中,单击"确定"即可。

例 7-1　下面的 HTML 代码创建了一行文本,当用户单击文本时会弹出一个对话框,结果如图 7-1 所示。7-1.html 代码如下:

```
<html >
<head >
<title >第一个 JavaScript 程序 </title >
< script language = "JavaScript" type = "text/JavaScript" >
function msg ()                        //JavaScript 注释:建立函数
{alert ("Hello, the WEB world!")}
</script >
</head >
<body >
<p onClick = "msg()" >Click Here </p >    <!--HTML 注释,调用函数 -->
</body >
</html >
```

图 7-1　7-1.html 的执行结果

注意:代码中的"//"是 JavaScript 语言的注释符,可以在其后添加单行注释,如果要书写多行注释,则应该使用多行注释符:/ * … * /,可以看出,它的多行注释符与 CSS 的注释符完全相同。

2. 直接将脚本嵌入到 HTML 标记的事件中(行内式)

可以直接在 HTML 某些标记内添加事件,然后将 JavaScript 脚本写在该事件的值内,以响应输入元素的事件。

例如,对于 7-1.html 可以直接写成在标记内添加脚本,执行结果完全相同。代码清单(7-2.html)如下:

```
<html>
<head>
<title>行内式引入 JavaScript 脚本</title>
</head>
<body>
<p onClick="JavaScript:alert('Hello,the WEB world!');">Click Here</p>
</body>
</html>
```

可以看出,这种方法更简单。对于 IE 和 Firefox 等大部分浏览器来说,"JavaScript:"都可以省略,但如果处理函数比较复杂,或多个 HTML 元素需要调用该处理函数,那么还是写成嵌入式好些。

3. 通过 script 标记的 src 属性链接外部脚本文件(链接式)

如果需要同一段脚本供多个网页文件使用,可以把这一段脚本保存成一个单独的文件,JavaScript 的外部脚本文件扩展名为"js",然后在需要使用此脚本的网页中加入该文件的路径和文件名,这样既提高了代码的重用性,也方便了维护,修改时只需修改这个单独的文件就可以了。要引用外部脚本文件,应使用 script 标记的 src 属性来指定外部脚本文件的 URL。如果很多网页都需要包含一段相同的代码,那么将这些代码写入一个外部 JavaScript 文件是最好的方法。此后,任何一个需要该功能的网页,只需要引入这个 Js 文件就可以了。

例如,下面的 HTML 代码显示了如何链接外部脚本文件,其中 7-3.html 和 7-3.js 是存放在同一个文件夹下的两个文件。

7-3.html 的代码:

```
<html>
<head>
<title>链接式插入 Js 脚本文件</title>
<script language="JavaScript" type="text/JavaScript" src="7-3.js">
</script>
</head>
<body>
<p onClick="msg()">Click Here</p>
</body>
</html>
```

7-3. js 的代码：

```
function msg ()                                //建立函数
{alert ("Hello,the WEB world!")}
```

从上面的几个例子可以看出,网页中引入 JavaScript 的方法其实和引入 CSS 的方法有很多相似之处,也有嵌入式、行内式和链接式。不同之处在于,用嵌入式和链接式引入 JavaScript 都是用的同一个标记 < script >,而 CSS 则分别使用了 < style > 和 < link > 标记。

7.2   JavaScript 语言基础

熟悉 Java 或 C 等语言的开发者会发现 JavaScript 的语法很容易掌握,因为它借用了这些语言的一些语法。而且由于是基于对象的语言,没有了类的定义,比面向对象语言更简洁。但 JavaScript 中的一切数据类型都可以看成是对象,并可以模拟类的实现,功能并不简单。

7.2.1   JavaScript 的变量

JavaScript 的变量是一种弱类型变量,所谓弱类型变量是指它的变量无特定类型,定义任何变量都是用“var”关键字,并可以将其初始化为任何值,而且可以随意改变变量中所存储的数据类型,当然为了程序规范应该避免这样操作。

JavaScript 的变量定义与赋值示例如下：

```
var name = "Six Tang";
var age =28;
var school = "CSU";
var male = true;
```

每行结尾的分号可有可无,而且 JavaScript 还可以不声明变量直接使用,它的解释程序会自动用该变量名创建一个全局变量,并初始化为指定的值。但我们应养成良好的编程习惯,变量在使用前都应当声明。另外,变量的名称必须遵循下面 5 条规则：

(1) 首字符必须是字母、下划线(_)或美元符号($)。

(2) 余下的字母可以是下划线、美元符号、任意字母或者数字。

(3) 变量名不能是关键字或保留字。

(4) 变量名对大小写敏感。

(5) 变量名中不能有空格、回车符或其他标点字符。

例如下面的变量名是非法的：

```
var 5zhao;                    //数字开头,非法
var tang's;                   //对于变量名,单引号是非法字符
var this;                     //不能使用关键字作为变量名
```

提示：为了符合编程规范,推荐变量的命名方式是：当变量名由多个英文单词组成

时,第一个英文单词全部小写,以后每个英文单词的第一个字母大写,如 var myClassName。

7.2.2　JavaScript 的运算符

运算符是指完成操作的一系列符号,也称为操作符。运算符用于将一个或多个值运算成结果值,使用运算符的值称为算子或操作数。

在 JavaScript 中,常用的运算符可分为 4 类。

1. 算术运算符

算术运算符(见表 7-1)所处理的对象都是数字类型的操作数。算术运算符对数值型的操作数进行处理之后,返回的还是一个数值型的值。

表 7-1　算术运算符

运算符	说明	例　子	结果	运算符	说明	例　子	结果
+	加法	$x=2,y=2;x+y$	4	%	模运算	$5\%2;10\%8;10\%2$	1;2;0
-	减法	$x=5,y=2;x-y$	3	++	递增运算	$x=5,x++$	$x=6$
*	乘法	$x=5,y=4;x*y$	20	--	递减运算	$x=5,x--$	$x=4$
/	除法	$15/5;5/2$	3;2.5				

2. 关系运算符

关系(比较)运算符(见表 7-2)通常用于检查两个操作数之间的关系,即两个操作数之间是相等、大于还是小于关系等。关系运算符可以根据是否满足该关系而返回 true 或 false。

表 7-2　基本关系(比较)运算符

运算符	说　明	例　子	结果
==	是否相等(只检查值)	$5==8;x=5,y="5";x==y$	false;true
===	是否全等(检查值和数据类型)	$x=5\ y="5";x===y$	false
!=	是否不等于	$5!=8$	true
!==	是否不全等于	$x=5\ y="5"\ x!==y$	true
>	是否大于	$5>8$	true
<	是否小于	$5<8$	1;2;0
>=	是否大于等于	$5>=8$	false
<=	是否小于等于	$5<=8$	true

另外,JavaScript 关系运算符中还有两个特殊的运算符: in 和 instanceof。

(1) in 运算符用于判断对象中是否存在某个属性,例如:

```
var o = {title: "Informatics", author: "Tang"}
```

则表达式:

```
"title" in o                           //返回 true
```

```
"age" in o                        //返回 false
```

in 运算符对运算符左右两个操作数的要求比较严格。in 运算符要求左边的操作数必须是字符串类型或可以转换为字符串类型的其他类型，而第 2 个右边的操作数必须是数组或对象。只有第 1 个操作数的值是第 2 个操作数的属性名，才会返回 true，否则返回 false。

（2）instanceof 运算符用于判断对象是否为某个类的实例，例如：

```
var d = new Date();
d instanceof Date                 //返回 true
d instanceof object               //返回 true,d 是 object 类的实例
```

3. 逻辑运算符

逻辑运算符的运算结果只有 true 和 false 两种。JavaScript 支持以下三种逻辑运算符（见表 7-3）。

表 7-3　逻辑运算符

运算符	说明	例　子	结　　果
&&	逻辑与	x = 6, y = 3	(x < 10 && y > 1) returns true
‖	逻辑或	x = 6, y = 3	(x == 5 ‖ y == 5) returns false
!	逻辑非	x = 6, y = 3	! (x == y) returns true

4. 赋值运算符

JavaScript 基本的赋值运算符是" = "符号，它将等号右边的值赋给等号左边的变量，如"x = y"，表示将 y 的值赋给 x。除此之外，JavaScript 还支持带操作的运算符，给定 x = 10 和 y = 5，表 7-4 解释了赋值运算符。

表 7-4　赋值运算符

运算符	例子	等价于	结果	运算符	例子	等价于	结果
=	x = y		x = 5	* =	x * = y	x = x * y	x = 50
+ =	x + = y	x = x + y	x = 15	/ =	x / = y	x = x / y	x = 2
− =	x − = y	x = x − y	x = 5	% =	x % = y	x = x % y	x = 0

5. 连接运算符

连接运算符" + "用于对字符串进行接合操作，" + "两端的字符串将构成一个新字符串。

```
txt1 = "What a very";
txt2 = "nice day!";
txt3 = txt1 + txt2;
```

则变量 txt3 的值是："What a verynice day!"。

为了在两个字符串之间增加一个空格,可以写成"txt3 = txtl + " " + txt2",或在字符串 txtl 后加一个空格,即: txtl = "What a very "。

注意:连接运算符" + "和加法运算符" + "的符号相同,如果运算符左右的操作数中有一个是字符型或字符串类型的话,那么" + "表示连接运算符,如果所有操作数都为数值型的话," + "才表示加法运算符。例如:

```
var a =1,b =2;
var txt1 = "这个月是" + a + b + "月。";
var txt2 = "这个月是" + (a + b) + "月。";
document.write(txt1);                    //输出"这个月是12月。"
document.write(txt2);                    //输出"这个月是3月。"
```

从上例可以看出,只要表达式中有字符串或字符串变量,那么所有的" + "就都会变成连接运算符,表达式中的数值型数据也会自动转换成字符串。如果希望数值型数据中的" + "仍为加法运算符,可以为它们添加括号,使加法运算符的优先级增高。

6. 其他运算符

JavaScript 还支持一些其他的运算符,主要有以下几种:

(1) 条件运算符"?:"

条件运算符是 JavaScript 中唯一的三元运算符,即它的操作数至少有三个,其用法如下:

```
x = (condition)? 100 : 200;
```

它实际上等价于:

```
if(condition) x = 100;
else x = 200;
```

可以看出,条件运算符实际上是 if 语句的一种简写形式。下面是一个例子。

```
var a = 4,b = 6;
alert(a > b? "调用 01.css": "调用 02.css");        //输出结果: "调用 02.css"
```

(2) typeof 运算符

typeof 运算符返回一个用来表示表达式的数据类型的字符串。如"string"、"number"、"object"等。例如:

```
var a = "abc";
alert(typeof a);                    //返回 string
var b = true;
alert(typeof b);                    //返回 boolean
```

(3) 下标运算符"[ ]"

下标运算符"[ ]"用来引用数组中的元素。例如: arr[3]。

(4) 逗号运算符","

逗号运算符","用来分开不同的值。例如: var a,b。

（5）函数调用运算符"（）"

JavaScript 的函数调用运算符是"（）"，该运算之前是被调用的函数名，括号内部是由逗号分隔的参数列表，如果被调用的函数没有参数，则括号内为空。例如：

```
function f (x, y)      {return x + y;}
alert (f (2,3));                        //返回值为 5
```

匿名函数也可以使用函数调用运算符，例如：

```
(function (x, y)      {return x + y;})
alert ((2,3));                          //返回值为 5
```

（6）delete 运算符

delete 运算符用来删除变量或者对象的属性、数组元素。如果删除成功会返回 true，否则返回 false。需要注意的是：JavaScript 的核心对象和属性以及使用 var 关键字声明的变量是不能被删除的。例如：

```
var x = 4;
delete x;                              //var 关键字声明的对象,不能删除,返回 false
y = 7;
delete y;                              //隐式声明的对象,可以删除,返回 true
var o = {title: "hello",author: "tang"}
delete o.title;                        //删除 o 的 name 属性,返回 true
```

（7）new 运算符

用来创建一个对象或生成一个对象的实例。例如：

```
var a = new Object;       //创建一个新的 Object 对象,对于无参数的构造函数,括号可省略
var dt = new Date();      //创建一个新的 Date 对象
```

（8）成员选择运算符"."

用来引用对象的属性或方法。例如：document. write、Car. brand。

（9）void 运算符

在 Java、C ++ 等语言中，void 用作函数的修饰符，表示函数无返回值，而在 JavaScript 中，void 是一个特殊的运算符。它可以用在任何表达式之前，使表达式的返回值为 undefined。例如：

```
void myFunction()
void str.toString()            //返回 undefined
```

7. 运算符的优先级

JavaScript 中的运算符优先级是一套规则。该规则在计算表达式时控制运算符执行的顺序。具有较高优先级的运算符先于较低优先级的运算符执行。例如，乘法的执行先于加法。

表 7-5 按从高到低的优先级顺序列出 JavaScript 运算符，在同一行中的运算符优先级相同。具有相同优先级的运算符将按从左至右的顺序运算。

表 7-5　JavaScript 运算符的优先级

运　算　符	描　　述
. [ ] ( )	字段访问、数组下标、函数调用以及表达式分组
++ -- ! delete new typeof void	一元运算符、返回数据类型、对象创建、void
* / %	乘法、除法、取模
+-+	加法、减法、字符串连接
< <= > >= instanceof	小于、小于等于、大于、大于等于、instanceof
== != === !==	是否等于、是否不等于、是否严格相等、是否非严格相等
&&	逻辑与
‖	逻辑或
?:	条件
= oP =	赋值、运算赋值(oP 表示 +、-、*、/、% 之一)
,	逗号运算符

圆括号可用来改变运算符优先级所决定的求值顺序。这意味着圆括号中的表达式应在其用于表达式的其余部分之前全部被求值。例如：

```
var x =5, y =7;
z = (x + 4 > y)？ x ++ : ++ y;                      //返回值为 5
```

在对 z 赋值的表达式中有 6 个运算符：=，+，>，()，++，?:。根据运算符优先级的规则，它们将按下面的顺序求值：()，+，>，++，?:，=。

首先对圆括号内的表达式求值。先将 x 和 4 相加得 9，然后将其与 7 比较是否大于，得到 true，接着执行 x ++，得到 5，最后把 x 的值赋给 z，所以 z 返回值为 5。

8. 表达式

表达式是运算符和操作数的组合。表达式是以运算符为基础的，表达式的值是对操作数实施运算符所确定的运算后产生的结果。表达式可分为算术表达式、字符串表达式、赋值表达式以及逻辑表达式，等等。

7.2.3　JavaScript 数据类型

JavaScript 支持字符串、数值型和布尔型三种基本数据类型，支持数组、对象两种复合数据类型，还支持未定义、空、引用、列表和完成。其中后 3 种类型仅仅作为 JavaScript 运行时的中间结果的数据类型，因此不能在代码中使用。本节介绍一些常用的数据类型及其属性和方法。

1. 字符串(String)

字符串由零个或多个字符构成，字符可以是字母、数字、标点符号或空格。字符串必须放在单引号或双引号中。例如：

```
var course = "data structure"
```

字符串常量必须使用单引号或双引号括起来,如果一个字符串本身包含了单引号或双引号,那应该怎么办? 假设一个字符串如下所示:

```
var case = 'the birthday"19801106"'
                              //字符串中包含双引号应把整个字符串放在单引号中
```

还可以使用转义字符(escaping)"\"实现特殊字符按原样输出:

```
var score = " run time 3 \' 15 \""          //转义字符后面的第一个字符将按原样输出
alert(score);
```

2. JavaScript 中的转义字符

在 JavaScript 中,字符串都必须用引号括起来,但有些特殊字符是不能写在引号中的,如("),如果字符串中含有这些特殊字符就需要利用转义字符来表示,转义字符以反斜杠开始表示。如表 7-6 所示是一些常见的转义字符。

表 7-6　JavaScript 的转义字符

代码	输　　出	代码	输　　出	代码	输　　出
\'	单引号	\\	反斜杠"\"	\t	tab,制表符
\"	双引号	\n	换行符	\b	后退一格,backspace
\&	&	\r	返回	\f	换页

如果要测试这些转义字符的具体含义,可以用下面的语句将它们输出在页面上。

```
document.write ("<pre> \& \' \" \\\n \r \tabc \b </pre>");
```

3. 字符串的常见属性和方法

字符串(String)对象具有下列属性和方法,下面我们先定义一个示例字符串:

```
var myString = "This is a sample";
```

(1) length 属性: 它返回字符串中字符的个数,例如:

```
alert (myString.length);                    //返回 16
```

注意: 即使字符串中包含中文(双字节),每个中文也只算一个字符。

(2) charAt 属性: 它返回字符串对象在指定位置处的字符,第一个字符位置是 0。例如:

```
myString.charAt(2);                         //返回 i
```

(3) charCodeAt: 返回字符串对象在指定位置处字符的十进制的 ASCII 码。

```
myString.charCodeAt(2);                     //返回 105
```

（4）indexOf：要查找的子串在字符串对象中的位置。

```
myString.indexOf("is");                              //返回 2
```

还可以加参数，指定从第几个字符开始找。如果找不到则返回 −1。

```
myString.indexOf("i",2);   //从索引为 2 的位置"i"后面的第一个字符开始向后查找,返回 2
```

（5）lastIndexOf：要查找的子串在字符串对象中的倒数位置。

```
myString.lastIndexOf("is");          //返回 5
myString.lastIndexOf("is",2)         //返回 2
```

（6）substr 方法：截取字串。

```
myString.substr(10,3);                       //返回 sam,其中 10 表示位置,3 表示长度
```

（7）substring 方法：截取字串。

```
myString.substring(5,9);                     //返回 is a,其中 5 表示开始位置,9 表示结束位置
```

（8）split 方法：分隔字串到一个数组中。

```
var a = myString.split(" ");
//a[0] = "This" a[1] = "is" a[2] = "a" a[3] = "sample"
```

（9）replace 方法：替换子串。

```
myString.replace("sample","apple");                  //结果"This is a apple"
```

（10）toLowerCase 方法：将字符串变成小写字母。

```
myString.toLowerCase();                              // this is a sample
```

（11）toUpperCase 方法：将字符串变成大写字母。

```
myString. toUpperCase();                             //THIS IS A SAMPLE
```

4. 数值型（number）

在 JavaScript 中，数值型数据不区分整型和浮点型，数值型数据和字符型数据的区别是数值型数据不要用引号括起来。例如下面都是正确的数值表示法，输出结果如图 7-2 所示。

```
var num1 = 23.45
var num2 = 76
var num3 = -9e5                 //科学计数法,即 -900000
alert(num1 + " " + num2 + " " + num3);
```

图 7-2　数值型

数值型变量有一个方法，即 toExponetial( )方法，它可以将数值转换为科学计数法表示，该方法接受一个参数，表示要输出的小数位数。例如：

```
var myNum1 = 896.4
myNum1.toExponetial(1);                              //返回 9.0e + 2
myNum1.toExponetial(2);                              //返回 8.96e + 2
```

5. 布尔型(boolean)

布尔型数据的取值只有两个：true 和 false。布尔型数据不能用引号括起来,否则就变成字符串了。用方法 typeof( )可以很清楚地看到这点,typeof( )返回一个字符串,这个字符串的内容是变量的数据类型名称。

```
var married = true;
document.write(typeof(married) + "<br/>");          //输出 boolean
married = "true";
document.write(typeof(married));                     //输出 string
```

6. 数组(array)

字符串、数值和布尔型都属于离散值(scalar),即在任意时刻只能存储一个值。如果想用一个变量来存储一组值,就需要使用数组。

数组是由名称相同的多个值构成的一个集合,集合中的每个值都是这个数组的元素。例如可以使用数组变量 rank 来存储论坛用户所有可能的级别。

在 JavaScript 中,数组使用关键字 Array 来声明,同时还可以指定这个数组元素的个数,也就是数组的长度(length),例如：

```
var rank = new Array(12);                //论坛的用户共分 12 级
```

如果无法预知某个数组元素最终的个数时,声明数组也可以不指定具体的个数,例如：

```
var myColor = new Array();
myColor[0] = "blue";
myColor[1] = "yellow";
myColor[2] = "purple";
myColor[3] = "red";
```

以上代码创建了数组 myColor,并定义了 4 个数组项,如果以后还需要增加其他的颜色,则可以继续定义 myColor[4]、myColor[5]等,每增加一个数组项,数组长度就会动态地增长。另外还可以用参数创建数组,例如：

```
var Map = new Array("China", "USA", "Britain");
Map[4] = "Iraq";
```

则此时动态数组的长度为 5,其中 Map[3]的值为 undefined。

除了用 Array 对象定义数组外,数组还可以用方括号直接定义,如：

```
var Map = ["China", "USA", "Britain"];
```

7. 数组的常用属性和方法

(1) length 属性：用来获取数组的长度,数组的位置同样是从 0 开始的。例如：

```
var Map = new Array("China", "USA", "Britain");
```

```
alert(Map.length + " " + Map[2]);                              //返回 3 Britain
```

（2）toString 方法：将数组转化为字符串。

```
var Map = new Array("China", "USA", "Britain");
alert(Map.toString() + " " + typeof(Map.toString()));
```

（3）concat 方法：在数组中附加新的元素或将多个数组元素连接起来构成新数组。例如：

```
var a = new Array(1,2,3);
var b = new Array(4,5,6);
alert(a.concat(b));                                          //输出 1,2,3,4,5,6
alert(a.length);                                            //长度不变,仍为 3
```

也可以直接连接数值，如：

```
a.concat(4,5,6);
```

（4）join 方法：将数组的内容连接起来，返回字符串，缺省为“,”连接，例如：

```
var a = new Array(1,2,3);
alert(a.join());                                            //输出 1,2,3
```

也可用指定的符号连接，例如：

```
alert(a.join(" - "));                                       //输出 1 - 2 - 3
```

（5）push 方法：在数组的结尾添加一个或多个项，同时更改数组的长度。例如：

```
var a = new Array(1,2,3);
a.push(4,5,6);
alert(a.length);                                           //输出为 6
```

（6）pop 方法：返回数组的最后一个元素，并将其从数组中删除。例如：

```
var a1 = new Array(1,2,3);
alert(a1.pop());                                           //输出 3
alert(a1.length);                                          //输出 2
```

（7）shift 方法：返回数组的第一个元素，并将其从数组中删除。例如：

```
var a1 = new Array(1,2,3);
alert(a1.shift());                                         //输出 1
alert(a1.length);                                          //输出 2
```

（8）unshift 方法：在数组开始位置插入元素，返回新数组的长度。例如：

```
var a1 = new Array(1,2,3);
a1.unshift(4,5,6)
alert(a1);                                                 //输出 4,5,6,1,2,3
```

（9）slice 方法：返回数组的片段（或者说子数组）。有两个参数，分别指定开始和结束的索引（不包括第二个参数索引本身）。如果只有一个参数该方法返回从该位置开始到数组结尾的所有项。如果任意一个参数为负的,则表示是从尾部向前的索引计数。比如 -1 表示最后一个,-3 表示倒数第三个。例如:

```
var a1 = new Array(1,2,3,4,5);
alert(a1.slice(1,3));                    //输出 2,3
alert(a1.slice(1));                      //输出 2,3,4,5
alert(a1.slice(1, -1));                  //输出 2,3,4
alert(a1.slice(-3, -2));                 //输出 3
```

(10) splice 方法:从数组中替换或删除元素。第一个参数指定删除或插入将发生的位置。第二个参数指定将要删除的元素数目,如果省略该参数,则从第一个参数的位置到最后都会被删除。splice( ) 会返回被删除元素的数组。如果没有元素被删,则返回空数组。例如:

```
var a1 = new Array(1,2,3,4,5);
alert(a1.splice(3));                     //输出 4,5
alert(a1.length);                        //输出 3
var a1 = new Array(1,2,3,4,5);
alert(a1.splice(1,3));                   //输出 2,3,4
alert(a1.length);                        //输出 2
```

(11) sort 方法:对数组中的元素进行排序,默认是按照 ASCII 字符顺序进行升序排列。例如:

```
var a1 = new Array(1,4,23,3,5);
alert(a1.sort());                        //输出 1,23,3,4,5
var a2 = ["HTML","CSS","JavaScript","DOM"];
alert(a2.sort());                        //输出 CSS,DOM,HTML,JavaScript
```

如果要使数组中的数值型元素按大小进行排列,可以对 sort 方法指定其比较函数 compare(a,b),根据比较函数进行排序,例如:

```
function compare(a,b) {   return (b-a);        //b-a 是正数,表示逆序排列
            }
var a1 = new Array(1,4,23,3,5);
alert(a1.sort(compare));                 //输出 23,5,4,3,1
```

(12) reverse 方法:将数组中的元素逆序排列。

```
var a1 = new Array(1,4,23,3,5);
alert(a1.reverse());                     //输出 5,3,23,4,1
```

8. 数据类型转换

在 JavaScript 中除了可以隐式转换数据类型之外(将变量赋予另一种数据类型的值),还可以显式转换数据类型。显式转换数据类型,可以增强代码的可读性。显式类型转换的方法有以下两种:将对象转换成字符串和基本数据类型转换。

（1）数值转换为字符串

常见的数据类型转换是将数值转化为字符串，这可以通过 toString（）方法，或直接用加号在数值后加上一个长度为空的字符串。例如：

```
var a = 4;
var b = a + "";
var c = a.toString();
var d = "stu" + a;
alert(typeof(a) + " " + typeof(b) + " " + typeof(c) + " " + typeof(d));
                                        //返回"number string string string"
var a = b = c = 5;
alert(a + b + c.toString());            //返回 105
```

（2）字符串转换为数值

字符串转换为数值是通过 parseInt（）和 parseFloat（）方法实现的，前者将字符串转换为整数，后者将字符串转换为浮点数。如果字符串中不存在数字，则返回 NaN。例如：

```
< script language = "JavaScript" >
document.write(parseInt("4567red") + "< br >");          //返回 4567
document.write(parseInt("53.5") + "< br >");             //返回 53
document.write(parseInt("0xC") + "< br >");              //直接进制转换返回 12
document.write(parseInt("isaacshun@ gmail.com") + "< br >");   //返回 NaN
</ script >
```

parseFloat（）方法与 parseInt（）方法的处理方式类似，只是会转换为浮点数（带小数），读者可把上例中的 parseInt（）都改为 parseFloat（）测试验证。

7.2.4　JavaScript 的保留字

JavaScript 保留字（Reserved Words）是指在 JavaScript 语言中有特定含义，成为 JavaScript 语法中一部分的那些字。JavaScript 保留字是不能作为变量名和函数名使用的。使用 JavaScript 保留字作为变量名或函数名，会使 JavaScript 在载入过程中出现编译错误。表 7-7 列出了 JavaScript 的保留字。

表 7-7　JavaScript 的保留字

abstract	boolean	break	byte	case
catch	char	class	const	continue
default	do	double	else	extends
false	final	finally	float	for
function	goto	if	implements	import
in	instanceof	int	interface	long
native	new	null	package	private
protected	public	return	short	static
super	switch	synchronized	this	throw
throws	transient	true	try	var
void	while	with		

7.2.5 JavaScript 语句

在任何一种编程语言中,程序的逻辑结构都是通过语句来实现的,JavaScript 也具有一套完整的编程语句用来在流程上进行判断循环等。总的来说,JavaScript 的语法与 C 或 Java 很相似,如果学习过这些编程语言,就可以很快掌握 JavaScript 语句。

1. 条件语句

条件语句可以使程序按照预先指定的条件进行判断,从而选择需要执行的任务。在 JavaScript 中提供了 if 语句、if else 语句和 switch 语句三种条件判断语句。

（1）if 语句

if 语句是最基本的条件语句,它的格式为:

```
if(表达式)                          //if 的判断语句,括号里是条件
  {
     语句块;
  }
```

如果要执行的语句只有一条,可以省略大括号把整个 if 语句写在一行,例如:

```
if(a==1) a++;
```

如果要执行的语句有多条,就不能省略大括号,因为这些语句构成了一个代码块。例如:

```
if(a==1) {a++; b--}
```

（2）if else 语句

如果还需要在表达式值为假时执行另外一个语句块,则可以使用 else 关键字扩展 if 语句。if else 语句的格式为:

```
if(表达式)
    {
       语句块 1;
    }
  else
    {
       语句块 2;
    }
```

实际上,语句块 1 和语句块 2 中又可以再包含条件语句,这样就实现了条件语句的嵌套,程序设计中经常需要这样的语句嵌套结构。

（3）if … else if …else 语句

除了用条件语句的嵌套表示多种选择,还可以直接用 else if 语句获得这种效果,格式如下:

```
if(表达式1)
    {  语句块1;
    }
  else if(表达式2)
    {  语句块2;
    }
  else if(表达式3)
    {  语句块3;
    }
     ⋮
  else{  语句块n;
    }
```

这种格式表示只要满足任何一个条件,则执行相应的语句块,否则执行最后一条语句。

```
< script type = "text/JavaScript" >
    var d = new Date();
    var time = d.getHours();
    if(time < 10)
    {
    document.write(" < b > Good morning < /b > ");
    }
    else if(time > 10 && time < 16)
    {
    document.write(" < b > Good day < /b > ");
    }
    else
    {
    document.write(" < b > Good afternoon < /b > ");
    }
</script >
```

（4）switch 语句

实际应用当中,很多情况下要对一个表达式进行多次判断,每一种结果都需要执行不同的操作,这种情况下使用 switch 语句比较方便。switch 语句的格式:

```
switch(表达式)
    {
        case 值1: 语句1;
                break;
        case 值2: 语句2;
                break;
         ⋮
        case 值n: 语句n;
                break;
        default: 语句;
    }
```

每个 case 都表示如果表达式的值等于某个 case 的值,就执行相应的语句,关键字 break 会使代码跳出 switch 语句。如果没有 break,代码就会继续进入下一个 case,把下面所有 case 分支的语句都执行一遍。关键字 default 表示表达式不等于其中任何一个 case 的值时所进行的操作。例如:

```
<script language = "JavaScript">
evalue = parseInt(prompt("请输入 1—4 对我们的服务做出评价",""));
switch(evalue){
    case 1:     document.write("非常满意");
        break;
     //如果不使用 break,则在执行完此 case 的语句后会接着执行下面所有的 case 中的语句
    case 2:     document.write("满意");
        break;
    case 3:     document.write("一般");
        break;
    case 4:     document.write("不满意");
        break;
    default:    document.write("您的输入有误!");
}
</script>
```

上述代码先利用 prompt( )方法让用户输入 1 ~ 4 之间的一个数字,如图 7-3 所示,然后根据用户的输入判断用户的满意度,如图 7-4 所示。

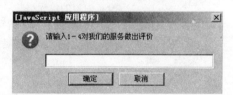

图 7-3 通过 prompt( )生成输入框

图 7-4 输出相应的结果

2. 循环语句

循环语句用于在一定条件下重复执行某段代码。在 JavaScript 中提供了一些与其他编程语言相似的循环语句,包括 for 循环语句、for…in 语句、while 循环语句以及 do while 循环语句,同时还提供了 break 语句用于跳出循环,continue 语句用于终止当次循环并继续执行下一次循环,以及 label 语句用于标记一个语句。下面分别来介绍:

(1) for 语句

for 循环语句是不断地执行一段程序,直到相应条件不满足,并且在每次循环后处理计数器。for 语句的格式:

```
for(初始表达式;循环条件表达式;计数器表达式)
    {  语句块;}
```

执行过程如下:

● 执行初始化表达式语句;

- 判断表达式的值是否为 true,如果是则继续执行,否则终止整个循环体;
- 执行循环体中的语句块;
- 执行计数器表达式代码;
- 返回第二步操作。

for 循环最常用的形式是 for(var i = 0; i < n; i ++){statement},它表示循环一共执行 n 次,非常适合于已知循环次数的运算。

for 循环举例:九九乘法表(7-4. html)。

```
<html>
<head>
<title>九九乘法表</title>
</head>
<body bgcolor = "#e0f1ff">
<table cellpadding = "6" cellspacing = "0" style = "border - collapse:collapse;
border:none;">
<script language = "JavaScript">
for(var i =1;i <10;i ++){              //乘法表一共九行
    document.write("<tr>");            //每行是 table 的一行
    for(j =1;j <10;j ++)              //每行都有 9 个单元格
        if(j <= i)                   //有内容的单元格
            document.write("<td style = 'border:2px solid #004B8A; background:
white;'>"+i+"*"+j+"="+(i*j)+"</td>");
        else                          //没有内容的单元格
            document.write("<td style = 'border:none;'></td>");
    document.write("</tr>");
}
</script>
</table>
</body>
</html>
```

(2) for…in 语句

在有些情况下,开发者根本没有办法预知对象的任何信息,更谈不上控制循环的次数。这个时候用 for…in 语句可以很好地解决这个问题。

for…in 语句通常用来枚举对象的属性,例如稍后会提到的 document、window 等对象,它的语法如下:

```
for(property in expression) statement
```

for…in 循环举例:遍历数组。

```
<html>
<body>
<script type = "text/JavaScript">
var x
var mycars = new Array()
```

```
mycars[0] = "Saab"
mycars[1] = "Volvo"
mycars[2] = "BMW"
for (x in mycars)
{
    document.write(mycars[x] + "<br/>")
}
</script>
</body>
</html>
```

（3）while 语句

while 循环是前测试循环，就是说是否终止循环的条件判断是在执行内部代码之前，因此循环的主体可能根本不会被执行，其语法如下：

```
while(循环条件表达式){语句块}
```

下面是 while 循环的运算演示：

```
<script language = "JavaScript">
var i = iSum = 0;
while(i <= 100){
    iSum += i;
    i ++;
}
document.write(iSum);
</script>
```

（4）do…while 语句

与 while 循环不同，do…while 语句将条件判断放在循环之后，这就保证了循环体中的语句块至少会被执行一次，在很多时候这是非常实用的。例如：

```
<script language = "JavaScript">
var aNumbers = new Array();
var sMessage = "你输入了:\n";
var iTotal = 0;
var userInput;
var i = 0;
do{
    userInput = prompt("输入一个数字,或者'0'退出","0");
    aNumbers[i] = userInput;
    i ++;
    iTotal += Number(userInput);
    sMessage += userInput + "\n";
}while(userInput != 0)                    //当输入为 0 (默认值)时退出循环体
sMessage += "总数:" + iTotal;
alert(sMessage);
</script>
```

（5）break 和 continue 语句

break 和 continue 语句为循环中的代码执行提供了退出循环的方法,使用 break 语句将立即退出循环体,阻止再次执行循环体中的任何代码。continue 语句只是退出当前这一次循环,根据控制表达式还允许进行下一次循环。

在上例中,没有对用户的输入做容错判断,实际上,如果用户输入了英文或非法字符,可以利用 break 语句退出整个循环。修改后的代码如下:

```
do{
if(isNaN(userInput)){
        document.write("输入错误,将立即退出<br>");
        break;                          //输入错误直接退出整个 do 循环体
    }
    userInput=prompt("输入一个数字,或者'0'退出","0");
    aNumbers[i]=userInput;
    i++;
    iTotal+=Number(userInput);
    sMessage+=userInput+"\n";
}while(userInput!=0)                     //当输入为 0(默认值)时退出循环体
```

但上例中只要用户输入就马上退出了循环,而有时用户可能只是不小心按错了键,导致输入错误,此时用户可能并不想退出,而希望继续输入,这个时候就可以用 continue 语句来退出当次循环,即用户输入的非法字符不被接受,但用户还能继续下次输入。

```
do{
if(isNaN(userInput)){
        document.write("输入错误,请重新输入<br>");
        continue;                       //输入错误则退出当前循环,但继续下一次循环
    }
    userInput=prompt("输入一个数字,或者'0'退出","0");
    aNumbers[i]=userInput;
    i++;
    iTotal+=Number(userInput);
    sMessage+=userInput+"\n";
}while(userInput!=0)                     //当输入为 0(默认值)时退出循环体
```

计算 100 以内所有奇数的和

```
var  sum=0, i=0;
            while(i<=100){
                i++;
                if(i%2==0)
                    continue;
                sum=sum+i;
            }
```

7.2.6 函数

函数是一个可重用的代码块,可用来完成某个特定功能。每当需要反复执行一段代

码时,可以利用函数来避免重复输入大量的相同内容。不过,函数的真正威力体现在,我
们可以把不同的数据传递给它们,而它们将使用
实际传递给它们的数据去完成预定的操作。在
把数据传递给函数时,我们把那些数据称为参数
(argument)。如图 7-5 所示,函数就像一台机器,
它可以对输入的数据进行加工再输出需要的数
据。当这个函数被调用时或被事件触发时这个函数会执行。

图 7-5　函数示意图

1. 函数的基本语法

函数的基本语法如下:

```
function functionname(arg1,arg2,…,argX)
{
    statements
    [return[expression]]
}
```

其中 function 是 JavaScript 定义函数的关键字,functionname 是函数的名称,argX 是
函数的输入参数列表,各个参数之间用逗号隔开,参数可以为空,表示没有输入参数的函
数。statements 为函数体本身的代码块,return expression 是用来返回函数值的表达式。同
样为可选项。简单示例如下:

```
function myName(sName){
alert("Hello " + sName);
}
```

该函数接受一个输入参数 sName,不返回值。调用它的代码如下:

```
myName("six - tang");                    //弹出框显示"Hello six - tang"
```

函数 myName( )没有声明返回值,如果有返回值 JavaScript 也不需要单独声明,只需
用 return 关键字接一个表达式即可,例如:

```
function fnSum(iNum1, iNum2){
return iNum1 + iNum2;
}
```

调用函数的返回值只需将函数赋给一个变量即可,以下代码将函数 fnSum 的返回值
赋给了变量 iResult。

```
iResult = fnSum(52 + 14);
alert(iResult);
```

另外,与其他编程语言一样,函数在执行过程中只要执行完 return 语句就会停止继续
执行函数体中的代码,因此 return 语句后的代码都不会执行。下例中函数中的 alert( )语
句就永远都不会执行。

```
function fnSum(iNum1, iNum2){
return iNum1 + iNum2;
```

```
alert (iNum1 + iNum2);                                    //永远不会被执行
    }
```

一个函数中有时可以包含多个 return 语句,但每次只有一个会被执行,例如:

```
function substr(iNum1, iNum2){
if(iNum1 >= iNmu2)
    return iNum1 - iNum2;
else
    return iNum2 - iNum1;
}
```

这样可返回两个数之差的绝对值。

如果函数本身没有返回值,但又希望在某些时候退出函数体,则可以调用无参数的 return 语句来随时返回函数体,例如:

```
function myName(sName){
if(myName == "bye")
return;
alert("Hello" + sName);
}
```

2. 用 arguments 对象来访问函数的参数

JavaScript 的函数有个特殊的对象 arguments,主要用来访问函数的参数。通过 arguments 对象,无须指出参数的名称就能直接访问它们。例如用 arguments[0] 可以访问函数第一个参数的值,刚才的 myName 函数可以重写如下:

```
function myName(sName){
if(arguments[0] == "bye")                           //如果第一个参数是"bye"
return;
alert("Hello" + sName);
}
```

执行效果完全一样。另外还可以通过 arguments. length 来检测传递给函数的参数个数。例如:

```
<html>
<head>
<title>arguments.length</title>
<script language="JavaScript">
function ArgsNum(){
    return arguments.length;
}
document.write(ArgsNum("myAge",28) + " , ");
document.write(ArgsNum() + " , ");
document.write(ArgsNum(123) + " 。");
</script>
</head>
```

```
<body>
</body>
</html>
```

以上代码中函数 ArgsNum( )用来判断调用函数时传给它的参数个数,由于第一条语句调用 ArgsNum( )函数时给它赋了两个参数,所以会输出 2;第二条语句没赋参数,所以输出 0;第三条赋了一个参数,所以输出 1。显示结果如图 7-6 所示。

有了 arguments 对象,便可以根据参数个数的不同分别执行不同的命令,模拟面向对象程序设计中函数的重载。下面的程序(7-5. html)运行结果如图 7-7 所示。

```
<html>
<head>
<title>arguments</title>
<script language="JavaScript">
function fnAdd(){
    if(arguments.length==0)
        return;
    else if(arguments.length==1)
        return arguments[0]+6;
    else{
        var iSum=0;
        for(var i=0;i<arguments.length;i++)
            iSum+=arguments[i];
        return iSum;
    }
}
document.write(fnAdd(44)+"<br>");
document.write(fnAdd(45,50)+"<br>");
document.write(fnAdd(45,50,55,70)+"<br>");
</script>
</head>
<body></body>
</html>
```

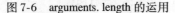

图 7-6　arguments. length 的运用　　　　图 7-7　arguments 根据参数的不同执行不同的命令

7.3　对象

在客观世界中,对象指一个特定的实体。一个人就是一个典型的对象,它包含身高、体重、年龄等特性,又包含吃饭、走路、睡觉等动作。同样,一辆汽车也是一个对象,它包含型号、颜色、种类等特性,还包含加速、拐弯等动作。

7.3.1　JavaScript 对象

在 JavaScript 中,其本身具有并能自定义各种各样的对象。例如,一个浏览器窗口可看成是一个对象,它包含窗口大小、窗口位置等属性,又具有打开新窗口、关闭窗口等方法。网页上的一个表单也可以看成一个对象,它包含表单内控件的个数、表单名称等属性,又有表单提交(submit( ))和表单重设(reset( ))等方法。

1. JavaScript 中的对象分类

在 JavaScript 中使用对象可分为三种情况。
(1) 自定义对象,方法是使用 new 运算符创建新对象。例如:

```
var university = new Object();                    //Object 对象可用于创建一个通用的对象
```

(2) 使用 JavaScript 内置对象。
使用 JavaScript 内置对象,如 Date、Math、Array 等。例如:

```
var today = new Date();
```

实际上,JavaScript 中的一切数据类型都是它的内置对象。
(3) 使用浏览器对象。
使用由浏览器提供的内置对象,如 window、document、location 等;在浏览器对象模型(BOM)中将详细讲述这些内置对象的使用。

对于基本的 JavaScript 编程来说,一般使用 Object 自定义对象的情形比较少,大部分情况都是使用 JavaScript 内置对象或浏览器对象。

2. 对象的属性和方法

定义了对象之后,就可以对对象进行操作了,在实际中对对象的操作主要有引用对象的属性和调用对象的方法。

引用对象属性的常见方式是通过点运算符(.)实现引用。例如:

```
university.province = "湖南省";
university.name = "衡阳师范学院";
university.date = "1904";
```

university 是一个已经存在的对象,province、name 和 date 是它的三个属性。
从上面的例子可以看出,对象包含两个要素:
① 用来描述对象特性的一组数据,也就是若干变量,通常称为属性;
② 用来操作对象特性的若干动作,也就是若干函数,通常称为方法。
在 JavaScript 中如果要访问对象的属性或方法,可使用"点"运算符来访问。
例如:假设汽车这个对象为 Car,具有品牌(brand)、颜色(color)等属性,就必须通过如下方法来访问这些属性。

```
Car.brand
Car.color
```

再假设 Car 关联着一些诸如 move( )、stop( )、accelerate(level)之类的函数,这些函数

就是 Car 对象的方法,可以使用如下语句调用它们:

```
Car.move();
Car.stop();
```

把这些属性和方法集合在一起,就得到了一个 Car 对象。换句话说,可以把 Car 对象看作是所有这些属性和方法的统称。

3. 创建对象的实例

为了使 Car 对象能够描述一辆特定的汽车,需要创建一个 Car 对象的实例(instance)。实例是对象的具体表现。对象是统称,而实例是个体。

在 JavaScript 中给对象创建新的实例也采用 new 关键字,例如:

```
var myCar = new Car();
```

这样就创建了一个 Car 对象的新实例 myCar,通过这个实例就可以利用 Car 的属性、方法来设置关于 myCar 的属性或方法了,代码如下:

```
myCar.brand = Fiat;
myCar.accelerate(3);
```

在 JavaScript 中字符串、数组等都是对象,严格地说所有的一切都是对象。而一个字符串变量、数组变量可看成是这些对象的实例。下面是一些例子:

```
var iRank = new Array();
var myString = new String("web design");
```

7.3.2 with 语句

对对象的操作还经常使用 with 语句和 this 关键字,下面来讲述它们的用途。

with 语句的作用是:在该语句体内,任何对变量的引用被认为是这个对象的属性,以节省一些代码。

```
with object{
...
}
```

所有在 with 语句后的花括号中的语句,都是在 object 对象的作用域中。例如:

```
today = new Date();
with today {
    year = getYear();
    month = getMonth();
    hour = getHours();
}
```

上述代码与下列程序段功能相同:

```
today = new Date();
year = today.getYear();
```

```
month = today.getMonth();
hour = today.getHours();
```

7.3.3 this 关键字

this 是面向对象语言中的一个重要概念,在 Java、C#等大型语言中,this 固定指向运行时的当前对象。但是在 JavaScript 中,由于 JavaScript 的动态性(解释执行,当然也有简单的预编译过程),this 的指向在运行时才确定。

1. this 指代当前元素

(1) 在 JavaScript 中,如果 this 位于 HTML 标记内,即采用行内式的方式通过事件触发调用的代码中含有 this,那么 this 指代当前元素。例如:

```
<div id = "div2" onmouseover = "this.align = 'right'" onmouseout = ""this.align =
'left'"" >
会逃跑的文字</div>
```

此时 this 指代当前这个 div 元素。

(2) 如果将该程序改为引用函数的形式,this 作为函数的参数,则可以写成:

```
<script language = "JavaScript" type = "text/JavaScript" >
function move(obj)
{
if(obj.align == "left"){obj.align = "right";}
else if(obj.align == "right"){obj.align = "left";}
}
</script >
<div align = "left" onmouseover = "move(this)" > 会逃跑的文字 </div >
```

此时 this 作为参数传递给 move(obj)函数,根据运行时谁调用指向谁的原则,this 仍然会指向当前这个 div 元素,因此运行结果和上面行内式的方式完全相同。

(3) 如果将 this 放置在事件触发的函数体内,通过 DHTML 方式进行事件注册,那么 this 也会指向事件前的元素,因为是事件前的元素调用了该函数。例如,上面的例子还可以改写成下列形式,执行效果相同。

```
<script language = "JavaScript" type = "text/JavaScript" >
stat = function(){
    var taoId = document.getElementById('div2');
    taoId.onmouseover = function(){
        this.align = "right";}                          //this 指代 taoId
    taoId.onmouseout = function(){
    this.align = "left";}
    }
window.onload = stat;
</script >
<div id = "div2" >会逃跑的文字 </div >
```

所以,this 指代当前元素主要包括以上三种情况,可以简单地认为,哪个元素直接调用了 this 所在的函数,则 this 指代当前元素,如果没有元素直接调用,则 this 指代 window 对象,这是我们下面要讲的。

2. 作为普通函数直接调用时,this 指代 window 对象

(1) 如果 this 位于普通函数内,那么 this 指代 window 对象,因为普通函数实际上都是属于 window 对象的。如果直接调用,根据"this 总是指代其所有者"的原则,那么函数中的 this 就是 window。例如:

```
<script language = "JavaScript" type = "text/JavaScript" >
function doSomething()
{
this.status = "在这里 this 指代 window 对象";
}
</script>
```

可以看到状态栏中的文字改变了,这验证了在这里 this 确实是指 window 对象。

(2) 如果 this 位于普通函数内,通过行内式的事件调用普通函数,又没为该函数指定参数,那么 this 会指代 window 对象。例如如果将"会逃跑的文字"程序改成如下形式,则会出错。

```
<script language ="JavaScript" type = "text/JavaScript" >
function move()                          //注意:该程序为典型错误写法
{
if(this.align == "left"){this.align = "right";}
else if(this.align == "right"){ this.align = "left";}
}
</script>
<div align = "left" onmouseover = "move()" >会逃跑的文字 </div>
```

在这里,位于普通函数 move( )中的 this 指代 window 对象,而 window 对象并没有 align 属性,所以程序会出错,当然 div 中的文字也不会移动。

7.3.4　JavaScript 内置对象

作为一种基于对象的编程语言,JavaScript 提供了很多内置的对象,这些对象不需要我们用 Object( )方法创建就可以直接使用,实际上,JavaScript 提供的一切数据类型都可以看成是它的内置对象,如函数、字符串等都是对象。下面将介绍两类最常用的对象,即 Date 对象和 Math 对象。

1. 时间日期: Date 对象

时间、日期是程序设计中经常需要使用的对象,在 JavaScript 中使用 Date 对象来处理时间、日期。

用以下代码可创建一个新的 Date 对象实例。

```
var toDate = new Date();
```

这行代码创建的时间对象是运行这行代码时瞬间的系统时间,通常可以利用这一点来计算程序的执行速度。

```html
<html>
<head>
<title>Date 对象</title>
<script language = "JavaScript">
var myDate1 = new Date();                          //运行代码前的时间
for(var i = 0; i < 3000000; i ++);
var myDate2 = new Date();                          //运行代码后的时间
alert(myDate2 - myDate1);
</script>
</head>
<body></body>
</html>
```

以上代码在执行前建立了一个时间对象,执行完毕后又建立了一个时间对象,两者相减便得到了代码运行所花费时间的毫秒数。在我这台机器上这个值是 1328。

想一想:如果要计算网页打开花费的时间,需要怎样修改上述代码?

还可以利用参数对 Date 对象初始化时间,常用的有以下几种:

```
new Date("month dd, yyyy hh:mm:ss");
new Date("month dd, yyyy ");
```

下面是使用上述参数创建时间对象的一些实例:

```
new Date("July 7, 2009 15:28:30");
new Date("July 7, 2009");
```

如果 new Date( )不带参数,那么就可以获取当前系统时间,而不是设置时间了。但显示的时间格式在不同的浏览器中是不同的。这就意味着要直接分析 new Date( )输出的字符串会相当麻烦。幸好 JavaScript 还提供了很多获取时间细节的方法。如 getFullYear( )、getMonth( )、getDate( )、getDay( )、getHours( )等。下面的例子是用 Date 对象获取系统日期和星期几。

```html
<html>
<head>
<title>Date 对象</title>
<script language = "JavaScript">
var oMyDate = new Date();
var iYear = oMyDate.getFullYear();
var iMonth = oMyDate.getMonth() +1;                //月份是从 0 开始的
var iDate = oMyDate.getDate();
var iDay = oMyDate.getDay();
switch(iDay){
```

```
        case 0:   iDay = "星期日";
            break;
        case 1:   iDay = "星期一";
            break;
        case 2:   iDay = "星期二";
            break;
        case 3:   iDay = "星期三";
            break;
        case 4:   iDay = "星期四";
            break;
        case 5:   iDay = "星期五";
            break;
        case 6:   iDay = "星期六";
            break;
        default: iDay = "error";
    }
    document.write("今天是" + iYear + "年" + iMonth + "月" + iDate + "日," + iDay);
    </script>
    </head>
    <body>
    </body>
    </html>
```

2. 数学计算：Math 对象

Math 对象也是 JavaScript 的一个内置对象，不需要由函数创建，可以直接使用。Math 对象主要用来做复杂的数学计算。它提供了一系列的属性和方法。Math 对象的属性比较简单，如 Math.PI 表示圆周率 π，Math.E 表示自然对数的底：值 e。下面是 Math 对象一些常用的方法。

- 取不大于参数的整数：floor(x)。
- 取不小于参数的整数：ceil(x)。
- 四舍五入：round(x)。
- 随机数(0~1 之间的任意浮点数)：random(x)。
- 绝对值：abs(x)。
- 正弦余弦值：sin(x), cos(x)。
- 反正弦反余弦：asin(x), acos(x)。
- 正切反正切：tan(x), atan(x)。
- x 的平方根：sqrt(x)。
- 返回 x 的 y 次方：pow(x, y)。

这些方法中比较常用的是小数转换为整数的方法，和生成随机数的方法 random()。下面分别来讨论。

(1) 小数转换为整数是数学中很常见的运算，Math 对象提供了 3 种方法来做相关的处理,分别是 ceil( )、floor( )和 round( )。其中 ceil( )是向上舍入,它把数字向上舍入到最接近的整数。floor( )则正好相反,为向下舍入。而 round( )则是通常所说的四舍五入。

(2) random 方法:该方法可以用来生成随机数,它返回一个 0～1 之间的随机数,不包括 0 和 1。这是在页面上随机显示新闻或生成验证码的常用工具。可以用下面的形式调用 random( )方法来获得某个范围内的随机数。

```
var iNum = Math.floor(Math.random() * 100 + 1);
```

这样 iNum 将随机产出一个 1～100 之间的整数(包括 1 和 100)。

下面是利用 random 方法生成 n 位验证码的例子:

```
<script language = "JavaScript">
function randomString(stringLen) {                 //stringLen 随机字串长度
var validChar = "0123456789ABCDEFGHIJKLMNOPQRSTUVWXYZabcdefghijklmnopqrstuvwxyz";
                                                   //有效字符
  var ret = "";                                    //ret 为返回的随机字符串变量
  for(var i = 0; i < stringLen; i ++) {
    //从有效字符集中得到一个随机字符,并加到返回字串变量中
    var rnum = Math.floor(Math.random() * validChar.length);
    ret += validChar.substring(rnum, rnum + 1);
  }
  return ret;
}
document.write(randomString(8) + "<br>");          //测试随机字串函数
document.write(randomString(6) + "<br>");
document.write(randomString(6) + "<br>");
</script>
```

在浏览器中运行该程序,就会每次随机生成一个不同的字符串。类似下面的结果:

gu3J5hss

kl5mVS

D3Pnug

7.4　浏览器对象模型 BOM

JavaScript 是运行在浏览器中的,因此提供了一系列对象用于与浏览器窗口进行交互。这些对象主要有:window、document、location、history、navigator 和 screen 等,把它们统称为 BOM(Browser Object Model,浏览器对象模型)。

BOM 提供了独立于页面内容而与浏览器窗口进行交互的对象。Window 对象是整个 BOM 的核心,所有对象和集合都以某种方式与 window 对象关联。BOM 中的对象关系如图 7-8 所示。

下面分别来介绍这些对象的含义和用途。

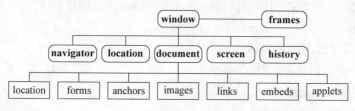

图 7-8　BOM 对象关系图

7.4.1　window 对象

window 对象表示整个浏览器窗口,但不包括其中的页面内容。window 对象可以用于移动或者调整其对应的浏览器窗口的大小,或者对它产生其他影响。

在浏览器宿主环境下,window 对象就是 JavaScript 的 Global 对象,因此使用 window 对象的属性和方法是不需要特别指明的。例如我们经常使用的 alert 方法,实际上完整的调用形式应该是 window. alert,通常情况下在代码中会省略 window 对象的声明,直接使用其方法。

window 对象对应着 Web 浏览器的窗口,使用它可以直接对浏览器窗口进行操作。window 对象提供的主要功能可以分为以下 5 类:

(1) 调整窗口的大小和位置;

(2) 打开新窗口和关闭窗口;

(3) 系统提示框;

(4) 状态栏控制;

(5) 定时操作。

1. 调整窗口的大小和位置

window 对象有如下 4 个方法用来调整窗口的位置或大小。

(1) window. moveBy(dx,dy)

该方法将浏览器窗口相对于当前的位置移动指定的距离(相对定位),当 dx 和 dy 为负数时则向反方向移动。

(2) window. moveTo(x,y)

该方法将浏览器窗口移动到屏幕指定的位置(x、y 处)(绝对定位)。同样可使用负数,只不过这样会把窗口移出屏幕。

(3) window. resizeBy(dw,dh)

相对于浏览器窗口的当前大小,把宽度增加 dw 个像素,高度增加 dh 个像素。两个参数也可以使用负数来缩写窗口。

(4) window. resizeTo(w,h)

把窗口大小调整为 w 像素宽,h 像素高,不能使用负数。

2. 打开新窗口

打开新窗口的方法是 window. open,这个方法在 Web 编程中经常使用,但有些恶意

站点滥用了该方法,频繁在用户浏览器中弹出新窗口。它的用法如下:

window. open([url] [, target] [, options])

options 参数可能的选项包括:

- height:窗口的高度,单位为像素;
- width:窗口的宽度,单位为像素;
- left:窗口的左边缘位置;
- top:窗口的上边缘位置;
- fullscreen:是否全屏,默认值为 no;
- location:是否显示地址栏,默认值为 yes;
- menubar:是否显示菜单项,默认值为 yes;
- resizable:是否允许改变窗口大小,默认值为 yes;
- scrollbars:是否显示滚动条,默认值为 yes;
- status:是否显示状态栏,默认值为 yes;
- titlebar:是否显示标题栏,默认值为 yes;
- toolbar:是否显示工具条,默认值为 yes。

例如:window. open("pop. html", "new", "width =400, height =300");表示在新窗口打开 pop. html,新窗口的宽和高分别是 400px 和 300px。

target 参数除了可以使用"_self","_blank"等 html 中的属性值外,还可以利用 target 参数为窗口命名,如:

```
window.open("pop.html", "myTarget");
```

这样可以让其他链接将目标文件指定在该窗口中打开。

```
<a href = "iframe.html" target = "myTarget">在指定名称为 myTarget 的窗口打开</a>
<form target = "myTarget">        <!--表单提交的结果将会在 myTarget 窗口显示-->
```

window. open()方法会返回新建窗口的 window 对象,利用这个对象就可以轻松操作新打开的窗口了,代码如下:

```
var oWin =window.open("pop.html", "new", "width =400,height =300");
oWin.resizeto(600,400);
oWin.moveTo(100,100);
```

关闭窗口:window. close()。

3. 通过 opener 属性实现与父窗口交互

opener 属性存放的是打开它的父窗口,通过 opener 属性,子窗口可以与父窗口发生联系;而通过 open()方法的返回值,父窗口可以与子窗口发生联系,从而实现两者之间的互相通信和参数传递。例如:

(1) 显示父窗口名称。

```
alert(opener.name);
```

（2）判断一个窗口的父窗口是否已经关闭。

```
if(window.opener.closed){alert("不能关闭父窗口")}
```

其中 closed 属性用来判断一个窗口是否已经关闭。

（3）获取父窗口中的信息。

```
var parent = window.opener;
    if(!parent) return;
        //从父窗口中获取 id 为 title 的文本框中输入的内容,把它填入子窗口相关位置
      function $ (id) { return document.getElementById(id); }
      $ ("title").value = parent.document.getElementById("title").value;
```

4. 系统对话框

JavaScript 可产生三种类型的系统对话框,即弹出对话框、确认提示框和消息提示框。它们都是通过 window 对象的方法产生的,具体方法如下:

（1）window. alert(〔message〕)

alert( )方法前面已经反复使用,它只接受一个参数,即弹出对话框要显示的内容。调用 alert( )语句后浏览器将创建一个单按钮的消息框。

（2）window. confirm(〔message〕)

该方法将显示一个确认提示框,其中包括“确定”和“取消”按钮。

用户单击“确定”按钮时, window. confirm 返回 true;单击“取消”按钮时, window. confirm 返回 false。例如:

```
if(confirm("确实要删除这张图片吗?"))
alert("图片正在删除…");
else
alert("已取消删除!");
```

（3）window. prompt(〔message〕〔, default〕)

该方法将显示一个消息提示框,其中包含一个文本输入框。输入框能够接受用户输入参数,从而实现进一步的交互。该方法接受两个参数,第一个参数是显示给用户的文本,第二个参数为文本框中的默认值(可以为空)。整个方法返回字符串,值即为用户的输入。例如:

```
< script language = "JavaScript" type = "text/JavaScript" >
var nInput = prompt("请输入你的名字","");
if(nInput! = null)
document.write("Hello!" + nInput);
</script >
```

以上代码运行时弹出如图 7-9 所示的对话框,提示用户输入,并将用户输入的字符串作为 prompt( )方法(函数)的返回值赋给 nInput。将该值显示在网页上,如图 7-10 所示。

图 7-9　消息提示框 prompt( )　　　　　　图 7-10　返回 prompt( )函数的值

5. 状态栏控制(**status 属性**)

浏览器状态的显示信息可以通过 window. status 属性直接进行修改。例如：

```
window.status = "看看状态栏中的文字变化了吗?";
```

6. 定时操作函数

定时操作通常有两种使用目的,一种是周期性地执行脚本,例如在页面上显示时钟,需要每隔一秒钟更新一次时间的显示,另一种则是将某个操作延时一段时间执行,例如迫使用户等待一段时间才能进行操作,可以使用 window. setTimeout 函数使其延时执行,而后面的脚本可以继续运行不受影响。

需要注意的是,定时操作函数还是利用 JavaScript 制作网页动画效果的基础,例如网页上的漂浮广告,就是每隔几毫秒更新一下漂浮广告的显示位置。其他的如文字打字效果、图片轮转显示等,可以说一切用 JavaScript 实现的动画效果都离不开定时操作函数。

（1）setTimeout 函数

该函数用于设置定时器,在一段时间之后执行指定的代码。下面是 setTimeout 函数的应用实例——显示时钟(7-6. html),它的运行效果如图 7-11 所示。

图 7-11　运行效果

```html
<html>
<head>
 <title>时钟</title>
 <style type = "text/css">
  #main {width:720px;margin: 0 auto; text - align:left; margin - top: 30px}
 </style>
 <script type = "text/JavaScript">
  function $ (id) {                    //根据元素 id 获取元素
    return document.getElementById(id);
  }
  function dispTime() {
   $ ("clock").innerHTML = " <b>" + (new Date()).toLocaleString() + "</b>";
   //将时间加粗显示在 clock 的 div 中,new Date()获取系统时间
  }
 function init() {                    //启动时钟显示
  dispTime();                        //显示时间
  window.setTimeout(init, 1000);     //过 1 秒钟后执行一次 init()
```

```
    }
  </script>
</head>
<body onload = "init()">
    <div id = "clock"></div>
</body>
</html>
```

由于 setTimeout 函数的作用是过 1 秒钟之后执行指定的代码,执行完一次代码后就不会再重复地执行代码。所以 7-6. html 是通过 setTimeout 函数递归调用 init() 实现每隔一秒执行一次 dispTime() 函数的。

想一想:把 window. setTimeout(init, 1000);中的 1000 改成 200 还可以吗?

(2) window. setInterval

该函数用于设置定时器,每隔一段时间执行指定的代码。需要注意的是,它会创建间隔 id,若不取消将一直执行,直到页面卸载为止。因此如果不需要了应使用 clearInterval 取消该函数,这样能防止它占用不必要的系统资源。它的用法如下:

```
window.setInterval(code, interval)。
```

由于 setInterval 函数可以每隔一段时间就重复执行代码,所以 7-6. html 中的 window. setTimeout(init,1000);就可以改写成:

window.setInterval(dispTime, 1000);   //每隔 1 秒钟执行一次 dispTime()

这样不需要使用递归也可以实现每隔 1 秒钟刷新一次时间。

(3) clearInterval

该函数用于清除 setInterval 函数设置的定时器。

(4) clearTimeout

该函数用于清除 setTimeout 函数设置的定时器。

7. setInterval 函数的应用实例——制作漂浮广告(7-7. html)

① 漂浮广告的原理是首先向网页中添加一个绝对定位的元素,由于绝对定位元素不占据网页空间,所以会浮在网页上。下面的代码将一个 div 设置为绝对定位元素,并为它设置了 id,方便通过 JavaScript 程序操纵它。在 div 中放置了一张图片,并对这张图片设置了链接。

```
<div id = "Ad" style = "position:absolute">
<a href = "http:
    //www.163.com" target = "_blank"><img src = " logo.jpg" border = "0"></a>
</div>
```

② 接下来通过 JavaScript 脚本每隔 10ms 改变该 div 元素的位置,代码如下:

```
<script language = "JavaScript" type = "text/javascript">
var x = 50,y = 60;                //设置元素在浏览器窗口中的初始位置
var xin = true, yin = true;        //设置 xin、yin 用于判断元素是否在窗口范围内
```

```
var step = 1;                                        //设置每次移动几像素
var obj = document.getElementById("Ad")?;            //通过 id 获取 div 元素
function floatAd() {
var L = T = 0;
var R = document.body.clientWidth - obj.offsetWidth;
        //浏览器的宽度减 div 对象占据的空间宽度就是元素可以到达的窗口最右边的位置
var B = document.body.clientHeight - obj.offsetHeight;
obj.style.left = x + document.body.scrollLeft;       //设置 div 对象的初始位置
//当没有拉到滚动条时,document.body.scrollTop 的值是 0,当拉到滚动条时,为了让 div 对
//象在屏幕中的位置保持不变,就需要加上滚动的网页的高度
obj.style.top = y + document.body.scrollTop;
x = x + step * (xin? 1: -1);                          //水平移动对象,每次判断左移还是右移
if (x < L) { xin = true; x = L;}
if (x > R) { xin = false; x = R;}
        //当 div 移动到最右边,x 大于 R 时,设置 xin = false,让 x 每次都减 1,
        //即向左移动,直到 x < L 时,再将 xin 的值设为 true,让对象向右移动
y = y + step * (yin? 1: -1)
if (y < T) {yin = true; y = T;}
if (y > B) {yin = false; y = B;}
}
var itl = setInterval("floatAd()", 10)               //每隔 10ms 执行一次 floatAd()
obj.onmouseover = function(){clearInterval(itl)}      //鼠标滑过时,让漂浮广告停止
obj.onmouseout = function(){itl = setInterval("floatAd()", 10)}
                                                     //鼠标离开时,继续移动

</script>
```

代码中,scrollTop 是获取 body 对象在网页中当拉动滚动条后网页被滚动的距离。由于 x 和 y 每次都是减 1 或加 1,所以漂浮广告总是以 45°角漂动,碰到边框后再反弹回来。

7.4.2 location 对象

location 对象的主要作用是分析和设置页面的 URL 地址,它是 window 对象和 document 对象的属性。

location 对象表示窗口地址栏中的 URL,它的一些属性如表 7-8 所示。

表 7-8 location 对象的常用属性

属　性	说　　明	示　　例
hash	URL 中的锚点部分("#"号后的部分)	#sec1
host	服务器名称和端口部分(域名或 ip 地址)	www. hynu. cn
href	当前载入的完整 URL	http://www. hynu. cn/web/123. htm
pathname	URL 中主机名后的部分	/web/123. htm
port	URL 中的端口号	8080
protocol	URL 使用的协议	http
search	执行 get 请求的 URL 中问号(?)后的部分	? id = 134&name = sxtang

其中 location. href 是最常用的属性,用于获得或设置窗口的 URL,类似于 document 的 URL 属性。改变该属性的值就可以导航到新的页面,代码如下:

```
location.href = "http://ec.hynu.cn/index.htm";
```

实际上,DW 中的跳转菜单就是使用下拉菜单结合 location 对象的 href 属性实现的。下面是跳转菜单的代码:

```
<select name = "select" onchange = "window.location.href = this.options[this.
selectedIndex].value">
    <option>请选择需要的网址</option>
    <option value = "http://www.sohu.com">搜狐</option>
    <option value = "http://www.sina.com">新浪</option>
    <option value = "http://www.MSN.com.cn">MSN 中国</option>
</select>
```

location. href 对各个浏览器的兼容性都很好,但依然会在执行该语句后执行其他代码。采用这种导航方式,新地址会被加入到浏览器的历史栈中,放在前一个页面之后,这意味着可以通过浏览器的“后退”按钮访问之前的页面。

如果不希望用户可以用“后退”按钮返回原来的页面,可以使用 replace( ) 方法,该方法也能转到指定的页面,但不能返回到原来的页面了,这常用在注册成功后禁止用户后退到填写注册资料的页面。例如:

```
<p onclick = "location.replace('http://www.sohu.com');">访问搜狐</p>
```

可以发现转到新页面后,“后退”按钮是灰色的了。

7.4.3　history 对象

history 对象主要用来控制浏览器后退和前进。它可以访问历史页面,但不能获取到历史页面的 URL。下面是 history 对象的一些用法:

① 如果希望浏览器返回到前一页,可以使用如下代码:

```
window.history.go(-1);
```

② 如果希望前进一页,只需要使用正数 1 即可,代码如下:

```
window.history.go(1);
```

③ 如果希望刷新显示当前页,则使用 0 即可,代码如下:

```
window.history.go(0);
```

以上三句的效果还可以分别用 back( )、forward( ) 和 location. reload( ) 实现,代码如下:

```
① window.history.back();                        //后退
② window.history.forward();                     //前进
③ location.reload();                            //刷新
```

7.4.4　navigator 对象

navigator 对象主要用来检测客户端浏览器信息,关于 Web 浏览器的信息,浏览器的类型、版本信息以及操作系统的类型都可以从该对象中获取。

navigator 对象最常用的属性是 userAgent,通常浏览器及操作系统的判断都是通过该属性来实现的,最基本的方法是首先将它的值赋给一个变量,代码如下:

```
var sUserAgent = navigator.userAgent;
document.write(sUserAgent);
```

以上代码在 Windows XP SP 2 的机器上,在 IE 6 和 Firefox 3 中的运行结果分别如图 7-12 和图 7-13 所示,其中 Windows NT 5.1 代表 Windows XP SP 2,Gecko 是 Firefox 浏览器的内核名称。

图 7-12　IE 6 中的 userAgent 属性　　　　图 7-13　Firefox 3 中的 userAgent 属性

因此只要分析所有浏览器的主流版本所显示的 userAgent 属性值,就能对用户的浏览器和操作系统各方面的信息进行很好的判断。

实际上在 JavaScript 中进行浏览器检测有多种不同的形式。一种方式是根据 navigator 对象的 userAgent 和 appVersion 属性提供的信息进行判断,另一种方式是通过对象或者属性的存在与否来检测,例如 document. all 是 IE 独有的特性,可以作为判断是 IE 浏览器的条件。另外,如果使用 jQuery 的 $. browser 对象可以更方便地检测浏览器。

7.4.5　document 对象

document 对象实际上又是 window 对象的属性,document 对象的独特之处是它既属于 BOM 又属于 DOM。

从 BOM 角度看,document 对象由一系列集合构成,这些集合可以访问文档的各个部分,并提供页面自身的信息。

document 对象最初是用来处理页面文档的,但很多属性已经不推荐继续使用了,如改变页面的背景颜色(document. bgColor)、前景颜色(document. fgColor)和链接颜色(document. linkColor)等,因为这些可以使用 DOM 动态操纵 CSS 属性实现。如果一定要使用这些属性,应该把它们放在 body 部分,否则对 Firefox 浏览器无效。

由于 BOM 没有统一的标准,各种浏览器中的 document 对象特性并不完全相同,因此在使用 document 对象时需要特别注意,尽量要使用各类浏览器都支持的通用属性和方法。表 7-9 列出了目前 document 对象的一些常用属性。

表 7-9　document 对象的属性

集　　合	说　　明
title	当前页面的标题
lastModified	页面的最后修改时间
anchors	页面中所有锚点的集合(设置了 id 或 name 属性的 a 标记)
embeds	页面中所有嵌入式对象的集合(由 < embed > 标记表示)
forms	页面中所有表单的集合
images	页面中所有图像的集合
links	页面中所有超链接的集合(设置了 href 属性的 a 标记)
cookie	用于设置或者读取 Cookie 的值
body	指定页面主体的开始和结束
all	页面中所有对象的集合(IE 独有)

下面是一些 document 对象的典型应用的例子。

1. 获得页面的标题和最后修改时间

为了让浏览者知道网页最近有没有更新,最好的办法就是把网页的最后更新时间显示出来,实际上,最后更新时间可以通过 document 对象的 lastModified 自动显示,而不必我们每次更新网页后手工去修改该时间。实现的代码如下所示,效果如图 7-14 所示。

```
< script  language = " JavaScript"  type = " text/
JavaScript" >
    document.write(document.title + " <br/ >");
    document.write(document.lastModified);
</script >
```

图 7-14　获得页面的标题和最后修改时间

这样显示出来的最后更新时间格式是包括时间的,如果只想显示日期,如 2009 年 6 月 12 日,可以通过 Date 对象的方法 getFullYear( )、getMonth( )、getDate( )分别获取年、月、日再按喜欢的格式显示最后更新日期。

2. 将页面中所有超链接的打开方式都设置为新窗口打开

如果希望网页中所有的窗口自动在新窗口打开,除了通过网页头部的 < base > 标记设置外,还可以通过下面的方式实现,它是通过设置 document 对象中的 links 对象的 href 属性实现的。

```
< body onload = "newwin()" >
< script language = "JavaScript" type = "text/JavaScript" >
function newwin(){
for (i = 0;i < = document.links.length − 1;i ++)
    document.links[i].target = "_blank";
```

```
} </script >
< a href = "01.htm" >测试 1 </a >< a href = "02.htm" >测试 2 </a >
</body >
```

3. 改变超链接中原来的链接地址

在有些下载网站上,要求只有注册会员才能下载软件,会员单击下载软件的链接会转到下载页面,而其他浏览者单击该链接却是转到要求注册的页面。这可以通过改变超链接中原有链接地址的方式实现,把要求注册的链接写到 href 属性中,而如果发现是会员,就通过 JavaScript 改变该链接的地址为下载软件的页面。代码如下:

```
<body >
  < a  href = "register.asp" >会员可以下载 </ a >
  < script  type = "text/JavaScript" >
  if( member = true )    {                          //如果是会员
    document.links[0].href = "download.asp" ;       //转到下载页面
           }
    </ script >
</ body >
```

当然,一般情况是通过服务器端脚本改变原来的链接地址,这样可防止用户查看源代码找到改变后的链接地址。但不管哪种方式,都是要通过 document. links 对象来实现的。

4. 用 document 对象的集合属性访问 HTML 元素

document 对象的集合属性能简便地访问网页中某些类型的元素,它是通过元素的 name 属性定位的,由于多个元素可以具有相同的 name 属性,因此这种方法访问得到的是一个元素的集合数组,可以通过添加数组下标的方式精确访问某一个元素。

例如,对于下面的 HTML 代码:

```
<body >
  < img src = "logo.gif" name = "imgHome"/ >
  < form method = "post" action = "1.htm" name = "data" >
      < input type = "text" name = "txtEmail"/ >
      < input type = "submit" value = "提交"/ >
  </form >
</body >
```

要访问 body 中的 img 图像,可用:

```
document.images["imgHome"]
```

访问表单中的输入框可以使用:

```
document.forms["data"].txtEmail
```

而 document. forms[0]. title. value 表示网页第一个表单中 name 属性为 title 的元素的 value 值。

但如果要访问 table,div 等 HTML 元素,由于 document 对象没有 tables、divs 这些集合属性,所以就不能这样访问了,要用后面介绍的 DOM 中访问指定结点的方法访问。

5. document 对象的方法(write 和 writeln 方法)

document 对象有很多方法,但大部分是操纵元素的,如 document. getElementById(ID)。这些我们在 DOM 中再介绍,这里只介绍最简单的用 document 动态输出文本的方法。

(1) write 和 writeln 方法的用法

write 和 writeln 方法都接受一个字符串参数,在当前 HTML 文档中输出字符串,唯一的区别是 writeln 在字串末尾加一个换行符(\n)。但是 writeln 只是在 HTML 代码文档中添加一个换行符,由于浏览器会忽略代码中的换行符,所以以下两种方式都不会使内容在浏览器中产生换行。

```
document.write("这是第一行"+"\n");
document.writeln("这是第一行");                        //等效于上一行的代码
```

要在浏览器中换行,只能再输出一个换行标记
 ,即:

```
document.write("这是第一行"+"<br/>");
```

(2) 用 document. write 方法动态引入外部 js 文件

如果要动态引入一个 js 文件,即根据条件判断,通过 document. write 输出 <script> 元素,则必须这样写才对:

```
if(prompt("是否链接外部脚本(1 表示是)","")==1)
document.write("<script type='text/JavaScript' src='1.js'>"+"</scr"+
"ipt>");
```

注意要将 </script> 分成两部分,因为 JavaScript 脚本是写在 <script></script> 标记对中的,如果浏览器遇到 </script> 就会认为这段脚本在这里就结束了,而忽略后面的脚本代码。

6. cookie 属性

某些 Web 站点在浏览者的硬盘上用很小的文本文件存储了一些信息,这些文件就称为 cookie,它们保存在 Windows 系统的 cookies 文件夹中,如图 7-15 所示。用来记录浏览者的一些使用偏好,可以给浏览者浏览带来方便,但有时也容易导致隐私泄露。一般来说,cookies 是由动态服务器端脚本程序创建的,但是 JavaScript 也提供了对 cookies 的很全面的访问权利。使用 document. cookie 可以设置和读取计算机中的 cookie 文件。

每个 cookie 的形式都是这样: <cookie 名>=<值>,一个 cookie 文件的内容就是若干个这样形式内容的组合。cookie 命名的限制与 JavaScript 的命名限制大同小异,少了"不能用 JavaScript 关键字",多了"只能用可以用在 URL 编码中的字符"。后者比较难懂,但是只要你只用字母和数字命名,就完全没有问题了。 <值>的要求也是"只能用可以用在 URL 编码中的字符"。

每个 cookie 都可以设置失效日期,一旦计算机的时钟过了失效日期,这个 cookie 就不起作用了。每个网页,或者说每个站点,都有它自己的 cookies,这些 cookies 只能由这

图 7-15   Windows XP 中的 cookies 文件夹

个站点下的网页来访问,来自其他站点或同一站点下未经授权的区域的网页,是不能访问的。每一"组"cookies 有规定的总大小(大约 2KB 每"组"),一旦超过最大总大小,则最早失效的 cookie 先被删除,来让新的 cookie"安家"。

　　cookie 可以在客户端保存少量的用户数据,因此它用于页面间参数传递当然是可行的。使用 cookie 传递参数的思路很简单:在一个页面中使用 cookie 保存数据,在另一个页面中读取同样的 cookie 值。cookie 传递参数的一个典型应用是保存用户登录信息。

　　下面是在一个页面(login. html)中使用 cookie 保存登录用户名的例子。

```
<script type = "text/JavaScript">
    function SetCookie(cookieName, cookieValue, nDays) {
// SetCookie 函数有三个参数,分别用来接收要设置的 cookie 名,cookie 值和过期时间
        var today = new Date();
        var expire = new Date();                    //cookie 过期时间
    if(nDays == null || nDays == 0) nDays = 1;      //如果未设置 nDays 取默认值 1
    expire.setTime(today.getTime() + 3600000 * 24 * nDays);
                            //过期时间为当前时间加上设置的 cookie 有效期
    document.cookie = cookieName + "=" + escape(cookieValue) +
        ";expires=" + expire.toGMTString();         //设置 cookie 值
    }
    function login() {
    var username = $ ("user").value;                //获取表单中的用户名
    var password = $ ("pass").value;                //密码
    var save = $ ("save").checked;                  //是否 7 天内无须登录
    //设合法的用户名/密码是 admin/password
    if(username == "admin" && password == "password") {
     if(save) SetCookie("username", username, 7);   //在 cookie 中保存用户名
      else SetCookie("username", username, 1);
      document.location = "admin.html";             //登录成功,跳转到管理页面
    } else {
        alert("用户名或密码错误!");
    }  }
function $ (id) {
    return document.getElementById(id);
```

```
    }
    </script>
    <div id = "main">
      <div>
        <span>用户名:</span><input type = "text" id = "user"/></div>
      <div>
        <span>密码:</span><input type = "password" id = "pass"/></div>
      <div>
        <input type = "checkbox" id = "save"/>              //7 天内无须登录
        <input type = "button" onclick = "login()" value = "登录"/></div>
    </div>
```

在上述代码中,当用户登录时选中了"7 天内无须登录"的复选框,程序就会在用户计算机中添加一个 cookie 文件,在里面保存了用户的用户名。下次用户如果要直接访问 admin. html 时,admin. html 可以检查用户的 cookie 文件判断用户是否已经登录,从而做出不同的处理。下面是 admin. html 读取 cookie 并进行判断处理的代码。

```
    <script type = "text/javascript">
    function ReadCookie(cookieName) {
        var theCookie = "" + document.cookie;
        var ind = theCookie.indexOf(cookieName);         //找到 cookieName 位置
        var ind1 = theCookie.indexOf(';', ind);
        if(ind1 ==-1) ind1 = theCookie.length;
    return unescape(theCookie.substring(ind + cookieName.length +1, ind1));
                                                    //读取 cookie 值
    }
    function $ (id) {
        return document.getElementById(id);
    }
    function init() {
      var username = ReadCookie("username");            //从 cookie 中读取用户名信息
      if(username && username.length >0) {              //如果用户已经登录过
      $ ("msg").innerHTML = "<h1>欢迎光临," + username + "!</h1>";
                                                    //显示欢迎信息
      } else {
      $ ("msg").innerHTML = "<a href = 'login.html'>请登录</a>";
                                                    //显示登录页面的链接
      } }
    </script>
    <body onload = "init()"><div id = "msg"></div></body>
```

7.4.6 screen 对象

screen 对象主要用来获取用户计算机的屏幕信息,包括屏幕的分辨率、屏幕的颜色位数、窗口可显示的最大尺寸。有时可以利用 screen 对象根据用户的屏幕分辨率打开适合该分辨率显示的网页。表 7-10 列出了 screen 对象的常用属性。

表 7-10   screen 对象的属性

属 性	说 明
availHeight	窗口可以使用的屏幕高度,一般是屏幕高度减去任务栏的高度
availWidth	窗口可以使用的屏幕宽度
colorDepth	屏幕的颜色位数
height	屏幕的高度(单位是像素)
width	屏幕的宽度(单位是像素)

1. 根据屏幕分辨率打开适合的网页

下面的代码首先获取用户的屏幕分辨率,然后根据不同的分辨率打开不同的网页。

```
< script language = "JavaScript" >
    if(screen.width == 800) {
        self.location.href = '800 * 600.htm'
    }
    else if(screen.width == 1024) {
    self.location.href = '1024 * 768.htm'
    }
    else {self.location.href = 'else.htm' }
</script >
```

2. 使浏览器窗口自动满屏显示

在网页中加入下面的脚本,可保证网页打开总是满屏幕显示。

```
< script language = "JavaScript" type = "text/JavaScript" >
    window.moveTo(0,0);
    window.resizeTo(screen.availWidth,screen.availHeight);
</script >
```

7.5   文档对象模型 DOM

文档对象模型 DOM(Document Object Module)定义了用户操纵文档对象的接口,它使得用户对 HTML 文档有了空前的访问能力。DOM 最初是用来表达和操纵 XML 文档的,大部分编程语言(如 Java、PHP、Python)都提供了相应的实现。考虑到正确的 XHTML 不过是 XML 的一个子集,有效地解析并浏览 DOM 文档无疑能简化 JavaScript 的开发,因为 JavaScript 中绝大部分操作都是脚本和网页里不同的 HTML 元素之间的交互,而 DOM 则是简化这一过程的绝佳工具。

目前各种浏览器并没有完全按照 DOM 标准来实现,对 DOM 标准支持最好的浏览器是 Firefox,它实现了绝大部分的 DOM Level 2 特性和少量的 DOM Level 3 特性,而 IE 在这方面最落后,它对 DOM Level 1 的支持还不太完整,但浏览器厂商出于市场需要又推出了一些非标准的 DOM 特性,一个典型例子是 IE 的 document. all 方法。因此,为了解决 DOM 在各种浏览器中兼容的问题,必须对 DOM 标准有一定的了解。

7.5.1　网页中的 DOM 模型

在 CSS 中,我们已经知道一段 HTML 代码对应一棵 DOM 树。例如下面的 HTML 代码可分解成如图 7-16 所示的树状图。

```
< html >
< head >
    < meta http - equiv = "Content - Type" content = "text/html; charset = gb2312"/ >
    < title > DOM model 示例 < /title >
< /head >
< body >
    < h2 >< a href = "03.htm" >我的专业 < /a >< /h2 >
    < p >开设的课程 < /p >
    < ul >< li >统计物理 < /li >
    < li >量子力学 < /li >
    < li >不确定性原理 < /li >< /ul >
< /body >
< /html >
```

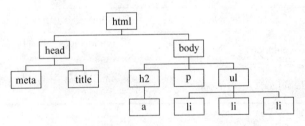

图 7-16　DOM 结点层次图

从图中可以看出,每个 HTML 元素就是 DOM 树中的一个结点。整个 DOM 模型都是由元素结点(element node)构成的。

7.5.2　使用 DOM 模型

对于每一个 DOM 结点 node,都有一系列的属性、方法可以使用,表 7-11 列出了结点常用的属性和方法,供读者需要时查询。

总的来说,利用 DOM 编程在 HTML 页面中的应用可分为以下几类:

(1) 访问指定结点;

(2) 访问相关结点;

(3) 访问结点属性;

(4) 检查结点类型;

(5) 创建结点;

(6) 操作结点。

表 7-11　node 的常用属性和方法

属性/方法	返回类型/类型	说　　明
nodeName	String	结点名称,元素结点的名称都是大写形式
nodeValue	String	结点的值
nodeType	Number	结点类型,数值表示
firstChild	Node	指向 childNodes 列表中的第一个结点
lastChild	Node	指向 childNodes 列表中的最后一个结点
childNodes	NodeList	所有子结点列表,方法 item(i) 可以访问第 i+1 个结点
parentNode	Node	指向结点的父结点,如果已是根结点,则返回 null
previousSibling	Node	指向前一个兄弟结点,如果已是第一个结点,则返回 null
nextSibling	Node	指向后一个兄弟结点,如果已是最后一个结点,则返回 null
hasChildNodes( )	Bolean	当 childNodes 包含一个或多个结点时,返回 true
attributes	NameNodeMap	包含一个元素的 Attr 对象,仅用于元素结点
appendChild(node)	Node	将 node 结点添加到 childNodes 的末尾
removeChild(node)	Node	从 childNodes 中删除 node 结点
replaceChild(newnode,oldnode)	Node	将 childNodes 中的 oldnode 结点替换成 newnode 结点
insertBefore(newnode,refnode)	Node	在 childNodes 中的 refnode 结点前插入 newnode 结点

1. 访问指定结点

“访问指定结点”的含义是已知结点的某个属性(如 id 属性、name 属性或者结点类型),在 DOM 树中寻找符合条件的结点。相关的方法包括 getElementById( )、getElementsByName( )和 getElementsByTagName( )。

(1) getElementById( )方法

getElementById 方法可以根据传入的 id 参数返回指定的元素结点。

在 HTML 文档中,元素的 id 属性是该元素对象的唯一标识,因此 getElementById 方法是最快的结点访问方法。例如:

```
< script language = "JavaScript" >
function searchDOM(){
    var oLi = document.getElementById("css");
    alert(oLi.tagName + " " + oLi.childNodes[0].nodeValue);
                                        //输出标签名以及结点值
}
</script >
```

```
<body onload = "searchDOM()">
    <ul>客户端语言
        <li>HTML</li>
        <li>JavaScript</li>
        <li id="css">CSS</li>
    </ul>
    <ul>服务器端语言
        <li>ASP</li>
        <li>JSP</li>
    </ul>
</body>
```

图 7-17　getElementById 方法

上述代码的运行结果如图 7-17 所示,注意元素结点名称"LI"是大写的形式。

注意:如果给定的 id 匹配某个元素的 name 属性,那么 IE 也会返回这个元素,这是 IE 一个非常严重的 bug,也是开发者需要注意的,因此在写 HTML 代码时应尽量避免某个元素的 id 与其他元素的 name 属性重复。

(2)getElementsByName 方法

getElementsByName 方法也查找所有元素对象,只是返回 name 属性为指定值的元素对象列表。

(3)getElementsByTagName 方法

getElementsByTagName 是通过元素的标记名来访问元素,它将返回一个具有某个相同标记名的所有元素的集合,例如下面的代码将返回文档中 li 元素的集合。

```
<script language = "JavaScript">
function searchDOM(){
    var oLi = document.getElementsByTagName("li");
    //输出长度、标签名称以及某项的文本结点值
    alert(oLi.length + " " + oLi[0].tagName + " " + oLi[3].childNodes[0].nodeValue);
    var oUl = document.getElementsByTagName("ul");
    var oLi2 = oUl[1].getElementsByTagName("li");
    alert(oLi2.length + " " + oLi2[0].tagName + " " + oLi2[1].childNodes[0].nodeValue);
}
</script>
</head>
<body onload = "searchDOM()">
    <ul>客户端编程
        <li>HTML</li>
        <li>JavaScript</li>
        <li>CSS</li>
    </ul>
    <ul>服务器端编程
        <li>ASP.NET</li>
        <li>JSP</li>
        <li>PHP</li>
```

```
    </ul>
</body>
```

上述代码运行时将先后弹出两个警告框,第一个警告框中显示"6 LI ASP. NET",因为总共有 6 个 li 元素,所以 oLi. length 的值是 6,oLi[0]. tagName 指第一个元素的标记名,显然是"LI", oLi[3]. childNodes[0]. nodeValue 指第 4 个 li 元素的第一个子结点的结点值,因为第 4 个 li 元素只有一个文本子结点,其值是"ASP. NET"。

第二个警告框中显示"3 LI JSP",因为 oLi2 是在第二个 ul 元素的范围内提取所有的 li 元素,所以总共只 3 个 li 元素,oLi2. length 值为 3, oLi2[1]. childNodes[0]. nodeValue 指 oLi2 中第 2 个 li 元素的第一个子结点的结点值,其值是"JSP"。

从上面可以看到,由于同一个标记的元素有很多个,所以 getElementsByTagName 方法将所有 6 个 li 元素都提取出来,放在一个数组里,要访问某一个具体的元素,必须标明数组的下标。

提示:如果要获取所有元素,在 Firefox 等浏览器下可以用:

```
var oAllElement = document. getElementsByTagName(" * ");
```

在 IE 6.0 下则可以用:

```
var oAllElement = document. all;
```

注意: getElementById( )获取到的是单个元素,所以"Element"没有"s",而 getElementsByTagName 和 getElementsByName 获取到的是一组元素,所以是"Elements"。

2. 访问元素属性

在找到需要的结点之后通常希望对其属性进行读取或修改,DOM 定义了三个便捷的方法来查询和设置结点的属性,它们是:

① getAttribute(name)

获取元素属性,该方法只有一个参数,即要查询的属性名称。需要注意的是该方法不能通过 document 对象调用,只能通过一个元素结点对象来调用。

获取元素属性还有一种更简单的方法,那就是直接通过"元素. 属性名"获取。

② setAttribute(name, value)

修改元素属性,该方法接受两个参数,第一个参数为属性的名称,第 2 个参数为属性的值。

③ removeAttribute(name)

删除元素的属性。

下面通过几个例子来说明每种方法的具体使用和注意的问题。

(1) 用 getAttribute( )方法获取结点的属性

```
< script type = "text/JavaScript" >
    function init() {
        var img = document.getElementById("img1");
        alert(img.className);
        alert(img.getAttribute("className"));        //IE 支持
        alert(img.getAttribute("class"));            //Firefox 支持
```

```
        alert(img.src);
      alert(img.getAttribute("src"));
    }
  </script>
<body onload = "init()">
  <img id = "img1" src = "01.jpg" alt = "img1" class = "class1"/>
</body>
```

上述代码运行时,IE 弹出的五个警告框分别显示"class1"、"class1"、"null"、"file:///E:/js/01.jpg"和"file:///E:/js/01.jpg",而 Firefox 的五个警告框分别显示"class1"、"null"、"class1"、"file:///E:/js/01.jpg"和"01.jpg"。

可以看出,对于元素一般的属性"src",使用 img.src 和 img.getAttribute("src")在 IE 和 Firefox 中都能获取到它的属性值,只是 Firefox 用这两种方法获取的属性值有一些差别。而对于"class"属性,由于在 JavaScript 中 class 是关键字,所以使用"元素.属性名"方法获取时必须将"class"属性写成"className",而对于使用 getAttribute()方法获取时,在 IE 中必须将"class"属性写成"className",而在 Firefox 中"class"属性必须写成"class"。因此,为了兼容 IE 和 Firefox,访问 class 属性最好使用"元素.属性名"的方法访问。

(2)用 setAttribute()方法设置元素属性

下面的程序演示了通过 setAttribute 方法改变 img 元素的 src 属性的值,从而实现图片单击后,被更换成了另一幅的效果。这是用 JavaScript 实现图片翻转效果的方法之一。

```
<script language = "JavaScript">
function changePic(){
    var myImg = document.getElementsByTagName("img")[0];      //获取图片
    myImg.setAttribute("src","02.jpg");                       //设置图片 src 和 title 属性
    myImg.setAttribute("title","兴盛公寓");
    myImg.setAttribute("width","300");
}
</script>
<body>
<img src = "01.jpg" title = "鄱湖" onclick = "changePic()"/>
</body>
```

从上述代码可以看出,利用 setAttribute()方法还可以为元素添加属性,本例中为 myImg 添加了 width = "300"的属性。

(3)用 removeAttribute(name)删除元素的属性

removeAttribute()可以方便地删除元素的属性,只是和 getAttribute()一样,要删除 class 属性在 IE 中必须把"class"写成"className",而在 Firefox 中"class"又只能写成"class",因此,解决的办法是把两条都写上。

```
<script language = "JavaScript">
function changePic(){
    var myImg = document.getElementsByTagName("img")[0];      //获取图片
    myImg.removeAttribute("className");                       //对 IE 有效
    myImg.removeAttribute("class");                           //对 Firefox 有效
}
```

```
</script>
<body>
<img src="01.jpg" title="鄱湖" onclick="changePic() class="bk"/>
</body>
```

3. 访问相关结点

"访问相关结点"的含义是根据已知的结点,寻找和它存在联系的结点,如父结点、子结点、兄弟结点等。下面介绍在 DOM 中访问相关结点的方法。

(1)访问 html 结点和 body 结点

① 用 document. documentElement 属性可以直接访问 html 结点。

通过 documentElement 属性可以很方便地访问到 HTML 元素。例如:

```
var htmlnode = document.documentElement;
```

如果想要取得 head 和 body 结点,可以用下面的方法实现:

```
var headnode = htmlnode.firstChild;
var bodynode = htmlnode.lastChild;
```

另外也可以用 childNodes 对象得到一个 NodeList 对象,从而访问相应结点,因此用下面的方法同样能访问到 head 和 body 结点。

```
var headnode = htmlnode.childNodes[0];
var bodynode = htmlnode.childNodes[1];
```

② 用 document. body 属性可以直接访问 body 结点。

(2)访问子结点

Node 接口定义了以下的属性,可以用于访问 DOM 结点的子结点:

① childNodes:子结点的列表;

② firstChild:第一个子结点;

③ lastChild:最后一个子结点。

下面的例子通过 document. body 获取到 body 结点,然后用 hasChildNodes()方法判断 body 结点是否有子结点,如果有,则使用 childNodes 属性获取该结点包含的所有子结点。

```
<script type = "text/JavaScript" >
    function init() {
    var oUl = document.body;                    //获取 body 结点
    var DOMString = "";
    if(oUl.hasChildNodes()){                    //判断是否有子结点
        var oCh = oUl.childNodes;
        for(var i = 0;i < oCh.length;i ++)       //逐一查找
            DOMString += oCh[i].nodeName + "\n";
    }
    alert(DOMString);
}
</script>
```

```
</head>
<body onload="init()">
  <h1>HTML Sample Page</h1>
  <p>Hello, This is a sample page.</p>
</body>
```

这个例子运行时,会输出 body 结点的所有子结点,但是运行结果在 IE 和 Firefox 中是不相同的,在 IE 中的运行结果如图 7-18 所示,在 Firefox 中的运行结果如图 7-19 所示。

图 7-18　IE 中有两个子结点

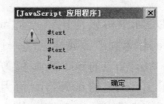

图 7-19　Firefox 中的子结点

这是因为 Firefox 在计算元素的子结点时,不光计算它下面的元素子结点,连元素之间的空格也被当成文本子结点计算进来了。因此本例中 oCh. length 的值在 IE 浏览器中是 2,而在 Firefox 中的值是 5。我们在使用 childNodes 属性时,一定要注意这个问题。

但是如果是输出 html 结点的所有子结点,例如把上例中的"var oUl = document. body;"改为"var oUl = document. documentElement;",则在 IE 和 Firefox 中输出结果相同,都是输出:

```
HEAD
BODY
```

这说明 Firefox 只会在求 body 结点及其以下结点的子结点时计算文本子结点。

(3) 访问父结点

Node 接口定义了 parentNode 属性,可以用于访问 DOM 结点的父结点。

(4) 访问兄弟结点

Node 接口还定义了以下的属性,用于访问 DOM 结点的兄弟结点:

① previousSibling:上一个兄弟结点;

② nextSibling:下一个兄弟结点。

由于使用 JavaScript 的框架 jQuery 的选择器可以很方便地访问结点的相关结点,因而并不推荐直接写原始的 JavaScript 代码来访问相关结点。

4. 检查结点类型

DOM 中的结点主要有三种类型,分别是元素结点、属性结点和文本结点。

例如一个 a 元素的代码如下:

```
<a href="iframe.html" target="myTarget">在指定窗口打开</a>
```

则 href = " iframe. html" 和 target = " myTarget" 就分别是两个属性结点 (attribute node),而"在指定窗口打开"就是一个文本结点,由于属性结点和文本结点总是包含在元素结点中,它们的关系如图 7-20 所示。

图 7-20　各种结点的关系

在 DOM 中可以使用结点的 nodeType 和 nodeName 属性检查结点的类型,其中 nodeType 比较常用,该属性返回一个代表结点类型的整数值。其值的含义是:

(1) 元素结点的 nodeType 值为 1;

(2) 属性结点的 nodeType 值为 2;

(3) 文本结点的 nodeType 值为 3。

5. 创建结点

除了查找结点并处理结点的属性外,DOM 同样提供了很多便捷的方法来管理结点。包括创建、删除、替换和插入等操作,在 DOM 中创建元素结点采用 creatElement( ),创建文本结点采用 createTextNode( ),创建文档碎片结点采用 createDocumentFragment( )等。

(1) createElement 方法:创建 HTML 元素。

使用这种方法可以在网页中动态创建新的元素,例如希望在网页中动态添加如下代码:

<p>这是一条感人的新闻</p>

则首先可以利用 createElement( )创建 <p> 元素,代码如下:

```
var oP = document.createElement("p");
```

然后利用 createTextNode( )方法创建文本结点,并利用 appendChild( )方法将其添加到 oP 结点的 childNodes 列表的最后,代码如下:

```
var oCont = document.createTextNode("这是一条感人的新闻");
oP.appendChild(oCont);
```

最后再将已经包含了文本结点的元素 <p> 结点添加到 <body> 中,同样可采用 appendChild( )方法,代码如下:

```
document.body.appendChild(oP);
```

这样便完成了 <body> 中 <p> 元素的创建,appendChild( )方法是向元素的尾部追加结点,因此创建的 p 元素总是位于 body 中元素的尾部。

(2) createTextNode 方法:创建文本结点。

```
var txt = document.createTextNode("some text");
```

(3) createDocumentFragment 方法:创建 DOM 文档碎片。

在文档碎片中可以添加各种结点,最后一次性添加到 HTML 页面中。使用这种方法可以减少页面更新的次数,提高页面展示的效率。下面的例子使用文档碎片一次性向文档中添加了 10 个按钮。

```
function addbut() {
    var container = document.getElementById("div1");        //放置新按钮的 div 元素
    var frag = document.createDocumentFragment();           //创建文档片段
    for (var i = 0; i < 10; i ++) {                         //创建一个新的 input 元素
        var btn = document.createElement("input");
        btn.type = "button";                               //设置 input 元素的属性
        btn.value = "new Button";
        frag.appendChild(btn);                             //将按钮添加到文档片段中
    }
container.appendChild(frag);                                //将文档碎片一次性附加到 div 中
    }
```

(4) cloneNode 方法:通过复制已有结点创建新结点。

cloneNode 方法使得我们可以在 DOM 使用"模板"方式创建结点,这对于需要在页面中创建大量类似结点的情况特别有用。

可以首先创建一个"模板"结点,创建新结点时首先调用 cloneNode 方法获得"模板"结点的副本,然后根据实际应用的需要对该副本结点进行局部内容的修改。

6. 操作结点

操作 DOM 结点可以使用标准的 DOM 方法,如 appendChild( ),removeChild( )等,也可以使用非标准的 innerHTML 属性。DOM 中可以使结点发生变化的常用方法包括:

(1) appendChild( ):为当前结点新增一个子结点,并且将其作为最后一个子结点;

(2) insertBefore( ):为当前结点新增一个子结点,将其插入到指定的子结点之前;

(3) replaceChild( ):将当前结点的某个子结点替换为其他结点;

(4) removeChild( ):删除当前结点的某个子结点。

这里以 replaceChild( )替换结点方法来展示用 DOM 操作结点的方法。下面的代码当单击文本时,将文本所在的 p 结点替换成了 h1 结点。

```
< p onclick = "replaceP()" >这行文字被替换了 </p>
< script language = "javascript" >
function replaceP(){
    var oOldP = document.getElementsByTagName("p")[0];
    var oNewP = document.createElement("h1");              //新建结点 i
    var oText = document.createTextNode("这是一个感人至深的故事");
    oNewP.appendChild(oText);
    oOldP.parentNode.replaceChild(oNewP,oOldP);            //替换结点
}
</script >
```

7.5.3 访问 CSS 样式

1. 访问或修改 CSS 的行内样式

对于 DHTML 来说,通过 JavaScript 修改元素的 CSS 样式属性是使用很频繁的操作之一。JavaScript 访问 CSS 样式最常用的对象是 style,当使用行内方式指定元素的 CSS 样式时,style 对象的属性便包含了所有的 CSS 行内样式的属性。例如:

```
<p id="test" onclick="$()" style="font-size:14px; color:#000000;">内容</p>
```

使用以下的 JavaScript 代码就可以获取相应的样式属性:

```
function $(){
var oP=document.getElementById("test");
alert(oP.style.fontSize);              //输出 font-size 样式属性:14px
oP.style.color="#ff0000";              //修改 CSS 样式
alert(oP.style.color);     }
            //输出 color 样式属性:IE 中输出#ff0000,Firefox 中输出 rgb(255,0,0)
```

2. style 对象在使用时需要注意以下几个问题

(1) 样式设置必须符合 CSS 规范,否则该样式会被忽略。

(2) 如果样式属性名称中不带"-"号,例如 color,则直接使用 style.color 就可获得该属性值;如果样式属性名称中带有"-"号,例如 font-size,对应的 style 对象属性名称为fontSize。

转换规则是去掉属性名称中的"-",再把后面单词的第一个字母大写即可。又如border-left-style,对应的 style 对象属性名称为 borderLeftStyle。

(3) 对于 CSS 样式中的 float 属性,不能使用 style.float 访问,因为 float 是 JavaScript 的保留字,不能用作属性名,应该使用 style.cssFloat(Firefox)或 style.styleFloat(IE)访问该样式属性。

(4) 使用 style 对象只能获取到元素的行内样式,而不能获得元素的所有 CSS 样式。如果将上例中 p 元素的 CSS 样式改为内嵌式的形式,那么 style 对象是访问不到的。因此 style 对象获取的属性与元素最终显示效果并不一定相同,因为元素还可能通过内嵌式或链接式等其他方式定义样式。

如果要获得元素的最终样式,需要使用下面的方法。

3. 获取元素的最终样式

可以通过下面的方式获取元素在浏览器中的最终样式(即所有 CSS 规则作用在一起得到的样式)。在 IE 和 DOM 兼容浏览器中获取最终样式的方式是不同的。

(1) IE:使用元素的 currentStyle 属性即可以获得元素的最终样式。

(2) DOM 兼容浏览器:使用 document.defaultView.getComputeStyle 方法获得最终

样式。

通过以下的方法可以在各种浏览器中获取元素的最终样式:

```
function getCurrentStyle(element) {
  if(element.currentStyle)                              //IE 支持
    return element.currentStyle;
  else
    return document.defaultView.getComputedStyle(element, null);
                                                       //DOM 兼容浏览器
    }
```

注意,元素的最终样式是只读的,因此通过上述方式只能读取最终样式,而无法修改样式。这使得在实际应用中获取元素的最终样式意义并不大。

7.5.4　用 DOM 控制表单

1. 访问表单中的元素

每个表单中的元素,无论是文本框、单选按钮、下拉列表或者其他内容,都包含在form 的 elements 集合中,可以利用元素在集合中的位置或者元素的 name 属性获得对该元素的引用。代码如下:

```
var oForm = document.forms["myForm1"];
var oTextName = oForm.elements[0];
var oTextPasswd = oForm.elements["passwd"];
```

另外,还有一种最直观也是使用频率最高的方法,就是直接通过表单元素的 name 属性来访问,代码如下:

```
var oComments = oForm.elements.comments;        //获取 name 属性为 comments 的元素
```

经验:虽然也可以用 document. getElementById( )和表单元素的 id 值来访问某个特定的元素。但由于表单中的元素要向服务器传送数据,一般都具有 name 属性,所以用name 属性的方法来访问更加方便,尤其像单选按钮组各项之间的 name 值相同,而 id 值不同。因此,本书对表单的操作主要均采用上述方法。

2. 表单中元素的共同属性和方法

所有表单中的元素(除了隐藏元素)都有一些共同的属性和方法,这里将常用的一些列在表 7-12 中。

对于表 7-12 中的各个属性和方法,读者可以逐一试验,例如:

```
var oForm = document.forms["myForm1"];
var oComments = oForm.elements.comments;
alert(oComments.type);                          //返回元素类型(输出 text)
var oTextPasswd = oForm.elements["passwd"];
oTextPasswd.focus();                            //聚焦到 passwd 元素上
```

表 7-12　表单中元素的共同属性和方法

属性/方法	说　明
checked	对于单选按钮和复选框而言,选中则为 true
defaultChecked	对于单选按钮和复选框而言,如果初始时是选中的则为 true
value	除下拉菜单外,所有元素的 value 属性值
defaultValue	对于文本框和多行文本框而言,初始设定的 value 值
form	指向元素所在的 <form>
name	元素的 name 属性
type	元素的类型
blur( )	使焦点离开某个元素
focus( )	聚焦到某个元素
click( )	模拟用户单击该元素
select( )	对于文本框、多行文本框而言,选中并高亮显示其中的文本

3. 用表单的 submit( )方法代替提交按钮

在 HTML 中,表单的提交必须采用提交按钮或具有提交功能的图像按钮才能够实现,例如:

```
< input type = "submit" name = "Submit" value = "登录"/ >
< input type = "image" name = "picSubmit" src = "submit.gif"/ >
```

当用户单击其中一个按钮就可以直接提交表单。但是在很多场合中用其他方法提交却显得更为便捷,如选中某个单选按钮,选择了下拉列表中某一项后就让表单立即提交。只要在相应的元素事件中加入下面这条事件处理代码即可实现提交。

```
document.formName.submit();
```

或:

```
document.forms[index].submit();
```

这两条语句使用了表单对象的 submit( )方法,等效于单击 submit 按钮。

通过采用 submit( )方法提交表单,还可以把验证表单的程序写在提交表单之前。下面是用一个超链接(a 元素)模拟提交按钮实现表单提交的例子。在提交之前还验证了用户名是否为空。

```
< script language = "JavaScript" >
  function checkvalue() {
    if(document.welcomeform.username.value == "" )
      { alert("用户名不能为空!");
        return ( false );
    }
    document.welcomeform.submit();
  return ( true );
}
```

```
    </script>
<form name = " welcomeform "  method = " post "  action = " welcome.action " >
    < input type = "text" name = "username"/>
    < input type = "text" name = "password"/>
    < a href = "#" onclick = "checkvalue();return false: ">登 录</a>
    </form>
```

在 HTML 一章中我们曾说提交按钮是表单的三要素之一,但这个观点现在需要改变了。从上例可以看出,利用 submit( )方法代替提交按钮的功能,可以使表单不再需要提交按钮。

4. 为表单的文本框添加输入提示功能

在 Windows 中,有自动完成功能,只要打开该功能,当用户在文本框中输入文字时,Windows 会把曾经输入过的文字显示在文本框的下方,像一个下拉列表一样供用户选择。这样带来了很好的用户体验。

但 Windows 的自动完成功能只能使用用户以前输入过的文本进行提示,而现在的搜索引擎如"百度"、"Google"即使用户以前没有输入过内容也能进行提示。这是因为它把这些最经常被人搜索的选项保存在数据库中,判断用户最有可能要搜索哪些从而进行提示。

下面我们来模仿"Google"搜索引擎的自动提示功能制作一个自动提示的颜色名文本框(7-8.html)。制作的步骤如下:

(1) 建立结构代码,自动提示的文本框首先当然离不开文本框 < input type = " text " > 本身,而提示框则采用 < div > 块内嵌项目列表 < ul > 来实现。当用户在文本框中每输入一个字符(onkeyup 事件)后,就在预设的"颜色名称"数组中查找,找到匹配的项就动态加载到 ul 元素中,显示给用户供选择,结构代码如下:

```
< form method = "post" name = "myForm1" >
请选择颜色: < input type = "text" name = "colors" id = "colors" onkeyup =
"findColors();"/>
    </form>
<div id = "popup" >
    < ul id = "colors_ul" ></ul >
    </div >
```

(2) 设置 CSS 样式,由于提示框 div 块的位置必须出现在文本框的下面,因此对它采用 CSS 绝对定位,并设置两个边框属性,一个用于有匹配结果时显示提示框 div,另一个用于未查到匹配项时隐藏提示框。相应的 CSS 样式如下:

```
input{                                  /*用户输入框的样式*/
    font - size:12px; border:1px solid #000000;
    width:200px; padding:1px; margin:0px;
}
#popup{                                 /*提示框 div 块的样式*/
    position:absolute; width:202px;
    color:#004a7e; font - size:12px;
```

```
    font-family:Arial, Helvetica, sans-serif;
    left:41px; top:25px;
}
#popup.show{                                    /*显示提示框的边框*/
    border:1px solid #004a7e;
}
#popup.hide{                                    /*隐藏提示框的边框*/
    border:none;
}
ul{                                             /*提示框的样式风格*/
    list-style:none;
    margin:0px; padding:0px;
}
```

（3）编写 JavaScript 实现匹配用户输入。当用户在文本框中输入了任意一个字符后,则在预先设定好的颜色名称数组中搜索。如果找到匹配的项则存到一个数组中,并传递给显示提示框的函数 setColors( ),否则利用函数 clearColors( )清除提示框,代码如下:

```
var oInputField;                        //考虑到很多函数中都要使用
var oPopDiv;                            //因此采用全局变量的形式
var oColorsUl;
var aColors = ["red","green","blue","magenta", …,"darkgreen","darkhaki",
"ivory","darkmagenta"];
aColors.sort();                        //用数组的 sort()方法对字母排序
function initVars(){
                                       //初始化变量
    oInputField = document.forms["myForm1"].colors;
    oPopDiv = document.getElementById("popup");
    oColorsUl = document.getElementById("colors_ul");
}
function findColors(){
    initVars();                        //初始化变量
    if(oInputField.value.length>0){
        var aResult = new Array();        //用于存放匹配结果
        for(var i=0;i<aColors.length;i++)  //从颜色表中找匹配的颜色
                                       //必须是从单词的开始处匹配
            if(aColors[i].indexOf(oInputField.value)==0)
                aResult.push(aColors[i]);    //压入结果
        if(aResult.length>0)              //如果有匹配的颜色则显示出来
            setColors(aResult);
        else                           //否则清除,用户多输入一个字母
            clearColors();             //就有可能从有匹配到无,到无的时候需要清除
    }
    else
        clearColors();                 //无输入时清除提示框(例如用户按 Del 键)
}
```

（4）显示提示框，传递给 setColors( ) 的参数是一个数组，它存放着所有匹配用户输入的数据，因此 setColors( ) 的职责就是将这些匹配项一个个放入 li 中，并添加到 ul 里，直接清除整个提示框即可。这两个函数的代码如下：

```
function clearColors(){                          //清除提示内容
    for(var i =oColorsUl.childNodes.length -1;i >=0;i --)
        oColorsUl.removeChild(oColorsUl.childNodes[i]);
    oPopDiv.className = "hide";
}
function setColors(the_colors){
                                //显示提示框,传入的参数即为匹配出来的结果组成的数组
    clearColors();                    //每输入一个字母就先清除原先的提示,再继续
    oPopDiv.className = "show";
    var oLi;
    for(var i =0;i <the_colors.length;i ++){    //将匹配的提示结果逐一显示给用户
        oLi =document.createElement("li");
        oColorsUl.appendChild(oLi);
        oLi.appendChild(document.createTextNode(the_colors[i]));
        oLi.onmouseover = function(){
            this.className = "mouseOver";        //鼠标经过时高亮
        }
        oLi.onmouseout = function(){
            this.className = "mouseOut";          //离开时恢复原样
        }
        oLi.onclick = function(){          //用户单击某个匹配项时,设置输入框为该项的值
            oInputField.value =this.firstChild.nodeValue;
            clearColors();                        //同时清除提示框
        }    }
}
```

从上面的代码可以看出，考虑到用户使用的友好，提示框中的每一项 li 都添加了鼠标事件，包括鼠标滑过时 li 元素背景变色，单击鼠标时则自动将选项赋给输入框，并清空提示框。因此添加 ul 的 CSS 样式风格如下：

```
li.mouseOver{
    background -color:#004a7e;
    color:#FFFFFF;
}
li.mouseOut{
    background -color:#FFFFFF;
    color:#004a7e;
}
```

这样整个自动提示框就制作完成了，在浏览器中的显示效果如图 7-21 所示。

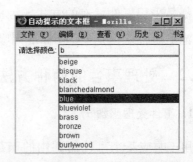

图 7-21　带有自动提示功能的文本输入框

7.6　事件处理

　　事件是 JavaScript 和 DOM 之间进行交互的桥梁,当某个事件发生时,通过它的处理函数执行相应的 JavaScript 代码。例如,页面加载完毕后,会触发 load 事件,用户单击元素时,会触发 click 事件。通过编写这些事件的处理函数,可以实现对事件的响应,如向用户显示提示信息,改变这个元素或其他元素的 CSS 属性。

7.6.1　事件流

　　浏览器中的事件模型分为两种,即捕获型事件和冒泡型事件。所谓捕获型事件是指事件从最不特定的事件目标传播到最特定的事件目标,例如下面的代码(7-11.html)中,如果单击 p 元素那么捕获型事件模型的触发顺序是 body→div→p。早期的 NN 浏览器采用这种模型。

```
< script language = "JavaScript" >
function add(sText){
    var oDiv = document.getElementById("display");
    oDiv.innerHTML += sText;                        //输出单击顺序
}
</script >
< body onclick = "add('body < br > ');" >
    < div onclick = "add('div < br > ');" >
        < p onclick = "add('p < br > ');" >Click Me </p >
    </div >
    < div id = "display" ></div >
</body >
```

　　而 IE 等浏览器采用了事件冒泡的方式,即事件从最特定的事件目标传播到最不特定的事件目标。而且目前大部分浏览器都采用了冒泡型事件模型,上例中的代码在 IE 和 Firefox 中的显示结果如图 7-22 所示,可看到它们都是采用事件冒泡的方式。因此主要讲解冒泡型事件。但是 DOM 标准则吸取了两者的优点,采用了捕获+冒泡的方式。

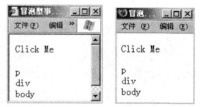

图 7-22　IE 和 Firefox 均采用冒泡型事件

7.6.2　处理事件的两种方法

1. 事件处理函数

　　用于响应某个事件而调用的函数称为事件处理函数,事件处理函数既可以通过 JavaScript 进行分配,也可以在 HTML 中指定。因此事件处理函数出现的形式可分为两类：

（1）HTML 标记事件处理程序

这是最常见的一种事件处理形式，它直接在 HTML 标记中的事件名后书写事件处理
函数。形式为：<TAG eventhandler = "JavaScript Code">。例如：

```
<p onclick = "alert('我的内容是' + this.innerHTML);">Click Me</p>
<button id = "btn" onclick = "alert('你好')">Click Me</button>
```

这种方法简单，而且在各种浏览器中的兼容性很好。

（2）以属性的形式出现的事件监听程序。形式为：

```
object.eventhandler = function;
```

例如：

```
<script language = "JavaScript" type = "text/javascript">
window.onload = function(){
    var oP = document.getElementById("myP");          //找到对象
    oP.onclick = function(){                           //设置事件监听函数
        alert('我被单击了');
    }}</script>
<p id = "myP">Click Me</p>
```

这种方法没有把 JavaScript 代码写在 HTML 的标记内，实现了结构和行为的分离，同
时将这段程序放在 window 对象的 onload 事件中，保证了 DOM 结构完全加载后再搜索
<p>结点。

这种方法的另一个优点是：假设页面中很多元素对同一事件都会采用相同的处理方
式，这时在每个元素的标记内都要添加一条事件处理的语句就会有很多代码冗余。下面
是一个用 JavaScript 模仿 a 标记 hover 伪类效果的例子：

```
<p onmouseover = "this.style.textDecoration = 'underline'" onmouseout =
"this.style.textDecoration = 'none'">用 JavaScript 模拟 p:hover 伪类选择器</p>
<p onmouseover = "this.style.textDecoration = 'underline'" onmouseout =
"this.style.textDecoration = 'none'">第一段</p>
<p onmouseover = "this.style.textDecoration = 'underline'" onmouseout =
"this.style.textDecoration = 'none'">第二段</p>
<p onmouseover = "this.style.textDecoration = 'underline'" onmouseout =
"this.style.textDecoration = 'none'">第三段</p>
```

从代码中可以看出，如果使用 HTML 标记事件处理程序的话，那么每个标记内都要
写一段相同的事件处理代码，如果标记很多的话，就存在很大的代码冗余。而使用事件监
听程序，就可以把上述代码改为：

```
<script language = "JavaScript" type = "text/javascript">
window.onload = function()
```

```
{
    var ps = document.getElementsByTagName("p");
    for (var p in ps)    {
        ps[p].onmouseover = function()
          {  this.style.textDecoration = "underline"    };
        ps[p].onmouseout = function()
          {  this.style.textDecoration = "none"     };
    }
};
</script>
```

这样 p 标记中的标记事件处理程序就可以全部去掉了,而运行效果完全一样。

2. 通用事件监听程序

事件处理函数使用便捷,但是这种传统的方法不能为一个事件指定多个事件处理函数,事件属性只能赋值一种方法,例如:

```
button1.onclick = function() { alert('你好'); };
button1.onclick = function() { alert('欢迎'); };
```

这样后面的 onclick 事件处理函数就将前面的事件处理函数覆盖了。在浏览器中预览只会弹出一个显示"欢迎"的警告框。

正是由于事件处理函数存在上述功能上的缺陷,所以需要通用事件监听函数。事件监听函数可以作用于多个元素,不需要为每个元素重复书写,同时事件监听函数可以为一个事件添加多个事件处理方法。

（1）IE 中的事件监听函数

在 IE 浏览器中,有两个函数来处理事件监听,分别是 attachEvent( ) 和 detachEvent( ),attachEvent( )用来给某个元素添加事件处理函数,而 detachEvent( )则是用来删除元素上的事件处理函数。例如:

```
< script language = "JavaScript" >
function fnClick1(){
    alert("我被单击了");
    oP.detachEvent("onclick",fnClick);        //单击了一次后删除监听函数
}
function fnClick2(){
    alert("我的内容是" + myP.innerHTML);
}
window.onload = function(){
    oP = document.getElementById("myP");       //找到对象
    oP.attachEvent("onclick",fnClick1);        //添加监听函数
    oP.attachEvent("onclick",fnClick2);
}
</script>
```

```
<p id = "myP" >Click Me </p>
```

通过以上代码可以看出 attachEvent( )和 detachEvent( )的使用方法,它们都接受两个参数,前一个参数表示事件名,而后一个参数是事件处理函数的名称。

这种方法可以为同一个元素添加多个监听函数。在 IE 中运行时,当用户第一次单击 p 元素会接连弹出两个对话框,而单击了一次以后,监听函数 fnClick1( )被删除,再单击就只会弹出一个对话框了,这也是前面的方法所无法实现的。

(2) Firefox 中的事件监听函数(标准 DOM 的监听方法)

Firefox 等其他非 IE 浏览器采用标准 DOM 监听函数进行事件监听,即 addEventListener( )和 removeEventListener( )。与 IE 不同之处在于这两个函数接受三个参数,即事件名、事件处理的函数名和是用于冒泡阶段还是捕获阶段。

这两个函数接受的第一个参数"事件名"与 IE 也有区别,事件名是"click"、"mouseover"等,而不是 IE 中的"onclick"或者"onmouseover",即事件名没有"on"开头。另外,第三个参数通常设置为 false,即冒泡阶段。例如:

```
<script language = "JavaScript" >
function fnClick1( ){
    alert("我被 fnClick1 监听了");
    oP.removeEventListener("click",fnClick1,false);        //删除监听函数 1
}
function fnClick2( ){
    alert("我被 fnClick2 监听了");
}
var oP;
window.onload = function( ){
    oP = document.getElementById("myP");                   //找到对象
    oP.addEventListener("click",fnClick1,false);           //添加监听函数 1
    oP.addEventListener("click",fnClick2,false);           //添加监听函数 2
}
</script>
<p id = "myP" >Click Me </p>
```

在 Firefox 中运行该程序时,当第一次单击 p 元素时,会接连弹出两个对话框,顺序是"我被 fnClick1 监听了"和"我被 fnClick2 监听了"。当以后再次单击时,由于第一次单击后删除了监听函数 1,就只会弹出一个对话框了,内容是"我被 fnClick2 监听了"。

7.6.3　浏览器中的常用事件

1. 事件的分类

对于用户而言,常用的事件无非是鼠标事件、HTML 事件和键盘事件,其中鼠标事件的种类如表 7-13 所示。

表 7-13　鼠标事件的种类

事件名	描述
onClick	单击鼠标左键时触发
onDbclick	双击鼠标左键时触发
onmousedown	鼠标任意一个按键按下时触发
onmouseup	松开鼠标任意一个按键时触发
onmouseover	鼠标指针移动到元素上时触发
onmouseout	鼠标指针移出该元素边界时触发
onmousemove	鼠标指针在某个元素上移动时持续触发

常用的 HTML 事件如表 7-14 所示。

表 7-14　常用的 HTML 事件

事件名	描述
onload	页面完全加载后在 window 对象上触发,图片加载完成后在其上触发
onunload	页面完全卸载后在 window 对象上触发,图片卸载完成后在其上触发
onerror	脚本出错时在 window 对象上触发,图像无法载入时在其上触发
onSelect	选择了文本框的某些字符或下拉列表框的某项后触发
onChange	文本框或下拉框内容改变时触发
onSubmit	单击提交按钮时在表单 form 上触发
onBlur	任何元素或窗口失去焦点时触发
onFocus	任何元素或窗口获得焦点时触发

对于某些元素来说,还存在一些特殊的事件,例如 body 元素就有 onresize(当窗口改变大小时触发)和 onscroll(当窗口滚动时触发)这样的特殊事件。

键盘事件相对来说用得较少,主要有 keydown(按下键盘上某个按键触发)、keypress(按下某个按键并且产生字符时触发,即忽略 Shift、Alt 等功能键)和 keyup(释放按键时触发)。通常键盘事件只有在文本框中才显得有实际意义。

2. 事件的应用举例——设置鼠标经过时自动选择表单中文本

有时希望当鼠标指针经过文本框时,文本框能自动聚焦,并能选中其中的文本以便用户直接输入就可修改。其中实现鼠标经过时自动聚焦的代码如下:

```
<input name="user" type="text" onmouseover="this.focus()"/>
```

其次是聚焦后自动选中文本框中的文本,代码如下:

```
onfocus="this.select()"
```

将两者结合起来的完整代码如下:

```
<input name="user" value="tang" type="text" onmouseover="this.focus()"
onfocus="this.select()"/>
```

可以看到当鼠标指针移动到文本框上方时,文本框立即聚焦并且其中的内容被自动选中了。

如果表单中有很多文本框,不希望在每个文本框标记中都写上这些事件处理代码,则可改写成如下的通用事件处理函数。

```javascript
<script language="javascript">
function myFocus(){
    this.focus();
}
function mySelect(){
    this.select();
}
window.onload = function(){
    var elements = document.getElementsByTagName("input");
    for (var i = 0; i < elements.length; i++) {
        var type = elements[i].type;
        if(type == "text") {
            elements[i].onmouseover = myFocus;
            elements[i].onfocus = mySelect;
        }  } }
</script>
```

3. 事件的应用举例——利用 onBlur 事件自动校验表单

过去,表单验证都是在表单提交时进行验证,即当用户输入完表单后按提交按钮时再进行验证。随着 Ajax 技术的兴起,现在表单的输入验证一般在用户输入完一项转到下一项时,对刚输入的一项进行验证。即输完一项验证一项,也就是在前一输入项失去焦点(onBlur)时进行验证。例如表单一节中图 3-36 的动网论坛注册表单就是这样的。这样的好处很明显,在用户输入错误后可马上提示用户进行修改,还可防止提交表单后如果有错误要求用户重新输入所有的信息。

(1) 写结构代码。该例的结构代码是一个包含有文本框、密码框和提交按钮的表单,考虑到失去焦点时要返回提示信息,在各个文本框后面添加一个用于显示提示信息的 <span> 标记。表单 <form> 的 HTML 代码如下:

```html
<form name="register">
<table cellpadding="5" cellspacing="0" border="0">
    <tr><td>用户名:</td><td><input type="text" name="User"></td><td>
<span id="UserResult"></span></td></tr>
    <tr><td>输入密码:</td><td><input type="password" name="passwd1"></td><td></td></tr>
    <tr><td>确认密码:</td><td><input type="password" name="passwd2"></td><td><span id="pwdResult"></span></td></tr>
    <tr><td colspan="2" align="center">
        <input type="submit" value="注册"><input type="reset" value="重置">
        </td><td></td></tr>
</table>
</form>
```

（2）当文本框或密码框获得焦点时改变其背景色，以便突出显示，失去焦点时其背景色又恢复为原来的背景色。代码如下：

```
<script language = "javascript">
function myFocus(){
    this.style.backgroundColor = "#ffdddd";
}
function myBlur(){
    this.style.backgroundColor = "#ffffff";
}
window.onload = function(){
    var elements = document.getElementsByTagName("input");
     for (var i = 0;i < elements.length;i ++) {
        var type = elements[i].type;
      if(type == "text" || type == "password") {
          elements[i].onfocus = myFocus;
           elements[i].onblur = myBlur;
        } } }
```

（3）当文本框或密码框失去焦点时开始验证该文本框中的输入是否合法，在这里仅验证文本框的输入是否为空，以及两次输入的密码必须相同。

① 由于要在失去焦点时验证，所以在函数 myBlur( )中添加执行验证函数的代码，将上述代码中的 myBlur( )修改为：

```
function myBlur(){
    this.style.backgroundColor = "#ffffff";
    startCheck(this);                          //这一句是新增的验证表单的代码
    }
```

② 然后编写验证函数 startCheck( )的代码，它的代码如下：

```
function startCheck(oInput){
    if(oInput.name == "User"){                 //如果是用户名的输入框
        if(!oInput.value){                     //如果值不为空
        oInput.focus();                        //聚焦到用户名的输入框
        document.getElementById("UserResult").innerHTML = "用户名不能为空";
        return;}
        else
        document.getElementById("UserResult").innerHTML = "";
        }
        if(oInput.name == "passwd2"){
        if(document.getElementsByName("passwd1")[0].value! = document.
getElementsByName("passwd2")[0].value)                 //如果两个密码框值不相等
document.getElementById("pwdResult").innerHTML = "两次输入的密码不一致";
        else
        document.getElementById("pwdResult").innerHTML = "";}
    }
```

这样,这个具有利用 onBlur 事件验证功能的表单就做好了,效果如图 7-23 所示。如果能够添加与服务器交互的服务器端脚本,还能实现验证"用户名是否已经被注册"等功能。

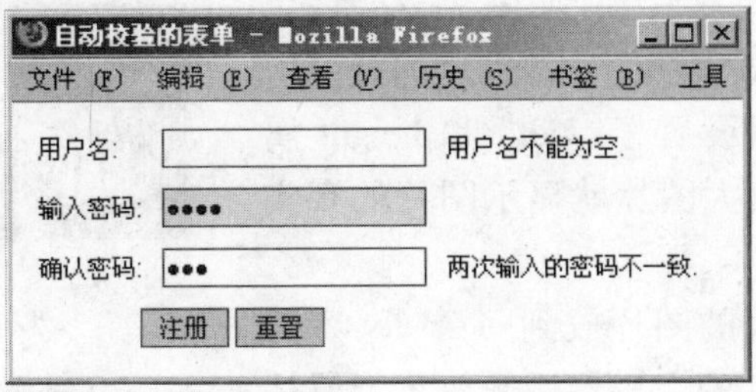

图 7-23 利用 onBlur 事件自动校验的表单

7.6.4 事件对象

1. IE 和 DOM 中的事件对象

事件在浏览器中是以对象的形式存在的,在 IE 中,事件(event)又是 window 对象的一个属性 event,因此访问时通常采用如下方法。

```
oP.onclick = function(){
    var oEvent = window.event;
}
```

尽管它是 window 对象的属性,但 event 对象还是只能在事件发生时被访问,所有的事件处理函数执行完之后,该对象就自动消失了。

而标准 DOM 中规定 event 对象必须作为唯一的参数传给事件处理函数,因此在类似 Firefox 浏览器中访问事件对象通常将其作为参数,代码如下:

```
oP.onclick = function(oEvent){
}
```

因此为了兼容这两种浏览器,通常采用下面的方法。

```
oP.onclick = function(oEvent){
    if(window.event) oEvent = window.event;
}
```

浏览器在获取了事件对象后就可以通过它的一系列属性和方法来处理各种具体事件了,例如鼠标事件、键盘事件和浏览器事件等。对于鼠标事件来说,其常用的属性是它的位置信息属性。主要有以下两类:

(1) screenX/screenY:事件发生时,鼠标在计算机屏幕中的坐标;

(2) clientX/clientY:事件发生时,鼠标在浏览器窗口中的坐标。

通过鼠标的位置属性,可以随时获取到鼠标的位置信息,例如,有些电子商务网站可以将商品用鼠标拖放到购物篮中,这就需要获取鼠标事件的位置,才能让商品跟着鼠标移动。

2. 事件对象的应用举例——制作跟随鼠标移动的图片放大效果

本例中,当鼠标滑动到某张图片上时,鼠标的旁边就会显示这张图片的放大图片,而且放大的图片会跟随鼠标移动,如图 7-24 所示。在整个例子中,原图和放大的图片都采用的是同一张图片,只不过对原图设置了 width 和 height 属性,使它缩小显示,而放大图片就显示图片的真实大小。制作步骤如下:

图 7-24　跟随鼠标移动的图片放大效果

(1) 把几张要放大的图片放到一个 div 容器中,然后再添加一个 div 的空容器用来放置当鼠标经过时显示的放大图像。结构代码如下:

```
< div id = "demo" >
    < img src = "pic1.jpg"/ >   < img src = "pic2.jpg"/ >   < img src = "pic3.jpg"/ >
< /div >
< div id = "enlarge_img" >< /div >      <!-- 用来放置放大的图片 -->
```

当然,严格来说,把这几幅图片放到一个列表中结构更清晰些。

(2) 写 CSS 代码,对于 img 元素来说,只要定义它在小图时的宽和高,并给它添加一条边框以显得美观。对于 enlarge_img 元素,它应该是一个浮在网页上的绝对定位元素,在默认时不显示,并设置它的 z-index 值很大,防止被其他元素遮盖。

```
#demo img{
    width:90px;   height:90px;                    /* 页面中小图的大小 */
    border:5px solid #f4f4f4; }
#enlarge_img{
position:absolute;
display:none;                                     /* 默认状态不显示 */
z-index:999;                                      /* 位于网页的最上层 */
border:5px solid #f4f4f4}
```

(3) 对鼠标在图片上移动这一事件对象进行编程。首先获取到 img 元素,当鼠标滑动到它们上面时,使#enlarge_img 元素显示,并且通过 innerHTML 往该元素中添加一个图像元素作为大图。大图在网页上的纵向位置(即距离页面顶端的距离"top")应该是鼠标到窗口顶端的距离(event. clientY)加上网页滚动过的距离(document. body. scrollTop)。代码如下:

```
< script type = "text/javascript" >
var demo = document.getElementById("demo");
var gg = demo.getElementsByTagName("img");          //获取#demo 中的 img 元素集合
var ei = document.getElementById("enlarge_img");
for(i = 0; i < gg.length; i ++){
    var ts = gg[i];
    ts.onmousemove = function(event){               //鼠标在某个 img 元素上移动时
        event = event || window.event;              //兼容 IE 和标准 DOM 事件
```

```
    ei.style.display = "block";                    //显示装大图的盒子
    ei.innerHTML = ' < img src = "' + this.src + '"/ > ';  //设置大图盒子中的图像路径
    ei.style.top = document.body.scrollTop + event.clientY + 10 + "px";
                                                   //大图在页面上的位置
    ei.style.left = document.body.scrollLeft + event.clientX + 10 + "px";
}
ts.onmouseout = function(){                         //鼠标离开时
    ei.innerHTML = "";
    ei.style.display = "none";
}
ts.onclick = function(){    window.open( this.src );
                                                   //单击大图时在新窗口打开图片
}}
</script >
```

这样该实例就制作好了，注意 JavaScript 代码在这里只能放在结构代码的后面，当然也可以把这些 JS 代码作为一个函数放在 Window. onload 事件中。想一想：如果把代码中的 onmousemove 事件换成 onmouseover 会出现什么样的效果呢？

7.6.5 制作隔行和动态变色的表格

网页中经常会遇到一些数据表格，如学校员工的花名册，公司的年度收入报表等，这些数据表格的行或列往往会很多，导致用户查看某个数据时容易看错行。这时可以使用隔行变色，并且鼠标滑过某一行则改变颜色的方式，这样的表格对用户来说更加友好。下面使用 JavaScript 实现表格隔行变色，并且鼠标滑过时还会动态变色。代码如下，效果如图 7-25 所示。

```
< style type = "text/css" >
.datalist tr.altrow{                               /* 设置隔行变色的样式 */
    background - color:#a5e5aa;
}
.datalist tr:hover, .datalist tr.overrow{          /* 设置动态变色的样式 */
    background - color:#2DA0FF;        color: #FFFFFF;
}
</style >
< script language = "JavaScript" >
window.onload = function(){                         //隔行变色代码
    var oTable = document.getElementById("oTable");
    for(var i = 0;i < oTable.rows.length;i ++){
        if(i% 2 ==0)                                //偶数行时
            oTable.rows[i].className = "altrow";    /* 添加"altrow"的样式 */
    }}
</script >
< table class = "datalist" id = "datalist" >
```

```
    <tr> <th>Name</th>…… <th>Mobile</th></tr>
    <tr> <td>sixtang</td>…… <td>1307994</td></tr>
              ……(表格代码省略)
    <tr><td>lightyear</td>…… <td>1002908</td></tr>
</table>
<script language="JavaScript">                          //动态变色代码
var rows=document.getElementsByTagName('tr');
for (var i=0;i<rows.length;i++){
    rows[i].onmouseover=function(){                     //鼠标在行上面的时候
        this.className+='overrow';                      /*添加"overrow"的样式*/
    }
    rows[i].onmouseout=function(){                      //鼠标离开时
        this.className=this.className.replace('overrow','');
    }}
</script>
```

Name	Class	Birthday	Constellation	Mobile
sixtang	W13	Jun 24th	Cancer	1118159
fresheggs	W610	Nov 5th	Scorpio	1038818
girlwing	W210	Sep 16th	Virgo	1307994
tastestory	W15	Nov 29th	Sagittarius	1095245
lovehate	W47	Sep 5th	Virgo	6098017

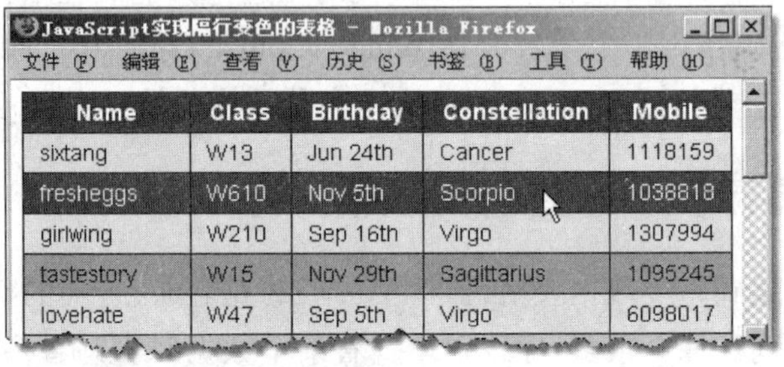

图7-25　具有隔行变色和动态变色功能的表格

7.6.6　DOM和事件编程实例

1. 制作Lightbox效果

所谓Lightbox其实是现在网页上很常见的一种效果，比如单击网页上某个链接或图片，则整个网页会变暗，并在网页中间弹出一个层来，如图7-26所示。此时用户只能在层上进行操作，不能再单击变暗的网页。

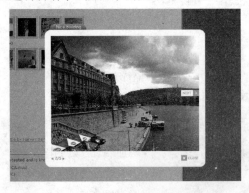

图7-26　Lightbox示例

制作Lightbox效果基本的思想是：首先在网页中插入一个和整个网页一样大的div，设置它为绝对定位，并设置它的z-index值仅小于弹出框，背景色为黑色，在默认情况下不显示。当单击网页上某个链接时，则显示这个div，并设置它的透明度80%，这样就会有一个黑色的半透明层覆盖在网页上，使网页看起来像变暗了一样，而且这个层将挡住网页上所有的链接等元素，使用户单击不到它们。同时弹出一个绝对定位的div，

放置在网页的中间作为弹出框。制作步骤如下：

（1）写结构代码

由于需要一个层覆盖在网页上，还需要另一个层做弹出框，所以结构代码中有两个 div。

```
<body>
<h3>Lightbox 效果演示</h3>
<p>观看效果<a href="#">请单击这里</a></p>
<div id="light" class="white_content">这里是 lightbox 弹出框的内容<a href=
"#">关闭</a></div>          <!-- 弹出框,在中间可以放任何内容 -->
<div id="fade" class="black_overlay"></div>       <!-- 覆盖网页的 div,中间没
                                         有内容 -->

</body>
```

（2）设置覆盖层的 CSS 样式

覆盖层不能占据网页空间，所以应设置为绝对定位，而且必须和网页一样大，因此设置它的位置为"top：0%；left：0%"，大小为"width：100%；height：100%；"。代码如下：

```
.black_overlay{
    display: none;                      /*默认不显示*/
    position: absolute;
    top: 0%;
    left: 0%;
    width: 100%;
    height: 100%;                   /*以上四条设置覆盖层和网页一样大,并且左上角对齐*/
    background-color: black;             /*背景色为黑色*/
    z-index:1001;                      /*位于网页最上层*/
    -moz-opacity: 0.7;                 /*Firefox 浏览器透明度设置*/
    opacity:.70;                       /*支持 CSS3 的浏览器透明度设置*/
    filter: alpha(opacity=80);         /*IE 浏览器透明度设置*/
        }
```

（3）设置弹出框的 CSS 样式

弹出框也是一个绝对定位元素，并且初始时不显示，它的 z-index 值应最大，这样才会在覆盖层的上方显示。代码如下：

```
.white_content {
    display: none;
    position: absolute;
    top: 30%;
    left: 30%;
    width: 40%;
    height: 40%;                    /*以上四条设置弹出框的位置和大小*/
    padding: 16px;
    border: 16px solid orange;
    background-color: white;
    z-index:1002;
```

```
overflow: auto;              /*当内容超出弹出框时,弹出框大小不变,出现垂直滚动条*/
}
```

（4）编写打开弹出框 JavaScript 代码

当鼠标单击 a 元素时,要同时显示覆盖层和弹出框,代码如下：

```
< a onclick = "document.getElementById('light').style.display = 'block';
document.getElementById('fade').style.display = 'block'">请单击这里</a>
```

而且单击 a 元素时,不能链接到其他网页,也不能设置(href = "#"),那样会跳转到页面的顶端,可以设置为(href = "JavaScript:void(0)"),这样单击时页面不会发生跳转。

因此 a 标记完整的代码为：

```
< a href = "JavaScript:void(0)" onclick = "document.getElementById('light')
.style.display = 'block';document.getElementById('fade').style.display = 'block'">
```

（5）编写弹出框的关闭按钮代码

单击弹出框的关闭按钮后,应同时隐藏弹出框和覆盖层,回到初始状态,代码如下：

```
< a href = "JavaScript:void(0)" onclick = "document.getElementById('light')
.style.display = 'none';document.getElementById('fade').style.display = 'none'">
Close</a>
```

这样一个简单的 Lightbox 效果就做好了,但是在 IE 6 中需要将网页上传到服务器中才能看到正确的效果。由于在 Firefox 等其他浏览器中显示效果比 IE 中要稍微暗一些,因此可以把非 IE 浏览器中设置透明度的属性值调低一些。

2. 制作 Tab 面板（选项卡面板）

Tab 面板由于能节省很多网页空间、给用户较好的体验,受到大家的普遍喜爱,所以是目前 Web 2.0 网站中流行的高级元素。图 7-27 就是一个最简单的有两个选项卡的 Tab 面板,下面讨论它是如何制作的。

首先,一个 Tab 面板可以分解成两部分,即上方的导航条和下面的内容框。实际上,导航条中有几个 tab 项就应该会有几个内容框。只是因为当鼠标滑动到某个 tab 项的时候,才显示与其对应的一个内容框,而把其他内容框都通过(display:none)隐藏了,且不占据网页空间。如果不把其他内容框隐藏的话,那么图 7-27 中的 Tab 面板就是图 7-28 这个样子。

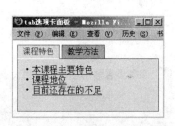

图 7-27　Tab 面板

图 7-28　显示所有内容框

下面是图 7-27 中的 tab 面板的结构代码(注：class = "cur" 表示当前选项卡的样式)。

```
<body>
<ul id="tab">
<li><a id="tab1" class="cur" href="#">课程特色</a></li>
<li><a id="tab2" href="#">教学方法</a></li>
</ul>
<div id="info1">
    ·<a href="#">本课程主要特色</a><br/>
    ·<a href="#">课程地位</a><br/>
    ·<a href="#">目前还存在的不足</a><br/> 
</div>
<div id="info2">
    ·<a href="#">教学方法和教学手段</a><br/>
    ·<a href="#">课程的历史</a><br/>
    ·<a href="#">目前还存在的优势</a><br/> 
</div>
</div>
</body>
```

从结构代码中可以看出,这个 Tab 面板是用具有 2 个列表项的无序列表做的导航条,使用 2 个 div 容器做的内容框。实际上这些 div 容器都没有上边框,而只有左、右和下边框,为了证实这一点,我们只需给这些 div 容器加个上边界(margin-top:12px;)就可以发现它们确实没有上边框,此时显示效果如图 7-29 所示。

其实 div 的上边框是由导航条 ul#tab 元素的下边框实现的,这是因为当鼠标滑过 tab 项时,要让 tab 的子元素的下边框变为白色,而且正好遮盖住 ul#tab 元素的蓝色下边框,如图 7-30 所示。这样在激活的 tab 项处就看不到 tab 元素的下边框了。

为了实现这种边框的遮盖,首先必须使两个元素的边框重合。当然,有人会说,如果给 div 容器加个上边框,再

图 7-29　Tab 面板的真实结构

让 div 容器使用负边界法向上偏移 1px (margin-top: -1px;),那么它的上边框也会和 tab 项的下边框重合。但这样的话是 div 容器的上边框覆盖在 tab 项的下边框上,这样就算 tab 项的下边框变白色,也会被 div 容器的上边框覆盖而看不到效果,这就是 div 容器不能有上边框的原因。

图 7-30　tab 项的白色下边框遮盖住了 ul 元素的蓝色下边框

所以只能使用 ul 的子元素的下边框覆盖 ul 元素的下边框,因为默认情况下子元素的盒子是覆盖在父元素盒子之上的。在这里 ul 的子元素有 li 和 a。由于当鼠标滑过时需要子元素的下边框变色,而 IE 6 只支持 a 元素的 hover 伪类,所以选择用 a 元素的下边框覆

盖 ul 元素的下边框,ul#tab 元素和 a 元素的样式如下:

```
#tab {
    margin: 0;                          /*通用设置,将列表的边界、填充都设为 0*/
    padding: 0 0 24px 0;      /*由于 li 元素浮动,ul 盒子高度为 0,用填充使高度扩展*/
    list-style-type: none;              /*去掉列表元素列表项前的小黑点*/
    border-bottom:1px solid #11a3ff;    /*给 ul 元素添加下边框*/
}
#tab a {
    display: block;
    float:left;
    padding: 0 10px;                    /*给 a 元素左右加 10 像素填充*/
    height:23px;        /*使 a 元素的高度正好等于 ul 元素高度,从而它们的下边框重合*/
    line-height:23px;                   /*以上两条使 a 元素文字垂直居中*/
    border: 1px solid #11a3ff;          /*设置边框*/
    font-size: 14px;    color: #993300;
    text-decoration: none;              /*去下划线*/
    background-color: #BBDDFF;
}
```

这样 ul#tab 元素的高度是 24+1＝25 像素,a 元素的高度是 23＋1＋1＝25 像素,而且 a 元素是浮动的,脱离了标准流,所以 a 元素不会占据 ul 元素的空间,在 IE 中 ul 元素的高也不会被 a 元素撑开。

注意:ul 元素作为浮动盒子的外围容器不能设置宽和高,否则在 IE 中浮动盒子(a 元素)将不会脱离标准流(参看 4.7.3 节"浮动的浏览器解释"),这样 a 元素的盒子将被包含在 ul 元素的盒子中,两个盒子的下边框将无法重叠。这就是对 ul#tab 元素设置下填充为 24 像素,而不设置高度为 24 像素(height:24px;)的原因。

同样,ul 元素不能设置宽度,这意味着 tab 面板的宽度是无法由其自身控制的,但这并不构成一个问题,因为 tab 面板总是放在网页中其他元素(如 div)中的,只要设置外围容器的宽度,就能控制 tab 面板的宽度了。

接下来写其他元素的 CSS 代码,这些都很简单。

```
#tab li {
    float:left;                         /*使 tab 项水平排列*/
    margin:0 4px 0 0;                   /*设置右边界,使 tab 项之间有间距*/
}
div {
    background-color: #ffeeee;
    padding: 10px;
    border-left:1px solid #11a3ff;      /*左边框*/
    border-right:1px solid #11a3ff;     /*右边框*/
    border-bottom:1px solid #11a3ff;    /*下边框*/
}
#info2 {
```

```
    display: none;                              /* 使#info2 暂时隐藏起来 */
}
#tab a:hover,#tab a.cur {
    border - bottom: 1px solid #ffeeee;         /* 鼠标滑过或是当前选项时改变下划线颜色 */
    color: #F74533;                             /* 改变 tab 项的文字颜色 */
    background - color: #ffeeee;                 /* 改变 tab 项的背景颜色 */
}
```

这样 tab 面板的外观就全部做好了,接下来必须使用 JavaScript 使鼠标滑动到某个 tab 项时就显示与它对应的内容框,并把其他内容框隐藏。这就是当鼠标滑过某个元素时要控制其他元素的显示和隐藏,只能使用 JavaScript 而不能使用 hover 伪类,因为 hover 伪类当鼠标滑过时只能控制元素自身或其子元素的显示和隐藏。我们首先在结构代码中为两个 tab 项(a 元素)添加 onmouseover( )事件,代码如下:

```
< ul id = "tab" >
< li >< a id = "tab1" onmouseover = "changtab(1)" class = "cur" href = "#" >课程特色
</a></li >
< li >< a id = "tab2" onmouseover = "changtab(2)" href = "#" >教学方法 </a></li >
</ul >
```

最后写 JavaScript 代码:

```
< script language = "JavaScript" type = "text/JavaScript" >
function changtab(n)
{
    for(i =1;i <=document.getElementsByTagName("li").length;i ++)
    {
        document.getElementById('info'+ i).style.display = 'none';
                                                    //将所有面板隐藏
        document.getElementById('tab'+ i).className = 'none';
    }
    document.getElementById('info'+ n).style.display = 'block';
                                                    //显示当前面板
    document.getElementById('tab'+ n).className = 'cur';
}
</script >
```

这段代码是计算网页中所有 li 元素的个数作为 tab 选项的个数,然后先设置所有内容框隐藏(display:none),接下来再设置选中的选项内容框显示(display:block)。

但如果网页中除了这个 tab 面板外其他地方也有 li 元素,那么就不能把 li 元素个数作为 tab 选项个数了,因此可以把代码中的这一行:

```
for(i =1;i <=document.getElementsByTagName("li").length;i ++)
```

换成:

```
for(i =1;i <=document.getElementById("tab").childNodes.length;i ++)
```

即计算#tab 元素所有儿子元素的个数,这样在 IE 中是可以了,但 Firefox 对于 childNodes 的计算和 IE 不同,它会把#tab 元素中的文本(回车符)也当成一个结点,即在 li 元素之间的回车符也当成一个文本结点,这样计算出的结点数是 5。因此在 Firefox 中会出错。

最好的办法还是自己数一下这个 tab 选项面板中选项的个数,然后把它写在循环的终止条件里。即:

```
for(i=1;i<=2;i++)
```

这样 tab 面板就做好了,它的基本原理是用 JavaScript 控制 tab 项对应的内容框的显示和隐藏。

7.7　DW CS3 对 JavaScript 的支持

DW CS3 对 JavaScript 的支持包括行为面板、时间轴特效和 Spry 框架等,其中前两种是老版本的 DW 也具有的,而 Spry 框架是 DW CS3 新增的。

7.7.1　行为面板

由于不少网页设计者并不具有 JavaScript 编程基础,因此 DW 提供了一种"行为面板",通过使用它,用户不必编写 JavaScript 代码,就能制作出需要由数百行代码才能完成的功能。但通过行为面板生成的代码也具有通用性不强、代码冗余量大的缺点。

1. 行为简介

"行为"实际上是一系列使用 JavaScript 程序预定义的页面特效工具,是在 DW 中内置的 JavaScript 程序库。使用行为面板可以方便地为网页添加一些预先设置好的脚本或程序。一般来说,一个"行为"由一个"事件"和一个"动作"组成。

事件就是在"事件"一节中介绍过的 HTML 事件或鼠标事件,如 onload、onmouseover 等,而动作就是一段 JavaScript 程序,利用这段程序可以完成相应的任务,如弹出信息、播放声音、检查浏览器等。

2. 利用行为面板动态改变元素属性

下面举一个简单的例子说明行为面板的使用。

在这个例子中,当鼠标滑动到一个 AP 元素上时,会显示一行文字,当鼠标移开时,又会显示另外一行文字。如图 7-31 所示,制作步骤如下:

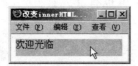 

图 7-31　改变元素 innerHTML 属性的例子

　　首先向网页中插入一个 AP 元素,方法是执行菜单命令:"插入"→"布局对象"→
"AP 元素",然后通过行为面板动态改变这个 AP
元素中的内容,即在 onmouseover 事件中,修改该
元素的 innerHTML 属性,使这个 AP 元素中显示
一些文字。

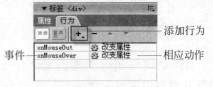

图 7-32　行为面板

　　接下来,在图 7-32 所示的行为面板中,单击
" + "号添加行为,在弹出菜单中选择"改变属
性",则弹出如图 7-33 所示的对话框,在该对话框的"对象类型"中选择 DIV,在"命名对
象"中选择 div" Layer1 "(这正是刚才插入的那个 AP 元素),在"属性"中选择
innerHTML,在"新的值"中输入"欢迎光临",单击"确定"即可。

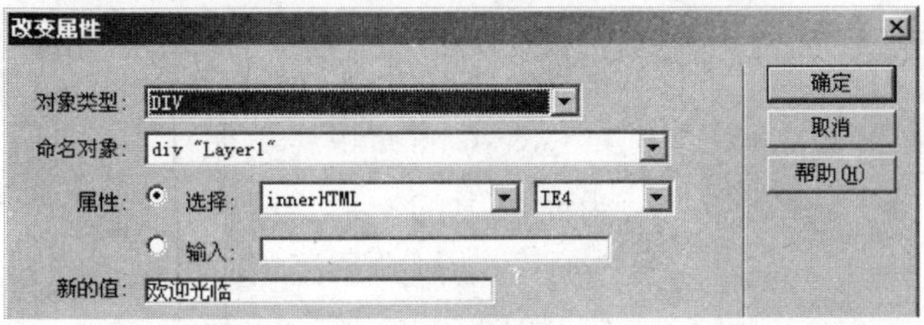

图 7-33　"改变属性"对话框

　　这时,可看到行为面板中多了一条行为,其中事件是"onFocus",动作是"改变属性",
我们需要把"onFocus"事件改变为"onMouseOver"事件,方法是双击事件名,在下拉框中
选择"onMouseOver"事件即可。

　　最后以同样的方法再添加一条行为,只是在改变属性对话框中把"新的值"设置为
"欢迎下次再来",把事件名设置为"onMouseOut"即可。

　　这样,这个例子就制作好了。需要说明的是,行为面板只是为了方便对 JavaScript 不
了解的人为网页添加一些简单的行为使用,如果系统学习过 JavaScript 编程,就没有必要
使用行为面板了,毕竟直接编写代码更灵活高效。

7.7.2　时间轴特效

　　时间轴用于制作 JavaScript 动画特效,其原理是在代码中调用了定时函数(如
setInterval)的功能。在 DW 中选择"窗口"菜单中的"时间轴"可打开时间轴面板。

　　时间轴通过改变 AP 元素的位置、大小、可见性、不透明度来创建动画,例如要制作渐
隐渐现的下拉菜单,就可以通过时间轴面板设置在第一帧时下拉菜单的 CSS 透明度属性
为 0% ,在最后一帧时透明度为 100% ,这样就能够通过时间轴实现渐隐渐现的效果。

7.7.3　Spry 框架

　　Spry 框架是 Dreamweaver CS3 中新增的功能,它实际上就是一个客户端的 JavaScript
类库,包含了一组 JavaScript 文件、CSS 文件和图片文件。Spry 框架的核心由四部分组
成,即 XML 数据集、动态区域(Dynamic Regions)、装饰器库(Widgets)和变化效果库
(Transition Effects)。一个装饰器是由一组 HTML、CSS、JavaScript 封装成的高级 UI(用

户界面）。最常见的装饰器有可折叠的菜单、树型菜单和 Tab 选项面板等。本书主要讲述 CSS 装饰器库的使用。

1. Spry 框架的组成

DW CS3 将 Spry 框架的大部分功能集成到 Spry 组件面板中，如图 7-34 所示。这使得开发者可以用可视化的方式添加 Spry 组件。

图 7-34 Spry 组件面板

从 Spry 组件面板中可以看出，Spry 组件面板主要分为三部分，左边部分是 Spry XML 数据集，中间部分是 Spry 表单验证组件，右边部分是 Spry 高级网页装饰元素（从左到右依次为下拉菜单、Tab 面板、折叠菜单和折叠面板）。

Spry 的变化效果库位于"行为"面板中，单击行为面板中的"＋"号，选择"效果"就可以添加各种 Spry 的动画效果了，包括渐隐渐现、滑动、晃动、遮帘等，如图 7-35 所示。元素应用了 Spry 动画效果后 DW 会提示将 SpryEffects.js 文件导入到当前网站目录下的 SpryAssets 目录中。

2. 使用 Spry 高级网页元素制作 Tab 面板

在前面的一节中已经完全通过编写代码的方式制作了一个 Tab 面板，下面使用 Spry 组件来制作，从而学习 Spry 高级网页元素的使用。

图 7-35 行为面板中的 Spry"效果"

（1）插入 Spry Tab 选项面板

首先新建一个 HTML 空页面，保存文件。在 Spry 组件面板中，单击选项卡式面板，就会向网页中添加一个 Tab 面板，如图 7-36 所示。

图 7-36 添加 Spry 选项卡式面板

接下来再保存网页，此时会弹出图 7-37 所示的"复制相关文件"的提示框，单击"确定"按钮，它会把 Tab 面板所需的 Spry 文件复制到网页所在目录下的 SpryAssets 目录中。从这里可以看出 Spry Tab 面板需要 SpryTabbedPanels.js 和 SpryTabbedPanels.css 文件的支持。

切换到代码视图，可以看到 DW 已经将这两个文件导入到页面文件中。代码如下：

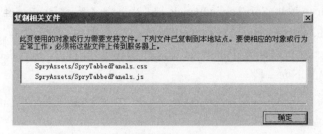

图 7-37　提示复制 Spry 组件的支持文件

```
<script src="SpryAssets/SpryTabbedPanels.js" type="text/JavaScript"></script>
<link href=" SpryAssets/SpryTabbedPanels. css" rel=" stylesheet " type =
"text/css"/>
```

（2）添加选项卡并修改选项卡文字

在默认情况下，Spry 选项卡面板只有两个选项卡（Tab），如果要增加选项，可以单击图 7-36 中 Spry 面板上方的文字"Spry 选项卡式面板：TabbedPanels1"选中它，然后在图 7-38 所示的 Tab 属性面板中单击"面板"后的"＋"号，就可以添加一个选项了。如果要调整选项的次序，可以单击"面板"右侧的"上移"或"下移"箭头。"默认面板"可设置初始时显示哪个面板。

图 7-38　Tab 选项卡的属性面板

然后切换到代码视图修改每个选项卡对应的文字，代码如下：

```
<div id="TabbedPanels1" class="TabbedPanels">
  <ul class="TabbedPanelsTabGroup">
    <li class="TabbedPanelsTab" tabindex="1">最新公告</li><!--修改选项卡
文字-->
    <li class="TabbedPanelsTab" tabindex="2">中心简介</li>
    <li class="TabbedPanelsTab" tabindex="3">常用下载</li>
  </ul>
  <div class="TabbedPanelsContentGroup">
    <div class="TabbedPanelsContent">内容 1</div>
    <div class="TabbedPanelsContent">内容 2</div>
    <div class="TabbedPanelsContent">内容 3</div>
  </div>
</div>
```

（3）将选项卡由单击式触发改为滑过式触发

用 Spry 组件制作的选项卡面板默认是单击式触发的，如果要改为鼠标滑过时触发，需要修改它引用的外部 js 文件的代码。

可以在代码视图中快速地打开该文件引用的外部文件，方法是找到代码视图中的

<script src = " SpryAssets/SpryTabbedPanels. js" type = " text/JavaScript" ></script > 一行,将光标停留在" SpryAssets/SpryTabbedPanels. js" 范围内,然后右击,在弹出菜单中选择"打开 SpryAssets/SpryTabbedPanels. js",这样 DW 就会打开"SpryTabbedPanels. js"文件,找到它代码中的下面一段。

```
Spry.Widget.TabbedPanels.prototype.onTabClick = function(e, tab)
{
    this.showPanel(tab);
};
Spry.Widget.TabbedPanels.prototype.onTabMouseOver = function(e, tab)
{
    this.addClassName(tab, this.tabHoverClass);
};
```

显然代码中的 showPanel(tab)应该就是显示面板的意思,把它从单击 Tab 项的事件 onTabClick 中移动到鼠标滑过 Tab 项事件(onTabMouseOver)就实现了滑动式显示面板了,修改后的代码如下:

```
Spry.Widget.TabbedPanels.prototype.onTabMouseOver = function(e, tab)
{
    this.showPanel(tab);
    this.addClassName(tab, this.tabHoverClass);
};
```

(4) 改变选项卡的外观

在默认情况下,Tab 面板的外观是灰色的,如果要修改外观,需要修改它对应的 CSS 文件(SpryTabbedPanels. css),这个 CSS 文件中的选择器都是按照规范命名的,很容易理解。如果不理解,可以单击图 7-38 属性面板中的"自定义此构件"查看自定义选项卡式面板构件的帮助文档。

其中. TabbedPanelsTab 选择器指定一般 Tab 项的外观,在这里可设置所有 Tab 项的文字颜色、大小、背景颜色和边框颜色等。

```
.TabbedPanelsTab {
    position: relative;
    top: 1px;
    float: left;
    padding: 6px 10px 4px;
    margin: 0px 4px 0px 0px;
    font: 14px sans - serif;
    color:#333333;
    background - color: #99CCFF;
    list - style: none;
    border: solid 1px #0066CC;
    }
```

在. TabbedPanelsTabHover 选择器指定鼠标滑过 Tab 项时的文本颜色。

```
.TabbedPanelsTabHover {
    color:red;
    }
```

在 .TabbedPanelsTabSelected 选择器指定 Tab 项被选中时的背景和边框颜色。

```
.TabbedPanelsTabSelected {
    background - color: #ffeeee;
    border - bottom: 1px solid #FFeeee;
}
```

在 .TabbedPanelsContentGroup 选择器指定 Tab 面板内容框的边框和背景颜色。

```
.TabbedPanelsContentGroup {
    clear: both;
    border: solid 1px #0066CC;
    background - color: #FFeeee;
}
```

在 .TabbedPanelsContent 指定内容框的填充及内容框的文字大小。

```
.TabbedPanelsContent {
    padding: 8px;
font: 12px/18px "经典综艺体简";
    }
```

通过这些设置之后就制作完成了,该 CSS 文件后还有很多以"V"开头的选择器,那些都是竖直 Tab 面板需要用的,在这里可以将它们全部删除。制作完成后 Tab 面板的外观如图 7-39 所示。

还可以使用滑动门技术制作 Tab 项是圆角图案的 Spry Tab 面板。用于制作圆角 Tab 项的图片如图 7-40 所示,图 7-41 是制作完成后的效果,由于 Tab 项需要两个元素放背景图案。所以在每个 Tab 项的 li 标记中嵌入一个 a 标记。修改后的代码如下:

图 7-39　用 Spry 制作完成后的 Tab 面板

```
< div id = "TabbedPanels1" class = "TabbedPanels" >
  < ul class = "TabbedPanelsTabGroup" >
    < li class = "TabbedPanelsTab" tabindex = "1" ><a>最新公告 </a></li >
    < li class = "TabbedPanelsTab" tabindex = "2" ><a>中心简介 </a></li >
    < li class = "TabbedPanelsTab" tabindex = "3" ><a>常用下载 </a></li >
```

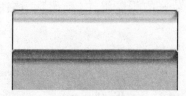

图 7-40　tab. gif

图 7-41　制作完成后的效果

```
    </ul>
    <div class = "TabbedPanelsContentGroup">
      <div class = "TabbedPanelsContent">内容 1</div>
      <div class = "TabbedPanelsContent">内容 2</div>
      <div class = "TabbedPanelsContent">内容 3</div>
    </div>
  </div>
```

去掉边框,将背景颜色改为背景图案。只要修改 li 标记和 a 标记在正常状态和被选中状态的背景属性即可。代码如下:

```
.TabbedPanelsTab {
    position: relative;
    top: 1px;
    float: left;
    padding: 0 0 0 14px;
    margin: 0px 4px 0px 0px;
    font: 14px sans - serif;
    color:#333333;
    background: url(../tab.gif)0% -42px;    /*黑体字为设置滑动门翻转背景的代码*/
    list - style: none;
    }
.TabbedPanelsTab a {
    background: url(../tab.gif)100% -42px;
    display: block;
    padding: 6px 14px 4px 0;
}
.TabbedPanelsTabSelected {
    background: url(../tab.gif);
}
.TabbedPanelsTabSelected  a{
    background: url(../tab.gif) right top;
    border - bottom: 1px solid #FFeeee;
}
```

7.8　jQuery 框架使用入门

随着 JavaScript、CSS、Ajax 等技术的不断进步,越来越多的开发者将一个又一个丰富多彩的程序功能进行封装,供其他人可以调用这些封装好的程序组件(框架)。这使得 Web 程序开发变得简洁,并能显著提高开发效率。

7.8.1　jQuery 框架的功能

常见的 JavaScript 框架有 jQuery、Prototype、Mootools、ExtJS 和 Spry 等。目前以 jQuery 最受开发者的追捧,下面简要介绍这些框架的特点和用途。

1. JavaScript 框架简介

jQuery 是一个优秀的 JavaScript 框架,它能使用户更方便地处理 HTML 文档、events 事件、动画效果、Ajax 交互等。它的出现极大地改变了开发者使用 JavaScript 的习惯。

Prototype 是一个易于使用、面向对象的 JavaScript 框架。它封装并简化和扩展一些在 Web 开发过程中常用到的 JavaScript 方法与 Ajax 交互处理过程。

Mootools 是一个简洁、模块化、面向对象的 JavaScript 框架。它能够帮助你更快、更简单地编写可扩展和兼容性强的 JavaScript 代码。Mootools 从 Prototype 中汲取了许多有益的设计理念,语法也和其极其类似。但它提供的功能要比 Prototype 多,整体设计也比 Prototype 要相对完善,功能更强大,比如增加了动画特效、拖放操作等。

ExtJS 是一个跨浏览器,用于开发 RIA(Rich Internet Application)应用的 JavaScript 框架。提供高性能、可定制的 Web UI 控件库。具有良好的设计、丰富的文档和可扩展的组件模型。

2. jQuery 的主要功能

(1)访问页面框架的局部。这是前面介绍的 DOM 模型所完成的主要工作之一,通过前面章节的示例可以看到,DOM 获取页面中某个结点或者某一类结点有固定的方法,而 jQuery 则大大地简化了其操作的步骤。

(2)修改页面的表现(Presentation)。CSS 的主要功能就是通过样式风格来修改页面的表现。然而由于各个浏览器对 CSS 3 标准的支持程度不同,使得很多 CSS 的特性没能很好地体现。jQuery 很好地解决了这个问题,它通过封装好的 jQuery 选择器代码,使各种浏览器都能很好地使用 CSS 3 标准,极大地丰富了 CSS 的运用。

(3)更改页面的内容。jQuery 可以很方便地修改页面的内容,包括修改文本的内容、插入新的图片、修改表单的选项,甚至修改整个页面的框架。

(4)响应事件。引入 jQuery 之后,可以更加轻松地处理事件,而且开发人员不再需要考虑复杂的浏览器兼容性问题。

(5)为页面添加动画。通常在页面中添加动画都需要开发大量的 JavaScript 代码,而 jQuery 大大简化了这个过程。jQuery 库提供了大量可自定义参数的动画效果。

(6)与服务器异步交互。jQuery 提供了一整套 Ajax 相关的操作,大大方便了异步交互的开发和使用。

(7)简化常用的 JavaScript 操作。jQuery 还提供了很多附加的功能来简化常用的 JavaScript 操作,如数组的操作、迭代运算等。

7.8.2 下载并使用 jQuery

jQuery 的官方网站(http://jquery.com)提供了最新的 jQuery 框架下载,如图 7-42 所示。通常只需要下载最小的 jQuery 包(Minified)即可。目前最新的版本 jquery-1.3.2.min.js 文件只有 55.9 KB。

图 7-42　jQuery 官方网站

jQuery 是一个轻量级(Lightweight)的 JavaScript 框架,所谓轻量级是说它根本不需要安装,因为 jQuery 实际上就是一个外部 js 文件,使用时直接将该 js 文件用 <script> 标记链接到自己的页面中即可,代码如下:

```
<script src = " jquery.min.js" type = "text/JavaScript" ></script>
```

将 jQuery 框架文件导入后,就可以使用 jQuery 的选择器和各种函数功能了。

7.8.3　jQuery 中的" $ "及其作用

在 jQuery 中,最频繁使用的莫过于美元符" $ ",它提供了各种各样的功能,包括选择页面中的一个或一类元素、作为功能函数的前缀、创建页面的 DOM 结点等。

" $ "实际等同于"jQuery",例如 $ (" h2 ")等同于 jQuery(" h2 "),为了编写代码的方便,才采用" $ "来代替"jQuery"。" $ "的功能主要有以下几方面。

1. " $ "用作选择器

在 CSS 中选择器的作用是选中页面中某一类元素或某个元素,而 jQuery 中的" $ "作为选择器,同样可选中某一类或某一个元素。

例如在 CSS 中,"h2 > a"表示选中 h2 的所有直接下级元素 a,而在 jQuery 中同样可以通过如下代码选中这些元素,作为一个对象数组,供 JavaScript 调用。

```
$ (" h2 > a")                              //注意作为选择器引号不能省略
```

jQuery 支持所有 CSS 3 的选择器,也就是说可以把任何 CSS 选择器都写在 $ (" ")中,像上面的"h2 > a"这种子选择器本来 IE 6 是不支持的,但把它转变成 jQuery 的选择器 $ (" h2 > a")后,则所有浏览器都能支持。例如:

```
< style type = "text/css" >
h2 > a {                                     /*该选择器在 IE 6 中无效*/
    color: red;
    text - decoration: none;
}
</style >
```

把它写成 jQuery 的选择器后：

```
< script type = "text/JavaScript" src = "jquery - 1.2.6.js" ></script >
< script type = "text/JavaScript" >
  $ (document).ready(function(){                   //页面载入后执行
        $ ("h2 > a").css("color","red");
        $ ("h2 > a").css("textDecoration","none");
  });
</script >
```

则使得本来不支持子选择器的 IE 6 也能支持子选择器了。

使用 jQuery 选择器设置 CSS 样式需要注意两点：

① CSS 属性应写成 JavaScript 中的形式，如 text - decoration 写成 textDecoration。

② 如果要在一条 jQuery 选择器的 CSS 方法中同时设置多条 CSS 样式，可以写成下面的形式，即函数中的这两行

```
$ ("h2 > a").css("color","red");
$ ("h2 > a").css("textDecoration","none");
```

等价于下面这一行

```
$ ("h2 > a").css({color:"red",textDecoration:"none"});
```

上面仅仅展示了用 jQuery 选择器实现 CSS 选择器的功能，实际上，jQuery 选择器的主要作用是选中元素后再为它们添加行为。例如：

```
$ ("#buttonid").click(function() { alert("BUTTON CLICK"); }
```

这样就通过 jQuery 的 id 选择器选中了某个按钮，接着为它添加单击时的行为。

还可以通过 jQuery 选择器获取元素的 HTML 属性，或修改 HTML 属性，方法如下：

```
$ ("a#somelink").attr("href");               //获取到了元素的 href 属性值
$ ("a#somelink").attr("href","index.html");
                                    //将元素的 href 属性值设置为 index.html
```

2. "$"用作功能函数前缀

在 jQuery 中，提供了一些 JavaScript 中没有的函数，用来处理各种操作细节。例如

each( )函数,它用来对数组中的元素进行遍历。为了指明该函数是 jQuery 的,就需要为它添加"$."前缀。例如下面的代码在浏览器中结果如图 7-43 所示。

```
$.each ( [0,1,2], function (i) {document.write
("Item #" + i + "<br/>"); });
```

图 7-43　each( )方法遍历数组

each( )函数更多的时候用来遍历选择器中的元素。对于元素的属性而言,可以利用 each( )方法配合 this 关键字来获取或者设置选择器中每个元素相对应的属性值。例如:

```
<script language = "JavaScript" src = "jquery.min.js"></script>
<script language = "JavaScript">
$(function(){
    $("img").each(function(index){
        this.title = "这是第" + (index + 1) + "幅图,路径是: " + this.src;
    });
});
</script>
<body>
<img src = "pic 1.jpg"/>
<img src = "pic 2.jpg"/>
<img src = "pic 3.jpg"/>
<img src = "pic 4.jpg"/>
</body>
```

以上代码首先利用 $("img")获取页面中所有 img 元素的集合,然后通过 each( )方法遍历这个图片集合。通过 this 关键字对每个图片进行访问,显示函数参数 index 并获取元素 src 属性。显示结果如图 7-44 所示。

图 7-44　each( )方法

3. 用作 $(document). ready( )解决 window. onload 函数冲突

在 jQuery 中,采用 $(document). ready( ) 函数替代了 JavaScript 中的 window. onload 函数。

其中(document)是指整个网页文档对象(即 JavaScript 中的 window. document 对象),那么 $(document). ready 意思就是,获取文档对象就绪的时候。

$(document). ready( )不仅可以替代 window. onload 函数的功能,而且比 window.

onload 函数还具有很多优越性,下面我们来比较两者的区别:

例如要将 id 为 loading 的图片在网页加载完成后隐藏起来,window. onload 的写法是:

```
function hide(){
document.getElementById("loading").style.display = "none";}
window.onload = hide;      //注意 window.onload 是事件监听,因此 hide 不能写成 hide()
```

由于 window. onload 事件会使 hide()函数在页面(包括 HTML 文档和图片等其他文档)完全加载完毕后才开始执行,因此在网页中 id 为"loading"的图片会先显示出来等整个网页加载完成后执行 hide 函数才会隐藏。

而 jQuery 的写法是:

```
$ (document).ready(function(){
("#loading").css("display","none");
})
```

jQuery 的写法则会使页面仅加载完 DOM 结构后就执行,即加载完 HTML 文档后,还没加载图像等其他文件就执行 ready()函数,给图像添加"display:none"的样式,因此 id 为"loading"的图片不可能被显示。

所以 $ (document). ready()比 window. onload 载入执行更快。

第二,如果该网页的 HTML 代码中没有 id 为 loading 的元素,那么 window. onload 函数中的 getElementById("loading")会因找不到该元素,导致浏览器报错。所以为了容错,最好将代码改为:

```
function hide()
{if(document.getElementById("loading")){
document.getElementById("loading").style.display = "none";
}}
```

而 jQuery 的 $ (document). ready()则不需要考虑这个问题,因为 jQuery 已经在其封装好的 ready()函数代码中做了容错处理。

第三,由于页面的 HTML 框架需要在页面完全加载后才能使用,因此在 DOM 编程时 window. onload 函数被频繁使用。倘若页面中有多处都需要使用该函数,将会产生冲突。而 jQuery 采用 ready()方法很好地解决了这个问题,它能够自动将其中的函数在页面加载完成后运行,并且在一个页面中可以使用多个 ready()方法,不会发生冲突。

总结,jQuery 中的 $ (document). ready()函数的三大优点:

- 在 DOM 文档载入后就执行,载入速度更快;
- 如果找不到 DOM 中的元素,能够自动容错;
- 在页面中多个地方使用 ready()方法不会发生冲突。

另外,jQuery 还可以将" $ (document).ready"简写为" $ ",因此,下面的代码:

```
$ (document).ready(function(){                //页面载入后执行
    $ ("h2 > a").css("color","red");
        });
```

等价于：

```
$(function(){                                    //页面载入后执行
    $("h2>a").css("color","red");
            });
```

4. 创建 DOM 元素

在 jQuery 中通过使用"＄"可以直接创建 DOM 元素,例如:

```
var newP = $ ("<p>武广高速铁路即将通车!</p>");
```

这条代码等价于 JavaScript 中的如下代码:

```
var newP = document.createElement("p");
var text = document.createTextNode("武广高速铁路即将通车!")
newP.appendChild(text);
```

可以看出,用"＄"创建 DOM 元素比 JavaScript 要方便得多,但要注意的是,创建了 DOM 元素后,还要用下面的方法将这个元素插入到页面的某个具体位置上,否则浏览器不会显示这个新创建的元素。如:

```
newP.insertAfter("#chapter");        //将创建的 newP 元素插入到 ID 为#chapter 的
                                     //元素之后
```

5. 解决"＄"的冲突

尽管在通常情况下我们都使用"＄"来代替 jQuery,而且也推荐使用这种方式。但如果开发者在 JavaScript 中定义了名称为"＄"的函数,例如"function ＄()｛…｝",或使用了其他的类库框架,而这些框架中也使用了"＄",那么就会发生冲突。jQuery 同样提供了 noConflict()方法来解决"＄"的冲突问题,例如:

```
jQuery.noConflict();
```

以上代码可以使"＄"按照其他 JavaScript 框架的方式运算,这时在 jQuery 中便不能再使用"＄",而必须使用"jQuery",例如 ＄("h2 a")必须写成 jQuery("h2 a")。

7.8.4 jQuery 中的选择器

要使某个动作应用于特定的 HTML 元素,需要有办法找到这个元素。在 jQuery 中,执行这一任务的方法称为 jQuery 选择器。jQuery 选择器是学习 jQuery 的基础,jQuery 的行为规则都必须在获取到元素的前提下进行,因此很多时候编写 jQuery 代码的关键就是怎样设计合适的选择器选中需要的元素。jQuery 选择器把网页的结构和行为完全分离。利用 jQuery 选择器,能快速地找出特定的 HTML 元素,然后轻松地给元素添加一系列行为动作。

jQuery 选择器主要有三大类,即 CSS 3 基本选择器,CSS3 位置选择器和过滤选择器。

1. CSS 3 基本选择器

jQuery 支持所有 CSS 3 的选择器,表 7-15 列出了最基本的 CSS 3 选择器供参考。

表 7-15 **jQuery 支持的 CSS 3 基本选择器**

选 择 器	说　　　明
*、E、E F、E. C、E#I 等 CSS1 选择器[①]	通配符、标记选择器、后代选择器、交集选择器、ID 选择器等 CSS1 中的选择器
E > F	子选择器
E + F	所有名称为 F 的标记,并且该标记紧接着前面的 E 标记
E ~ F	所有名称为 F 的标记,如果 F 和 E 是兄弟关系,并且 F 位于 E 后面(不需要紧跟 E)
E:has(F)	所有名称为 E 的标记,并且该标记包含 F 标记
E[A]	所有名称为 E 的标记,并且具有了属性 A
E[A = V]	所有名称为 E 的标记,并且属性 A 的值等于 V
E[A^ = V]	所有名称为 E 的标记,并且属性 A 的值以 V 开头
E[A $ = V]	所有名称为 E 的标记,并且属性 A 的值以 V 结尾
E[A * = V]	所有名称为 E 的标记,并且属性 A 的值中包含 V

① 注: jQuery 不具有动态伪类选择器(如 E:hover),但支持 hover 方法模拟该功能。

这里需要注意的是包含选择器“E:has(F)”,它和后代选择器“E F”的区别是后代选择器选中的是后面一个元素 F,而包含选择器选中的是前面这个元素 E。

而“E ~ F”称为弟妹选择器,即选中所有在它后面的 F 元素,例如:

```
<script language = "JavaScript" src = "jquery-1.2.6.js"></script>
<script language = "JavaScript" type = "text/JavaScript">
$(document).ready(function(){          //页面载入后执行
  $("#qq~*").css("backgroundColor","red");
                              //图 7-46 是选择器改为了 $("#qq+*")的效果
       });
</script>
<p>第一行 p 元素 </p>
<h2>第二行 h2 元素 </h2>
<p id="qq">第三行#qq 的 p 元素 </p>
<h2>第四行 h2 元素 </h2>
<h4>第五行 h4 元素 </h4>
<h3>第六行 h3 元素 </h3>
<p>第七行 p 元素 </p>
```

它的运行结果如图 7-45 所示,如果将弟妹选择器 $("#qq~*")改为相邻选择器 $("#qq+*"),则运行结果如图 7-46 所示。

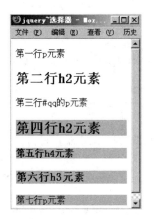

图 7-45　弟妹选择器

图 7-46　相邻选择器

2. CSS 3 位置选择器

jQuery 支持的 CSS 3 位置选择器可以看成是 CSS 伪对象选择器的一种扩展,例如它也有:first − child 这样的选择器,但能选择的某个位置上的元素更多了。表 7-16 罗列了所有 jQuery 支持的 CSS 3 位置选择器。

表 7-16　jQuery 支持的 CSS 3 位置选择器

选　择　器	说　明
:first	第一个元素,例如 div p:first 选中页面中所有 p 元素的第 1 个,且该 p 元素是 div 的子元素
:last	最后一个元素,例如 div p:last 选中页面中所有 p 元素的最后 1 个,且该 p 元素是 div 的子元素
:first-child	第一个子元素,例如 ul:first-child 选中所有 ul 元素,且该 ul 元素是其父元素的第一个子元素
:last-child	最后一个子元素,例如 ul:last-child 选中所有 ul 元素,且该 ul 元素是其父元素的最后一个子元素
:only-child	所有没有兄弟的子元素,例如 p:only-child 选中所有 p 元素,如果该 p 元素是其父元素的唯一子元素
:nth-child(n)	第 n 个子元素,例如 li:nth-child(3) 选中所有 li 元素,且该 li 元素是其父元素的第 3 个子元素(从 1 开始计数)
:nth-child(odd|even)	所有奇数号或偶数号的子元素
:nth-child(nX + Y)	利用公式来计算子元素的位置,例如:nth-child(5n + 1) 选中第 5n + 1 个子元素(即 1,6,11,…)
:odd 或 :even	对于整个页面而言选中奇数或偶数号元素,例如 p:even 为页面中所有排在偶数位的 p 元素(从 0 开始计数)
:eq(n)	页面中第 n 个元素,例如 p:eq(4) 为页面中的第 5 个 p 元素
:gt(n)	页面中第 n 个元素之后的所有元素(不包括第 n 个元素)
:lt(n)	页面中第 n 个元素之前的所有元素(不包括第 n 个元素)

有了位置选择器,使制作表格的隔行变色效果变得非常简单,只需要一行代码就能实

现,例如将下面这段代码加入到页面中就能实现表格隔行变色。

```
< script language = "JavaScript" src = "jquery.min.js" ></script >
< script language = "JavaScript" >
$ (function(){
    $ ("table tr:nth - child(odd)").css("backgroundColor","red");
});
</script >
```

3. 过滤选择器

过滤选择器是 jQuery 自定义的,不是 CSS 3 中的选择器,它用来处理更复杂的选择,表 7-17 列出了 jQuery 常用的过滤选择器。

表 7-17　jQuery 常用的过滤选择器

选　择　器	说　　明
: animated	所有处于动画中的元素
: button	所有按钮,包括 input[type = button]、input[type = submit]、input[type = reset]和 < button >标记
: checkbox	所有复选框,等同于 input[type = checkbox]
: checked	选择被选中的复选框或单选框
: contains(foo)	选择所有包含了文本"foo"的元素
: disabled	页面中被禁用了的元素
: enabled	页面中没有被禁用的元素
: file	表单中的文件上传元素,等同于 input[type = file]
: header	选中所有标题元素,例如 < h1 > ~ < h6 >
: hidden	匹配所有的不可见元素,例如设置为 display:none 的元素或 input 元素的 type 属性为"hidden"的元素
: image	表单中的图片按钮,等同于 input[type = image]
: input	表单输入元素,包括 < input >、< select >、< textarea >、< button >
: not(filter)	反向选择
: parent	选择所有拥有子元素(包括文本)的元素,即除开空元素外的所有元素
: password	表单中的密码域,等同于 input[type = password]
: radio	表单中的单选按钮,等同于 input[type = radio]
: reset	表单中的重置按钮,包括 input[type = reset]和 button[type = reset]
: selected	下拉菜单中的被选中项
: submit	表单中的提交按钮,包括 input[type = submit]和 button[type = submit]
: text	表单中文本域,等同于 input[type = text]
: visible	页面中的所有可见元素

（1）:checked 选择器

例如有时希望指定用户所选中的复选框,如果通过属性的值来判断,那么只能获得初始状态下的选中情况,而不是真实的选择情况。利用 jQuery 的:checked 选择器则可以轻松获得用户的选择。如下所示,运行结果如图 7-47 所示。

```javascript
<script language = "JavaScript" src = "jquery.min.js"></script>
<script language = "JavaScript">
function ShowChecked(oCheckBox){
    //使用:checked 过滤出被用户选中的
    $("input[name = " + oCheckBox + "]:checked").css("backgroundColor","red");
}
</script>
<form name = "myForm">
<input type = "radio" name = "sports" id = "football"><label for = "football">
足球</label><br>
<input type = "radio" name = "sports" id = "basketball"><label for =
"basketball">篮球</label><br>
<input type = "radio" name = "sports" id = "volleyball"><label for =
"volleyball">排球</label><br>
<input type = "checkbox" name = "sports" id = "gofu"><label for = "gofu">武术
</label><br>
<br><input type = "button" value = "Show Checked" onclick = "ShowChecked
('sports')" class = "btn">
</form>
```

图 7-47　jQuery 的过滤选择器

（2）:not(filter)反向过滤选择器

在过滤选择器中:not(filter)是一个很有用的选择器,其中 filter 可以是任意其他的位置选择器或过滤选择器。例如,如果要选中 input 元素中的所有非 radio 元素,可以使用如下语句:

```
input:not(:radio);
```

选中页面中除第一个 p 元素外的所有 p 元素,可以这样:

```
p:not(:first);
```

需要注意的是::not(filter)的参数 filter 只能是位置选择器或过滤选择器,而不能是

基本的选择器,例如下面是一个典型的错误:

```
div :not(p:first)
```

7.8.5　jQuery 中的常用方法

下面介绍几种 jQuery 中最常使用的方法。

1. find( )方法

jQuery 中的 find( )方法可以通过查询获取新的元素集合,通过匹配选择器来筛选元素,例如:

```
$("div").find("p");
```

这条代码表示在所有 div 元素中搜索 p 元素,获得一个新的元素集合,它完全等同于以下代码:

```
$("p", $("div"));
```

2. hover 方法

hover(fn1, fn2) :一个模仿悬停事件(鼠标移动到一个对象上面及移出这个对象)的方法。当鼠标移动到一个匹配的元素上面时,会触发指定的第一个函数;当鼠标移出这个元素时,会触发指定的第二个函数。下面的代码利用 hover 方法实现当鼠标滑动到某个单元格,单元格变色的效果:

```html
<style type = "text/css">
.hover{    background - color: #99CCFF;}
</style>
<script language = "JavaScript" type = "text/javascript" src = "jquery.min.js">
</script>
<script language = "JavaScript" type = "text/javascript">
$(document).ready(function(){
$("td").hover(                          //使用 hover 方法,接受两个参数
  function () { $(this).addClass("hover");
  },
  function () { $(this).removeClass("hover");
  }); });
</script>
```

3. toggleclass 方法

toggleclass 方法用于切换元素的样式。选中的元素集合中的元素如果没有使用样式"class",则对该元素加入样式'class';如果已经使用了该样式,则从该元素中删除该样式。

例如：可以将上述单元格动态变色的代码用 toggleclass 方法改写，改写的代码如下：

```
$(document).ready(function(){
$("td").hover(
function(){$(this).toggleClass("hover");
},
function(){$(this).toggleClass("hover");
}); });
```

7.8.6　jQuery 的应用举例

1. 制作折叠式菜单(Accordion)

折叠式菜单是和 Tab 面板一样流行的高级网页元素，它是一种二级菜单，当单击某个主菜单项时，就会以滑动的方式展开它下面的二级菜单，同时自动收缩隐藏其他主菜单项的二级菜单，如图 7-48 所示。因此折叠式菜单有一个很好听的英文名叫"Accordion"(手风琴)，它的折叠方式是不是有点像在拉手风琴呢？

图 7-48　折叠式菜单的最终效果

下面我们分成几步来制作折叠式菜单。

(1) 考虑到折叠式菜单本质是一种二级菜单，因此这里用二级列表作为它的结构代码，它的结构代码和 CSS 下拉菜单的结构代码是完全相同的，也是第一级列表放主菜单项，第二级列表放子菜单项，结构代码如下：

```
<ul id="accordion">
    <li>
        <a href="#">学院简介</a>
        <ul>
            <li><a href="">学院概况</a></li>
            <li><a href="">历史沿革</a></li>
            <li><a href="">校训示意</a></li>
            <li><a href="">现任领导</a></li>
            <li><a href="">特色专业</a></li>
            <li><a href="">校园漫步</a></li>
            <li><a href="">学院宣传片</a></li>
        </ul>
    </li>
    <li>
        <a href="#">本科教学</a>
        <ul>
            <li><a href="">专业介绍</a></li>
                ⋮
            <li><a href="">教育技术</a></li>
```

```
            </ul >
        </li >
        <li >
            <a href = "#" >科 学 研 究 </a >
            <ul >
                <li ><a href = "" >科技处 </a ></li >
                    ⋮
                <li ><a href = "" >学位委员会 </a ></li >
            </ul >
        </li >
        <li >
            <a href = "#" >招 生 信 息 </a >
            <ul >
                <li ><a href = "" >本科招生 </a ></li >
                    ⋮
                <li ><a href = "" >招生计划 </a ></li >
            </ul >
        </li >
    </ul >
```

（2）接下来为折叠式菜单添加 CSS 样式，包括为最外层 ul 设置一个宽度，将 ul 的边界、填充设为 0，去掉列表的小黑点，最后再设置这些元素在正常状态和鼠标滑过状态时的背景、边框、填充等盒子属性。CSS 代码如下：

```
< style type = "text/css" >
ul {
    list - style:none;
    margin:0;
    padding:0;                           /* 以上三条为无序列表的通用设置 */
}
#accordion {
    width:200px;                         /* 设置折叠式菜单内容的宽度为 200px */
}
#accordion li {
border - bottom:1px solid #ED9F9F;
}
#accordion a {
    font - size: 14px;
    color:#ffffff;
    text - decoration: none;
    display:block;                       /* 区块显示 */
    padding:5px 5px 5px 0.5em;
    border - left:12px solid #711515;    /* 左边的粗暗红色边框 */
    border - right:1px solid #711515;
    background - color:#c11136;
    height:1em;                          /* 此条为解决 IE 6 的 bug */
```

```
}
#accordion a:hover {
    background-color:#990020;               /*改变背景色*/
    color:#ffff00;                          /*改变文字颜色为黄色*/
}
#accordion li ul li {                       /*子菜单项的样式设置*/
    border-top:1px solid #ED9F9F;
}
#accordion li ul li a{                      /*子菜单项的样式设置*/
    padding:3px 3px 3px 0.5em;
    border-left:28px solid #a71f1f;
    border-right:1px solid #711515;
    background-color:#e85070;
}
#accordion li ul li a:hover{
                /*改变子菜单项的背景色和前景色*/
    background-color:#c2425d;
    color:#ffff00;}
</style>
```

这样就将折叠式菜单的外观全部设置好了,效果如图 7-49 所示,但还没添加 JavaScript 所以不会有折叠效果。

(3) 最后为折叠式菜单添加 **jQuery** 代码,仔细分析一下折叠式菜单的动作其实很简单,顺序排列的 **N** 个主菜单 (a) 元素,页面载入时只显示第一个主菜单项下的二级菜单 (ul),单击某个元素时,展开子菜单(ul)元素并隐蔽其他子菜单。代码如下:

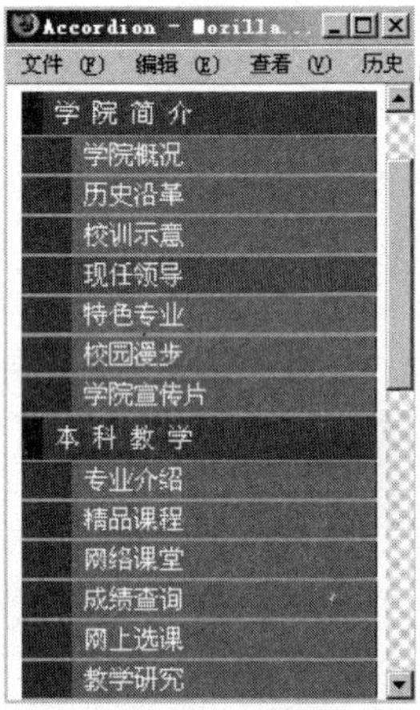

图 7-49　未添加折叠效果
　　　　　的折叠式菜单

```
<script language="JavaScript" src="jquery.min.js"></script>

<script type="text/JavaScript">
    $(document).ready(function(){
        //页面载入时隐蔽除第一个元素外所有元素
        $("#accordion>li>a+*:not(:first)").hide();
        //对所有元素的标题绑定单击动作
        $("#accordion>li>a").click(function(){
            $(this).parent().parent().each(function(){
                $(">li>a+*",this).slideUp();        //隐蔽所有元素
            });
            $("+*",this).slideDown();               //展开当前单击的元素
        });
    });
</script>
```

其中,选择器"#accordion>li>a"选中了第一级 a 元素(即主菜单项),而"+"代表相邻选择器,那么选择器"#accordion>li>a+*"是选中了紧跟在第一级 a 元素后的任意一个元素。在这里,紧跟在 a 元素后的元素是包含子菜单的 ul 元素,所以"#accordion>li>

a + * "是选中了第二级 ul 元素,它也可写成"#accordion > li > a + ul"。而(:first)选择器选中第一个元素,:not(:first)是反向过滤选择器,表示选中除第一个元素外的所有元素,所以选择器 $ ("#accordion > li > a + * :not(:first)")就是选中除第一个二级 ul 元素外的所有其他二级 ul 元素,再用 hide( )方法将这些二级 ul 元素隐藏,所以页面载入时就只显示第一个子菜单,而把其他子菜单都隐藏起来了。

接下来" $ ("#accordion > li > a").click( )"表示单击主菜单项事件。在处理事件的函数中, $ (this)代表 $ ("#accordion > li > a"),为了要通过 each( )方法遍历到所有的子菜单,必须先返回到#accordion 元素,在这里 parent( )方法就是用来找到元素的父元素,通过 $ (this).parent( ).parent( )可以返回到 $ ("#accordion")。

$ (" > li > a + * ",this)等价于 $ (this).find(" > li > a + * "),在这里,this 是在 each 方法的函数中,而调用 each( )函数的是"#accordion",所以 this 指代"#accordion",即每个主菜单项下的子菜单,通过遍历使每个子菜单都隐藏,而 $ (" + * ",this)里的 this 位于 click 方法中,而调用 click 方法的是"#accordion > li > a",所以这个 this 指代当前主菜单项 a 元素。 $ (" + * ",this)等价于 $ (this).find(" + * "),即在与当前 a 元素相邻的后继元素中查找 ul 元素。

这样,折叠式菜单就完全做好了,在 Firefox 和 IE 6 中预览都能得到类似如图 7-48 所示的效果。

2. 制作渐变背景色的下拉菜单

在 CSS 一章中,我们制作了一个下拉菜单,但是由于 IE 6 不支持 li 元素的 hover 伪类,导致用 CSS 兼容 IE 6 浏览器比较麻烦。实际上,通过 jQuery 的选择器,可以在 CSS 下拉菜单的基础上,稍加改动,做出所有浏览器都兼容的下拉菜单,而且还具有渐隐渐现、渐变背景色等效果。

(1)首先写结构代码,jQuery 下拉菜单仍然使用 CSS 下拉菜单的结构代码,不需要做任何改动。代码如下:

```
<ul id = "nav" >
  <li ><a href = "" >文 章 </a >
    <ul >
      <li ><a href = "" >Ajax 教程 </a ></li >
      <li ><a href = "" >SAML 教程 </a ></li >
      <li ><a href = "" >RIA 教程 </a ></li >
      <li ><a href = "" >Flex 教程 </a ></li >
    </ul >
  </li >
  <li ><a href = "" >参 考 </a >
    <ul >
      <li ><a href = "" >E - cash </a ></li >
      <li ><a href = "" >微支付 </a ></li >
      <li ><a href = "" >混沌加密 </a ></li >
    </ul >
  </li >
```

```
<li><a href="">Blog</a>
  <ul>
     <li><a href="">生活随想</a></li>
     <li><a href="">灯下随笔</a></li>
     <li><a href="">心路历程</a></li>
     <li><a href="">随意写</a></li>
  </ul>
 </li>
</ul>
```

（2）接下来写 CSS 样式代码部分，可以去掉 CSS 下拉菜单中 li:hover ul 选择器，以便通过 jQuery 程序来实现。

```
<style type="text/css">
#nav {                                    /*对 ul 元素进行通用设置*/
    padding: 0;
    margin: 0;
    list-style: none;
}
li {
    float: left;
    width: 160px;
    position:relative;
}
li ul {                                   /*默认状态下隐藏下拉菜单*/
    display: none;
    position: absolute;
    top: 21px;
}
ul li a{
    display:block;
    font-size:12px;
    border: 1px solid #ccc;
    padding:3px;
    text-decoration: none;
    color: #333;
    background-color:#ffeeee;
}
ul li a:hover{
    background-color:#f4f4f4;
}
</style>
```

（3）添加 jQuery 代码，我们用 jQuery 中的 $("#nav>li") 子选择器选中第一级 li 元素（即导航项），当鼠标滑过导航项时，用 jQuery 的 hover() 方法对 li 的子元素 ul（即下拉菜单）进行控制，jQuery 的 hover() 方法有两个参数，前一个参数表示鼠标停留时的状态，在这里通过 fadeIn( )方法设置下拉菜单渐现。后一个参数表示鼠标离开时的状态,在这里通过 fadeOut( )设置下拉菜单渐隐。这样就实现了一个有渐隐渐现效果的下拉菜单。代码如下:

```
< script language = "JavaScript" src = "jquery.min.js" ></script >

< script language = "JavaScript" type = "text/JavaScript" >
$ (document).ready(function(){
    $ ("#nav > li").hover(function(){
        $ (this).children("ul").fadeIn(600);
    },function(){
        $ (this).children("ul").fadeOut(600);
    });
});
</script >
```

提示:*如果将 fadeIn( )、fadeOut( )方法改为 slideDown( )和 slideUp( )方法,则下拉菜单将以滑动效果弹出和关闭。*

(4)下面给每个导航项文字的左边加一个小图标,将结构代码修改如下:

```
< a href = "" ><img src = "plus.gif" border = "0" align = "absmiddle"/>文章 </a >
```

当鼠标停留时,将小图标换成另一幅。

```
< script language = "JavaScript" type = "text/JavaScript" >
$ (document).ready(function(){
    $ ("#nav > li").hover(function(){
        $ (this).children("ul").fadeIn(600);
        $ (this).find("img").attr("src","minus.gif");      //改变小图像的源文件
    },function(){
        $ (this).children("ul").fadeOut(600);
        $ (this).find("img").attr("src","plus.gif");       //将小图像变回来
    });
});
</script >
```

(5)最后为下拉菜单设置渐变的颜色背景,即让显示的下拉菜单的每个 li 元素的背景色由浅变深,效果如图 7-50 所示,这样下拉菜单的背景色从上到下逐渐加深。每一行的背景色不是直接设定的,而是通过一个算式得到的。

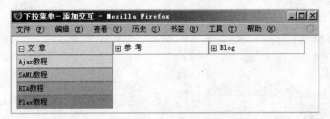

图 7-50 带有渐变色菜单背景的下拉菜单

实现的方法是通过 $ ("#nav > li li") 选中下拉菜单中的每一项, 然后用 each ( ) 函数让每一项 li 的背景色逐渐加深, 最终的 JavaScript 代码如下：

```
< script language = "JavaScript" type = "text/JavaScript" >
$ (document) .ready(function(){
    $ ("#nav > li") .hover(function(){
        $ (this) .children("ul") .fadeIn(600);
        $ (this) .find("img") .attr("src","minus.gif");
            },function(){
        $ (this) .children("ul") .fadeOut(600);
    $ (this) .find("img") .attr("src","plus.gif");
        });
$ ("#nav > li li") .each(function(i){          //下拉菜单项逐渐变色的代码部分
$ (this) .css("background - color","rgb(" + (320 - i * 16) + "," + (240 - i * 16) + "," +
(240 - i * 16) + ")");
        });
});
< /script >
```

3. 制作图片轮显效果

图片轮显效果是指在一个图片框中, 很多张图片自动轮流显示, 并且可以用鼠标单击

图 7-51　图片轮显效果框

右下角的数字让它显示某张图片, 如图 7-51 所示。这是一种很常见也非常实用的网页效果。过去制作图片轮显一般采用一个叫 pixviewer. swf 的 flash 文件配合 JavaScript 代码实现。实际上, 用纯 JavaScript 代码也可以制作, 有了 jQuery 使制作这种效果的代码更简洁了。

下面分步来实现图 7-51 中展示的图片轮显效果。

（1）写结构代码。一个图片轮显效果框由两部分组成, 即上方显示图片的 div 容器, 和下方的放置数字按钮的 div 容器。为了使单击图片能链接到某个网页, 必须用图片做链接, 即把 img 元素嵌入到 a 元素中。而数字按钮是几个 a 元素, 我们把它嵌入到两层的 div 容器中, 再把放图片的容器和放数字按钮的容器都嵌入到一个总的 div 中。结构代码如下：

```
< div class = "imgsBox" >
    < div class = "imgs" >
        < a href = "#" >< img id = "pic" src = "images/01.jpg" width = "282" height =
"164"/ >< /a >
    < /div >
    < div class = "clickButton" >
        < div >
            < a class = "active" href = "" >1 </a >
```

```
            < a class = "" href = "" >2 </a > < a class = "" href = "" >3 </a > < a
class = "" href = "" >4 </a >
            < a class = "" href = "" >5 </a >
        </div >
    </div >
</div >
```

（2）设置 CSS 样式。主要是设置图像轮显框的尺寸，及图像部分的尺寸和按钮的高度，在这里，设置数字按钮的行高为 12px，这样它占据的高度就是 12px。同时，设置放置按钮的容器.clickButton 为相对定位，在 Firefox 中向上偏移 1px，而在 IE 6 中向上偏移 5px。这样按钮和图像之间在任何浏览器中都没有间隙了。CSS 代码如下：

```
< style type = "text/css" >
img{border:0px;}                          /* 去掉对图像设置链接后产生的边框 */
.imgsBox{overflow:hidden;                 /* 如果图像尺寸大时，使超出的部分不可见 */
width:282px;   height:176px;}
.imgs a{display:block;   width:282px;   height:164px;}
.clickButton{background - color:#999999; width:282px; height:12px;
        position:relative;   top: - 1px;
        _top: - 5px;        /* 仅对 IE 6 有效 */}
.clickButton div{ float:right; }
.clickButton a {background - color:#666; border - left:#ccc 1px solid; line -
height:12px; height:12px; font - size:10px; float:left; padding:0 7px; text -
decoration:none; color:#fff;}
.clickButton a.active,.clickButton a:hover{background - color:#d34600;}
</style >
```

（3）编写 jQuery 代码。当图片轮显框没有鼠标单击时要能自动循环显示，这需要用到定时函数，当鼠标单击数字按钮时，要马上显示其对应的那一张图片，并且按钮的背景色改变。

```
< script type = "text/javascript" src = "script/jquery - 1.2.6.js" ></script >
< script type = "text/javascript" >
    $ (document).ready(function(){
    $ (".clickButton a").attr("href","javascript:return false;");
                                                    //使单击链接不会发生跳转

    $ (".clickButton a").each(function(index){
        $ (this).click(function(){              //当单击数字按钮时
            changeImage(this,index);
        });
    });
    autoChangeImage();              //页面载入时如果没有单击按钮则自动轮转图片
});
    function autoChangeImage(){              //自动轮显图片
    for(var i = 0; i <=10000;i ++){
        window.setTimeout("clickButton(" + (i% 5 +1) +")",i * 2000);
```

```
        }
    }
    function clickButton(index){                        //表示第几个数字按钮被单击
        $(".clickButton a:nth-child("+index+")").click();
    }
    function changeImage(element,index){
        var arryImgs = ["images/01.jpg", "images/02.jpg", "images/03.jpg",
"images/04.jpg", "images/05.jpg"];              //将所有的轮显图片 url 放在一个数组中
        $(".clickButton a").removeClass("active");    //使其他按钮背景色为默认
        $(element).addClass("active");              //使当前显示的图片对应的按钮背景变红
        $(".imgs img").attr("src",arryImgs[index]); //设置图像的源文件
    }
</script>
```

这样,这个图片轮显效果框就制作好了,但该例没有实现图片轮显时的渐变切换效果。

7.8.7　jQuery 的插件应用举例

许多 jQuery 的爱好者为 jQuery 开发了各种各样的插件,这些插件大大地扩展了 jQuery 的功能,学会使用 jQuery 的插件可以方便开发各种特殊效果。如果要下载这些插件,可以在百度上搜索"jQuery 插件下载"或插件的名称。

1. 使用 jQuery 插件 Lightbox 制作 Lightbox 效果

本节我们以使用 jQuery 的 Lightbox 插件为例,讲解如何通过插件方便地实现 Lightbox 效果。制作完成的最终效果如图 7-52 所示。

图 7-52　jQuery 的 Lightbox 插件效果演示

（1）首先可以在"http://leandrovieira.com/projects/jquery/lightbox"下载 Lightbox 插件。然后在网页中导入 jQuery 库文件和 Lightbox 插件文件。

```
<script type="text/JavaScript" src="jquery.min.js"></script>
<script type="text/JavaScript" src="jquery.lightbox-0.5.js"></script>
```

然后再导入 Lightbox 插件的 CSS 样式表文件:

```
< link rel = "stylesheet" type = "text/css" href = "jquery.lightbox - 0.5.css"/ >
```

并把图像文件夹(images)和这些资源文件(js 和 css 文件)复制到与该网页同级的目录中去。

(2) 接下来写图片的结构代码,Lightbox 插件要求图片元素必须用一个 a 标记包含。为了使代码结构清晰,把图片都放在一个列表中。

```
< ul id = "lib" >
< li >< a href = "pic1.jpg" >< img src = "pic1.jpg" width = "90" height = "90"/ >
</a ></li >
< li > < a href = "pic2.jpg" >< img src = "pic2.jpg" width = "90" height = "90"/ >
</a ></li >
< li >< a href = "pic3.jpg" >< img src = "pic3.jpg" width = "90" height = "90"/ >
</a ></li >
< li >< a href = "pic4.jpg" >< img src = "pic4.jpg" width = "90" height = "90"/ >
</a ></li >
</ul >
```

(3) 为了使图片排列得美观,给它们添加如下 CSS 代码:

```
body{margin:25px 20px}
#lib {
    margin: 0px;      padding: 0px;
    list - style - type: none;
}
#lib li {
    float: left;
    width:104px;      height:104px;
    margin: 4px;
}
#lib img {
    border: 1px solid #333333;
    padding: 6px;
    background - color:#FFFFFF;
}
```

(4) 最后添加调用 Lightbox 的 jQuery 代码:

```
< script type = "text/JavaScript" >
$ (function() {
      $ ('#lib a').lightBox();
                              //选中 id 为 lib 元素中的所有链接应用 lightbox 方法
   });
</script >
```

实际上,制作 Lightbox 的 jQuery 插件有很多,如 Thickbox,这些插件的功能很强大,不但可以在弹出框中放图像,还可以放表单或 iframe 等任何东西。

2. 使用 jQuery 插件 jqzoom 实现图片放大镜效果

在一些电子商务的商品展示网页上,为了更好地展示商品,一般都会添加放大镜的效果。当把鼠标放到小图片上,右边会自动地出现小图局部的放大图,如图 7-53 所示。这种效果以前一般用 Flash 的 ActionScript 编程实现,但现在用 jQuery 的插件 jqzoom 也能做。

图 7-53　用 jqzoom 插件实现的放大镜效果

(1) 首先可以在百度上搜索"jqzoom",下载 jqzoom 插件,取出里面的 jquery. jqzoom. js 和 jqzoom. css 文件,将它们复制到和当前网页同级的目录中。然后在网页中导入 jQuery 库文件和这两个文件。代码如下:

```
< script type = "text/JavaScript" src = "jquery.min.js" ></script >
< script type = "text/JavaScript" src = "jquery.jqzoom.js" ></script >
< link href = "jqzoom.css" rel = "stylesheet" type = "text/css"/ >
```

(2) 接下来写图片放大镜效果的结构代码,我们把 img 元素放在一个类名为 jqzoom 的 div 元素中:

```
< div >
    佳能数码相机欣赏 (请把鼠标放到图片上)
    < div class = "jqzoom" >
        < img src = "images/small.jpg" alt = "相机展示" jqimg = "images/big.jpg"/ >
    </div >
</div >
```

其中 div 必须指明类样式"jqzoom",img 标记中必须自定义一个 jqimg 的属性,它指明放大图为哪张图片。

(3) 最后添加调用 jqzoom 的 jQuery 代码:

```
< script type = "text/JavaScript" >
        $ (document).ready(function(){
            $ (".jqzoom").jqueryzoom({
```

```
            xzoom:320,                       //放大图的宽
            yzoom:240,                       //放大图的高
            offset:20,                       //放大图距离原图的位置
            position:'right'                 //放大图在原图的右边 (默认为 right)
        });
    });
</script>
```

这样图像放大镜效果就完成了,如果要修改右边显示放大图的容器的大小,可修改 jqzoom. css 文件中的有关 CSS 样式。

习题

1. 作业题

(1) 下列定义数组的方法中( )是不正确的。

    A. var x = new Array［"item1"，"item2"，"item3"，"item4"］;

    B. var x = new Array("item1"，"item2"，"item3"，"item4");

    C. var x = ［"item1"，"item2"，"item3"，"item4"］;

    D. var x = new Array(4);

(2) 计算一个数组 x 的长度的语句是( )。

    A. var aLen = x. length();   B. var aLen = x. len ();

    C. var aLen = x. length;   D. var aLen = x. len;

(3) 下列 JavaScript 语句将显示( )结果。

```
var a1 =10;
var a2 =20;
alert("a1 + a2 = " + a1 + a2);
```

    A. a1 + a2 = 30   B. a1 + a2 = 1020

    C. a1 + a2 = a1 + a2   D. "a1 + a2 = "1020

(4) 产生当前日期的方法是( )。

    A. Now();   B. Date();   C. new Date();   D. new Now();

(5) 下列( )可以得到文档对象中的一个元素对象。

    A. document. getElementById('元素 id 名')

    B. document. getElementByName('元素名')

    C. document. getElementByTagName('元素标签名')

    D. 以上都可以

(6) 如果要制作一个图像按钮,用于提交表单,方法是( )。

    A. 不可能的

    B. < input type = "button" image = "image. gif" >

    C. < input type = "submit" image = "image. gif" >

D. ＜img src = " image. gif" onclick = " document. forms[0]. submit( )" ＞

（7）如果要改变元素＜div id = " userInput" ＞…＜/div＞的背景颜色为蓝色,代码是(   )。

A. document. getElementById(" userInput"). style. color = " blue" ;

B. document. getElementById(" userInput"). style. divColor = " blue" ;

C. document. getElementById(" userInput"). style. background-color = " blue" ;

D. document. getElementById(" userInput"). style. backgroundColor = " blue" ;

（8）通过 innerHTML 的方法改变某一 div 元素中的内容,(   )。

A. 只能改变元素中的文字内容   B. 只能改变元素中的图像内容

C. 只能改变元素中的文字和图像内容   D. 可以改变元素中的任何内容

（9）下列选项中,(   )不是网页中的事件。

A. onclick   B. onmouseover

C. onsubmit   D. onmouseclick

（10）JavaScript 中自定义对象时使用关键字(   )。

A. Object   B. Function

C. Define   D. 以上三种都可以

（11）_____对象表示浏览器的窗口,可用于检索关于该窗口状态的信息。

（12）Navigator 对象的_____属性用于检索操作系统平台。

（13）var a = 10; var b = 20; var c = 10; alert(a = b); alert(a == b); alert(a == c);结果是?

2. 上机实践题

（1）试说明以下代码输出结果的顺序,并解释其原因,最后在浏览器中验证。

```
＜script type = "text/javascript" ＞
    setTimeout (function(){
        alert("A");
        },0);
    alert("B");
＜/script＞
```

（2）编写代码实现以下效果:打开一个新窗口,原始大小为 400×300px,然后将窗口逐渐增大到 600×450px,保持窗口的左上角位置不变。

（3）用 jQuery 选择器重写 4.11 节的 CSS 3 选择器的例子,使所有浏览器都能支持该例中的效果。

参 考 文 献

1. 温谦等. 网页制作综合技术教程. 北京：人民邮电出版社,2009
2. 温谦. CSS 网页设计标准教程. 北京：人民邮电出版社,2009
3. 曾顺. 精通 JavaScript + jQuery. 北京：人民邮电出版社,2008
4. 李林,施伟伟. JavaScript 程序设计教程. 北京：人民邮电出版社,2008
5. Jennifer Niederst Robbins. Learning Web Design, Third Edition. Sebastopol(USA)：O'Reilly Media, Inc., 2007
6. 李烨. 别具光芒——DIV + CSS 网页布局与美化. 北京：人民邮电出版社,2006
7. Andy Budd 著,陈剑瓯 译. 精通 CSS：高级 Web 标准解决方案. 北京：人民邮电出版社,2006
8. 黎芳. 网页设计与配色实例分析. 北京：兵器工业出版社,2006

读者意见反馈

亲爱的读者:

感谢您一直以来对清华版计算机教材的支持和爱护。为了今后为您提供更优秀的教材，请您抽出宝贵的时间来填写下面的意见反馈表，以便我们更好地对本教材做进一步改进。同时如果您在使用本教材的过程中遇到了什么问题，或者有什么好的建议，也请您来信告诉我们。

地址：北京市海淀区双清路学研大厦 A 座 602 室 计算机与信息分社营销室 收

邮编：100084　　　　　　　　　电子邮件：jsjjc@tup.tsinghua.edu.cn

电话：010-62770175-4608/4409　　邮购电话：010-62786544

教材名称：基于 Web 标准的网页设计与制作

ISBN：978-7-302-21181-5

个人资料

姓名：_____　　年龄：_____　　所在院校/专业：_____

文化程度：_____　　通信地址：_____

联系电话：_____　　电子信箱：_____

您使用本书是作为：□指定教材 □选用教材 □辅导教材 □自学教材

您对本书封面设计的满意度：

□很满意 □满意 □一般 □不满意　改进建议_____

您对本书印刷质量的满意度：

□很满意 □满意 □一般 □不满意　改进建议_____

您对本书的总体满意度：

从语言质量角度看 □很满意 □满意 □一般 □不满意

从科技含量角度看 □很满意 □满意 □一般 □不满意

本书最令您满意的是：

□指导明确 □内容充实 □讲解详尽 □实例丰富

您认为本书在哪些地方应进行修改？（可附页）

_____

_____

您希望本书在哪些方面进行改进？（可附页）

_____

_____

电子教案支持

敬爱的教师:

为了配合本课程的教学需要，本教材配有配套的电子教案（素材），有需求的教师可以与我们联系，我们将向使用本教材进行教学的教师免费赠送电子教案（素材），希望有助于教学活动的开展。相关信息请拨打电话 010-62776969 或发送电子邮件至 jsjjc@tup.tsinghua.edu.cn 咨询，也可以到清华大学出版社主页（http://www.tup.com.cn 或 http://www.tup.tsinghua.edu.cn）上查询。